国家出版基金项目
NATIONAL PUBLICATION FOUNDATION

"十三五"国家重点图书出版规划项目
核能与核技术出版工程（第二期）
总主编 杨福家

先进粒子加速器系列（第二期）
主编 赵振堂

高压型加速器技术及其应用

High Voltage Accelerator Technology and Its Applications

姜 山 李金海 等 编著

上海交通大学出版社
SHANGHAI JIAO TONG UNIVERSITY PRESS

内容提要

本书为"核能与核技术出版工程·先进粒子加速器系列"之一。按照离子加速的原理,加速器主要分为高压型加速器、回旋加速器和直线加速器三类。其中,高压型加速器是利用高电压形成的电场对带电粒子进行加速的一类加速器,是低能核物理研究与核技术应用最常用也是最有前景的工具之一。本书主要介绍高压型加速器的原理技术及其在各个领域中的应用研究,具体包括高压型加速器的原理、结构、部件以及技术现状;高压型加速器在核物理实验研究和加速器质谱仪研究中的应用;高压型加速器在离子束分析技术、辐射物理与生物及材料辐射损伤研究中的应用。本书适合核科学与核技术学科及相关应用学科的本科生、研究生、科研工作者及从事教学与科研工作的管理人员阅读和参考。

图书在版编目(CIP)数据

高压型加速器技术及其应用/ 姜山等编著. —上海:
上海交通大学出版社,2021.12
核能与核技术出版工程.先进粒子加速器系列
ISBN 978－7－313－25618－8

Ⅰ. ①高… Ⅱ. ①姜… Ⅲ. ①高压加速器 Ⅳ.
①TL51

中国版本图书馆 CIP 数据核字(2021)第 209571 号

高压型加速器技术及其应用
GAOYAXING JIASUQI JISHU JI QI YINGYONG

编　　著：姜　山　李金海　等
出版发行：上海交通大学出版社　　　　　地　　址：上海市番禺路 951 号
邮政编码：200030　　　　　　　　　　电　　话：021－64071208
印　　制：苏州市越洋印刷有限公司　　　经　　销：全国新华书店
开　　本：710mm×1000mm　1/ 16　　印　　张：28.75
字　　数：486 千字
版　　次：2021 年 12 月第 1 版　　　　　印　　次：2021 年 12 月第 1 次印刷
书　　号：ISBN 978－7－313－25618－8
定　　价：228.00 元

核能与核技术出版工程

丛书编委会

总主编

杨福家（复旦大学，教授、中国科学院院士）

编　委（按姓氏笔画排序）

于俊崇（中国核动力研究设计院，研究员、中国工程院院士）

马余刚（复旦大学现代物理研究所，教授、中国科学院院士）

马栩泉（清华大学核能技术设计研究院，教授）

王大中（清华大学，教授、中国科学院院士）

韦悦周（广西大学资源环境与材料学院，教授）

申　森（上海核工程研究设计院，研究员级高工）

朱国英（复旦大学放射医学研究所，研究员）

华跃进（浙江大学农业与生物技术学院，教授）

许道礼（中国科学院上海应用物理研究所，研究员）

孙　扬（上海交通大学物理与天文学院，教授）

苏著亭（中国原子能科学研究院，研究员级高工）

肖国青（中国科学院近代物理研究所，研究员）

吴国忠（中国科学院上海应用物理研究所，研究员）

沈文庆（中国科学院上海高等研究院，研究员、中国科学院院士）

陆书玉（上海市环境科学学会，教授）

周邦新（上海大学材料研究所，研究员、中国工程院院士）

郑明光（国家电力投资集团公司，研究员级高工）

赵振堂（中国科学院上海高等研究院，研究员、中国工程院院士）

胡思得（中国工程物理研究院，研究员、中国工程院院士）

徐　銤（中国原子能科学研究院，研究员、中国工程院院士）

徐步进（浙江大学农业与生物技术学院，教授）

徐洪杰（中国科学院上海应用物理研究所，研究员）

黄　钢（上海健康医学院，教授）

曹学武（上海交通大学机械与动力工程学院，教授）

程　旭（上海交通大学核科学与工程学院，教授）

潘健生（上海交通大学材料科学与工程学院，教授、中国工程院院士）

本书编委会

（按姓氏笔画排序）

王广甫　关遐令　李金海　连　刚

张宇轩　郑　云　胡跃明　姜　山

袁大庆　贾会明　郭　刚　崔保群

总　序

1896 年法国物理学家贝可勒尔对天然放射性现象的发现,标志着原子核物理学的开始,直接促成居里夫妇发现了镭,为后来核科学的发展开辟了道路。1942 年人类历史上第一个核反应堆在芝加哥的建成被认为是原子核科学技术应用的开端,至今已经历了 70 多年的发展历程。核技术应用包括军用与民用两个方面,其中民用核技术又分为民用动力核技术(核电)与民用非动力核技术(即核技术在理、工、农、医方面的应用)。在核技术应用发展史上发生的两次核爆炸与三次重大核电站事故,成为人们长期挥之不去的阴影。然而全球能源匮乏及生态环境恶化问题日益严峻,迫切需要开发新能源,调整能源结构。核能作为清洁、高效、安全的绿色能源,还具有储量最丰富、高能量密度、低碳无污染等优点,受到了各国政府的极大重视。发展安全核能已成为当前各国解决能源不足和应对气候变化的重要战略。我国《国家中长期科学和技术发展规划纲要(2006—2020 年)》明确指出"大力发展核能技术,形成核电系统技术自主开发能力",并设立国家科技重大专项"大型先进压水堆及高温气冷堆核电站专项",把"钍基熔盐堆"核能系统列为国家首项科技先导项目,投资 25 亿元,已在中国科学院上海应用物理研究所启动,以创建具有自主知识产权的中国核电技术品牌。

从世界范围来看,核能应用范围正不断扩大。据国际原子能机构数据显示:截至 2019 年底,核能发电量美国排名第一,中国排名第三;不过在核能发电的占比方面,法国占比约为 70.6%,排名第一,中国仅约 4.9%。但是中国在建、拟建的反应堆数比任何国家都多,相比而言,未来中国核电有很大的发展空间。截至 2020 年 6 月,中国大陆投入商业运行的核电机组共 47 台,总装机容量约为 4 875 万千瓦。值此核电发展的历史机遇期,中国应大力推广自主开发的第三代及第四代的"快堆""高温气冷堆""钍基熔盐堆"核电技术,努力使中国核电走出去,带动中国由核电大国向核电强国跨越。

随着先进核技术的应用发展,核能将成为逐步代替化石能源的重要能源。受控核聚变技术有望从实验室走向实用,为人类提供取之不尽的干净能源;威力巨大的核爆炸将为工程建设、改造环境和开发资源服务;核动力将在交通运输及星际航行等方面发挥更大的作用。核技术几乎在国民经济的所有领域得到应用。原子核结构的揭示,核能、核技术的开发利用,是 20 世纪人类征服自然的重大突破,具有划时代的意义。然而,日本大海啸导致的福岛核电站危机,使得发展安全级别更高的核能系统更加急迫,核能技术与核安全成为先进核电技术产业化追求的核心目标,在国家核心利益中的地位愈加显著。

在 21 世纪的尖端科学中,核科学技术作为战略性高科技,已成为标志国家经济发展实力和国防力量的关键学科之一。通过学科间的交叉、融合,核科学技术已形成了多个分支学科并得到了广泛应用,诸如核物理与原子物理、核天体物理、核反应堆工程技术、加速器工程技术、辐射工艺与辐射加工、同步辐射技术、放射化学、放射性同位素及示踪技术、辐射生物等,以及核技术在农学、医学、环境、国防安全等领域的应用。随着核科学技术的稳步发展,我国已经形成了较为完整的核工业体系。核科学技术已走进各行各业,为人类造福。

无论是科学研究方面,还是产业化进程方面,我国的核能与核技术研究与应用都积累了丰富的成果和宝贵的经验,应该系统整理、总结一下。另外,在大力发展核电的新时期,也亟需一套系统而实用的、汇集前沿成果的技术丛书做指导。在此鼓舞下,上海交通大学出版社联合上海市核学会,召集了国内核领域的权威专家组成高水平编委会,经过多次策划、研讨,召开编委会商讨大纲、遴选书目,最终编写了这套"核能与核技术出版工程"丛书。本丛书的出版旨在培养核科技人才,推动核科学研究和学科发展,为核技术应用提供决策参考和智力支持,为核科学研究与交流搭建一个学术平台,鼓励创新与科学精神的传承。

本丛书的编委及作者都是活跃在核科学前沿领域的优秀学者,如核反应堆工程及核安全专家王大中院士、核武器专家胡思得院士、实验核物理专家沈文庆院士、核动力专家于俊崇院士、核材料专家周邦新院士、核电设备专家潘健生院士,还有"国家杰出青年"科学家、"973"项目首席科学家等一批有影响力的科研工作者。他们都来自各大高校及研究单位,如清华大学、复旦大学、上海交通大学、浙江大学、上海大学、中国科学院上海应用物理研究所、中国科学院近代物理研究所、中国原子能科学研究院、中国核动力研究设计院、中国工程物理研究院、上海核工程研究设计院、上海市辐射环境监督站等。本丛书是他们最新研究成果的荟萃,其中多项研究成果获国家级或省部级奖励,代表了国内乃至国际先进水平。丛书涵盖军用核技术、民用动力核技术、民用非动力核技术及其在理、工、农、医方面的应用。内容系统而全面且极具实用性与指导性,例如,《应用核物理》就阐述了当今国内外核物理研究与应用的全貌,有助于读者对核物理的应用领域及实验技术有全面的了解;其他图书也都力求做到了这一点,极具可读性。

由于良好的立意和高品质的学术成果,本丛书第一期于 2013 年成功入选"十二五"国家重点图书出版规划项目,同时也得到上海市新闻出版局的高度肯定,入选了"上海高校服务国家重大战略出版工程"。第一期(12 本)已于 2016 年初全部出版,在业内引起了良好反响,国际著名出版集团 Elsevier 对本丛书很感兴趣,在 2016 年 5 月的美国书展上,就"核能与核技术出版工程(英文版)"与上海交通大学出版社签订了版权输出框架协议。丛书第二期于 2016 年初成功入选了"十三五"国家重点图书出版规划项目。

在丛书出版的过程中,我们本着追求卓越的精神,力争把丛书从内容到形式做到最好。希望这套丛书的出版能为我国大力发展核能技术提供上游的思想、理论、方法,能为核科技人才的培养与科创中心建设贡献一份力量,能成为不断汇集核能与核技术科研成果的平台,推动我国核科学事业不断向前发展。

2020 年 6 月

序

　　粒子加速器作为国之重器,在科技兴国、创新发展中起着重要作用,已成为人类科技进步和社会经济发展不可或缺的装备。粒子加速器的发展始于人类对原子核的探究。从诞生至今,粒子加速器帮助人类探索物质世界并揭示了一个又一个自然奥秘,因而也被誉为科学发现之引擎。据统计,它对 25 项诺贝尔物理学奖的工作做出了直接贡献,基于储存环加速器的同步辐射光源还直接支持了 5 项诺贝尔化学奖的实验工作。不仅如此,粒子加速器还与人类社会发展及大众生活息息相关,因其在核分析、辐照、无损检测、放疗和放射性药物等方面优势突出,所以在医疗健康、环境与能源等领域得以广泛应用并发挥着不可替代的重要作用。

　　1919 年,英国科学家 E. 卢瑟福(E. Rutherford)用天然放射性元素放射出来的 α 粒子轰击氮核,打出了质子,实现了人类历史上第一个人工核反应。这一发现使人们认识到,利用高能量粒子束轰击原子核可以研究原子核的内部结构。随着核物理与粒子物理研究的深入,天然的粒子源已不能满足研究对粒子种类、能量、束流强度等提出的要求,研制人造高能粒子源——粒子加速器成为支撑进一步研究物质结构的重大前沿需求。20 世纪 30 年代初,为将带电粒子加速到高能量,静电加速器、回旋加速器、倍压加速器等应运而生。其中,英国科学家 J. D. 考克饶夫(J. D. Cockcroft)和爱尔兰科学家 E. T. S. 瓦耳顿(E. T. S. Walton)成功建造了世界上第一台直流高压加速器;美国科学家 R. J. 范德格拉夫(R. J. van de Graaff)发明了采用另一种原理产生高压的静电加速器;在瑞典科学家 G. 伊辛(G. Ising)和德国科学家 R. 维德罗(R. Wideröe)分别独立发明漂移管上加高频电压的直线加速器之后,美国科学家 E. O. 劳伦斯(E. O. Lawrence)研制成功世界上第一台回旋加速器,并用它产生了人工放射性同位素和稳定同位素,因此获得 1939 年的诺贝尔物理学奖。

1945 年,美国科学家 E. M. 麦克米伦(E. M. McMillan)和苏联科学家 V. I. 韦克斯勒(V. I. Veksler)分别独立发现了自动稳相原理;20 世纪 50 年代初期,美国工程师 N. C. 克里斯托菲洛斯(N. C. Christofilos)与美国科学家 E. D. 库兰特(E. D. Courant)、M. S. 利文斯顿(M. S. Livingston)和 H. S. 施奈德(H. S. Schneider)发现了强聚焦原理。这两个重要原理的发现奠定了现代高能加速器的物理基础。另外,第二次世界大战中发展起来的雷达技术又推动了射频加速的跨越发展。自此,基于高压、射频、磁感应电场加速的各种类型粒子加速器开始蓬勃发展,从直线加速器、环形加速器到粒子对撞机,成为人类观测微观世界的重要工具,极大地提高了人类认识世界和改造世界的能力。人类利用电子加速器产生的同步辐射研究物质的内部结构和动态过程,特别是解析原子、分子的结构和工作机制,打开了了解微观世界的一扇窗户。

人类利用粒子加速器发现了绝大部分新的超铀元素,合成了上千种新的人工放射性核素,发现了包括重子、介子、轻子和各种共振态粒子在内的几百种粒子。2012 年 7 月,利用欧洲核子研究中心(CERN)27 千米周长的大型强子对撞机,物理学家发现了希格斯玻色子——"上帝粒子",让 40 多年前的基本粒子预言成为现实,又一次展示了粒子加速器在科学研究中的超强力量。比利时物理学家 F. 恩格勒特(F. Englert)和英国物理学家 P. W. 希格斯(P. W. Higgs)因预言希格斯玻色子的存在而被授予 2013 年度的诺贝尔物理学奖。

随着粒子加速器的发展,其应用范围不断扩展,除了应用于物理、化学及生物等领域的基础科学研究外,还广泛应用在工农业生产、医疗卫生、环境保护、材料科学、生命科学、国防等各个领域,如辐照电缆、辐射消毒灭菌、高分子材料辐射改性、食品辐照保鲜、辐射育种、生产放射性药物、肿瘤放射治疗与影像诊断等。目前,全球仅作为放疗应用的医用直线加速器就有近 2 万台。

粒子加速器的研制及应用属于典型的高新科技,受到世界各发达国家的高度重视并将其放在国家战略的高度予以优先支持。粒子加速器的研制能力也是衡量一个国家综合科技实力的重要标志。我国的粒子加速器事业起步于 20 世纪 50 年代,经过 60 多年的发展,我国的粒子加速器研究与应用水平已步入国际先进行列。我国各类研究型及应用型加速器不断发展,多个加速器大科学装置和应用平台相继建成,如兰州重离子加速器、北京正负电子对撞机、合肥光源(第二代光源)、北京放射性核束设施、上海光源(第三代光源)、大连相干光源、中国散裂中子源等;还有大量应用型的粒子加速器,包括医用电子直线加速器、质子治疗加速器和碳离子治疗加速器,工业辐照和探伤加速器、集装箱检测加速器等在过去几十年中从无到有、快速发展。另外,我国基于激光等离子体尾场的新原理加速器也取得了令人瞩目的进展,向加速器的小型化目标迈出了重要一步。我国基于加速器的超快电子衍射与超快电镜装置发展迅猛,在刚刚兴起的兆伏特能级超快电子衍射与超快电子透镜相关技术及应用方面不断向前沿冲击。

近年来,面向科学、医学和工业应用的重大需求,我国粒子加速器的研究和装置及平台研制呈现出强劲的发展态势,正在建设中的有上海软 X 射线自由电子激光用户装置、上海硬 X 射线自由电子激光装置、北京高能光源(第四代光源)、重离子加速器实验装置、北京拍瓦激光加速器装置、兰州碳离子治疗加速器装置、上海和北京及合肥质子治疗加速器装置;此外,在预研关键技术阶段的和提出研制计划的各种加速器装置和平台还有十多个。面对这一发展需求,我国在技术研发和设备制造能力等方面还有待提高,亟需进一步加强技术积累和人才队伍培养。

粒子加速器的持续发展、技术突破、人才培养、国际交流都需要学术积累与文化传承。为此,上海交通大学出版社与上海市核学会及国内多家单位的加速器专家和学者沟通、研讨,策划了这套学术丛书——“先进粒子加速器系列”。这套丛书主要面向我国研制、运行和使用粒子加速器的科研人员及研究生,介绍一部分典型粒子加速器的基本原理和关键技术以及发展动态,助力我国粒子加速器的科研创新、技术进步与产业应用。为保证丛书的高品质,我们遴选了长期从事粒子加速器研究和装置研制的科技骨干组成编委会,他们来自中国科学院上海高等研究院、中国科学院上海应用物理研究所、中国科学院近代物理研究所、中国科学院高能物理研究所、中国原子能科学研究院、清华大学、上海交通大学等单位。编委会选取代表性研究成果作为丛书内容的框架,并召开多次编写会议,讨论大纲内容、样章编写与统稿细节等,旨在打磨一套有实用价值的粒子加速器丛书,为广大科技工作者和产业从业者服务,为决策提供技术支持。

科技前行的路上要善于撷英拾萃。“先进粒子加速器系列”力求将我国加速器领域积累的一部分学术精要集中出版,从而凝聚一批我国加速器领域的优秀专家,形成一个互动交流平台,共同为我国加速器与核科技事业的发展提供文献、贡献智慧,成为助推我国粒子加速器这个"大国重器"迈向新高度的"加速器",为使我国真正成为加速器研制与核科学技术应用的强国尽一份绵薄之力。

赵振堂

2020 年 6 月

前　　言

　　高压型加速器是利用高电压形成的电场对带电粒子进行加速的一类加速器，能够加速从电子到超铀元素的几乎所有带电粒子。高压型加速器加速带电粒子的电压范围一般为 0.2～25 MV，这个范围正是低能核物理、核能（裂变和聚变）以及核技术应用等领域的研究范畴。因此，高压型加速器是开展这些领域的研究不可缺少的工具之一。

　　自 1931 年 R. J. 范德格拉夫（R. J. Van de Graaf）等建成第一台高压型加速器以来，高压型加速器本身经历了三个发展阶段。第一阶段是加速器的发明和快速发展期。这一时期的高压型加速器包括单极静电加速器、串列式静电加速器、高压倍加器等不同类型，加速器的加速电压为 0.2～25 MV，其主要运用领域是实验核物理与核数据测量，为核反应、核结构、核能以及核工程等的研究提供了必要的实验数据。第二阶段是 20 世纪 60 年代至 20 世纪末，是高压型加速器多用途应用的发展阶段，如出现了高压倍加器中子源、多种离子束分析、加速器质谱分析、超精细相互作用分析、单粒子效应分析等。第三阶段是 21 世纪初至今，主要是高压型加速器的强流、专用化、小型化及一些新技术发展。21 世纪以来，随着科学与技术研究的深入，一方面要求高压型加速器的束流尽可能强，另一方面要求加速器的用途专一，并且小型化。例如，加速器不再是有核物理研究专业的研究所和大学院系的专有设备，开始走进地质、考古、环境相关的研究所、科研院系等。再如，加速器质谱仪所用的加速器已经从兆瓦级的加速电压下降到千瓦级。

　　近年来，由于应用领域不断扩大，对于高压型加速器的需求不断扩大。高压型加速器及以高压型加速器作为主要部件的各类仪器设备，如加速器质谱仪、离子注入机、中子源、材料改性及辐照灭菌设备等在市场上的销量迅速增加。预计到 2030 年，全球高压型加速器及相关仪器设备的市场产值将会达到每年数千亿元乃至上万亿元人民币。

高压型加速器及相关仪器数量的迅速增加产生了如下新问题：

(1) 加速器运行、维护技术人员严重缺乏。

(2) 物理实验人员缺乏关于加速器及基于加速器的仪器的物理和技术方面的基础知识，影响实验结果的准确性和可靠性。

(3) 许多用户由于对仪器和性能了解不够，难以提出好的科学与技术问题。

(4) 我国目前大部分高压型加速器和基于高压型加速器的大型仪器依靠进口，这成为科学技术研究成果难以实现跨越和重大突破的瓶颈。

编著本书的主要目的就是针对上述存在的问题，尽可能做到为高压型加速器和基于高压型加速器的仪器的良好运行与样品测量提供一本工具书；为提出更多、更好的科学思想和做出重要科研成果提供一本参考书；为仪器研发人员研发出领先的仪器或核心部件提供一本具有启发作用的基础书。

本书的读者主要是高压型加速器及基于高压型加速器的仪器的运行维护人员、物理实验人员、专业用户人员（环境、资源、地质、医药、食品、材料等）、研究生和相关研究人员等。另外，随着小型化发展，高压型加速器和基于高压型加速器的仪器必将成为大学用于教学和科学研究的科学仪器。所以，本书也适合作为高校学生的教科书和参考书。

全书共 7 章，第 1 章和第 2 章由李金海和康明涛完成；第 3 章由贾会明、郑云和连刚完成；第 4 章由张宇轩和姜山完成；第 5 章由王广甫和仇猛淋完成；第 6 章由郭刚、隋丽、张艳文、陈启明、张付强、龚毅豪完成；第 7 章由袁大庆完成；统编和审阅由姜山和李金海完成。

本书在编写过程中得到了刘广山研究员的指导和建议，特致谢意。另外，感谢上海交通大学出版社和相关编辑对于本书的支持与耐心指导。

由于成书时间和作者水平所限，本书可能存在一些问题与不足敬请各位专家、读者批评指正。

目　　录

第 1 章
离子源

　　高压型加速器是众多加速器类型中的一个非常重要的分支,是直接利用高压电场对带电粒子进行加速的加速器。高压型加速器属于低能加速器,是核物理研究、核武器、核能与核技术应用中最常用的工具之一。高压型加速器主要包括离子源、加速管、高压电源、束流传输系统以及其他辅助系统。本章主要介绍离子源的相关内容。

　　离子源技术是一门用途广、类型多、涉及学科多、工艺技术性强、发展十分迅速的应用科学技术。离子源广泛应用于原子物理、等离子体物理、等离子体化学、核物理等基础学科研究中,在质谱仪、各类加速器(包括中子发生器)、同位素分离器、离子注入、离子刻蚀、放射医疗、矿物探测、离子推进器、受控热核聚变研究等高新技术领域与工农业生产领域也有广泛应用。

　　由于应用领域广泛,各领域对离子源的特性提出了不同的要求,这就决定了离子源类型的多样化。据不完全统计,离子源的主要类型有百余种。由于本书主要介绍高压型加速器,因此本章主要介绍用于高压型加速器的离子源的原理及其相关技术等内容,未能介绍所有类型的离子源;并且受篇幅限制,只能做简单介绍,读者如果想全面、深入地了解离子源,可以参阅相关文献[1-2]。

　　对离子源的研究虽然已有 100 多年的历史,但由于源内物理过程和源结构的复杂性,它迄今仍处于半经验状态。离子源的研究不仅涉及许多学科的知识,如气体放电、等离子体物理、强流离子光学、原子物理、表面物理、计算数学等,还涉及许多尖端技术,如等离子体和束流测量技术、大功率高压供电、大抽速真空系统、强磁场、强流电子枪、计算机的应用等。此外,离子源的发展还依赖于适用于离子源的许多特殊材料的研制。

1.1 离子源发展简史与分类

早在 20 世纪 20 年代,人们已在质谱仪上使用了离子源,并发展了低流强、低能散的表面电离离子源和电子轰击离子源。30 年代,高压倍加器和回旋加速器的出现,推动了高效率气体放电型离子源的研究,成功地研制了迄今仍广泛使用的彭宁离子源等。第二次世界大战期间,高效率电磁同位素分离器的研制,促使人们对强流热阴极弧源和重金属元素离子源进行了大量研究,使束流由微安量级提高到百微安量级。到了 50 年代,大量静电加速器的建造促进了学者对高频离子源的深入研究;强流高能加速器的迅速发展带动了高性能双等离子体源的发展;与此同时,有学者开始研究串列式静电加速器用的负离子源,并相当独立地开始了用于离子推进器的离子源研究,促使大面积多孔引出系统及引出束空间电荷中和技术得到发展。60 年代提出了电子回旋共振型离子源[3],并对已提出的各类源,特别是双等离子体源,进行了大量细致的研究工作。同时,开始用彭宁离子源等常规离子源获得多电荷态的离子,以满足重离子物理研究的需要[1-2]。

20 世纪 60—80 年代,由于许多应用领域提出了新的要求,以及许多基础学科(特别是等离子体物理、表面物理等)的研究成果用于离子源,离子源研究工作出现了新的高潮。第一,为了满足受控聚变研究用中性束注入、加热技术的要求,研究了各类能产生大面积均匀、稳定等离子体的热阴极弧源,开展了大面积多孔引出系统的理论和实验研究,在引出系统的数值模拟(强流离子光学)方面取得了卓越的成就。这些研究使氢离子流由安培量级提高至百安培量级。第二,为了满足下一代聚变装置的需要,在大功率负氢离子源方面开展了大量的工作。1968 年,将铯引入放电室,研制成表面-等离子体型源后,很快将 H⁻ 束流从毫安量级提高至安培量级。第三,研制了表面吸附铯层的各类溅射型负离子源,满足了串列式静电加速器的需要。第四,为了进一步推动重离子物理的研究,提高现有加速器的能量,研制了可以获得相当高电荷态的电子束源、电子回旋共振型源等。第五,离子束聚焦打靶的"惯性约束"聚变等研究激励着超大功率短脉冲离子源的发展。第六,根据核物理对极化离子束的要求研制了极化离子源。第七,研制了能满足半导体生产用毫米束离子注入机上的离子源,目前正继续研究高亮度微米束机用离子源(如场电离源等)、大面积厘米束机用强流源和全元素金属离子源等[1]。

20 世纪 90 年代,各种溅射型负离子源研制成功并运用于串列式静电加速器。同时,真空弧金属离子源获得了长足发展[4]。1997 年建设的超导电子回旋共振(electron cyclotron resonance,ECR)离子源获得了破纪录的强流高电荷态离子束[5],进一步推动了重离子物理学的研究。

由离子源的发展历史可以看出,各应用领域对离子源不断提出的新要求始终是激励离子源技术迅速发展的根本动力。而离子源技术的每个重大突破和进展也反过来极大地促进了各应用领域的发展和革新。许多有关的基础学科与工程技术领域内的新成果常常是离子源研究中许多新思想、新方案的来源。

虽然在 20 世纪 50 年代已经有较好的用于实验室的低能离子加速器,但是高水平的离子注入机却落后 10 多年才投入商用生产。可见,要将科研成果变为促进生产的强大动力需要做大量的工作。但正如离子注入带来半导体生产技术的革新一样,离子源技术必将进一步转变为巨大的生产力[1]。

虽然上述离子源发展历史介绍中未囊括所有的类型,但也不难得出离子源种类繁多的结论,并且其分类方法也很多。例如,按引出离子种类,可分为氢离子源、重离子源、放射性束核离子源和极化离子源等;按电荷态,可分为单电荷态离子源、负离子源、多电荷态离子源等;按产生离子的机制,可分为表面电离源、溅射源、液态金属场发射源、电荷交换源、电子电离源和等离子体源等;按照阴极,可以划分为冷阴极、热阴极和无阴极离子源;按照被电离物质的凝聚态,可分为气体离子源、液态金属离子源和固态金属离子源;按照电离方法,可分为电子轰击电离源(包括热阴极和冷阴极离子源)、化学电离源、场致电离源、场解吸电离源(包括高频离子源和微波离子源)、激光电离源等;按照工作原理和特点,可分为高频离子源、彭宁离子源、电子回旋共振型源、溅射型源、双等离子体源等。

在上述离子源分类中,热阴极离子源和冷阴极离子源是使用最广泛的离子源。根据约束电子运动的磁场场形,热阴极离子源可分为以下五种:① 准均匀磁场下的弧离子源和彭宁离子源;② 利用两端有"磁镜"的磁场来约束电子的微波型多电荷态离子源;③ 利用非常不均匀的磁场箍缩等离子体的双等离子体源;④ 磁场与电场相互垂直的磁控管离子源,如弗里曼(Freeman)源;⑤ 利用多极会切磁场来约束电子的离子源,如电子轰击源、"桶式"离子源。冷阴极离子源具有结构和供电简单、寿命长等优点,它与热阴极离子源的主要区别是产生原初电子的方法不同。在冷阴极源内,原初电子来源于离子轰击阴极所产生的次级电子发射,所以在阴极电流中以离子流为主(占 70% 以上)。

冷阴极离子源主要包括高压隧道射线源、冷阴极彭宁离子源、冷阴极磁控管离子源、火花离子源等[1]。

1.2 对离子源的技术指标要求

离子源是加速器中最关键的部件之一,因为离子源所能达到的水平将在许多方面(如束流、发射度、能散、离子种类范围、装置的最高能量、寿命等)限制着加速器所能达到的指标。这些指标又影响着使用加速器的有关领域研究工作所能达到的水平。一般离子源的主体可分为离子的产生和引出两大部分。例如,通过某种气体放电形成等离子体(其密度范围为 $1 \times 10^8 \sim 1 \times 10^{14}/cm^3$,电子温度范围为 $1 \sim 1 \times 10^4$ eV),然后通过孔或缝由加速极将离子引出,并聚焦成所需光学特性的离子束。衡量离子源优劣的主要指标为引出束特性指标、气体利用率或物质利用系数及功率效率[1-2]。

1.2.1 引出束特性指标

引出束的特性指标是离子源的重要参数指标,也是衡量一个离子源性能的直观指标,是离子源的研制者和应用者重点关注的指标。

(1) 束流及束流密度。这里指的是满足以下各项要求时有用的离子流 I,以及单位面积内的束流密度 J。对于等离子体离子源,总引出束流有以下近似关系:

$$I = J \cdot S \qquad (1-1)$$

式中,S 是离子发射面的面积。

(2) 束的光学特性。为了使引出束成为可以输运的有用束,引出束必须有一定的光学特性。它由束的归一化发射度 ε 来描述,其物理意义是离子束在横向四维相空间(x、p_x、y、p_y)所占的体积。在某些情况下(如引出后直接使用时)只需规定束散角(它是相体积在动量空间的投影)和束截面(它是相体积在几何空间的投影)。

实际上,由于像差、等离子体的不稳定性、非线性空间电荷力等原因,束的有效发射度常比这个数值大得多,所以减小发射度的主要途径是研制像差小的引出系统和低离子温度的稳定等离子体。

(3) 束的亮度 B。束的亮度 B 指在一定发射度内的离子流。亮度是综

合表征上述两项指标的物理量,其物理意义是在指定相体积内的平均相密度:

$$B = KI/\varepsilon \qquad (1-2)$$

式中,K 是与相椭圆形状有关的比例常数。

(4) 束的能量 E 和能散度 $\Delta E/E$。引出束的能量应由装置总体设计并结合源的性能来决定。在耐压允许的条件下,若使等离子体密度 n 正比于引出电压 V 的二分之三次方变化时,束流将随 $V^{3/2}$ 变化,所以常用折合导流系数 P 来描述引出系统的特性:

$$P = \sqrt{\frac{M}{m}} \cdot \frac{I}{V^{3/2}} \qquad (1-3)$$

式中,M、m 分别为离子和电子的质量。由于各种原因,引出离子具有一定的能量分散。设 ΔE 为能谱曲线的半高宽度,则 $\Delta E/E$ 称为束的能散度。它是描述束在行进方向(z 方向)动量空间内分布的物理量,它的大小决定着离子光学系统的色差。

(5) 束流调制度 M。由于等离子体具有不稳定性,引出束并不是稳定的,束流调制度的计算式为

$$M = \frac{I_{max} - I_{min}}{2I} \times 100\% \qquad (1-4)$$

式中,I_{max}、I_{min}、I 分别是束流的最大值、最小值和平均值。当 M 大于 10% 时,不仅将引起较大的引出束光学特性的调制,而且将破坏引出束空间电荷的中和$\left(\text{详细研究这类问题还需考查电流密度的调制}\dfrac{\mathrm{d}J}{J}\right)$。减小调制度的关键是获得稳定的等离子体。

发射度、能散度、调制度给出了束流在空间和时间上的分布。

(6) 引出束质谱。引出离子中一般含有若干不同质量的离子,各种质量的离子占总离子流的百分比谱就是引出束的质谱。一般仅利用其中的一种离子,不需要的离子不仅消耗功率,而且会引起高压击穿、局部发热等问题。对氢离子源,一般引出 H_1^+、H_2^+、H_3^+ 等离子,通常只使用其中的 H_1^+,此时要求源的质子比 η_1 尽量高:

$$\eta_1 = \frac{I_{\mathrm{H_1^+}}}{I_{\mathrm{H_1^+}} + I_{\mathrm{H_2^+}} + I_{\mathrm{H_3^+}}} \tag{1-5}$$

式中，$I_{\mathrm{H_1^+}}$ 表示质子流强；$I_{\mathrm{H_2^+}}$ 表示两个质子带一个电子的离子的流强；$I_{\mathrm{H_3^+}}$ 表示三个质子带两个电子的离子的流强。

（7）引出束荷电谱。气体放电型离子源内常可形成若干种不同电荷量的离子，引出束中各种电荷量的离子数占总离子数的百分比谱称为引出束荷电谱。对于多电荷态离子源，最重要的参数就是所需的高电荷态离子数与总引出离子数之比。获得高电荷态离子的关键是得到高密度、高能量的电离电子流以及长的离子约束时间。

1.2.2 气体利用率或物质利用系数

气体利用率高可以降低对抽气系统抽速的要求和引出束在引出区内的电荷交换损失，有利于维持高的引出场强。对于若干贵重元素（如氚、特殊同位素等），它还有重要的经济价值。

源的气体利用率（或物质利用系数）η_g 的定义是输出有用离子束所含的原子数与消耗的中性原子数之比。对于气体离子源：

$$\eta_g = \frac{0.83 I_i k_i}{ZQ k_0} \tag{1-6}$$

式中，I_i 为所需离子的束流（mA）；Z 为离子的电荷数；Q 为折合至标准状态下的气耗（$\mathrm{cm^3/h}$）；k_i 为离子的原子数（对于原子离子，$k_i = 1$）；k_0 为输入气体分子的原子数（对于双原子气体，$k_0 = 2$）。

对于金属离子源：

$$\eta_g = \frac{0.037 I_i A}{ZQ} \tag{1-7}$$

式中，A 为离子的质量数；Q 为物质的总消耗率（mg/h），包括各方面的损耗，如输气管道及放电室内的沉积等。

提高气体利用率的途径有如下几种：

（1）提高气体电离度 ε_i。电离度 ε_i 的定义是放电室内被电离的原子数与总的原子数（离子和中性粒子）之比：

$$\varepsilon_i = \frac{n_i k_i}{n_0 k_0 + n_i k_i} = 2.8 \times 10^{-15} \frac{n_i k_i}{P k_i} \qquad (1-8)$$

式中,n_i、n_0 为放电室内离子和中性粒子的密度;P 为未放电时的气压(Torr[①])。因为流经引出系统的中性原子数与 $(1-\varepsilon_i)\sqrt{T_a}$ 成正比(T_a 为中性原子的温度),而引出离子数与 $\varepsilon_i \sqrt{T_e}$ 成正比(T_e 为电子的温度),所以 η_g 随电离度 ε_i 和 $\sqrt{T_e/T_a}$ 的提高而提高。各种离子源中使用约束电子的方法都是为了提高电离度。

(2)提高所需离子的电离概率。如混合其他气体、调节电离电子的能量等。

(3)增加引出系统的气阻并减少不经引出口流出的气体量。在金属离子源中还应减少材料在放电室壁和沿途的沉积。

(4)采用不均匀的电离和气体分布。如增加引出口处的离子密度,降低引出口处的气压等。

1.2.3 功率效率

对于那些供电困难或功率消耗很大的离子源,要求功率效率尽量高,一般指的是源的总功率效率,即获得的束功率与总消耗功率(包括放电及引出电源)之比。提高功率效率的途径有如下两种:

(1)降低产生离子所需消耗的放电功率。放电功率效率 H 的定义是消耗单位放电功率 W 所能得到的离子流 I_i,表示为

$$H = I_i/W \qquad (1-9)$$

有时,如在离子推进器中,常用每产生一个离子所需消耗的总功(eV)为量度。提高此效率的主要途径是降低产生离子时的消耗以及有效利用所形成的离子,如利用各种场型(磁场、反射电场等)来约束等离子体或电离电子束,使高能电子尽可能多地产生电离碰撞,使产生的离子尽可能地向引出口扩散;降低放电室表面积与引出孔面积之比,减小形成的离子由于损失于壁而不能引出的比例;采用不均匀的电离,使引出口区的离子密度远大于其他区域;增大离子发射面面积,使之远大于引出口面积;提高所需离子浓度的含量比等。

(2)提高引出系统的效率。引出系统的效率定义为引出离子流的功率

---

① 1 Torr $= 1.33 \times 10^2$ Pa。

与引出系统各电源总负载的和之比。提高的途径如下：① 正确设计离子光学系统的参数,同时保证等离子体密度在时间和空间上的均匀性,以降低打在引出系统各电极上的束流;② 抑制那些由于束流在各电极和空间内电离形成的次级电子,使之不被反向加速而返回放电室;③ 降低引出系统内的气压,减少二次过程产生的粒子流;④ 对大功率源还需考虑能量回收措施等。

1.3 彭宁离子源

彭宁离子源(简称彭宁源)是在 1930 年由 L. 麦克斯韦(L. Maxwell)提出的,1973 年由 F. M. 彭宁(F. M. Penning)最先做出彭宁电离计[6]。彭宁放电是磁场中冷阴极放电中的一种,其结构如图 1-1 所示,阳极一般采用轴线平行于磁场方向的圆筒结构。彭宁放电是电子在电场和磁场的共同作用下呈螺旋形运动,大量电子受磁场约束,以螺旋线的形式贴近阳极筒旋转,形成一层电子云,运动的电子与中性气体分子发生碰撞电离而产生离子。

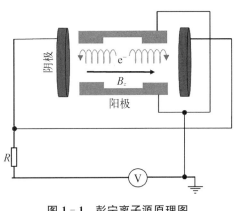

图 1-1　彭宁离子源原理图

1.3.1 工作原理

当在彭宁室内加上正交电磁场时,彭宁室中的自由电子作为原初电子,在电场和磁场的共同作用下,在飞向阳极的过程中打出次级电子,这些电子飞向阳极时,再与气体分子碰撞并使之电离,如此不断发展引起气体电离和气体放电。加磁场的目的是增加气体电离的机会,当不加磁场时,虽有电场存在,但由于气压很低,电子的平均自由程大于放电间距,因此电子与气体分子碰撞的概率很小,不足以引起放电。而当有磁场存在时,电子在磁场中做拉莫尔进动(Larmor precession),所以电子在到达阳极前的运动路程大大增加,与残余气体分子碰撞的概率增大,电离效率提高,并且使得彭宁离子源的装置在很低的气压下仍能够放电。

彭宁放电等离子体源可以在气压为 $1 \times 10^{-5} \sim 1\,\text{Pa}$ 的条件下工作,磁感应强度为 $0.01 \sim 3\,\text{T}$。当磁感应强度小于 $0.01\,\text{T}$ 时,由于电子旋转半径过大,不能起到对电子的约束作用,因此不能产生等离子体。当磁感应强度大于 $3\,\text{T}$ 时,电子旋转半径太小,电子做拉莫尔进动时所走的路径将大大缩短,因此不能提供足够的碰撞概率以产生等离子体。彭宁离子源阴阳极电压为 $100\,\text{V} \sim 50\,\text{kV}$,电流为 $10 \sim 20\,\text{A}$。通入的气体流量会对放电现象产生明显的影响。

1.3.2　彭宁离子源的分类

彭宁离子源按照离子引出方式可以分为横向引出与轴向引出。横向引出的离子引出方向垂直于磁场方向,束流引出孔一般在阳极上。轴向引出的离子引出方向与磁场方向相同,束流引出孔一般在阴极上。

按照阴极类型,彭宁离子源可以分为热阴极彭宁离子源和冷阴极彭宁离子源。冷阴极彭宁离子源种类很多,根据磁感应强度 B 和气体密度 n 的大小,可以将彭宁放电分成以下几类[1]。

(1) 在气压很低、磁场很弱时,不发生自持放电,此时沿 $c \rightarrow b \rightarrow a$ 线路上的电势分布如图 1-2(a)所示[7]。只有当磁场值超过临界值时,电子才能在交叉电磁场的作用下做螺旋运动而不被阳极捕获,对于 $3\,\text{kV}$ 放电电压,临界磁场约为 $100\,\text{Gs}$①。

(2) 低气压放电模式(较低的真空度下,通常来说 $P < 1 \times 10^{-2}\,\text{Pa}$)。由于磁场内电子横越磁场的速率远小于离子,于是在放电空间内会形成过剩的电子云,电子云使径向电位下垂,并在阳极附近形成鞘层;阳极电流随气压线性增加;此时并未在整个空间形成等离子体。在这个时候,电子的约束时间远大于离子的输运时间,所以这个时候参与放电的完全是电子等离子体。

低气压模式放电电流仅为毫安量级,典型的情况是,在 $1 \times 10^{-3}\,\text{Pa}$ 气压下仅能引出 10^2 微安量级以下的束流。所以,一般仅在那些要求运行气压非常低($1 \times 10^{-3} \sim 1 \times 10^{-2}\,\text{Pa}$)的特殊环境(如密封中子管)内或要求流强不高时才使用它。

在这个低真空条件下,根据磁感应强度的大小,彭宁放电又划分为低气压低磁场(LMF)模式和低气压高磁场(HMF)模式:① 在 LMF 模式下,放电室内电子浓度较低,阳极中轴线处的电势接近阳极电势,这个时候阳极放电电流

---

① $1\,\text{Gs} = 10^{-4}\,\text{T}$。

与阳极尺寸和此时的真空度有关,而不受阳极电压影响,其电势分布如图 1 - 2(b)所示。电子密度和阳极电流与 B^2 成正比。② 在 HMF 模式下,在阳极鞘层附近形成由电子组成的阴极鞘层。这个时候,电中性的等离子体占据阳极中轴线处,电势接近阴极电势,其电势分布如图 1 - 2(c)所示,其中的电子浓度小于阴极鞘层中的电子浓度。

(3) 高气压放电模式($P > 1.3 \times 10^{-2}$ Pa)。放电模式由低气压放电突然过渡到高气压(HP)放电,放电电流由低气压的毫安量级突然过渡到高气压的安培量级,引出的离子流强也相应增强到毫安量级。过渡区(TM)的电势分布如图 1 - 2(d)所示,高气压的电势分布如图 1 - 2(e)所示。因为电子自由程小于放电空间的尺度,磁场的作用就很小了。当气压大于 0.13 Pa 后,中心等离子体已扩展至阴极前的薄鞘层上,放电呈现磁场约束下辉光放电(glow discharge,GD),其电势分布如图 1 - 2(f)所示。

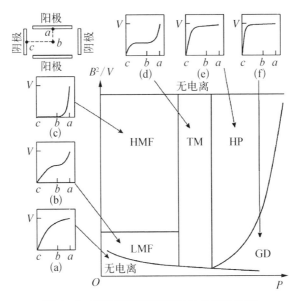

图 1 - 2 彭宁离子源等离子体内电势分布

1.3.3 冷阴极彭宁离子源

大多数冷阴极彭宁离子源都运行在高气压区,以便获得 1~100 mA 量级的大束流。典型的边引出冷阴极彭宁离子源结构如图 1 - 3[2]所示。阳极用高密度石墨制成,钽阴极放在水冷铜块上,源是脉冲运行的,但经常在小气流量下维持低电流直流弧,这样不仅容易点燃脉冲放电,而且可以使气体效率提高两倍。

冷阴极彭宁离子源大多用气态物质做放电介质,但为了扩展产生离子的种类,也研制了用坩埚输入蒸气或通过溅射的方法产生多种元素离子的冷彭宁离子源,可以产生 20～200 μA 的多种元素的离子[1]。

阴极材料是冷阴极源中最敏感的部分。按放电电压分类,大体有两类金

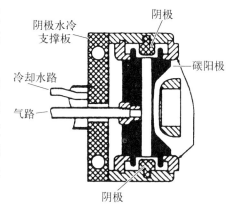

图 1-3　边引出冷阴极彭宁离子源结构示意图

属:第一类如镍、铜、石墨、钼等,大多数金属的放电电压为几千伏量级;第二类如铝、铍、镁等,因表面有稳定的氧化层,使表面逸出功降低,放电电压为 300～400 V,这类阴极经长期运行后表面层会脱落,于是放电电压上升到第一类的数值,此时可在氧气中运行 30 min 后再恢复到低压放电状态。铁、铀制阴极的放电电压约为 500 V,且铀阴极存在的少量放射性对脉冲放电启动的稳定性还有帮助。目前用得比较多的阴极材料是钽、铀、钛、不锈钢等。在注入机用 B$^+$ 离子源中发现,若在阴极孔内侧套上一个铍轴套,可以使由孔引出的 B$^+$ 离子流提高好几倍[1]。

就离子引出方式而言,冷阴极彭宁离子源放电电流小,等离子体密度低,除回旋加速器用横向引出离子源外,一般均用纵向引出离子源[1]。

1.3.4　热阴极彭宁离子源

典型的热阴极彭宁离子源为"莫洛佐夫"型离子源,图 1-4[1] 表示了它的结构原理。它有两个阴极,一般其中一个是发射电子的热阴极,另一个是冷阴极,也可称为对阴极或反射极。用这类离子源可以获得强流 H$_1^+$、H$_2^+$ 及其他多电荷离子束。

彭宁放电的特性与气压、放电电流及阴极状态有密切关系。放电空间的电位分布如图 1-5[1] 所示。轴向电位梯度不大,测得有的离子源电位从系统的中心向两个阴极方向减小[见图 1-5(a)中实线],还测得有的离子源两个阴极附近的等离子体电位超过系统中心处的电位。电位的径向分布是轴线附近的电位远低于阳极电位[见图 1-5(b)],径向弛垂 ΔU 与气压的关系大,但随

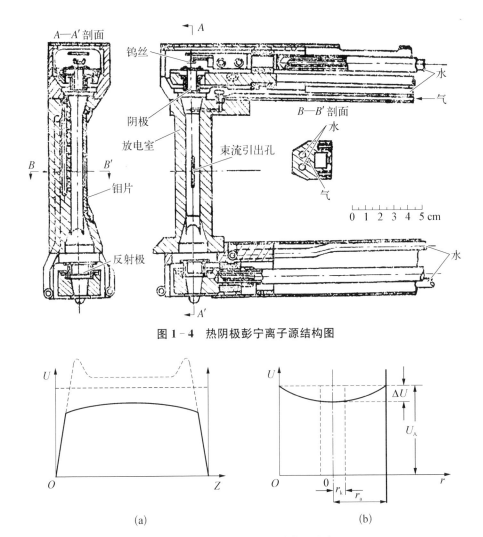

图 1-4 热阴极彭宁离子源结构图

图 1-5 彭宁放电空间的电位分布

(a) 轴向电位分布；(b) 径向电位分布

磁场强度和阳极直径的增加而增加[1]。

根据图 1-5 所示的电位分布可知放电的基本过程如下：热阴极发射的电子通过阴极电位上升区得到加速，其中的一部分通过等离子体打向对面的阴极，另一部分由于与中性原子的非弹性碰撞，以及与等离子体的集体相互作用而丢失能量，这些电子被对阴极反射回来，变成俘获电子。俘获电子在位阱中往返振荡，并把能量交给等离子体使其加热，俘获电子和等离子体电子中的高能部分与中性原子碰撞时，可产生激发或电离。热电子横越磁场沿径向扩散到阳极,离子在纵向电位梯度作用下向阴极运动,同时也向阳极扩散。流到阳极的离子流和阴极发射的电子流必须使阳极双鞘层稳定。同样,流到阴极离子流和对阴极反射的电子流也必须满足双鞘层稳定条件[1]。

在热阴极彭宁放电中,离子流在放电电流中占很大的比例,这就带来了两个效应:① 由于离子轰击阴极产生的附加加热很严重,所以很难判断放电从自由状态向强迫状态的过渡;② 在大功率电子振荡放电过程中,阴极溅射十分严重,阴极和对阴极溅射粒子的浓度可能与放电气体粒子的浓度相当。

1.4　磁控管离子源

磁控管离子源大多用于重离子源和负氢离子源,它是苏联学者在 20 世纪 60 年代首先研制成功的。

磁控管离子源与彭宁离子源有点类似,都是采用静态正交电磁场约束电子运动。所不同的是,磁控管离子源将彭宁离子源的阴极连通,如图 1-6 所示。在彭宁离子源中,电子运动轨迹接近螺旋线。在磁控管离子源中,电子运动轨迹为车轮摆线。

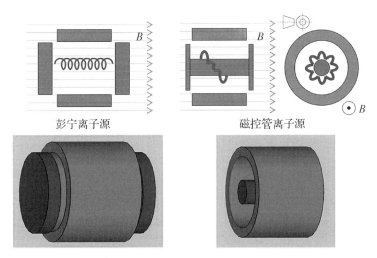

彭宁离子源　　　　　　　　磁控管离子源

图 1-6　磁控管离子源与彭宁离子源的原理结构比较

在实际的磁控管离子源中,阳极筒内的阴极柱截面一般设计为跑道形,目的是在离子引出孔附近形成关于束流轴线旋转对称的区域,有利于获得较好的束流品质,如图 1-7 所示[8]。在引出孔对应位置的阴极平面上,可以设置球面形的凹坑,实现对引出的离子束聚焦;凹坑也可以做成圆柱通孔,但引出电流会降低75%左右,如图1-8(a)所示[8];对于缝引出的束流,凹坑也需要做成圆柱面的形状,如图1-8(b)所示[8]。阴极与阳极之间的最小间隙约为1 mm。

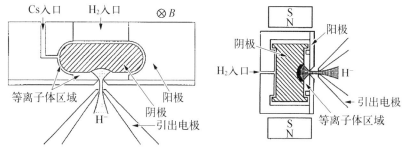

图1-7 磁控管离子源结构简图

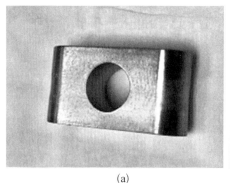

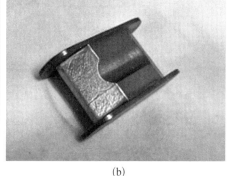

(a) (b)

图1-8 磁控管离子源阴极

(a) 凹坑为圆柱通孔;(b) 凹坑为圆柱面

磁控管离子源的起弧电压为150 V左右,弧电流为40 A左右,需要的磁场为0.17 T左右,引出束流可大于50 mA。

1.5 电子回旋共振离子源

电子回旋共振离子源(简称ECR源)是一种无阴极离子源,它是将微波功率输入放电室内,使气体电离并产生等离子体。早在20世纪60年代末期,法国的盖勒(Geller)、西德的威斯曼(Wieseman)以及苏联和日本的实验室就已开始单极ECR源的实验。1973年,盖勒将两个单极磁镜串接使用,并在第二级中使用了由导线提供的六极约束场以稳定等离子体,但存在功率消耗大等问题。后来,比利时新鲁汶大学、美国密歇根州立大学及德国亚琛应用科技大学 Jülich 校区采用超导技术,法国格勒诺布尔大学、美国加州大学伯克利分校和美国橡树岭国家实验室等采用永磁技术对 ECR 源进行了改进,其性能有了新的提高,造价及运行费用也大大降低,从此各国实验室竞相使用 ECR 源。到目前为止,世界各主要重离子加速器都基本用它取代传统的彭宁离子源[9]。

1.5.1　电子回旋共振离子源的结构与特点

　　单电荷态 ECR 源原理如图 1－9 所示,高电荷态 ECR 源原理如图 1－10 所示,其区别是单电荷态 ECR 源一般只有轴向的螺线管磁场,没有多极磁场。离子源工作时,需要通入工作气体,以便对其电离产生等离子体,为了避免工作气体进入波导,或者避免波导内的绝缘气体 SF_6 进入放电室,需要波导窗对两者隔离。

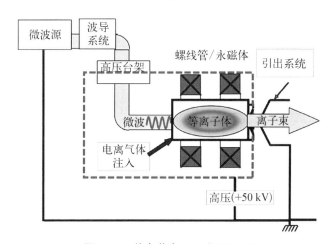

图 1－9　单电荷态 ECR 源原理图

　　ECR 源的突出优点是能给出束流强度相当大的高电荷态离子(例如 Xe^{23+} 为 3 eμA),同时具有电离度高,形成的等离子体密度高,束流强度大,发射度小(一般为 50～300 mm · mrad),束流能散小(约为几个电子伏每核子),能长期连续工作,性能稳定、可靠等优点。所有这

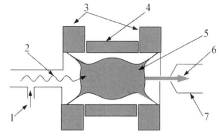

1—氖气;2—注入的微波;3—永磁体(轴向磁元件);4—多极磁铁(径向磁元件);5—ECR 区的等离子体;6—引出离子束;7—引出电极。

图 1－10　高电荷态 ECR 源原理图

些品质使 ECR 源成为理想的加速器外注入源。

1.5.2 回旋共振电离原理

ECR 源的回旋共振电离原理如下：微波能量通过微波输入窗（由陶瓷或石英制成）经波导或天线耦合进入放电室，在窗上表面磁场系统产生的高强磁场的作用下，放电室内气体分子的外层电子做回旋运动。回旋角频率 ω_e 为

$$\omega_e = eB/m \tag{1-10}$$

式中，e 是电子电荷；m 是电子质量；B 是螺线管产生的磁感应强度。当 ω_e 与输入的微波频率 ω_{RF} 相等时，电子处于共振状态。运动电子能从微波中不断地、有效地接收能量，提高电子温度，使气体电离。在低气压时，电子在与气体分子或原子相邻两次碰撞之间的回旋次数可能更多，而每回旋一次能量就可增加一些，因此也可以获得较高密度的等离子体。电子从微波中获得的能量来自与外磁场方向成右手极化的波。

由于电离室内的磁场一般不是均匀分布的，ω_{RF} 在 $\omega_e \sim 2\omega_e$ 范围内时，等离子体能吸收较多的微波能量，获得更好的电离。对电子回旋共振源来说，为了获得流强足够高的质子束，腔体中形成的是密度很高的非共振等离子体，密度为 $1 \times 10^{18} \sim 1 \times 10^{20}/m^3$，远大于该频率下经典的等离子体截止密度。

1.5.3 磁场约束原理

外磁场除了提供回旋共振条件，还有助于电子和离子的约束以及离子的引出。外磁场对等离子体的约束分为轴向约束和径向约束。

轴向约束主要采用磁镜原理，如图 1-11[10] 所示。磁镜是由两个螺线管

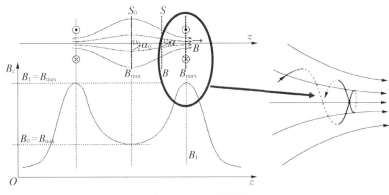

图 1-11 磁镜原理

或永磁体在轴线上建立两个峰值磁场,在两个峰值磁场之间的弱场区产生的带电粒子沿轴向向两端做螺旋运动时,随着磁场的增加,回旋半径越来越小,同时轴向运动速度越来越小,导致速度反向而被反射回去,从而形成磁镜效应。理论上,磁镜比(磁场强度最大值与最小值的比值)越大,磁镜效应越好,对离子的约束效果也越好。因此,可以在两个螺线管线圈之间加一个反向线圈,如图 1-12[10] 所示。

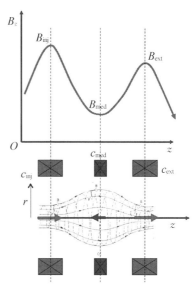

图 1-12　三个螺线管的磁镜场

为了抑制带电粒子对波导窗的轰击,注入峰值磁场 B_{inj} 要比引出峰值磁场 B_{ext} 高。在 $R-z$(R 为粒子与螺线管中心轴线的距离)平面上的磁场分布如图 1-13 所示[10],其中从放电室中心开始的径向磁场分布如图 1-14(a) 所示。根据式(1-10),对于某个频率的微波,可以求出其相应的回旋共振所需要的磁场 B_{ECR}。离子源优化的运行状态如下:等离子体边缘的磁场 $B_r \approx 2B_{ECR}$,$B_{inj} = (3 \sim 4)B_{ECR}$,$B_{med} = (0.5 \sim 0.8)B_{ECR}$,$B_{ext} \leqslant B_r$[10],如图 1-14(b) 所示。

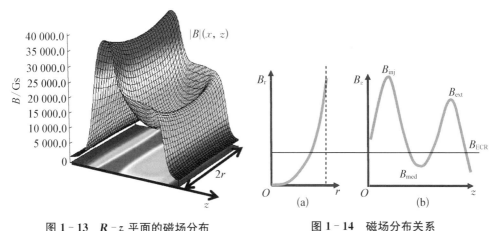

图 1-13　$R-z$ 平面的磁场分布

图 1-14　磁场分布关系

(a) 径向磁场分布;(b) 轴向磁场分布

对于高电荷态离子源,为了获得高的电荷态,需要对等离子体有更强的约束。根据图 1-14 所示的关系,磁镜比的改善空间有限,只能通过加强径向磁场提高约束能力。一般采用的方法是在螺线管磁场上叠加多极场,通常的多极场是六极场,其径向磁场满足 $B_r(r) = B_0 r^2$。

六极场的产生可以采用励磁线圈,也可以采用永磁体。六极场励磁线圈可以置于螺线管线圈内[见图 1-15(a)],其特点是可最小化线圈内的峰值磁场,螺线管对六极场线圈有强作用力[11]。六极场线圈也可以置于螺线管线圈外[见图 1-15(b)],其特点是可使螺线管对六极场线圈的作用力最小化,但六极场线圈对螺线管有更强作用力,由于六极场线圈半径大,因而需要更高的六极场[11]。六极场线圈置于螺线管线圈外的方案一般较少采用。六极场的永磁体磁场取向和磁场分布如图 1-16[10]和图 1-17 所示。

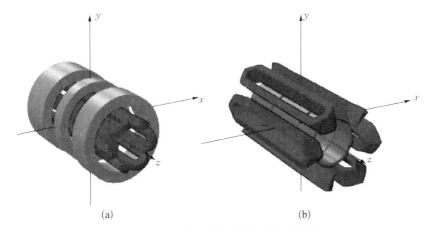

(a)   (b)

图 1-15　六极场励磁线圈和螺线管线圈

(a) 六极场励磁线圈置于螺线管线圈内;(b) 六极场励磁线圈置于螺线管线圈外

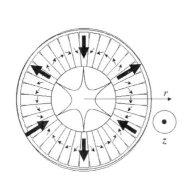

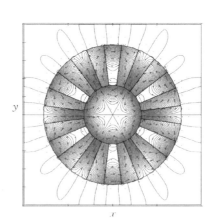

图 1-16　六极场的永磁体磁场取向　　　图 1-17　六极场的永磁体磁场分布

1.6　高频离子源

高频离子源是利用稀薄气体中的高频放电现象使气体电离,一般用来产生低电荷态正离子,有时也从中引出负离子。在高频电场中,自由电子与气体中的原子(或分子)碰撞,并使之电离。带电粒子倍增后,形成无极放电,产生大量等离子体。高频离子源的详细介绍可参阅相关文献[12]。

1.6.1　高频离子源的发展简史

1941 年,格廷(Getting)首先用高频放电的方法研制出高频离子源。其放电管是用玻璃制成的一个圆环,离子靠扩散引出。此离子源的离子流只有130 μA,而气体流量很大。1945 年,阿尔文(Alfven)和科恩·彼得斯(Cohn Peters)所研制的离子源比较接近现在所用的高频离子源。现在所用的高频离子源的原始形式是由索恩曼(Thonemann)在 1946 年制作的,其放电管是一个玻璃球;高频振荡器的频率是 60 MHz,功率为 200 W,阳极上加 0～20 kV 的电压[12]。

实际能用的高频离子源是在 1947 年由勒瑟格伦(Rutherglen)和在 1948 年由索恩曼等分别做出的。索恩曼的离子源结构是现在广泛采用的,它的特点是暴露于放电管内的金属表面尽可能小,质子比达到 92%,气体流量为 15 mL/h,离子流为 500 μA。1951 年,莫克(Moak)将索恩曼源的吸极加以改进,在吸极上套一个石英套管,将气体流量降低为 6 mL/h,离子流为 1 250 μA[12]。

20 世纪 50 年代,高频离子源广泛应用于静电加速器中,高频离子源的大量改进工作也是在这个阶段完成的。60 年代以后,学者们在磁场对源的影响、高频场对引出束性能的影响、光阑式引出系统等方面做了进一步的研究,同时还扩展了高频离子源的使用范围,如产生各类金属离子和负氢离子等。

1.6.2　高频离子源的结构

高频离子源具有质子比较高、结构简单、寿命较长等优点,它主要由真空放电管和高频振荡器组成。真空放电管用于密封电离的工作气体。高频振荡器用于激励电离工作气体的高频电磁场,它与放电管耦合的方式可以分为两大类——电容耦合和电感耦合。

电容耦合是在真空放电管外套两个环,连到振荡器,两个环相当于电容的两极,环之间的高频电场使气体电离,如图 1-18(a)[12]所示。这样产生的放电称为线性放电。电容耦合的高频场频率一般为 1～100 MHz,最高可达 450 MHz,高频功率一般为 0.05～0.1 kW。

电感耦合是在真空放电管外套一个感应线圈,连到振荡器,感应线圈所产生的环状高频电磁场使气体电离,如图 1-18(b)[12]所示。这样产生的放电称为环状放电。电感耦合的高频场频率为 0.1～70 MHz,高频功率一般为 0.1～100 kW。

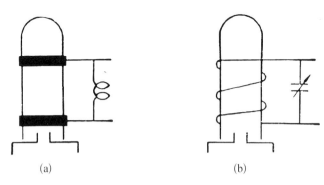

图 1-18 高频离子源原理图

(a) 电容耦合;(b) 电感耦合

很多离子源还在放电管外加一个静磁场,当此磁场垂直于耦合环或感应线圈的轴线时称为横向磁场,平行时称为纵向磁场。外加磁场常常能提高气体放电的离子密度。

等离子体的原子离子可能在金属表面上复合为分子。为了提高质子比,需在高频离子源中采取下列措施:放电管本身用复合系数很小的派勒克斯玻璃做成;在放电管内暴露的金属表面尽可能小;阳极做成丝状,并用一块派勒克斯玻璃或石英片屏蔽起来;放电管的底座在放电管内暴露的部分也用派勒克斯玻璃屏蔽起来。

1.6.3 高频离子源电离原理

高频离子源利用电子碰撞气体粒子(分子或原子)使其电离而引起气体放电,高频气体放电中的电子能量由高频电磁场供给。高频离子源与 ECR 离子源虽然都采用射频场进行电离,但 ECR 源的射频频率高,电子回旋半径很小。高频离子源一般没有回旋共振现象,其电离电子加速电场线甚至不是闭合的,例如电容耦合的电场线只是从电容的一个电极指向另一个电极,电感耦合的电场线虽然是闭合的圆环,但电子的运动轨迹一般不是圆形的。高频离子源具有交变电磁场,很多电离电子的运动具有周期性,例如在电容耦合的两个电极之间运动的电子。

电感耦合高频离子源的耦合电感是一个螺线管,在放电管区域,磁场的主场为轴向,电场为周向的圆环,其电磁场分布如图 1 - 19[13] 所示。放电管内的等离子体密度与射频场功率密度的关系如图 1 - 20[13] 所示。一般而言,气体放电所吸收的高频功率愈大,离子密度愈大。调节耦合部件的几何尺寸和位置、放电管中气体的气压等,可以改变耦合的高频功率和放电的离子密度。

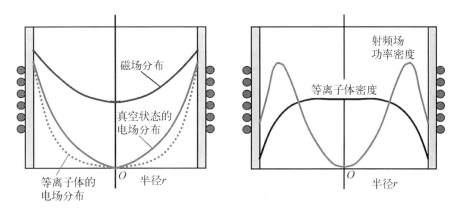

图 1 - 19　高频离子源内电磁场分布　　图 1 - 20　等离子体密度与射频场功率密度关系

高频离子源的工作气压一般为 0.1～10 Pa。气体的电离放电机制可以大致按气压分为两类:第一类的工作气压为 0.1～1 Pa,引出的离子流不大;第二类的工作气压为 1～10 Pa,引出的离子流较大。

1) 第一类放电

第一类放电的气压较低,具有下列特点:① 开始放电时,所需的电场强度的数量级为几十伏/厘米。此场强与放电容器的材料性质有关,而与气体的种类和气压(在一定范围内,不大于 1 Pa)关系不大。但等到放电电离建立之后,放电的性质主要由气体本身的性质决定,而与器壁材料的性质关系不大。② 对于一定大小的容器,有一定的临界频率,当频率小于此临界值时,即使电场很大,也不能引起放电,这个频率称为截止频率[12]。

在放电前,由于宇宙射线和天然放射性等原因,气体中总是存在着少量的自由电子(称为原初电子)。当气压小于 1 Pa 时,电子的平均自由程比放电管的尺寸大,因此电子与容器器壁碰撞的次数要比与气体粒子碰撞的次数多得多。但此时原初电子的数量很少,不可能引起气体放电。只有当原初电子在器壁上打出来的次级电子经过多次增殖,达到一定数量后,才可能有足够多的气体粒子被电离,从而引起气体放电。

使次级电子大量增殖的条件如下:① 打到器壁的电子的能量必须大于一定数值,才能使打出的次级电子的平均数大于 1,这个能量值随材料的不同而不同,为几十电子伏;② 电子在器壁间的往返运动必须与高频电场的变化有一定的共振关系,才能保证次级电子增殖。

2) 第二类放电

第二类放电的原初电子的平均自由程比容器器壁的间距小,电子与气体粒子有较多的碰撞次数,电离的产生主要依靠这些原初电子以及气体电离时所产生的电子。这些电子从高频场获得能量,与气体粒子碰撞而使气体电离,从器壁上打出来的次级电子的作用不占重要地位。第二类放电与频率和容器大小都没有显著的关系[12]。

高频离子源的种类很多,下面主要简单介绍莫克高频离子源、谢尔比诺夫高频离子源和葛波维奇高频离子源。

1.6.4 莫克高频离子源

莫克高频离子源是在索恩曼离子源的基础上改进的,如图 1 - 21[12]所示,它是一种纵向磁场下电容耦合的离子源。整个放电管由三部分组成:管身、管座及顶端,三部分都用派勒克斯玻璃制成。管身由内径为 25 mm 的派勒克斯玻璃制成。顶端是外径为 6 mm 的细管。管座连接一屏蔽罩,用石英套管稳定发射面,用铝吸极引出离子流,引出电压加在顶部钨丝和吸极之间。必须保证吸极、石英套管的加工精度,以及吸极—石英套管—玻璃屏蔽罩之间的同心度和间隙公差,间隙过小套管会因热膨胀而破裂,过大会降低引出流或引起击穿。图 1 - 21(a)中的 3 是一块派勒克斯玻璃隔片,其作用是捕获吸极表面所发射的次级电子,不使它们直接轰击阳极而使阳极烧毁。

纵向磁场常使反向次级电子聚焦于挡片上的一小块区域。为了提高质子比,必须尽量减少暴露在放电空间内的金属面积,所以底部用玻璃屏蔽罩屏蔽吸极。用两个高频耦合环输入高频功率,振荡器频率为 100 MHz,功率约为100 W。此源在气耗为 6 mL/h、总功率为 500 W 下引出总离子流 1.25 mA,质子比达 90%[1]。

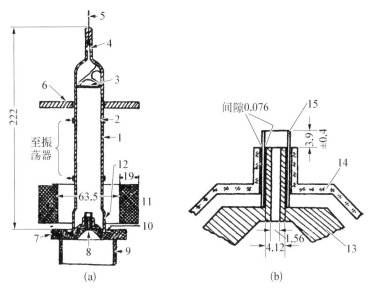

1—放电管;2—高频耦合环;3—派勒克斯玻璃隔片;4—顶端;5—阳极;6—钢盘;7—氢气输
入孔道;8—吸极系统;9—铝制吸极底座;10—派勒克斯玻璃与吸极底座焊接处;11—磁场
线圈;12—派勒克斯玻璃焊接处;13—硬铝吸极;14—玻璃屏蔽罩;15—石英套管。

图 1 - 21　莫克高频离子源简图(单位: mm)

(a) 莫克高频离子源剖面图;(b) 莫克高频离子源吸极系统示意图

1.6.5　其他类型的高频离子源

高频离子源的种类有很多,本书难
以全面介绍,这里只介绍谢尔比诺夫高
频离子源和葛波维奇高频离子源。

如图 1 - 22[14]所示,谢尔比诺夫高
频离子源与莫克高频离子源的结构类
似,所不同的是谢尔比诺夫高频离子源
采用电感耦合,同时没有螺线管而采用
永磁体的横向磁场。

谢尔比诺夫高频离子源的高频频率
一般为 45 MHz,放电管内的工作气压一
般为 1~10 Pa,气耗一般为 4 mL/h,在
2.1 kV 引出电压下引出 0.88 mA 束流,
质子比达 80%[1]。当气耗为 15 mL/h

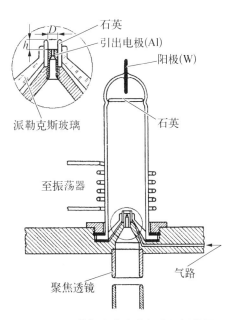

图 1 - 22　谢尔比诺夫高频离子源简图

时,引出电压为 6 kV,引出的离子流可达 5 mA[14]。

葛波维奇高频离子源是一种横向磁场下电感耦合、径向引出的特殊类型的离子源,如图 1-23[2] 所示。为了引出束流的聚焦,螺线管磁场方向与束流引出方向一致。沿耦合电感径向引出的束流可以达到其轴向引出的 3 倍,因为沿磁场方向的扩散离子流大于垂直磁场方向的扩散流。葛波维奇高频离子源的放电室采用球形,阳极位于球室上部。

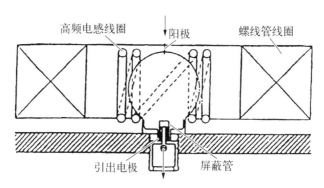

图 1-23 葛波维奇高频离子源简图

葛波维奇高频离子源的高频频率一般为 40 MHz,在气耗为 30~60 mL/h、振荡功率为 300 W、引出电压为 5 kV 时,可获得 5~6 mA 的束流[1, 13]。

1.7 重离子源

重离子指氦以上重元素的离子,所以重离子源要讨论的实际是全元素离子的产生问题,重点是固态元素的离子源。对重离子源的要求,除了束流强度、发射度、能谱宽度等一般指标外,还需要强调以下几点[1]:

(1) 离子种类。除专用设备外,研究用离子源一般希望能产生尽可能多的离子种类。

(2) 运行温度。放电室的运行温度大体决定了可能产生的离子种类。

(3) 质谱。需要努力提高所需离子占总引出束流的比例。

(4) 材料利用率。这对于贵金属或放射性元素特别重要。

(5) 气耗。因为金属离子源常通入气体化合物或辅助气体,气耗一般比较大。

(6) 束流调制度。重离子源引出总流大、质量大,空间电荷效应强,若用顺流气体实现空间电荷中和,要求束流调制度小于 10%。

(7) 更换样品的时间要短,源的寿命要长。

(8) 维护运行要简便。

1.7.1　重离子源的类型

重离子源的种类非常多,其分类方法也很多[1]。

1) 按放电室的运行温度分类

(1) 常温离子源。运行温度不大于 100 ℃,适用于气态元素或有气态化合物的元素,但可以通过溅射法扩展离子的种类。

(2) 中等温度离子源。运行温度不大于 500 ℃,如加热的双等离子体源、高频源、彭宁离子源等。在 500 ℃ 以下能产生 0.1 Pa 以上蒸气压的元素有 Hg、S、Cs、Rb、P、K、Se、Cd、As、Na、Zn、Te、Mg、Li、Sr、Sb 等 10 多种,这类源还可通过输入卤化物蒸气等产生更多种类元素的离子。

(3) 高温离子源。运行温度不大于 1 000 ℃,如 Calutron 源、弗里曼源、磁控管源、尼尔森源等。这些源可用纯金属蒸气放电获得离子元素,包括 Cs、Ba、Eu、Tl、Bi、Pb、Sm、In、Mn、Ag、Ga 等 20 多种。通过输入卤化物蒸气等可产生几乎所有元素的离子。

(4) 特殊的超高温离子源。最高运行温度达 3 000 ℃。

2) 按产生离子的物理机制分类

(1) 等离子体离子源。常用的有 Calutron 源、尼尔森源、双等离子体源、弗里曼源、空心阴极源、冷阴极彭宁离子源、高频源等。还有多电荷态离子源中使用的电子回旋共振源、束-等离子体相互作用源、激光源、电子束源、火花源等。

(2) 表面电离离子源。利用表面电离现象可以产生若干种金属的离子。表面必须在足够高的温度下才能有足够大的蒸发流,且能清除使表面逸出功降低的金属沉积物,所以表面温度必须大于 1 000 ℃。Pt 的逸出功最高,为 5.65 eV,但熔点太低(1 772 ℃)。最常用的基金属是 Ir,逸出功为 5.27 eV,它可在 2 450 ℃ 以下运行。Rh(4.98 eV)和 W(4.55 eV)也是常用的,也有的用 Ir 和 Rh 覆盖在多孔钨上面。进一步增加表面逸出功的方法之一是向表面喷氧[1]。

表面电离离子源的具体安排有以下几种[1]:

① 如图 1-24(a)所示,由坩埚或原子炉产生元素或其氧化物、卤化物的蒸气,通过多孔的高温钨板扩散,经与表面多次碰撞后被电离。这种方案适用

于电离电位低、蒸气压高、化学性能不很活泼的元素,常用来产生碱金属离子。

② 图 1-24(b)表示了一种高温离子源,用钽丝发射的电子流轰击钨电离器。样品处于钨坩埚的底部,通过调节样品离口的距离调节样品的温度(最高达 3 300 ℃)和蒸发率。常使用氧化物样品,蒸发流通过小孔时部分被电离后引出。此源能获得几微安的若干种稀土元素的离子束。

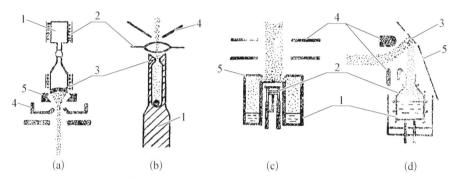

1—坩埚;2—加热丝;3—电离表面;4—加速极;5—聚焦极。

图 1-24 表面电离离子源种类

(a) 坩埚或原子炉气化离子源;(b) 高温离子源;(c) 喷蒸电离离子源;(d) 曲线引出喷蒸离子源

③ 由于多孔型电离器的运行温度有限,对于需要较高电离器温度的元素,可由外部向电离器表面喷蒸气,如图 1-24(c)所示。这种方法的电离系数比较高。

④ 为了回收材料,喷射的中性束直接指向冷表面,采用图 1-24(d)中曲线引出的方法,离子沿曲线轨迹引出。

⑤ 通常在钨上涂某种化合物,如 $Na_2O \cdot 2SiO_2 \cdot Al_2O_3$、$Li_2O \cdot 2SiO_2 \cdot Al_2O_3$ 等,可产生几十微安的碱金属离子等。

表面电离离子源产生的束质谱纯(杂质含量低于 10^{-4} 量级)、能散小($0.2 \sim 0.5$ eV),源的气体负载小;缺点是能产生的离子种类少,仅限于电离电位小于 7 eV 的元素,而且它们(或它们的化合物)在电离器表面温度下必须有适当大的蒸气压。表面电离离子源常用来产生电流密度为 $1 \times 10^{-4} \sim 1 \times 10^{-2}$ A/cm^2 的碱金属或稀土元素的离子。

除了以上分类外,重离子源还包括溅射源、液态金属场发射源、激光离子源等。

1.7.2 重离子源设计与运行中的问题

在重离子源设计与运行中需要注意以下问题。

（1）结构材料的选择。重离子源一般运行在高温、有强腐蚀性、有重离子轰击、有金属蒸气的环境内，所以对材料选择提出了许多特殊的要求，如耐腐蚀、耐高温、在高温下蒸气压低并有好的机械强度、耐重离子溅射、各部件的热膨胀系数要匹配、可加工、经济等。目前还没有能同时满足所有要求的材料，但是有一些材料能应用于重离子源中，常用的有以下几种[1]。

① 高密度石墨：耐高温、耐腐蚀、离子溅射小，但是出气问题严重，在高温下第Ⅰ、Ⅱ族元素很容易扩散进入石墨体内，形成长期的"记忆效应"，与陶瓷接触时有还原作用。

② 不锈钢：加工性能好、便宜，但在高温下耐腐蚀性和机械强度下降。

③ 镍：能应用于 1 000 ℃以下，耐腐蚀性好，有时用作涂层。

④ 钼：最高使用温度约为 2 000 ℃，耐腐蚀，容易加工，是最便宜的耐熔金属。

⑤ 钽：最高使用温度约为 2 600 ℃，容易加工，常用来制造形状复杂的部件。

⑥ 钨：最高使用温度约为 3 000 ℃，不容易与卤素族元素发生反应，但容易与氧发生反应，加工困难。

⑦ 铂、金：耐腐蚀，常用作涂层；铂的最高使用温度约为 1 600 ℃，金的最高使用温度约为 1 000 ℃。

⑧ 氧化铝：耐高温，耐腐蚀，绝缘性能好，但不容易加工成精确的形状。

⑨ 氮化硼：可加工性能好，温度超过 2 000 ℃时会分解，在高温下耐腐蚀性差，吸气、吸水性强，应储存在真空箱或干燥的空气内。

⑩ 可加工陶瓷：可加工性能好，最高使用温度不大于 1 000 ℃。

（2）放电室体积应尽量小，气体密封性能要好，应考虑热膨胀对配合公差的影响。绝缘体应有良好的屏蔽，防止金属蒸气凝结在上面。

（3）引出系统的耐压是一般气体源的一半。离子源的引出间距很重要，且随着离子种类的改变而变化，所以常设计为允许在真空室外调节。应防止蒸气在引出电极上的凝结，引出电极的透明度应尽量增大，以便减小气阻，改善引出区的真空度，所以有的用钨丝做引出电极，使耐压提高，束流增大。

（4）关于阴极的激活。对于那些蒸发热大、沸点高、逸出功比阴极低的正电性元素（如镧、铈、钕、钇等），当蒸气压达到一定值以后，能在阴极表面形成一层薄吸附层，使表面逸出功减小、阴极发射能力剧增、弧流增加、弧压下降、放电不稳定，这种现象称为阴极激活现象。抑制的方法有两种：一种是大幅度降低阴极加热功率,降低阴极温度,使阴极表面吸附更多的原子,形成很厚的吸附层,控制电子的发射量,这种方法简单,但要精确选择和控制加热功率;另一种是输入反激活负电性气体,如 Ar、CS_2、H_2S、S_2Cl_2、CCl_4 等,这种方法需要增加设备,对真空度也有影响。通常可以同时使用这两种方法。

(5) 对各种元素的选择必须十分谨慎,化学性能相似的元素,引出的束流强度常可相差很多。

(6) 应注意避免引出束中所需离子的谱线与杂质离子谱线重叠。如 Ta^+ 与 W^+ 的谱线容易重叠,所以用热阴极源产生 Ta^+ 时,最好不用钨阴极,改用钼或其他阴极。

(7) 应注意源的"记忆效应"。如若干元素极易扩散注入石墨体内,此时应避免使用石墨;当钼放电室或石墨极上存在铬沾污时,会使 Mo^+ 束流下降几个量级等。

1.8　多电荷态离子源

20 世纪 50 年代末以来,由于重离子物理研究工作的开展,特别是用重元素聚合寻找超铀新元素工作的需要,对多电荷态离子源(MCIS,简称多电荷源)的研究已成为离子源领域中非常活跃的一个分支,多电荷源常被用来扩展回旋加速器、低压直流加速器(如离子注入机)的能量范围,以及作为原子物理实验研究和等离子体诊断的手段等。多电荷源的主要研究方向有以下两个[1]:

(1) 获得所有元素的具有高荷质比 ε($\varepsilon = Z/A$,Z 是离子的电荷数,A 是离子的质量数)的离子,以便提高加速器输出束的能量。获得高电荷态重离子的途径大体有以下三种:第一,运用技术上比较成熟的常规气体放电离子源,产生 $\varepsilon \leqslant 0.05$ 的多电荷态离子,加速到 100 MeV(每个核子约为 1 MeV)后,通过靶剥离获得高电荷态离子;第二,研制新型的高电荷态离子源,获得各种元素的 $\varepsilon \geqslant 0.25$ 的离子;第三,研究新型的"集团加速器"(如电子环加速器等),在这些加速器里,多电荷态离子的产生与加速是同时进行的。

(2) 提高高电荷态离子束的流强,一般希望粒子数达到 $10^{12} \sim 10^{14}/s$ 的量级。在多电荷源中,若用测得的电流强度表示离子的流强,不同电荷态的粒子数与电流的关系如下:$1\ \mu A = \dfrac{6.25 \times 10^{12}/s}{Z}$。

多电荷源有各种分类的方法,根据决定电荷态分布的三个特征参数(参与

电离的电子能量 E_e 或 T_e、电子密度 n_e 和离子在电离区内的约束时间 τ_e)进行分类,大体有四类。

① 常规气体放电型多电荷源。它属于低 E_e、低 $n_e\tau_e$、高气压型等离子体源,主要包括各种类型的彭宁离子源、双等离子体源等。它们能产生 $\varepsilon \leqslant 0.05$ 的各种元素的离子,而且它们的结构和技术简单、束流较大,一般使用范围为 $A \leqslant 40$,Z(原子序数)$\leqslant 12$。

② 磁约束高电子温度(T_e)等离子体型多电荷源。它属于高 E_e、中等 $n_e\tau_e$、低气压型等离子体源,如电子回旋共振型多电荷源,常用来产生中等质量数(A)的中等荷质比的离子,属于这一类的还有束-等离子体型源。

③ 高密度惯性约束型多电荷源。它属于极高 n_e、极短 τ_e、高 $n_e\tau_e$ 和高 E_e 型等离子体源,主要包括激光源(简称 LIT)、火花源、金属丝爆炸装置等。这类源可以产生高的电荷态,但它们是短脉冲运行的,脉冲占空比低。

④ 电子束源(简称 EBIS)。前三类源中电离过程都是在等离子体内进行的,而电子束源则利用电子束来电离和约束离子。脉冲型电子束源属于高 E_e、高 $n_e\tau_e$、超高真空型源,能获得较高 ε 的离子。

1.8.1　多电荷态离子源原理

多电荷态离子源中存在多电荷态离子的产生和消亡两个过程。多电荷态离子的产生分为电子单次碰撞、电子多次碰撞、逐级电离、亚稳态原子或离子电离等过程。电子单次碰撞分为一次碰撞直接撞出多个电子、俄歇过程和电子振出过程。多电荷态离子的消亡分为电子交换损失、电子复合损失和扩散损失等。

多电荷态离子源输出的多电荷态离子一般是上述产生和消亡两个过程的平衡态。在平衡态下,一般不同电荷态的离子占的百分比不同,即存在一个电荷态分布的概念。各电荷态按百分比权重可得平均电荷态,也称为最概然电荷态。

电子进行电离时,存在一个电离截面的概念,图 1-25[15] 所示的是一个典型的不同电荷态的电离截面,其中 0-1 表示

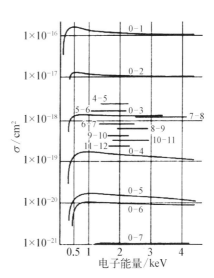

图 1-25　不同电荷态的电离截面

最外层电子的电离截面,0－2表示次外层电子的电离截面,因此,不同电荷态的电离截面不同。图1－26[15]给出了不同元素、不同壳层核内电子的电离能。

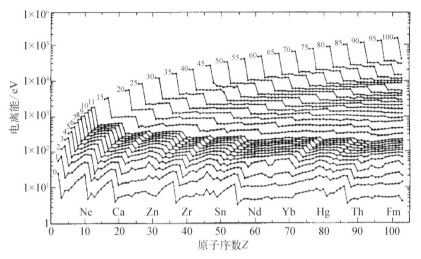

图1－26　不同元素、不同壳层核内电子的电离能

1.8.2　电子束多电荷态离子源

电子束多电荷态离子源的典型结构如图1－27(a)[15]所示。其工作原理是首先将真空室的本底气压抽至2×10^{-8} Pa,再由阴极电子枪发射出5 keV、60 A/cm² 的电子流。用约8 kGs的螺旋管(长80 cm)磁场约束电子束,使其束径保持不变。电子沿漂移管飞行,经离子引出场(电子反射)减速后被电子收集极收集。脉冲输入工作气体,使气压升至约1×10^{-7} Pa,通过电子电离产生多电荷态离子。离子的径向运动受电子束的空间电荷产生的径向位阱约束,只要位阱深度大于离子的初始能量。在15个48 mm的漂移管电极上加适当的电位构成束内离子的位阱。如图1－27(b)所示,随着束内离子数的不断增加,当正电荷密度近似等于电子密度时,纵向位阱被填平,形成俘获离子的饱和电势,离子数不能进一步增加。此时卸掉束流引出端的漂移管上的电位,形成图中虚线表示的电位分布,在很短的时间(约十几微秒)内,所有离子全部被引出。然后再重复上述过程。这种离子源的电离是将离子约束在势阱中,用电子束逐级电离,由于可以持续进行很长时间的约束和电离,可以获得完全剥离的离子,例如N^{7+}、Ne^{10+}、Ar^{18+}、Kr^{34+}、Xe^{44+}等[1]。

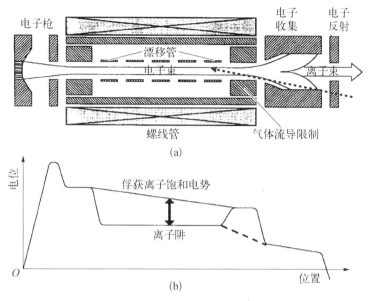

图 1 - 27　电子束多电荷态离子源工作原理图

(a)典型结构;(b)离子源内沿轴线的电位分布

电子束源已经在加速器中获得应用,其主要优点如下:原理简单;注入电子流密度与离子约束时间的乘积 $J_e\tau_e$ 大;对所有元素都可产生荷质比 $\varepsilon \geqslant 0.2$ 的高电荷态离子;态分布窄,而且可以方便地调节产生的电荷态(因为电子束能量单一、可调);寿命长(大于几百小时,使用外电子枪注入时可达几千小时);脉冲方式运行可以得到完全剥离核。但是,由于它的运行方式是脉冲式,占空因子低(10^{-4} 量级),而且电荷态愈高,要求的约束时间愈长,重复频率就愈低,所以平均束流不大;此外,它的技术实现是比较困难的,需要一系列先进的技术,如 $1\times10^2\sim1\times10^3$ A/cm^2 的高密度电子束、$1\times10^{-12}\sim1\times10^{-8}$ Pa 的超高真空和超导磁场等,以及为了在通导非常小的情况下得到 1×10^{-8} Pa 以下的超高真空,需要采用低温泵[1]。

1.8.3　彭宁型多电荷态离子源

目前用来产生多电荷态离子的彭宁离子源主要有以下三类[1]。

(1)间热式彭宁离子源。与其他彭宁离子源相比,这类源的主要优点如下:可以通过改变钨阴极块的加热功率方便地调节气压和弧参数,可以在比较高的等离子体密度和比较低的气压下运行,有利于获得高的电荷态。以稳态运行的氮离子源为例,典型电荷态分布是 N$^+$ 约占 33%,N^{2+} 约占 37%,N^{3+}

约占 30%,可获得 100 μA N^{5+}、40 μA Ne^{5+}、35 μA Ar^{8+}、40 μA Kr^{9+}、10 μA Xe^{11+}。

(2) 自热式彭宁离子源。这种源利用轰击阴极的离子流使阴极加热到足够的热发射温度。它与上一类源在结构和原理上无甚差别。放电功率高时两者的输出性能也相似,但自热式的放电参数不像间热式的那样能随意控制(特别是在功率低时)。一般可获得 0.6%(25 μA) N^{5+} 和少量 N^{6+}、20 μA Ar^{7+}、120 μA He^{2+} 等。

(3) 冷阴极彭宁离子源。它的结构与自热式相似,但阴极一般要用水冷却,而且常以脉冲方式运行。其主要特点是弧压高、弧流低,所以这种源有可能通过单次碰撞过程产生较高比例的高电荷态离子,但是它的总离子流强度要比热阴极源低一个数量级,因而高电荷态离子流并不比热阴极源高。一般可获得 1.7 mA C^{5+}、5 mA N^{3+}、2.2 mA O^{3+}、2 mA Ne^{3+}、0.3 mA Ar^{6+} 等。

1.8.4 电子回旋共振型多电荷源

利用微波放电并加热等离子体,很容易得到高 T_e、高 n_e 的等离子体源,加上有磁镜场的约束作用,可以获得较长的离子约束时间,因此这种源常作为多电荷源使用。

早期的电子回旋共振型多电荷源(简称多电荷态 ECR 源)采用多级电离方式,如图 1-28[1] 所示。在第一级磁镜区内,气压为 0.01~1 Pa,磁感应强度约为 6 kGs。用 1 kW、16 GHz 的微波产生初始等离子体,经磁场导向扩散到第二级。两级间用差分抽气,使第二级内的气压保持在 10^{-5} Pa 以下。第二级的磁感应强度约为 3 kGs,同时附加六极磁场。用 1~5 kW、8 GHz 的微波将电子能量提高到 1~10 keV。在离源出口 3 m 处可获得 2×10^{13}/s C^{5+}、5×10^{12}/s N^{7+}、1×10^{13}/s O^{7+}、1×10^{12}/s Ar^{12+}、4×10^{10}/s Xe^{6+} 的等离子束,归一化发射度约为 0.5π mm·mrad。源运行寿命大于 2 000 h[1]。

对于重元素,多极多电荷态 ECR 源输出的离子的荷质比 ε 下降,同时存在体积大等缺点。要获得更高的离子荷质比,需要更高的电子密度 n_e、离子约束时间 τ_e 和电子温度 T_e,需要将单极多电荷态 ECR 源的约束磁场提高到 1.6 T 以上。此外,更高频率的微波可以产生更高密度的高电荷态离子。多电荷态 ECR 源与单电荷态 ECR 源在结构上基本类似,但与图 1-14 所示有区别的是,多电荷态 ECR 源中的磁场关系是 $B_r > 2B_{ECR}$,$B_{inj} > 4B_{ECR}$,$B_r > B_{ext} > 2B_{ECR}$[16]。为了提高离子荷质比,进行了很多改进,例如混合气体方法、内壁镀膜方法[16] 和双频技术[17] 等。

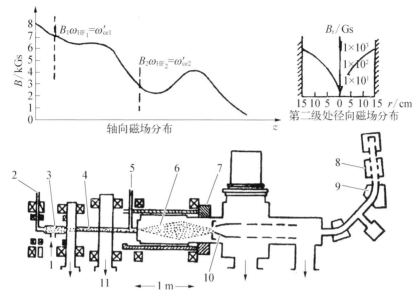

1—气体注入;2—第一级用波导;3—第一级等离子体;4—扩散冷等离子体;5—第二级用波导;6—第二级约束热电子等离子体;7—稳定用棒场;8—发射度测量;9—偏转磁铁;10—引出极;11—至真空泵。

图 1-28　电子束多电荷态离子源工作原理图

目前,多电荷态 ECR 源已经发展了三代。第一代的径向和轴向磁场都采用永磁体,微波频率为 $6\sim14\,\mathrm{GHz}$,微波功率为 $0.5\,\mathrm{kW}$,引出束流小于 $1\,\mathrm{mA}$,Ar 离子电荷态为 $6\sim12$。第二代的径向磁场采用永磁体,轴向磁场采用常温或超导线圈,微波频率为 $14\sim18\,\mathrm{GHz}$,微波功率为 $1\sim2\,\mathrm{kW}$,引出束流为 $1\sim2\,\mathrm{mA}$,Ar 离子电荷态为 $8\sim16$。第三代的径向和轴向磁场都采用超导线圈,微波频率为 $24\sim28\,\mathrm{GHz}$,微波功率为 $5\sim10\,\mathrm{kW}$,引出束流为 $20\sim40\,\mathrm{mA}$,Ar 离子电荷态为 $14\sim18$[15-16]。

第一代的优点是结构紧凑、容易维护、电功率损耗低、水冷小、造价低,缺点是磁场大小难以调节、轴向磁场小、真空电离室小。第一代可产生 $0.1\,\mathrm{mA}$ 的 $\mathrm{C^{5+}}$、$1\,\mathrm{mA}$ 的 $\mathrm{O^{6+}}$、$11\,\mathrm{e\mu A}$ 的 $\mathrm{Xe^{30+}}$、$15\,\mathrm{e\mu A}$ 的 $\mathrm{Bi^{33+}}$ 等[16]。第二代的优点是相比于第一代操作更容易、运行费用低等,缺点是磁场低、电功率消耗高。第二代可产生超过毫安量级的 $\mathrm{Ar^{8+}}$ 和 $\mathrm{Ar^{9+}}$、$300\,\mathrm{e\mu A}$ 的 $\mathrm{Xe^{20+}}$、$60\,\mathrm{e\mu A}$ 的 $\mathrm{Xe^{30+}}$ 等[16]。第三代的优缺点与第一代完全相反,不同实验室引出的离子为 $500\,\mathrm{e\mu A}$ 的 $\mathrm{Kr^{14+}}$、$380\,\mathrm{e\mu A}$ 的 $\mathrm{Xe^{26+}}$、$236\,\mathrm{e\mu A}$ 的 $\mathrm{Xe^{30+}}$、$242\,\mathrm{e\mu A}$ 的 $\mathrm{Bi^{31+}}$、$5.1\,\mathrm{e\mu A}$ 的 $\mathrm{Bi^{50+}}$、$450\,\mathrm{e\mu A}$ 的 $\mathrm{U^{33+}}$、$180\,\mathrm{e\mu A}$ 的 $\mathrm{U^{35+}}$ 等[16]。

1.8.5　激光多电荷态离子源

当激光以 1×10^{13} W/cm^2 的大功率密度轰击金属固体靶时,最初金属表面开始蒸发,大量蒸气吸收激光功率后被加热和电离形成等离子体。它以非常高的压力向外膨胀和向内压缩,压缩过程产生激波,激波也加热等离子体,于是形成一个高温、高密度的等离子体。整个过程在几纳秒的时间内完成[1]。

在激光产生的等离子体中,高电荷态离子主要通过逐级电离产生,离子的消亡过程主要是辐射复合和三体碰撞复合,粒子的漂移损失和电荷交换损失均可忽略。电荷态分布达到平衡时,电离率与复合率相等。对于 $T_e > 10$ eV 的激光等离子体,同时当 1×10^{11} s/cm^3 $< n_e \tau_e <$ 1×10^{12} s/cm^3 时,如果激光脉冲宽度大于离子约束时间 τ_e,又大于得到多电荷态离子所需的电离时间,那么等离子体的电荷态分布已经达到平衡[1]。

激光多电荷态离子源的优点如下:$n_e \tau_e$ 大、T_e 大,因此可以获得高电荷态的离子(如利用 $3 \times 10^{11} \sim 2 \times 10^{12}$ $\mu m^2 \cdot$ W/cm^2 的激光,能对所有 $A < 100$ 的元素产生荷质比 ε 不小于 0.2 的离子);可以通过调整激光功率获得高、中、低电荷态的离子;离子的发射源点小而且确定,所以束的发射度不大,约为 0.1 mm $\cdot$ mrad 量级;发射离子具有高的初始动能;脉冲流强高;脉冲时间很短,一般为几十纳秒;离子源结构简单,如图 1-29[15] 所示。其缺点如下:它以短脉冲方式运行,脉冲重复率随波长增加而下降,所以平均流强不大;可靠性与稳定性低;束流抖动大;气压会在极短的时间内迅速上升,所以真空系统的

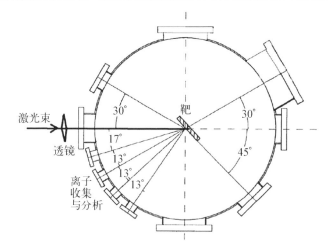

图 1-29　激光多电荷态离子源结构

脉冲抽速要大;不容易形成非固态物质的离子;靶腐蚀严重,寿命短;光学透镜容易被溅射的靶材料覆盖;发射束的能散大等[1]。

1.8.6　金属蒸气真空弧离子源

金属蒸气真空弧(metal vapor vacuum arc, MEVVA)离子源是 20 世纪 80 年代中期发展起来的一种强流离子源,美国劳伦斯伯克利国家实验室(Lawrence Berkeley National Laboratory,LBNL)的 Brown 首先发明了这种离子源。MEVVA 离子源的工作原理如图 1-30[18]所示,其结构如图 1-31[19]所示。

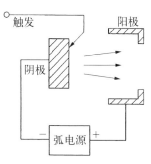

图 1-30　MEVVA 离子源的工作原理图

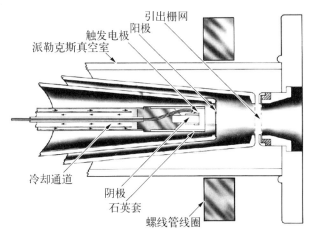

图 1-31　MEVVA 离子源结构简图

MEVVA 离子源的基本工作原理如下[19]:将所需注入的金属制成阴极,阳极一般采用多孔结构,并加载离子引出高压。当触发电极环绕阴极,并与阴极间距约为 1 mm 时,在阳极与触发电极之间瞬间触发 10 kV 左右的弧高压,并在阳极与阴极间提供几十安培的大电流,引起 10 μs 左右的弧光放电,导致阴极物质蒸发并形成等离子体;起弧后在阴极表面造成高温弧斑点的快速游动,以维持阴极表面物质连续不断蒸发;金属正离子通过阳极孔后被引出栅网引出,从而形成宽束金属离子源。

金属表面的起弧过程如图 1-32[18]所示。在阴阳极间加载高压后,金属阴极表面的一些尖端会发射电子,同时快速加热金属尖端。金属尖端在高温下液化、气化和等离子体化。气化和等离子体化的金属迅速膨胀,瞬间形成强大压力,从而产生两个效果:一是推动等离子体中的正离子漂移通过阳极孔;二是压力作用在液化金属上,使得液化金属溅射,从而形成新的尖端。新的金属尖端重复上述过程,从而形成连续的弧放电。图 1-33[18] 为单次弧放电的金属表面显微图,图 1-34[18] 为连续弧放电的金属表面显微图。

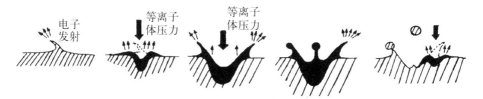

图 1-32　金属表面的起弧过程

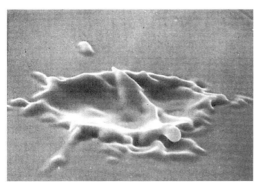

图 1-33　单次弧放电的金属表面显微图　　**图 1-34　连续弧放电的金属表面显微图**

MEVVA 离子源有以下特点。

1) 离子的多电荷态分布

在 MEVVA 离子源中,原子是被多次电离化的,因此离子的电荷态有多种,如表 1-1[18] 所示,其中电荷态栏的数值为百分比,$\overline{Q}_1$ 和 $\overline{Q}_2$ 表示平均电荷态。MEVVA 离子源的这个特点使得在相同的引出电压下,不同电荷态离子的能量是不同的,并且可以在较小的引出电压下获得大的离子能量。

表 1-1　MEVVA 离子源输出离子的电荷态　　　　单位:%

元素	无螺线管聚焦磁场						有螺线管聚焦磁场							$\overline{Q}_2/\overline{Q}_1$
	1+	2+	3+	4+	5+	$\overline{Q}_1$	1+	2+	3+	4+	5+	6+	$\overline{Q}_2$	
C	96	4	—	—	—	1.0	60	40	—	—	—	—	1.4	1.40
Mg	51	49	—	—	—	1.5	5	95	—	—	—	—	1.9	1.27

(续表)

元素	无螺线管聚焦磁场						有螺线管聚焦磁场							$\overline{Q_2}/\overline{Q_1}$
	1+	2+	3+	4+	5+	$\overline{Q_1}$	1+	2+	3+	4+	5+	6+	$\overline{Q_2}$	
Al	38	51	11	—	—	1.7	10	40	50	—	—	—	2.4	1.41
Sc	23	66	11	—	—	1.9	16	23	59	2	—	—	2.5	1.31
Ti	11	76	12	1	—	2.0	5	35	54	6	—	—	2.6	1.30
V	11	72	15	2	—	2.1	13	31	48	8	—	—	2.5	1.19
Cr	14	70	15	1	—	2.0	11	26	55	8	—	—	2.6	1.30
Mn	48	52	—	—	—	1.5	26	47	25	2	—	—	2.0	1.33
Fe	28	68	6	—	—	1.8	7	58	35	—	—	—	2.3	1.28
Ni	43	50	7	—	—	1.6	19	62	18	1	—	—	2.0	1.25
Co	34	59	7	—	—	1.8	9	56	31	4	—	—	2.3	1.28
Cu	28	53	18	1	—	1.9	8	41	47	3	1	—	2.5	1.32
Y	7	63	29	1	—	2.2	6	9	77	8	—	—	2.9	1.32
Nb	3	40	39	16	2	2.7	1	9	23	52	13	2	3.7	1.37
Mo	7	30	40	20	3	2.8	5	11	26	48	10	—	3.5	1.25
Ba	3	97	—	—	—	2.0	2	41	53	3	—	—	2.6	1.30
La	4	65	31	—	—	2.3	3	16	61	20	—	—	3.0	1.30
Gd	8	81	11	—	—	2.0	1	43	41	15	—	—	2.7	1.35
Er	8	62	30	—	—	2.2	2	12	70	16	—	—	3.0	1.36
Hf	7	26	48	18	1	2.8	5	16	31	32	15	1	3.4	1.21
Ta	1	17	39	39	4	3.3	1	5	13	40	41	—	4.2	1.27
W	1	17	35	35	12	3.4	1	5	16	39	32	7	4.2	1.24
Pt	12	70	18	—	—	2.1	3	25	64	8	—	—	2.8	1.33
Pb	40	60	—	—	—	1.6	1	75	24	—	—	—	2.2	1.38
Bi	89	11	—	—	—	1.1	9	60	31	—	—	—	2.2	2.00

2）高束流密度

MEVVA 离子源采用脉冲模式,瞬间产生的束流密度十分高。高束流密度离子束将产生十分重要的离子束热效应,注入温度可以达到 400 ℃。同时正是由于束流密度高,所以注入时间大大缩短。束流脉冲长度为 0.1～0.5 ms,重复频率为几十赫兹到几百赫兹,脉冲流强一般为 50～500 mA,高的可达几十安培。

3) 宽离子束斑

在 MEVVA 离子源中,无须离子束扫描系统就能获得大面积的均匀离子注入。同时,其横向和纵向的发射度很大,一般为几百 πmm·mrad 量级。

1.9 负离子源

负离子源是一种非常重要的离子源。20 世纪 50 年代,利用负离子源建造了串列式静电加速器。60 年代,负离子源应用于回旋加速器。70 年代初,用负离子注入高能加速器。根据负离子的产生和引出机制,可将负离子源分成以下几类(见图 1-35[1]):

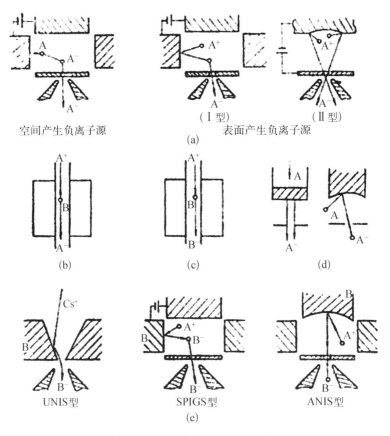

图 1-35　各类负离子源原理示意图

(a) 直接引出型;(b) 电荷交换型;(c) 高压离解型;(d) 表面电离型;(e) 溅射型

　　(1) 从等离子体直接引出型负离子源。负离子由等离子体直接引出。根据负离子产生机制的不同,这类源可再分成两种:第一种是空间产生负离子源,用电子在放电空间内产生负离子;第二种是表面产生负离子源,用等离子体内的高能离子(或原子)在阴极表面反射或解吸产生负离子。图 1-35(a)中 I 型产生的负离子经过与等离子体和气体碰撞后引出;II 型不经任何碰撞直接引出。

　　(2) 电荷交换型负离子源。负离子由高能正离子与靶原子电荷交换碰撞产生。

　　(3) 高压离解型负离子源。由高能正离子与靶分子碰撞,经离解捕获过程产生靶原子的负离子。

　　(4) 表面电离型负离子源。由表面电离产生负离子。

　　(5) 溅射型负离子源。用正离子轰击表面,通过溅射过程生成负离子。按其结构特点可分成三种:① 通用负离子源(简称 UNIS),用高能(约 30 keV)铯离子在高真空区内轰击表面溅射产生负离子;② 径向引出冷阴极彭宁溅射型负离子源(简称 SPIGS),由放电等离子体供给的低能(约 1 keV)铯离子轰击阴极表面生成负离子,经过与等离子体碰撞热化后引出;③ 直接出射彭宁溅射型负离子源(简称 ANIS),与径向引出冷阴极彭宁溅射型负离子源不同的是,负离子生成后不经碰撞直接引出。

　　早期,负离子束是用辉光放电源产生的,可引出 10^{-7} A 数量级的 H^-。此后,以正离子源为基础,H^- 源沿以下两个方向发展[1]:

　　(1) 从放电等离子体中直接引出负离子。由于高温电子产生 H^- 的截面(约 10^{-18} cm^2 量级)比 H^- 在等离子体内碰撞解吸的损失截面($2 \times 10^{-14} \sim 7 \times 10^{-14}$ cm^2)小 3~4 个数量级,放电室内 H^- 的密度一般小于电子密度的 5%,所以 20 世纪 70 年代以前 H^- 离子流局限于 5 mA 以下,且引出电流中电子流占比很大。克朗(Krohn)在 1962 年发现,用 Cs^+ 轰击金属靶,可以使负离子产额提高一个数量级。但直至 70 年代,这一成果才被用来发展各种类型的表面溅射源。将铯引入等离子体以后,发明了表面等离子体源,它使负氢离子流提高到安培量级。可以说,70 年代是负离子由空间产生向表面产生发展的新阶段。80 年代,发现在低温等离子体内处于高振动能级的激发态氢分子的离解吸附截面要比基态氢分子的高 4~5 个量级,这又一次引起了人们利用此空间过程产生 H^- 的兴趣。

　　(2) 用正离子通过电荷交换产生负离子。最初,利用氢或汞蒸气作交换靶质,由于交换效率低,束流长期提不高。1967 年,唐纳利(Donnally)发现,用铯作交换靶质可以大大提高 H⁻ 的产额,于是出现了一系列用碱金属作交换靶质的负离子源。

一般,一种元素的负离子可以用几种类型的负离子源产生。有些元素本身不能或很难形成负离子,但其氧化物或氢化物的负离子却很易形成,如 BeH^-、BH^-、NH^-、MgH^-、AlH^-、SeH^-、WO_3^-、ArF^- 等,可以用加速器加速这些化合物负离子,以便获得这些元素的高能原子核。

1.9.1 负离子源原理

在负离子源内存在两个过程:一是负离子的产生,二是负离子的衰亡。这两个过程所达到的平衡状态决定了负离子源的性能。负离子的产生分为空间产生负离子和粒子碰撞固体表面产生负离子,下面对其原理进行简介。

1.9.1.1 空间产生负离子

空间产生负离子是指在等离子体内部产生负离子,其产生机制包括电子碰撞形成负离子和离子(或原子)电荷转换碰撞形成负离子。电子碰撞形成负离子包括 5 个方面的贡献:离解吸附、极化离解、离解复合、辐射俘获、三体碰撞俘获[1]。

离解吸附是一般放电等离子体内形成负离子的主要过程。电子与氢分子碰撞后的离解吸附过程如下:$e^- + H_2 \rightarrow H_2^- \rightarrow H^- + H$。其中,$H_2^-$ 是过渡能态,它有一系列振动能级,是不稳定的,寿命为 $1 \times 10^{-15} \sim 1 \times 10^{-11}$ s。在吸附电子自动解吸前,存在离解产生 H⁻ 的概率,这种概率由自动解吸寿命与离解所需的时间之比决定,并且具有如下特点[1]:

(1) 离解吸附有强烈的共振特性,即在电子碰撞形成 H⁻ 的截面与电子能量的关系中,存在 3 个共振峰。

(2) 离解吸附概率与过渡能态 H_2^- 的寿命成正比。

(3) 离解吸附有强烈的同位素效应,因为核质量大时分子离解需要的时间长,所以截面小。

当电子能量 $E_e > 17.2$ eV 时,可以产生氢分子的极化离解:$H_2 + e^- \rightarrow H^- + H^+ + e^-$。这个过程不存在过渡态,所以没有同位素效应。在 $E_e < 38$ eV 时,随 E_e 的增加,截面以近似线性上升至 1.7×10^{-20} cm²,达极大值后随 E_e 的增加而减小[1]。

理论上,$E_e > 1.9$ eV 时可以产生离解复合过程:$H_2^+ + e^- \rightarrow H^- + H^+$。

其截面随 E_e 的提高而迅速下降,在低能区($E_e < 3.7$ eV),它比离解吸附截面大 2~3 个量级[1]。

氢的辐射俘获过程在 $E_{e\,max} \approx 0.7$ eV 时,有最大截面 $\sigma_{e\,max} \approx 5 \times 10^{-22}$ cm²。 对于一般等离子体它可以忽略[1]。

三体碰撞俘获过程只有在第三体电子密度大于 1×10^{18} cm³ 或氢原子(或氢分子)的密度大于 1×10^{16} cm³ 时,才有与辐射俘获过程相同数量级的反应率产生,所以一般可以忽略它。

离子、原子相互碰撞时彼此可以转换电子,这种碰撞过程称为电荷转换碰撞。正离子与气体靶原子碰撞,也可以通过一次俘获两个电子的过程形成负离子。但它的截面要比正离子转换为中性原子的截面小 2 个数量级,所以它的贡献一般很小。快负离子与慢原子碰撞,可通过电荷交换过程形成慢负离子和快原子。它既是放电等离子体内形成慢负离子的过程,又是高能离子在飞行途中变成慢离子而损失的过程。

1.9.1.2　粒子碰撞固体表面产生负离子

离子或原子与固体表面发生作用时,可以产生十分复杂的过程,如入射离子的反射和吸收、固体材料的溅射、吸附于表面的气体的解吸、次级粒子发射、光子辐射等。从表面出射的各种粒子可能有多种电荷态(正、负、中性)、激发态和质谱(单原子、聚团原子)。以下简单介绍与产生负离子有密切关系的若干过程[1]。

粒子与固体表面的相互作用与固体表面的状态的关系非常密切。固体表面的状态不仅与晶体和杂质原子的性质有关,而且与表面气体(或化合物)吸附层的性质有关。按气体在表面的吸附机制和吸附力的强弱,气体吸附于表面的状态大体有三种[1]。

(1)物理吸附。若吸附原子的电子壳层是填满的(如惰性气体),则吸附原子与金属间没有电子交换,只通过偶极间相互作用吸附在表面。

(2)弱化学吸附。吸附原子与金属的电子壳层部分重叠,构成共价型弱化学吸附带。

(3)强化学吸附。可分为两类:① 吸附电正性原子、金属的逸出功大于吸附原子的电离能时,吸附原子的价电子能级处于金属费米能级之上,于是吸附原子将它的价电子交给金属后呈正离子态,吸附的正离子层将在金属内感生一负电层,因此在表面形成一个离子-负电层的电偶层。② 吸附电负性原子。与上述情况相反,表面是吸附原子的负离子层。

金属表面的逸出功是影响负离子产额的重要参数。在经典金属理论中,它等于在绝对零度下金属内自由电子由金属逸出所需要的最小能量。影响表面逸出功的因素有很多,在离子源内除金属本身的性质外,最重要的是表面吸附层的性质和厚度。如前文所述,无论哪类吸附状态,表面均存在一个电偶层。

在纯金属中,铯的逸出功最低,是最好的电子施主。这就决定了铯在负离子源中的重要地位。它的熔化温度为 29 ℃,室温下呈半液态。铯的熔化热为 520 cal[①]/mol,其蒸气压列于表 1−2 中。

表 1−2 铯的蒸气压

$T/℃$	0	22	47	75	109	159	202	269	359	486	682
p/atm	1×10^{-10}	1×10^{-9}	1×10^{-8}	1×10^{-7}	1×10^{-6}	1×10^{-5}	1×10^{-4}	1×10^{-3}	1×10^{-2}	1×10^{-1}	1×10^{0}

铯的化学性质非常活泼,常温下在空气中能自燃,遇水会爆炸。处理剩余铯时,需在氩气保护下将铯放入盛有纯度高于 99% 的异丙醇的烧杯内,经缓慢的化学作用后丢弃。铯遇氢时可生成氢化铯,有时它沉积在输氢气的孔道内,会使孔道堵塞。

次级粒子发射指通过溅射或解吸,从靶面发射出靶物质的粒子的现象,发射的粒子包括电子、原子、正离子和负离子。应该指出,入射粒子本身由靶面反射时,同样有概率形成离子(这一过程是表面-等离子体负氢离子源内形成 H^- 的重要过程)。

粒子入射时的电荷态既不影响它与靶粒子间的动量交换过程,也不影响出射粒子的电荷态。出射粒子的电荷态取决于它与靶材间相互交换电子的过程,这种过程发生在极薄的表面层内,影响这种交换的主要参量是粒子的电子亲和势 E_{ea} 以及电离能 E_i 相对于表面逸出功的大小。例如,若电子吸附在原子上形成负离子的能级(电子亲和势)低于金属的费米能级,那么金属的电子就有很大的概率转移到原子上形成负离子;反之,如果原子最外层电子的能级(电离能)处在金属的费米能级之上,则原子的电子就有很大的概率转移到金属上而变为正离子。

此外,出射粒子的电荷态还与它垂直表面的速度有关,不论入射时粒子的能量如何,相同能量的出射粒子的正离子和负离子的数量比值相同,$v_\perp$ 愈小,

---

① 1 cal ≈ 4.186 J。

形成负离子的概率愈大,但其存活概率愈小;反之则相反。因此,必然存在一个最佳的 $v_\perp$,使次级负离子发射系数达到最大值。

1.9.1.3　负离子的衰亡

负离子的电子亲和势很小,所以被吸附的电子很容易因与各种粒子碰撞而解吸,负离子的衰亡过程主要有如下几种。

1）光子碰撞

$$A^- + h\nu \rightarrow A + e^-$$

2）电子碰撞

$$A^- + e^- \rightarrow A + 2e^-$$

3）原子(或分子)碰撞

碰撞解吸
$$A^- + B \rightarrow A + B + e^-$$
$$A^- + B \rightarrow A^+ + B + 2e^-$$

形成分子
$$A^- + B \rightarrow AB + e^-$$

4）离子碰撞

复合碰撞
$$A^- + B^+ \rightarrow AB + h\nu$$
$$A^- + B^+ \rightarrow A + B$$

剥离碰撞
$$A^- + B^+ \rightarrow A + B^+ + e^-$$

5）碰撞固体表面

$$A^- \rightarrow A + e^-$$
$$A^- \rightarrow A^+ + 2e^-$$

此外,强电场也可使一些电子亲和势非常低的负离子衰亡,如 4.5×10^5 V/cm 的电场可使 He^- 解吸。强磁场对高速运动的负离子也有相似的作用。

1.9.2　从等离子体直接引出的负离子源

从等离子体直接引出的负离子源是强流负离子源的主要种类,包括空间产生负离子源和表面产生负离子源,具体类型有磁控管负离子源、彭宁负离子源、多极会切场负离子源和双等离子体负离子源等,这里主要介绍前面3种。

1.9.2.1　磁控管负离子源

磁控管负离子源是一种表面产生负离子源,其结构如图 1-7 所示。这种负离子源首先由俄罗斯 Budker 核物理研究所在 20 世纪 70 年代开发,后来传授给 FNAL、BNL、ANL 和 DESY 等实验室。磁控管负离子源可提供 100 mA 的脉冲负氢离子,平均流强为 0.5 mA,亮度为 3 mA/(mm·mrad)^2,寿命约为 25 周[20]。

在负离子引出区域,如图 1-36[20] 所示,在引出孔正对的阴极表面镀铯,所加磁场约为 1 kGs,阴阳极加载电压约 150 V。电子围绕阴极做跑道运动时,首先将气体电离为正离子,正离子在电场作用下碰撞到镀铯的阴极表面,获得两个电子而形成负离子,进而引出负离子。

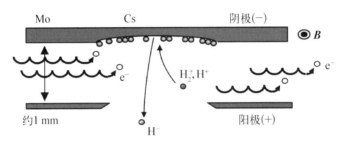

图 1-36 磁控管负离子源原理示意图

1.9.2.2 彭宁负离子源

彭宁负离子源包括空间产生型和表面产生型。空间产生型彭宁负离子源用坩埚将铯加热成蒸气,并用氢气做辅助气体,通入等离子体放电室。放电室内的工作气体原子或离子碰撞俘获铯原子的电子,产生负离子。在 800 Gs 磁场、400~2 000 V 弧压、50~500 mA 弧流、3 mm 直径引出孔的条件下可获得多种金属元素微安量级的负离子[1]。

表面产生型彭宁负离子源首先由 Budker 核物理研究所在 20 世纪 70 年代开发,后来传授给 RAL、INR 和中国散裂中子源等实验室。它可提供 40 mA 的脉冲负氢离子,平均流强为 1 mA,维护周期约为 4 周,由于引出的离子束中没有直接溅射产生的,所以其束流亮度更高[20]。

彭宁负离子源工作原理如图 1-37[20] 所示,也是在阴极表面镀铯,所加磁场约为 1 kGs,弧压约为 150 V,弧流约为 50 A。电子在对阴极间做往返螺旋运动时,首先将工作气体电离为正离子,正离子在电场作用下碰撞到镀铯的阴极表面,获得两个电子而形成快负离子,快负离子与其他粒子碰撞后产生慢负离子,慢负离子从束流孔引出。RAL 实验室的彭宁负离子源是最典型的结构,如图 1-38[20] 所示。

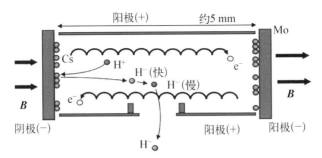

图1-37 彭宁负离子源工作原理示意图

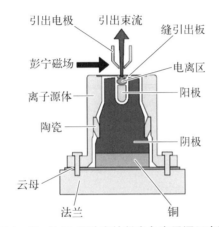

图1-38 RAL实验室的彭宁负离子源示意图

1.9.2.3 多极会切场负离子源

多极会切场负离子源包括空间产生型和表面产生型。多极会切场指在等离子体放电室外围排布一圈相邻极性相反的永磁体,如图1-39[20]所示。环形排布的多极会切场磁铁所形成的磁场分布如图1-40[21]所示,图1-39所示的方形排布的多极会切场磁场分布与图1-40所示的类似,即等离子体放电室中心区域的磁场很弱,边缘区域的磁场很强,从而形成磁镜效应,约束放电室中心区域的等离子体。

图1-39所示是表面产生型负离子源,其中灯丝发射的电子用于电离产生等离子体,正对束流引出孔的阴极表面做成弧形,用于引出束流的聚焦,同时对阴极表面镀铯。多极会切场磁铁可以在径向和轴向同时放置。空间产生型多极会切场负离子源主要有两种:一种是热阴极(灯丝)电离的等离子体源,另一种是射频(RF)场电离的等离子体源。热阴极会切场空间产生型负离子源如图1-41[11]所示,其中的过滤磁铁主要限制高能电子的引出。射频会切场空间产生型负离子源分为两种:一种是射频耦合线圈在放电室内,如图

1-42[22]所示;另一种是射频耦合线圈在放电室外,如图1-43[23]所示。图1-42中的过滤磁场与图1-41中的过滤磁铁的功能相同,偏转磁铁则将负离子和电子同时偏转,但电子的偏转角度大,会损失在截流电极上,因此可过滤掉从束流孔引出的低能电子。铯环的内表面镀铯,可以进一步提高负离子产额,因此这种源的负离子产生机制包括空间产生和表面产生两种。

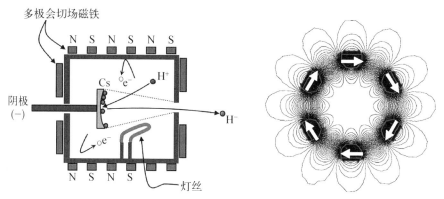

图1-39　多极会切场表面产生负离子源　　　图1-40　多极会切场磁场分布

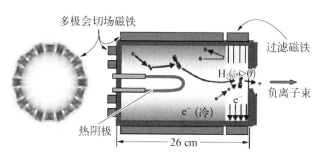

图1-41　热阴极会切场负离子源

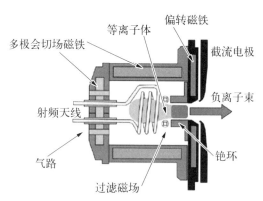

图1-42　射频内耦合负离子源

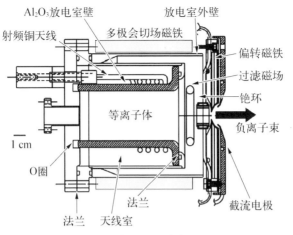

图 1-43　射频外耦合负离子源

多极会切场负离子源可获得 $60\sim80$ mA 低占空比的脉冲束,也可获得 25 mA 的直流束[20]。

1.9.3　电荷交换型负离子源

电荷交换型负离子源是从离子源中引出正离子后,利用交换靶将其变为负离子。

早期,交换靶质为金属箔,有较高的转换效率,如 10 keV 的质子通过铍薄膜时,可获得 12.39% 的 H⁻ 束。但这种方法获得的束流受薄膜热负荷的限制(约不大于 0.1 μA 量级),能量损失大、能谱宽、散角大、薄膜寿命短。1965 年后,用各种碱金属蒸气做靶。在选择靶材时应考虑的因素有如下几种[1]:

(1) 负离子产额要大。

(2) 最大产额对应的最佳能量应尽量高,产额与能量关系的峰的宽度应尽可能大。

(3) 靶材对束的散射和电荷交换过程的动量转换引起的附加散角应尽可能小。在这一方面,钠的散射要比铯的小。

(4) 靶材引起的附加能散应尽量小。对于在静电加速器上采用电聚束法获得纳秒负离子束的装置,这一点尤其重要。

(5) 靶对真空和其他部件的污染应尽可能小,如碱金属蒸气对离子源、加速管或其他装置的污染。在这方面,铯的渗漏约比钠的大 30 倍。

(6) 操作运行安全,靶厚调节方便,寿命长,功耗小等。

靶材的选择要根据装置的要求进行,常用的靶材有氢、碱金属、碱土金属等。铯有最高的交换效率,常用于强流源;钠具有许多比铯好的优点;一些加速器仍用氢做交换靶,也有的用 Sr、Ca 等[1]。

交换靶的结构有金属薄膜、等离子体靶和气体交换靶。气体交换靶大体有以下三类[1]:

(1) 气体靶。大多利用离子源输出的剩余顺流气体做靶,也有用定向气体射流的。这类靶结构简单,可利用它实现强流束的空间电荷中和,但调节靶厚困难,交换效率低。

(2) 蒸气靶。在加热的管道内产生具有一定蒸气压的金属蒸气,形成需要的靶厚。靶厚可以独立调节和测量,产生方法简单,但蒸气要向两端扩散,为了限制蒸气流扩散,就要加限制光阑,这使装置的接受度减小。在结构上应注意以下几点:第一,交换管道的两端要加抑制电子的电极,以便使次级电子尽量保持在束内,更好地中和正离子的空间电荷,并减少引出束中的电子成分。第二,要尽量减少蒸气逸出管道和冷凝在绝缘体上。第三,对贵金属(如碱金属),可采用"重力法"或"毛细管法"的回收装置回收金属。第四,为了稳定靶厚需稳定管道的温度,除要稳定加热管道的功率外,还应防止离子轰击产生的附加热源引起的温度变化等。

(3) 超声速射流靶。它使高气压金属蒸气流通过喷嘴向真空喷射,从而形成一种定向射流。

原则上可以用各种重元素正离子源通过交换靶产生各种元素的负离子。例如,用水银阴极双等离子体源,向放电室输入金属蒸气、氯化物气体,或用氩离子溅射产生原子后,引出多种元素的正离子,然后利用 15.2 cm 长的钾蒸气交换管道,获得微安量级的 B、Al、Ga、In、Ti、P、As、Sb、Bi、Be、Cu、Ag、Sn、Ta、W、Hg、U 等元素的负离子。也可用毫安量级的正离子,通过锂靶获得 200 μA Te、50 μA Ni、25 μA Fe、1 μA U 的负离子束[1]。

1.9.4 溅射型负离子源

溅射型负离子源(sputtering ion source)是将阴极溅射现象产生的固体原子引入放电室产生离子,或通过溅射直接产生需要的离子的负离子源。对后一种情况,溅射不仅决定离子流的大小,而且溅射粒子的角分布、能量分布对离子源的发射度和能谱等影响极大。溅射型负离子源是产生负重离子的主要离子源,可分为离子束溅射型负离子源和等离子体溅射型负离子源两种结构。

"溅射"一般指的是"物理溅射",即由高能离子(或原子)轰击表面,通过弹性碰撞使原子射出靶面。在离子源内关心的只是"反溅射",即把原子反弹出靶面,轰击粒子的能量范围约为几十电子伏至几十千电子伏,靶面为非单晶体。此外,溅射还常对离子源内各电极的寿命起决定作用。

1.9.4.1　基本原理

对于溅射的物理机制存在许多理论模型,这里仅对 P. 西格蒙德(P. Sigmund)的碰撞模型做简单介绍,这种模型的物理图像如下:入射的初始粒子与靶原子碰撞时,可将相当的能量交给靶原子,使它射出晶格,这种反弹靶原子又可引起"雪崩式"碰撞。初始粒子和反弹靶原子在靶体内经一系列碰撞而减速,一部分被靶体吸收,另一部分可能撞击处在靶表面的薄层(厚度为 $2\sim$ 3 个原子层,5Å 左右)内的靶原子。如果这些靶原子获得高于其束缚能的能量,它们就有可能被撞出靶面。这部分出射粒子的特点是能量低、数量大(占溅射粒子中的大部分)。此外,有小部分高能反弹靶原子可以直接射出靶面,这些粒子能量通常比较高。所以,虽然它们的数量很少,但在能量上常占溅射粒子束总能量的大部分[1]。

根据简单的各向同性反弹流的假定,溅射粒子的角分布应服从"余弦分布",与入射粒子的角度无关。然而,实验中观察到,在入射粒子的能量较低,且垂直入射情况下,角分布一般是接近余弦分布的"低余弦分布"(即在垂直靶方向上的溅射流要比按余弦分布规律计算的稍少些);随入射能量的增加,角分布逐渐接近余弦分布;当能量高至几十千电子伏时呈现"超余弦分布"。但在倾斜入射时,实验结果与上述规律有显著的偏离,甚至有的在反射方向上存在较大的溅射粒子流。

1.9.4.2　通用负离子源

通用负离子源(UNIS)典型结构如图 1-44 所示。它由以下部件组成[1]:

(1) 铯正离子源。一般用表面电离源。由铯锅产生的铯蒸气,经温度约为 1 100 ℃ 的钨(用铂更好)发生表面电离,产生约 2 mA 量级的 Cs^+ 流(有的用正面喷铯的方法产生),它由加速极加速至 $20\sim50$ keV,再轰击靶面。Cs^+ 既用来产生溅射,又用来提供靶面铯层以降低逸出功。

(2) Cs^+ 的聚焦对中系统。Cs^+ 束用单电位透镜聚焦,同时把中间减速极分成四片,通过附加偏转电压将束调节到所需位置上。这样可使负离子的发射面积减小,而且在靶面的最有效的位置上产生,使束的亮度提高 3 倍。

(3) 溅射靶。一般呈锥状,靶的形状不十分重要,采用 40° 锥状靶能获得

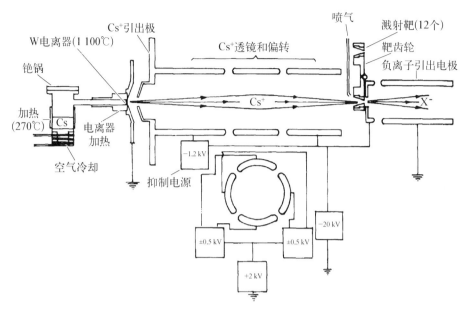

图 1 - 44 UNIS 典型结构示意图

较好的结果,但也曾观察到圆柱形孔靶可使发射度减小一半。10 多个靶片安装在一个转盘上,转盘可以在真空外转动角度,以便更换靶材。靶与铜盘间要有良好的热传导。

(4) 喷气系统。有时需向靶面喷气,喷气的作用有几个方面。第一,如果所需负离子的来源物质是气态时,可将这种气体喷至钛靶,通过溅射产生所需负离子。第二,可以通过向靶面喷某种气体来提高若干元素的负离子产额。例如,在锂靶上喷氧,可使 Li^- 流提高两倍。第三,可用喷氢气、氧气、氮气至靶的方法,产生靶元素的氢、氧、氮的化合物负离子,供给加速器用于加速。此外,如将氨气喷至 Mg、Ca 等靶上,可以大大提高 MgH^-、CaH^- 的产额(从喷氢气时的 1 nA 提高到 1 μA 量级)等。

(5) 负离子的引出加速系统。束流随着靶的引出孔径的加大而增大,但孔径加大,像差加大,所以只有在 Cs^+ 束流强和束径大时才取大的孔径。引出电压对束流的影响不大,但场强过高时,像差会增大。在靶与负离子加速极间增设抑制极,可以减少 Cs^+ 反流,进而增加产额、延长寿命。引出束的能谱宽度小于 100 eV。束的发射度为 6~14 mm·mrad·$MeV^{1/2}$,与离子质量关系不大。负离子束的质谱主要由溅射材料的化学性质决定,相同族的元素有相似的质谱。

通用负离子源几乎可以产生所有元素或化合物的(只要存在稳定负离子)负离子流,束流强度约为微安或几十微安量级。负离子流的束流强度大小取决于溅射产额、电子亲和势和表面逸出功。例如 Au 电子的亲和势约为 2.3 eV,且容易溅射,所以 Au^- 离子流大;Mo 不易溅射,很难产生 Mo^-。溅射产额的大小还有周期性的变化,同一族元素的负离子产额随质量增加而迅速下降,调试溅射源的性能时,常用 Cu、C 做典型元素。产生各类负离子的常用方法如下[1]:

(1) 对于气态物质,用该元素的气体或化合物气体喷射金属靶的表面。例如,喷氧可产生几微安的 O^-;喷氨气可产生 20 μA H^-;喷 H_2S、SF_6 可产生 S^- 等;也可用吸附该气体的靶,如钛吸附氘或氚;还可用该元素的化合物做靶,如溅射硫化物产生 S^- 等。

(2) 对于一般金属元素,可直接用金属靶溅射,如用石墨靶产生 30 μA 的 C^-、用 Si 粉末压制的靶产生 30 μA Si^- 等。有时,通过喷某种气体的方法可提高负离子的产额,如将氧气喷至锂上产生 2.8 μA Li^-。

(3) 对于低熔点金属元素,一般用它的化合物做靶,如产生 CsC_6^-、CsC_4^- 等。

(4) 对于电子亲和势小的或负的元素,需用氢、氧或氮化合物,如对于碱土金属,可喷氨气至靶产生微安量级的 MgH^-、MgH_3^- 等。

通用负离子源一般都用高能、小电流的铯离子在高真空下产生溅射,它具有以下优点:通用性好、产额大、可连续更换样品、无气体负载、源的寿命长、功耗不太大(总功率约为 300 W)、结构简单、运行稳定、能散小等。在这类源中,Cs^+ 既用来产生溅射,又用来控制表面铯层的厚度,故离子源往往不在最佳铯层厚度下运行。在长期轰击表面达到稳态平衡时,表面铯层的厚度随靶材不同而不同,它与溅射比成反比关系,所以高溅射产额的材料(如 Ag、Cu、Au 等)由于表面铯层很少,不能形成最佳负离子的产额(离子流还受到 Cs^+ 离子流的限制),因此,这类源产生的离子流一般不超过几十微安量级。为了克服这一缺点,进行了将铯直接喷至靶面的试验。此外,由于离子束轰击面积较大,而且离子发射方向与引出方向几乎垂直,束发射度就比较大[1]。

1.9.4.3　彭宁溅射型负离子源

彭宁溅射型负离子源分为径向引出冷阴极彭宁溅射型负离子源(SPIGS)和直接出射彭宁溅射型负离子源(ANIS)。

径向引出冷阴极彭宁溅射型负离子源的特点是用低能、大电流的 Cs^+ 在高气压下产生溅射,溅射产生的负离子经碰撞热化后被引出。它的优点如下:

可产生 0.1 μA 至几微安量级的各类负离子,功率效率高(总功率小于 70 W)、结构简单,能散小,发射度小(约 5 mm·mrad·MeV$^{1/2}$ 量级)。SPIGS 的缺点是产生的负离子寿命短(小于 100 h),部分负离子会因磁撞而衰亡,所以具有低电子亲和势的负离子(如 Li$^-$ 等)的产额低[1]。

将 ANIS 与 UNIS 相比较,它们各有其特点和不足之处。目前两者引出来的流强比较接近(对于轻元素,UNIS 可获得较大的束流),UNIS 的发射度和功耗稍大些,而 ANIS 的功耗稍小、寿命较短[1]。

参考文献

[1] 张华顺等. 离子源和大功率中性束源[M]. 北京:中国原子能出版社,1987.

[2] Zhang H S. Ion sources[M]. Beijing: Science Press, 1999.

[3] Pardo R C. ECR ion sources and applications with heavy-ion linacs[R]. Argonne: Argonne National Laboratory, 1990.

[4] Brown I G, Anders A, Anders S, et al. Recent advances in vacuum arc ion sources [J]. Surface and Coatings Technology, 1996, 84(1-3): 550-556.

[5] Gammino S, Ciavola G, Celona L. Operation of the SERSE superconducting electron cyclotron resonance ion source at 28 GHz[J]. Review of Scientific Instruments, 2001, 72(11): 4090-4097.

[6] Radwan S I, El-Khabeary H, Helal A G. Improvement of extracted ion beam from cold cathode Penning ion source[J]. Radiation Physics and Chemistry, 2018, 144: 351-355.

[7] Mamedov N V, Shchitov N N, Kolodko D V. Discharge characteristics of the Penning plasma source[J]. Technical Physics, 2018, 63(8): 1129-1136.

[8] Sosa A, Bollinger D S, Karns P R, et al. Improvements on the stability and operation of a magnetron H$^-$ ion source[J]. Physical Review Accelerators and Beams, 2017, 20(5): 050102.

[9] 刘占稳,许永兴,魏宝文. ECR 离子源原理及其磁场分析计算[J]. 原子能科学技术, 1991,25(1): 38-44.

[10] Thuillier T. Electron cyclotron resonance ion sources[R]. Senec: CERN Accelerator School, 2012.

[11] Alessi J. Recent developments in hadron sources[C]. 2011 International Particle Accelerator Conference, Son Sebastian, Spain, 2011.

[12] 叶铭汉,陈鉴璞. 静电加速器[M]. 北京:科学出版社,1965.

[13] Kraus W. RF ion sources[R]. Senec: CERN Accelerator School, 2012.

[14] Valyi L. Atom and ion source[M]. New York: John Wiley & Sons, 1977.

[15] Gammino S. Production of high intensity, highly charged ions[R]. Senec: CERN Accelerator School, 2012.

[16] Nakagawa T. Review of highly charged heavy ion production with electron cyclotron

resonance ion source[J]. Review of Scientific Instruments, 2014, 85(2): 02A935.

[17] Xie Z Q, Lyneis C M. Performance of the upgraded LBNL AECR ion source[C]//
Proceedings of the 13th International Workshop on ECRIS, Chicago, USA, 1997:
16 – 21.

[18] Brown I. Vacuum arc ion source[R]. Senec: CERN Accelerator School, 2012.

[19] Brown I, Oks E. Vacuum arc ion sources: recent developments and applications,
LBNL – 57646[R]. Piscataway: IEEE Transaction Plasma Science, 2005.

[20] Welton R F. Overview of high-brightness H⁻ ion sources [C]//Proceedings of
LINAC 2002, Gyeongju, Korea, 2002: 559 – 563.

[21] Welton R F, Stockli M P, Murray S N. The Development of a high-power, H⁻ ion
source for the SNS based on external antenna[C]//Proceedings of LINAC 2006,
knoxville, USA, 2006: 373 – 375.

[22] Welton R F, Stockli M P, Murray S N. Advances in the performance and
understanding of the Spallation Neutron Source ion source[J]. Review of Scientific
Instruments, 2006, 77: 03A506.

[23] Welton R F, Stockli M P, Murray S N, et al. Initial tests of the Spallation Neutron
Source H ion source with an external antenna[J]. Review of Scientific Instruments,
2006, 77: 03A508.

第 2 章
高压型加速器装置

　　高压型加速器按照高压电源类型可以分为静电型加速器、倍压型加速器、高频高压型加速器、绝缘芯型加速器、空心变压器型加速器和马克斯发生器型加速器等,高压电源的输出高压一般不超过 25 MeV[1]。按照绝缘方式,高压型加速器可以分为大气型加速器、高气压绝缘型加速器和真空绝缘型加速器。按照加速结构类型可以分为单极高压型加速器、串列式静电加速器、真空绝缘串列式加速器、静电四极加速器和电子帘加速器等。

　　大气型加速器是指加速管外壁直接暴露于大气中。真空绝缘型加速器是一种特殊的高压型加速器,其加速束流通道附近没有绝缘支撑管道,加速电极由真空绝缘隔离,将在 2.3 节予以介绍。高气压绝缘型加速器指在加速管外壁与缸筒之间填充高压绝缘气体,常用的绝缘气体有高压空气、高压氮气、氟利昂和六氟化硫等。高压空气的缺点是易燃;高压氮气的特点是价格低廉,取用方便,化学性质稳定,不易发生火灾,但绝缘性能不如空气,常与其他气体混合使用;氟利昂(Cl_2F_2)的缺点是化学性质不稳定,优点是绝缘性好,氮或空气中加少量氟利昂后,能显著提高耐压(8 atm 的空气可承受 3.3 MV 的高压,8 atm 的空气加 0.2 atm 的氟利昂可承受 4.5 MV 的高压);六氟化硫(SF_6)的化学性质稳定,绝缘性好,但价格贵[2]。图 2-1[3] 给出了不同气压的

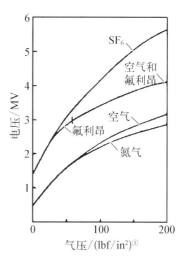

图 2-1　不同气压的绝缘气体所能获得的最高电极高压

———————————
① 1 lbf/in² = 6.89×10³ Pa。

绝缘气体所能获得的最高电极高压。

下面主要按照加速结构类型予以介绍。

2.1 单极高压型加速器

单极高压型加速器是最常见和最基础的高压型加速器,其他类型结构的高压型加速器都是在其基础上改进的,其一般由高压电源、加速管、高压电极

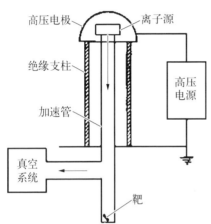

和离子源(或电子枪)以及其他附属设备(如真空系统、电压测量及稳定系统等)组成,图 2-2 所示是这种加速器的工作原理。第一台单极高压型加速器是静电加速器,由 M. A. 图夫(M. A. Tuve)等在 1933 年建成。它的高压电机直径为 1 m,最高能量约为 0.6 MeV。单极高压型加速器大多采用立式,带电粒子自上而下加速。

图 2-2 单极高压型加速器的工作原理

单极高压型加速器加速带电粒子的原理比较简单。如果粒子的电荷量是 Ze (Z 是电荷数,e 是电子电荷电量),加速管两端的电势差是 V,当粒子通过加速管时,电场对粒子所做的功等于 ZeV。如果在加速过程中,粒子没有与其他粒子或物体碰撞而损失能量,那么粒子从加速管出射时所增加的动能 ΔW 为

$$\Delta W = ZeV \tag{2-1}$$

2.1.1 高压电源

高压电源又称为高压发生装置,用于产生加速带电粒子的高电压。高压电源的种类有很多,它们各自在技术原理、电压波形及所能承受载荷能力方面的差别,在很大程度上决定了高压型加速器的性能特点,如加速能量范围,能量的均匀性、可调性及束流的功率大小等。高压电源一般和加速器主体结合成一个整体,从外形上看,上端为金属球,主体为一系列等压环。

目前得到广泛应用的高压发生装置包括高压倍加器、静电发生器(静电起电机)、高频高压(地那米)发生器、绝缘芯变压器、空心变压器、马克斯发生器、

固体转子起电机等。还有一些加速器采用脉冲或交流高压电源,例如串接变压器、共振变压器、冲击电压发生器等,其工作原理可参阅高电压工程方面的书籍。目前主要的高压发生装置的性能特点如表 2 - 1 所示。

表 2 - 1　高压发生装置性能特点

类　　型	端电压范围/MV	性　能　特　点
静电发生器	$1\sim35^{[4]}$	能量稳定性很好,电压调节范围大,但流强一般不超过百微安量级,电压纹波为 0.001% 左右
高压倍加器	$0.1\sim4$	高压倍加器结构简单但体积较大,且需要单独的隔离电源为灯丝供电,功率较大
高频高压发生器	$0.4\sim4.5$	能量转换效率为 30%～50%,电压纹波为 0.05% 左右,输出功率高达 150 kW
绝缘芯变压器	$0.3\sim4$	能量转换效率为 70%～90%,电压纹波为 0.07% 左右,输出功率高达 90 kW,质量大,价格低
空心变压器	$0.2\sim2.5$	能量转换效率为 70%～80%,电压纹波为 0.01% 左右,输出功率高达 400 kW,体积最小
马克斯发生器	$1\sim12$	脉冲宽度为 50～100 ns,脉冲高达 1×10^{13} W

需要注意的是,表 2 - 1 中的电压纹波一般是该型加速器的最高值,其值的大小受输出功率的影响,输出功率越大,电压纹波越大。表 2 - 1 中的最大输出功率并不一定是在最大端电压条件下获得的,如最大输出功率为 400 kW 的 ELV - 12 型空心变压器输出的端电压范围为 0.6～1 MV,输出的最大流强为 500 mA。

单极高压型加速器通常采用一个加速管,但在某些大功率情况下,可采用多个加速管,如图 2 - 3[5] 所示。图 2 - 3 的中间由高压发生装置与加速管结合成一体,左右两侧只有加速管,高压电源由中间的高压发生装置提供,即一个高压发生装置同时给 3 个加速管提供高压输出。

2.1.2　加速管

加速管是高压型加速器的基本和关键部件。加速管可改善电场沿束流加速方向的电场分布均匀性,整根加速管由绝缘环与金属片交叠封接而成,金属片称为加速电极,与绝缘支柱上的分压片相连。在大型加速器中,加速管一般接有独立的分压系统。大型高压型加速器端电压的提高主要受加速管耐压水

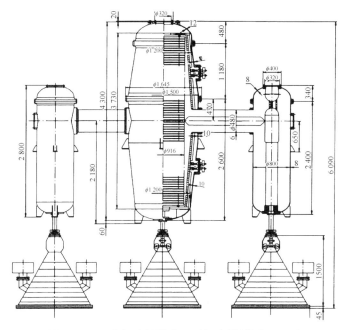

图 2 - 3   三个加速管的高压型加速器(单位: mm)

平的限制。对加速管的主要要求如下:具有良好的真空性能,能维持较好的真空度;有足够的机械强度;对被加速的粒子有较好的聚焦作用;有良好的耐高电压性能与必要的过电压保护措施[4]。

加速管在加载高压后会产生放电问题,一般有三种表现形式:完全击穿、不完全击穿和绝缘体的表面击穿。

1) 完全击穿

完全击穿的通道可归结为三类:① 径向击穿,即高压电极或绝缘支柱与钢筒之间绝缘气体的击穿;② 轴向击穿,即沿绝缘支柱的固体表面的击穿或分压环间气体间隙的击穿,也包括沿输电带表面与加速管外表面的击穿;③ 加速管内部的真空击穿[4]。完全击穿通常由某一处的初始打火引发,其发展过程十分复杂。一般来说,作为一种瞬变的脉冲过程,它所引起的电压浪涌在加速器内到处传播,并导致次级击穿向高压结构各个部位迅速发展,即一个局部的击穿可以在整个结构上引起一连串的打火。初始击穿发生时,放电通道中可在几百纳秒内建立起数万乃至数百万安培的电流脉冲。这种打火电流通常要在通道中多次往复,做阻尼振荡,并通过这一过程将储能释放到周围环境中。高压电极打火时,80%的初始储能耗散在通道电阻上,并使构成此电阻的绝缘气体快速升温,产生体积膨胀,以至发出声音激波和电磁辐射[4]。

　　为了减少打火造成的损坏,首先要在设计中仔细调整电极系统的几何参数,特别要注意那些容易发生击穿的部位,尽可能地使各处的电场分布均匀;其次还要采取适当的保护措施。在高压型加速器中完全避免打火放电是不可能的,除非设计得十分保守。实际上加速器的端电压就是通过有限的放电而逐步提高的,这个过程称为锻炼。锻炼包括许多电压稍低的微小放电,这些放电能熔化电极表面的微观尖端毛刺,燃烧电极与绝缘壁表面上的油污与灰尘,使电极与绝缘表面暂时去气。这样可以消除一些使局部电场增强的因素,从而使电压得以逐步提高。锻炼不能过急,放电过于激烈会损坏电极表面,使绝缘表面出现燃烧痕迹或溅射上金属覆盖层而造成永久性损伤。经过适当的锻炼,打火击穿的数量与程度可以减少到运行所能接受的水平[4]。

　　2) 不完全击穿

　　不完全击穿又称为电子负载效应。在电压达到某个阈值时,加速管内会突然出现大量电子流,同时伴有强烈的 X 射线。继续提高电压时,电子流急剧增加,很快超过高压发生器的负载能力,从而发展为加速管的真空击穿,限制了电压的进一步提高。电子负载效应还会导致加速管的"全电压效应"。短加速管可以获得 3 MV/m 的较高的电压梯度,但若干个这样的加速管段连接起来,最高工作电压并不能随加速管的长度增加而线性增加,加速管耐压与长度关系的经验公式为[4]

$$V = a\sqrt{l} \tag{2-2}$$

式中, a 是取决于加速管设计与工艺的常数; l 是加速管长度。为了克服全电压效应,通常有五种方法[2]:一是缩小加速管孔径;二是使用斜场加速管;三是使用螺旋斜场加速管;四是使用磁抑制加速管;五是使用金属陶瓷加速管。

　　小孔径可以限制次级粒子的运动范围,降低次级粒子或微颗粒撞击电极的能量,从而抑制全电压效应。

　　斜场加速管是指加速电极平面的法线与加速管轴线成一定的角度,如图 2 - 4[4] 所示。斜场加速管的加速电场方向与需要加速的粒子运动方向成一定角度,但由于被加速的粒子已经获得较高的能量,其运动方向的改变很小,再通过第二段反方向的斜场加速,可以抵消第一段斜场加速管对粒子产生的

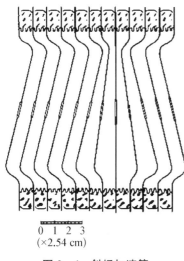

0　1　2　3
(×2.54 cm)

图 2-4　斜场加速管

横向速度分量。但是这样会使被加速粒子围绕加速管轴线有一个小的振荡,同时,不同电荷态离子的轨迹也会产生歧离。如果设计合理,一般不会造成较大的束流损失,但会引起像差,增大束流的发散,并使脉冲束的脉宽增大。对于电极表面产生的次级粒子,由于其初始能量很低,在加速电场的作用下基本沿电极法线方向运动,因此短距离运动后,就会打在其他电极上。这样次级粒子的最高能量便受到限制,电子负载大大减小,在一定程度上克服了全电压效应。

螺旋斜场加速管的电极形状与普通斜场加速管类似,但相邻电极法线在横截面内投影的方向错开了一定的角度,成螺旋状排列,这使得电场的径向分量方向连续变化,而不是像普通斜场加速管那样按段突变[4]。因此,螺旋场中被加速粒子轨迹的振荡幅度较小,次级电子的最大能量也比普通斜场中的低。若螺旋斜场只向一个方向(如顺时针方向)旋变,则被加速粒子经过一段加速管后,其横截面投影位置会发生径向位移而偏轴。因此,在实际的螺旋斜场加速管中,旋变方向按顺时针与逆时针交替改变。

磁抑制加速管的基本结构和工作原理如图 2-5[2] 所示,每隔数个加速电极,沿着与中心轨道垂直的方向放置一对永磁体,其极性交替变化,这一附加磁场对带电粒子产生一个方向交替变化、偏离中心轨道的作用力。适当选择磁铁的组合方式和磁场强度,可使高能量的粒子被加速。在被加速粒子的整个运动过程中,其被加速偏离中心轨道的摆动不超过几毫米,最后以非常接近中心轨道的位置和方向射出加速管,而低能量的次级粒子则很容易偏到加速电极上而损失掉。磁抑制加速管的横向磁场一般较弱,可有效地使电子偏掉,但不能改变微放电的阈电压,因此通常只作为辅助手段。

金属陶瓷加速管是美国的国家静电公司(NEC)生产

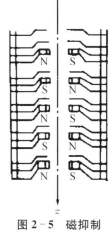

图 2-5　磁抑制加速管的基本结构和工作原理

的一种特殊的加速管[4]。它以金属钛做电极,陶瓷做绝缘环。钛电极与陶瓷间垫铝环,用压力扩散焊封接。由于不用 PVA 胶,既避免了有机物沾污,又可以高温烘烤除气。配以无油真空系统后,可以比较彻底地消除碳氢化合物沾污。加速管的真空度可达 4×10^{-6} Pa。加速管在各小段的连接处设有"死区",中间有一可加热的小孔径光阑。死区的电极排列形成一个柱透镜,其电场的径向分量对产生于光阑片的次级粒子有散焦作用,但对于沿轴运动的粒子不起作用。这种加速管的电场完全是轴对称的,离子束的传输没有斜场那样的副作用。加速管的工作梯度可达 2.3 MV/m。

　　3) 绝缘体的表面击穿

　　绝缘体的表面击穿可在较低的加速管梯度下发生,其发展过程十分迅速。绝缘体的表面电场由三个组成部分叠加而成,它们分别是外部电极系统所施加的电场、介质极化场和绝缘体表面电荷所产生的场。值得注意的是,在阴极与绝缘体的接合处,电场可大幅度增强。该处位于金属、绝缘体与真空的相交位置,故称为三态点。三态点处的强电场可诱发场致发射,所发射的电子可能撞击绝缘体,并引起次级电子发射。在一般情况下,绝缘体表面的次级电子发射系数 $\delta > 1$,这就使绝缘体表面带正电荷。该表面电荷使 δ 值下降,并最终使 $\delta = 1$,从而达到平衡。这种表面电荷的平衡可在几微秒内建立起来。在表面电荷的作用下,阴极表面的电场进一步增强。如此产生的非均匀场可使加速管的宏观击穿梯度下降到 2 MV/m 左右[4]。

2.2　串列式静电加速器

　　单极高压型加速器的最高电压受加速管击穿电压的限制,难以进一步提高。如果让带电粒子多次通过高压电极,就有可能把粒子加速到更高的能量。然而静电加速器的加速电压是恒定的,如果粒子从地电位向高压电极运动时得到加速,当它离开高压电极时,就会减速,能量反而降低,不能再一次被加速。为了使粒子在离开高压电极时再加速一次,就必须使粒子在高压电极内变换它的电荷极性。串列式静电加速器就是利用这个原理把带电粒子加速到 20 MeV 以上的。串列式静电加速器初始的离子源一般为带一个负电荷的负离子源。

　　这种加速原理在 1937 年就已经被提出来了,由于当时负离子源的强度太低而未能实现。一直到能够产生数十微安以上的负离子源建造成功以后,串列式静电加速器才开始迅速发展起来。

2.2.1　串列式静电加速器结构

串列式静电加速器结构一般分为 4 类,如表 2 - 2[4] 所示,目前采用卧式和 T 形结构较多。

表 2 - 2　串列式静电加速器结构

类别	卧　式	立　式	折叠式	T　形
简图	离子源 束流	离子源 束流	离子源 束流	离子源 束流
优点	不需要高大房屋;对地基要求低;除了特别大型的结构以外,维护检修方便	机械设计简单,内部可设升降梯,维修方便	具有立式的优点,且塔楼较立式的矮;离子源接近地面	直立支柱中无加速管,可较短;横向支柱承重小,机械设计简单
缺点	对绝缘支柱刚度与挠度要求高;径向尺寸大时维修不方便	总高度大,塔楼高;离子源在塔顶	高压电极内需安装 180° 偏转磁铁	钢筒相对较大,大型串列不经济

常规的双极串列式静电加速器部件结构如图 2 - 6 所示,为了进一步提高粒子能量,提出了三极串列式加速。三极串列式加速的方案有两种:一种方案是将一个单极静电加速器和一个双极串列式静电加速器串接,如图 2 - 7 所示;另一种方案是将两个双极串列式静电加速器串接,如图 2 - 8 所示。

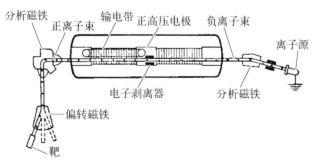

图 2 - 6　双极串列式静电加速器部件结构

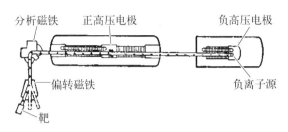

图 2 - 7　负离子源三极串列式静电加速器

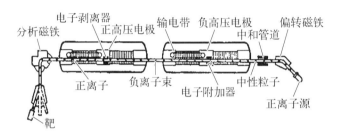

图 2 - 8　正离子源三极串列式静电加速器

采用第一种方案时,负离子源放在单极静电加速器的高压电极(负极性)里面,如果这台加速器的电压是 $-V_1$,单价负离子到地电势时就被加速到 V_1 eV。被加速一次的负离子再进入双极串列式静电加速器,这台加速器的高压电极电压是正高压 $+V_2$。在正高压的作用下,负离子向高压电极加速,到达高压电极的动能将是 (V_1+V_2) eV。在高压电极里面,负离子通过电子剥除装置,转变成正离子,其核电荷数如果是 Z,则再次加速的总动能为 $(V_1+V_2+ZV_2)$ eV。这种方案的优点是流强较大,但缺点是负离子源需要置于负高压电极内,维护维修麻烦。

第二种方案采用两个双极串列式静电加速器,离子源改为正离子源,需要首先将离子源引出的正离子中性化,在负高压电极内再附加电子而成为负离子。因而第二个方案的优点是离子源在地电位,维护维修简单,但缺点是离子流强会很弱。

理论上,我们可以不对图 2 - 8 中正离子源输出的正离子进行中性化,而将其加速到负高压电极内再将其附加两个电子而成为负离子,从而可以成为四级串列式静电加速器。但是对加速后的高能离子附加电子是很困难的,因此人们将正离子源三极串列式静电加速器输出的离子经过两次 $180°$ 偏转,注入第一个串列式静电加速器内,获得加速的离子最终在负高压电极内打靶,这种四级串列式静电加速器如图 2 - 9 所示。由于给高能离子附加电子实施困难,实现四级以上的串列式静电加速器是很困难的。

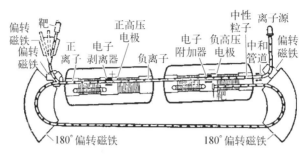

图 2 - 9　四级串列式静电加速器

串列式静电加速器的高压电源一般采用静电起电机,但为了提高流强,也有采用高频绝缘芯变压器的[6],这类加速器的结构如图 2 - 10[7] 所示。

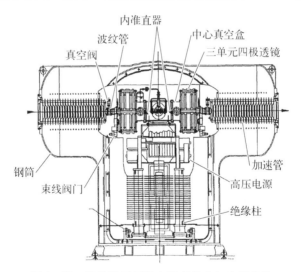

图 2 - 10　海关缉私用的串列式静电加速器结构

2.2.2　电荷剥离与附加

串列式静电加速器与单极高压型加速器主要的不同是用于改变离子电荷极性的电子剥离器或电子附加器。电子剥离器有两种:气体剥离器与固体剥离器。气体剥离器一般使用氮气,也有采用氢气、氧气、二氧化碳、氩气、水蒸气、氦气及其他惰性气体的。固体剥离器一般使用碳膜。电子附加器一般采用铯蒸气,也有采用氢气等其他气体的。

由于碰撞过程具有统计性,剥离器会对具有单一电荷态的重离子进行电荷剥离,重离子通过剥离介质后会分解为多种电荷态成分,形成荷电谱。在介质较薄时,电荷态分布与介质厚度有关。介质达到一定厚度,离子束在其中经历了足够多次的碰撞之后,其电荷态分布即趋于平衡。例如 1 MeV 的 H^- 注入不同厚度氮靶后产生的多种粒子的比例的函数曲线如图 2 - 11[8] 所示。如果必要的交换系数是 97%,靶厚度应该为 $2.65 \times 10^{16}/cm^2$。用固体剥离器得到的平均平衡电荷态比用气体剥离器的要高,如图 2 - 12[4] 所示。在平衡状态下,离子电荷态 q 的分布包络一般可近似为一个以平均电荷态 $\bar{q}$ 为中心的高斯分布[4]:

$$N(q) = \frac{N_0}{\sqrt{2\pi\sigma^2}} \exp\left[-\frac{(q-\bar{q})^2}{2\sigma^2}\right] \qquad (2-3)$$

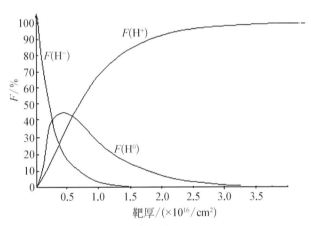

图 2 - 11 H^-、H^+、H^0 与氮靶厚度的关系

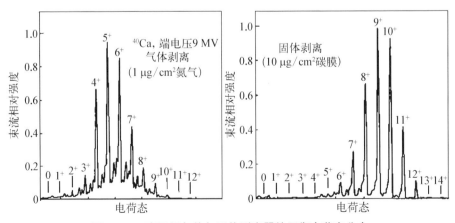

图 2 - 12   离子经气体与固体剥离器的平衡电荷态分布

对于核电荷数 $Z_i \geqslant 10$，速度 $\beta \geqslant 0.015$ 的离子，其电荷态分布宽度 σ 只依赖于 Z_i，而与速度无关[4]：

$$\sigma \approx 0.27\sqrt{Z_i} \tag{2-4}$$

平衡态下的平均电荷态 $\bar{q}$ 的值主要取决于离子的核电荷数 Z_i、速度 v 以及介质的种类，而与离子的初始电荷态无关。对于 $A_i \leqslant 40$ 的离子，$\bar{q}$ 随 v 的变化关系在能量低于 10 MeV/u 时的半经验公式为[4]

$$\bar{q} = Z_i[1 - C\exp(-Z_i^{-\gamma}v/v_0)] \tag{2-5}$$

式中，$v_0 = c/137 \approx 2.188 \times 10^6$ m/s，称为玻尔速度(Bohr velocity)；C 与 γ 为拟合系数，$C \approx 1$；对固体剥离，$\gamma = 0.55$；对气体剥离，$\gamma = 0.65$。

以 1 MeV 的负氢离子为例，当气体剥离器采用 10~20 K 的低温泵或在交换管道两端无低温泵时，氮气是最合适的靶材。它只需要较小的靶厚和较小的气体流量，就会有较大的 H^- 离子剥裂截面，好的真空性能，并且对高压保持能力没有负面影响。如果采用不大于 80 K 的低温泵，可用的气体靶有 CO_2、NH_3、H_2O、Cl_2 等，它们具有不大于 1×10^{-7} 量级的饱和蒸气压。在表 2-3[8] 中，σ_{-10} 表示负氢离子剥离掉一个电子而变为中性氢原子的碰撞截面；σ_{01} 表示中性氢原子剥离掉一个电子而变为质子的碰撞截面；π 表示气体剥离器厚度。表 2-3[8] 中的 CO_2 气体剥离有以下好处：① 需要较小的靶厚；② 气体流量较小；③ 对真空系统和高压系统没有负面影响。

表 2-3　交换反应截面及需要的靶厚

靶	He	Ne	Ar	Kr	Xe	H_2	O_2	N_2	H_2O	CO_2
$\sigma_{01}/(\times 10^{16}/cm^2)$	0.145	0.472	1.613	2.109	2.601	0.203	1.736	1.53	0.952	2.16
$\sigma_{-10}/(\times 10^{16}/cm^2)$	0.388	2.214	3.639	4.554	6.152	0.489	1.944	3.07	1.15	5.34
$\pi/(\times 10^{16}/cm^2)$	27.4	7.94	2.54	1.96	1.56	19.9	3.3	2.74	5.53	1.86

在剥离过程中，离子在介质中发生多次散射，从而引起束流的角发散与能量发散。表 2-4[4] 列举了几种能量为 9 MeV 的离子分别经碳膜($t = 5\ \mu g/$

cm^2)和氮气($t = 2 \mu g/cm^2$)剥离后的半散角(FWHM)。在离子能量较高时,膜剥离引起的能散 δW 可近似地用下式表述[4]:

$$\delta W = 1.05 Z_i \sqrt{t} \qquad (2-6)$$

式中,能散的单位为 keV。

表 2-4　几种离子剥离后的半散角

离子($W_i = 9$ MeV)	O	Cl	Ni	Mo	I
C($t = 5 \mu g/cm^2$)	0.51	0.93	1.43	2.03	2.28
N_2($t = 2 \mu g/cm^2$)	0.2	0.37	0.59	0.79	0.95

　　电子附加器是将正离子或中性离子变换为负离子。经过电子附加器的离子能量一般不超过 50 keV/amu[①]。例如质子穿过氢气时的各种电荷交换截面如图 2-13[9]所示,其中质子变为负氢离子的最大截面约为 6×10^{-18} m^2,此时的质子能量约为 20 kV。当粒子能量大于 1 MeV 时,电子俘获截面降低到 1×10^{-25} m^2 以下。图 2-13 中的电子剥离截面最大值时的能量虽然也小于 50 keV,但是由于其数值比电子俘获截面的大,并且随能量的增加而降低缓慢,因此在高能时仍然有较大的电子剥离截面。质子穿过铯蒸气时的电荷交换截面如图 2-14[10]所示,其中图 2-14(a)是

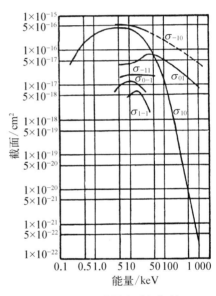

图 2-13　质子穿过氢气的
电荷交换截面

质子变为中性氢原子的碰撞截面,比图 2-13 中的截面值高一个多数量级;图 2-14(b)是中性氢原子变为负氢离子的碰撞截面,比图 2-13 中的截面值高两个多数量级。因此,采用铯蒸气附加电子的效果更好。

---

　　① keV/u 中的 u 为原子质量单位(atomic mass unit,定义为 ^{12}C 原子质量的 1/12)的简称,1 u $\approx$ 1.660 54 $\times 10^{-27}$ kg。

采用超声速汞蒸气进行电子附加也有不错的效果,如图 2 - 15[9] 所示,其中曲线 1 是 O^+ 转换为 O^-,其转换系数或转换率为 10% 左右,曲线 2 是 Cl^+ 转换为 Cl^-,曲线 3 是 C^+ 转换为 C^-,曲线 4 是 H^+ 转换为 H^-,曲线 5 是 He^+ 转换为 He^-。汞蒸气的缺点是对离子的散射影响较大。

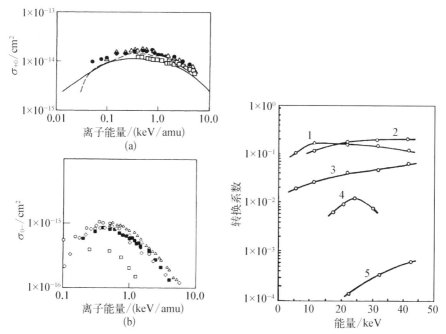

图 2 - 14　质子与铯蒸气的电荷交换截面　图 2 - 15　离子穿过汞蒸气的转换系数

(a) 质子变为中性氢原子;(b) 中性氢原子变为负氢离子

2.3　真空绝缘串列式加速器

真空绝缘串列式加速器(vacuum insulation tandem accelerator,VITA)是由俄罗斯的 Bayanov[11] 在 1998 年首先提出的。真空绝缘串列式加速器是一种特殊的串列式加速器,其与传统串列式加速器的主要不同是其加速管为多个钢筒,像俄罗斯套娃一样套在一起,在带电粒子加速区域附近设有绝缘结构,采用真空绝缘,将陶瓷绝缘结构安排在束流运动的垂直方向,类似于表 2 - 2 中的 T 形结构,如图 2 - 16 所示[8]。真空绝缘串列式加速器是目前唯一的采用真空绝缘的高压型加速结构。

采用真空绝缘的优点如下:① 由于加速间隙是真空气隙,而且气体交换靶的气体不再需要通过很小孔道的加速管被抽走,所以极大地提高了加速气隙的流导,从而简化了交换靶气体的处理,并且大大提高了加速间隙的真空度,减少了加速中的负离子剥离问题,使其耐压强度远大于绝缘子。因此,提高了单位距离的耐压强度,减小了加速器的纵向长度,使整个装置的尺寸大大减小。② 避免了普通串列式静电加速器由于加速离子及其他弥散粒子对电极表面和绝缘子的充电而导致的高压击穿问题。③ 降低了 H⁻束流与背景气体的碰撞而导致的大量损失。④ 降低了绝缘体上由 X 射线引发的次级电子发射引起的电场畸变及局部高电场所导致的绝缘体、电极及真空"三态点"处的打火。上述次级粒子沉积和 X 射线引发次级电子等原因导致的绝缘体高压打火是限制高压型加速器流强提高的一个主要因素。

2.3.1　高压电极

常规的高压型加速器一般是在接地的钢筒内安装高压电极,钢筒和高压电极一般由半球壳和圆筒组成,如图 2‐17 所示。

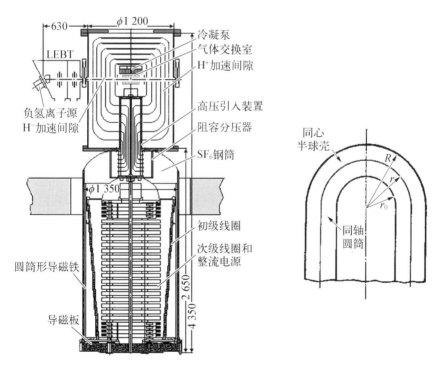

图 2‐16　真空绝缘串列式加速器结构　　图 2‐17　高压电极结构

如果高压电极对钢筒的电压是 V,在离开高压电极圆心(同心半球部分)

或轴线(同轴圆筒部分)距离为 r 的地方,同心半球的电场强度 $E(r)_{球}$ 和同轴圆筒的电场强度 $E(r)_{筒}$ 分别为[3]

$$E(r)_{球} = \frac{V}{r^2(1/r_0 - 1/R)} \qquad (2-7)$$

$$E(r)_{筒} = \frac{V}{r\ln(R/r_0)} \qquad (2-8)$$

式中,R 是钢筒的内半径;r_0 是高压电极外半径。由式(2-7)和式(2-8)可知,电场强度的最大值在高压电极的外半径处,而且高压电极半球外表面的电场强度高于圆筒外表面的电场强度。对于特定的介质或真空,击穿电场强度 $E_{击穿}$ 为定值,即高压电极外表面的电场强度最高为 $E_{击穿}$,由式(2-7)和式(2-8)可得击穿电压为[3]

$$V(r)_{球,击穿} = E_{击穿} r_0^2 (1/r_0 - 1/R) \qquad (2-9)$$

$$V(r)_{筒,击穿} = E_{击穿} r_0 \ln(R/r_0) \qquad (2-10)$$

在式(2-9)和式(2-10)中,需要合理地选择 r_0 和 R 的比值,以得到较高的击穿电压。如果 r_0 值一定,则 R 值愈大,击穿电压愈高。但是钢筒不能做得太大,所以应该在 R 为定值的条件下,找出 r_0 和 R 的合适的比例关系,使得击穿电压值为最大。根据式(2-9)和式(2-10)可得击穿电压与 r_0/R 的关系如图 2-18[3] 所示。其中,当电极半球的 $r_0/R = 0.5$ 时,击穿电压最高;当圆筒的 $r_0/R = 1/e = 1/2.718$ 时,可获得圆筒电极的最大击穿电压。钢筒与高压电极之间的击穿电压主要受高压电极半球半径尺寸的限制。

由式(2-7)和式(2-8)可得,钢筒与高压电极之间的电场强度分布如图 2-19[3] 所示,其中,a 曲线是电极半球与钢筒半球之间的电场强度分布,其

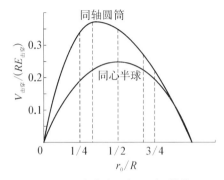

图 2-18 击穿电压与 r_0/R 的关系

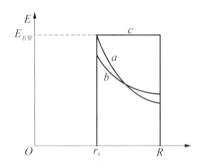

图 2-19 钢筒与高压电极间的电场强度

与半径 r 的平方成反比;b 曲线是电极圆筒与钢筒之间的电场强度分布,其与半径 r 成反比,这两条曲线的积分(即曲线下的面积)就是钢筒与高压电极之间的电压。从图 2-19 可知,除了曲线 a 在 r_0 处的电场强度为最大击穿场强外,在 r_0 和 R 之间的电场强度都小于击穿场强,这就不能充分利用电极之间的间隙以提高击穿电压。

在图 2-19 中,最理想的电场强度分布应该是直线段 c,但这是不可能实现的。1940 年赫布提出,如果在钢筒与高压电极之间插入中间电极,并进行合理的电压分配,就可以提高其平均电场强度和击穿电压,如图 2-20[3] 所示。图 2-20 中 A 曲线是没有中间电极的电场强度分布。图 2-16 所示的真空绝缘串列式加速器就是采用这种方法插入 5 个中间电极,电极的实物如图 2-21所示。对于插入的中间电极,也存在一个机械参数优化问题,一般而言,内部的中间电极之间的半径差是高于外部的。中间电极越多,由高压打火产生的X 射线能量越低,电极间产生的次级电子越少,电场越均匀,并且有更高的击穿电压,但其缺点是结构和装配更复杂。

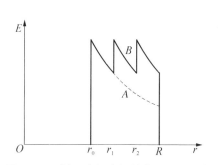

图 2-20　插入中间电极的电场强度分布

图 2-21　高压电极实物

中间电极的厚度会对束流的运动产生影响。电极越薄,产生的横向电场越小,但制造和组装难度也越大,而且系统的稳定性也越差。电极厚度一般为 1 mm,并且孔边界必须倒圆角,以降低束流孔产生的横向非线性场分量。

整个加速管的聚焦性能主要取决于第一个膜孔透镜,该处离子能量低而且焦距很短。焦距 f 可以通过下式估计:

$$f \approx 4 V_i/(E_2 - E_1) \tag{2-11}$$

式中,V_i 为注入粒子的等效电压;E_1 是膜孔入口的电场强度;E_2 是膜孔出口的电场强度。膜孔透镜焦距随孔径变大而变大,但场的不均匀性也随之减小。高压加速电极上的孔径对焦距也有很大的影响,图 2 - 22[11] 所示是不同孔径与焦距的关系,束流孔径一般取 50 mm。

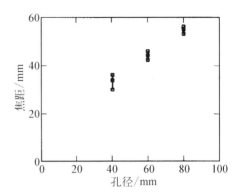

图 2 - 22 束流孔径与焦距的关系

2.3.2 束流光学

从负氢离子源到高压加速电极之间的低能传输段(光路)如图 2 - 23[12] 所示,首先需要经过一个分析偏转磁铁,将束流中的电子偏转掉,然后经过一个螺线管透镜对束流进行聚焦,再经过束流方向校准元件进入第一个电极入口。由于真空绝缘串列加速器是强流加速器,所加速的束流强度为几毫安到十几毫安,空间电荷力很强,必须进行空间电荷中和,因而在低能传输段的束流聚焦元件最好采用螺线管透镜,而一般不采用静电透镜。高压加速

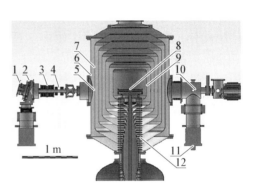

1—负氢离子源;2—分析偏转磁铁;3—螺线管透镜;4—束流方向校准元件;5—第一个电极入口;6—加速器主体;7—电极;8—电子剥离器;9—高压加速电极;10—高能束流传输管道;11—分子泵;12—绝缘柱。

图 2 - 23 真空绝缘串列式加速器光路

电极上的加速孔道的电场强度分布如图 2 - 24[11] 所示,当然在不同的电极结构设计和不同高压下,电场强度分布曲线会有所不同。

在图 2 - 25[13] 中模拟了 1 MV 的极头高压下不同流强的束流包络。其中离子源引出电压为 25 kV,在 −1 100 mm 的位置为螺线管透镜,束流得到第一次聚焦;在 −700 mm 的位置为钢筒的束流入口,束流得到第二次聚焦;在 −200 mm 到 200 mm 的位置为电子剥离器管道,管道直径为 10 mm 时,40 mA 的束流会在电子剥离器管道上有损失。

如果将螺线管透镜去掉,并在分析偏转磁铁和高压加速电极之间加入一个 75 kV 的预加速的短加速管,可避免低能传输段的束流包络的交叉问

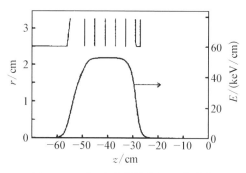

图 2 - 24　加速孔道的电场强度分布

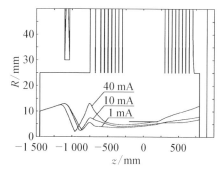

图 2 - 25　不同流强的束流包络

题。这可在一定程度上改善束流的发射度。图 2 - 26[14] 和图 2 - 27[14] 计算得出的离子源引出电压为 30 kV,其在电子剥离器管道处的束流包络与图 2 - 25 相比并没有明显变小,其中 0～400 mm 处为预加速管。

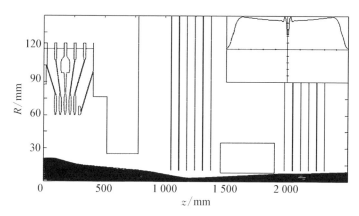

图 2 - 26　传输 1 mA 的束流包络

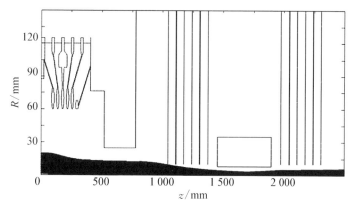

图 2 - 27　传输 10 mA 的束流包络

2.3.3　气体剥离器

由于真空绝缘串列式加速器是强流加速器,其对负离子的电荷剥离不可能采用固体剥离器,只能采用气体剥离器。气体剥离器一般采用一段管道,将剥离气体通入管道,在管道两端将气体通过真空系统排出。真空绝缘串列式加速器束流接受度主要受限于气体剥离管道内径,因此其内径越大越好。但是如果气体剥离管道内径过大,气体的气阻会过小,导致加速器内其他区域的真空度变差。在图 2-11 中,为了达到所需要的电子剥离率,粒子气体所需要经过的气体厚度是固定的,即气体剥离管道内的气压基本固定。因此气体剥离管道的优化设计是一个非常重要的问题。

负氢离子穿过气体剥离器时,会使负氢离子、氢原子和质子之间产生 6 种电荷交换,对于能量为 1 MeV 左右的负氢离子,其碰撞截面的关系如下[11]:

$$\sigma_{1\text{-}1} \ll \sigma_{10} \ll \sigma_{0\text{-}1} \ll \sigma_{-11} < \sigma_{01} < \sigma_{-10} \tag{2-12}$$

式中,$\sigma_{1\text{-}1}$ 表示从质子到负氢离子的碰撞截面,其他符号以此类推。表 2-5[11]给出了通过氮气和镁蒸气的三个较高的碰撞截面、气体厚度 δ、粒子平均能量损失 E_{loss} 和能散 ΔE_{loss}。需要注意的是,镁蒸气虽然可以获得较高的真空度,但容易在电极表面沉积而导致打火问题。

表 2-5　剥离气体参数

参　数	σ_{-11}/cm^2	σ_{01}/cm^2	σ_{-10}/cm^2	δ/cm^{-2}	E_{loss}/eV	$\Delta E_{loss}/eV$
氮　气	0.47×10^{-16}	1.54×10^{-16}	3.0×10^{-16}	3.3×10^{-16}	177.5	275
镁蒸气	0.84×10^{-16}	1.26×10^{-16}	1.6×10^{-16}	3.9×10^{-16}	306.6	406

如果气体剥离管道为直通管道,直径为 d,半长度 $l = L/2$,气体在管道中间注入,部分气体处在分子黏滞流动,大部分是分子流动,分子流动可以通过下列各式简化计算。短圆管的流导为[8]

$$U_l = 12.3 \frac{d^3}{l + 1.33d} (\text{L/s}) \tag{2-13}$$

式中,d、l 的单位是 cm。那么到达管道一端的气体流量为

$$q = U_l(P_{max} - P_{min}) \tag{2-14}$$

式中,P_{max} 是管道中部的压强;P_{min} 是管道入口和出口的压强。因为 $P_{max} \gg$

P_{min},那么有

$$q = U_l P_{max} \qquad (2-15)$$

假定管道入口处 $x=0$,则 x 点的压强 P_x 由下式决定:

$$q = U_x P_x = 12.3 \frac{d^3 P_x}{l + 1.33d} \qquad (2-16)$$

假定半段管道所需要的靶厚为 δ',它由下式决定:

$$\delta' = c \int_0^l P(x) \mathrm{d}x \qquad (2-17)$$

式中,$c = 3.3 \times 10^{16}/(\mathrm{cm}^3 \cdot \mathrm{Torr})$。根据式(2-16)和式(2-17),由靶厚决定的气体流量为[8]

$$q = \frac{12.3 \times 10^3 \times d^3 \delta'}{cl(l/2 + 1.33d)} (\mathrm{cm}^3 \cdot \mathrm{Torr/s}) \qquad (2-18)$$

式中,$q = Q/2$ 是管道一端的气体流量,气体总流量为 Q。

　　根据上述计算式可知,对给定厚度的靶,其气体流量可以通过 $Q \propto d^3/l^2$ 来粗略估计,管道的直径(束流直径)$d \propto \Phi_b$。理论上来讲,同样可以粗略估计束流发射度 $\Phi_b \propto l^{1/2}$,那么 $Q \propto l^{-1/2}$,因此适当地增加管道长度是有帮助的[8]。管道内的最大压强取决于管道长度,而与管道直径无关。

　　总体而言,气体剥离管道的流导越低,管道内的最大压强越高,所需的气体流量越小。为了进一步降低流导,可以在管道内附加带孔圆片或圆盘,如图 2-28[11]所示,其中的箭头为束流方向,其流导如表 2-6[11]所示。图 2-28 中 2、3、4 的盘片不管怎样放置,由于盘片的间距较大,其流导反而大于直通管道 1。管道 5 的盘片虽然密,但其盘片倒向束流入口,使其流导较大。圆盘放置密度的判断标准应该有两个:一是盘片间距要小于盘片内孔半径;二是盘片间距要接近或小于盘片内、外径的差。气体剥离器实物如图 2-29[13]和图 2-30[11]所示。

表 2-6　气体剥离管道的流导

序　号	1	2	3	4	5	6	7	8	9	10
$U/(\mathrm{cm}^3/\mathrm{s})$	52.5	61.2	68.0	59.4	60.2	46.3	38.5	35.1	43.1	30.6

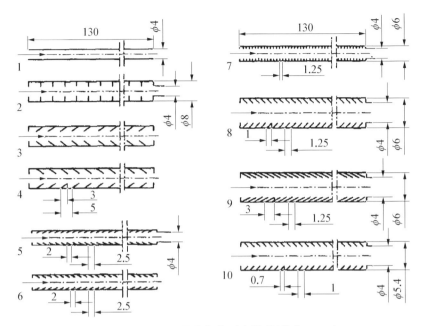

图 2 - 28　不同结构的气体剥离管道(单位: mm)

图 2 - 29　内径为 10 mm 的
气体剥离器

图 2 - 30　内径为 16 mm 的
气体剥离器

2.3.4　真空问题

对真空绝缘串列式加速器而言,其优点和关键是高流导带来高真空,可将次级电子减少到可允许的范围。与传统的串列式加速器不同,从气体剥离管道排出的气体大部分沿垂直于束流运动方向的高压电极之间的间隙向上运动,而在传统的串列加速器中,气体剥离管道排出的气体只能沿束流运动的方向或反方向运动,这就造成束流运动区域的真空度很难提高,使得加速过程中的负离子很容易剥离,最终使得束流强度难以提高。

500 keV 的 H⁻ 在氮气中的解吸碰撞截面 σ_{-10} 约为 5×10^{-16} cm²,对应 100 μA 束流损失,20 mA 的 H⁻ 束的束流损失率是 5×10^{-3}。如果 H⁻ 束的加速距离 $L=36$ cm,其允许的加速间隙间的平均气压 P 约为 7.5×10^{-6} Torr。图 2-31[11] 所示为真空绝缘串列式加速器内的真空排气结构,其中真空泵置于加速器顶部,中间电极的顶部开交错的大孔,如图 2-31(b)所示。如果气体剥离管道出气量为 4.5 Torr·cm³/s,真空泵抽速为 2 000 L/s,加速间隙间的平均气压 P 可以低于 7.5×10^{-6} Torr。如果气体剥离管道内直径扩大为 10 mm,长度为 30 cm,则总气体流量约为 0.038 Torr·L/s,需要抽速为 10 000 L/s 的冷凝真空泵。

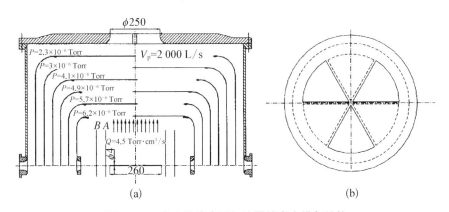

图 2-31　真空绝缘串列加速器的真空排气结构

(a) 电极侧面剖视图;(b) 中间电极的顶部视图

2.3.5　实验测量

真空绝缘串列式加速器在 2008 年获得 2 MeV/3 mA[15] 的束流,2016 年获得 2 MeV/5 mA[16] 的束流。实验中,气体剥离是一个重点关注的问题。氪气由长为 2 m、内径为 4 mm 的管道经由图 2-16 所示的高压引入装置注入气体剥离器。在实验曲线图 2-32[12] 中,靶流强指负氢离子经过气体剥离后再次加速打靶后的流强,其曲线反映了负氢离子转换为质子的转换效率。其中,转换效率达到 90% 时所需要的气体厚度约为 $1.8 \times 10^{16}/cm^2$，同时，加速器内的真空度约为 2×10^{-3} Pa[17]。

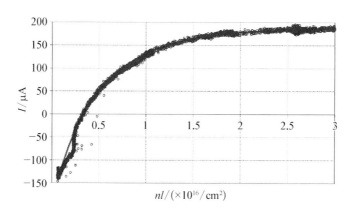

图 2-32　气体厚度与靶流强的关系

在实验过程中，特别是在高压老练过程中，还可以通过探测加速器产生的 X 射线来检测加速器的暗电流。这种暗电流实际上是真空的不完全击穿。图 2-33[18] 显示了暗电流产生的 X 射线能谱，这个能谱可以揭示暗电流的电子在电极之间获得的加速能量。图 2-34(a) 是电极高压随时间的变化曲线，图 2-34(b) 是真空度曲线，图 2-34(c) 是暗电流曲线，图 2-34(d) 是 X 射线剂量曲线[18]。

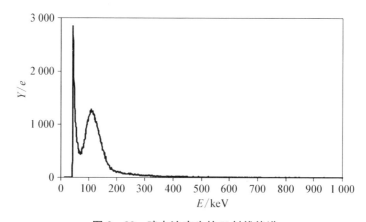

图 2-33　暗电流产生的 X 射线能谱

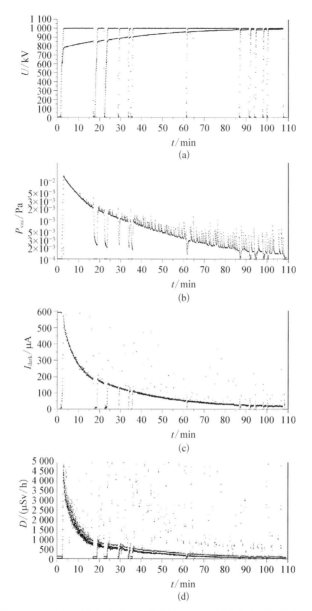

图 2-34 电极高压、真空度、暗电流、X 射线剂量随时间的变化

（a）电极高压；（b）真空度；（c）暗电流；（d）X 射线剂量

2.4 静电四极加速器

静电四极加速器（electrostatic quadrupole accelerator，ESQ）最早在 20 世

纪 60 年代由 Abramyan 等提出[19]。主要应用方向是托卡马克的强流粒子注入,并在 20 世纪 90 年代获得 100 mA 的加速流强[19-20]。此外还获得了 2 MeV/0.8 A 的 K$^+$束流[21]。现在已用于硼中子俘获治疗(boron neutron capture therapy,BNCT)的应用开发研究中[22]。

2.4.1 加速结构

静电四极加速器的名称来自其加速管结构,其加速管既可用于单极高压型加速器,也可用于串列式加速器[22]。传统的旋转轴对称加速电极(包括斜场加速管),其纵向电场和横向电场是相关联的[22]:

$$E_r(r, z) = -(r/2)\partial E_z(0, z)/\partial z \qquad (2-19)$$

式中,$E_r(r, z)$为柱坐标下的(r, z)点的电场强度的 r 方向分量;$E_z(0, z)$表示$(0, z)$点的电场强度的 z 方向分量。如果需要提高流强束的横向聚焦,必须提高纵向电场强度的梯度,而这显然受到真空击穿等因素的很大限制。

静电四极加速器采用静电四极透镜将纵向加速电场和横向聚焦电场分离,因而使得加速的流强大大提高,其结构如图 2 - 35 所示。图 2 - 35 中,静电四极加速器由 9 个加速单元构成,加速能量为 1.3 MeV,每个加速单元有 4 个圆柱电极,相对的两个电极为一组,加载相同的电压,另一组加载不同电压,从而形成电四极场。

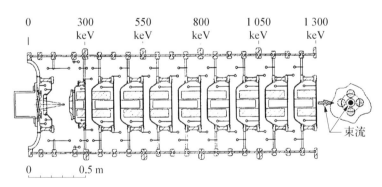

图 2 - 35 静电四极加速器结构

传统的轴对称加速管的加速电流基本与加速电压 $V^{-1/2}$ 成正比,而由于强聚焦的作用,静电四极加速器的加速电流基本可与加速电压 $V^{1/2}$ 成正比[23],因此可以获得更高的流强。

电四极场的优点除了可以获得更高的加速流强,还可以抑制次级电子,以及由此引发的 X 射线,阻止次级电子的级联发射乃至由此引发的"雪崩效应",最大限度降低了电极打火现象的发生概率。

　　由于电四极场的强聚焦作用,纵向的加速电场强度可以降低且同时保障高流强束流的高效率传输加速,但其缺点是装置体积和复杂度的增加。为此可采用折叠式的串列式静电四极加速器,如图 2-36 所示。串列式静电四极加速器的内部结构如图 2-37 所示。图 2-36 的极头高压为 1.25 MeV,采用负氢离子源。

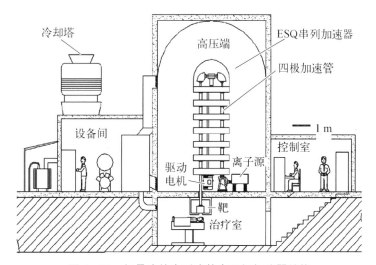

图 2-36　折叠式的串列式静电四极加速器结构

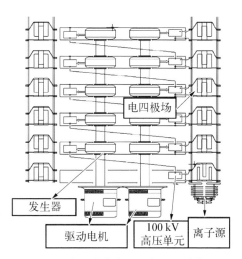

图 2-37　串列式静电四极加速器内部结构

除了最初的电四极场结构之外,人们还对其进行了一些改进,第一种改进是交叉指(inter digital)型,如图 2 - 38[19] 所示。这个结构实际是将图 2 - 35 中相邻单元的加速间隙取消,并将相近的圆筒电极连接在一起而形成的结构。图 2 - 39[24] 所示结构则是将相邻的旋转 90°的圆筒电极连接在一起。图 2 - 40[25] 所示结构则将电四极场的电极化繁为简,取消了相邻单元之间的电极交叉,同时用曲面电极取代圆筒电极。采用曲面电极的优点是可以将其设计为双曲面等其他曲面,降低电四极场中的其他高阶场含量。曲面电极 ESQ 的电场分布如图 2 - 41[26] 所示。

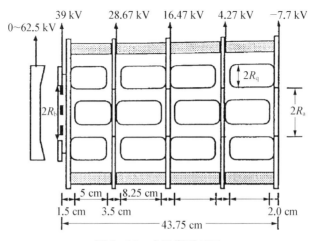

图 2 - 38　交叉指型 ESQ

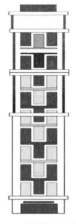

图 2 - 39　旋转交叉型 ESQ

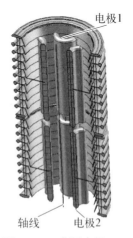

图 2 - 40　曲面电极 ESQ

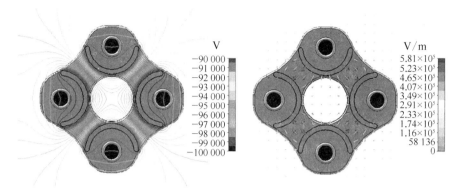

图 2 - 41　曲面电极 ESQ 的电场分布(彩图见附录)

2.4.2　束流动力学

四极场属于强聚焦场,其特点是在一个方向聚焦时,则该方向的垂直方向则散焦。如果多个四极场的聚焦方向交替变化,可以获得总体效果上的聚焦。因此,静电四极加速器的相邻加速单元的聚焦方向是交替变化的。

图 2 - 42[27] 所示是模拟计算得到的 84 mA 的 He$^+$ 加速到 200 keV 的束流包络,实验测得出口的流强为 92.3 mA,其 x 方向的束流发射度相图如图 2 - 43[27] 所示。图 2 - 42 中的一条曲线是 x 方向的束流包络,另一条曲线是 y 方向的束流包络,两个方向有交互的大小变化,这就是四极场产生的效果。图 2 - 43 所示的相图有非常严重的畸变,其原因有三个方面:一是离子源引出加速区域的电极和束流空间电荷力产生的非线性场;二是四极场电极和束流空间电荷力产生的非线性场,特别是当四极场电极的电势与离子束等效电势相差很大时,其对束流相图的 S 化效应明显;三是束流的瞬态效应,即如果束

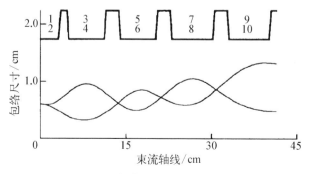

图 2 - 42　氦离子 84 mA 的束流包络

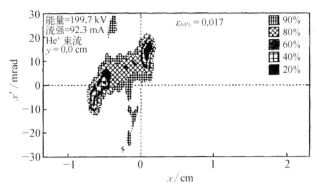

图 2-43 束流发射度相图

流是脉冲束,且束流的头部或尾部的束流强度较小,由于其空间电荷力较弱而导致四极场过聚焦,头尾部的束斑较大而导致发射度增加。

2 MeV/0.8 A 的 K^+ 加速的束流包络及发射度变化如图 2-44[23]所示,其中由于非线性场引起的发射度增长很明显。优化离子源引出电极形状和四极场电极的电位分布可以很好地控制发射度的增长,如图 2-45[23]所示。与图 2-44 和图 2-45 相对应的 y 方向相图如图 2-46[23]和图 2-47[23]所示。其中,图 2-46 有非常明显的"S 化"现象,这是导致图 2-44 中发射度增加的主要原因。图 2-48[23]显示了脉冲束上升沿导致的瞬态效应,束流头部形成蘑菇状的离子分布,如果缩短脉冲束上升沿时间,可以明显减弱这种瞬态效应,如图 2-49[23]所示。

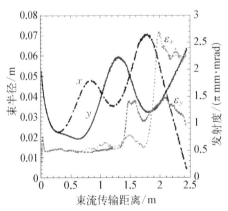

图 2-44 K^+ 加速的束流包络及
发射度

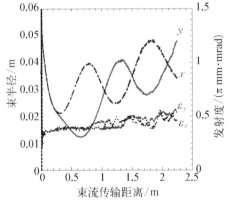

图 2-45 优化后的 K^+ 束流包络
及发射度

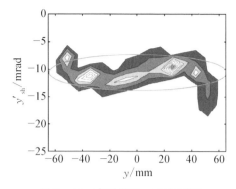

图 2 - 46　束流终端 y 方向相图
（彩图见附录）

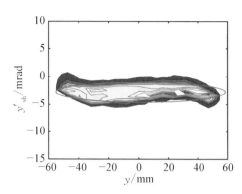

图 2 - 47　优化后的束流终端 y 方向
相图（彩图见附录）

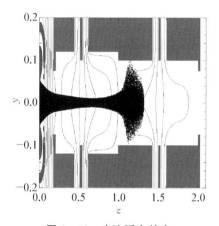

图 2 - 48　束流瞬态效应

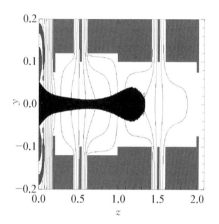

图 2 - 49　缩短脉冲上升沿时间后的
束流瞬态效应

2.5　电子帘加速器

电子帘加速器是一种特殊的单极高压型加速器,其特点是电子能量低、流强大、能耗低、产额高、自屏蔽、无污染、价格低等。

电子帘主机主要由电子枪、加速极、电子束输出装置、高压电源、高压引入线、控制系统、真空系统、水冷系统、气冷系统、束流测量系统、剂量监测系统、防护屏蔽系统等部件或系统组成,如图 2 - 50 所示[28]。电子帘的主要指标包括以下几个[28]:

(1) 输出电子束的能量(由它确定加速高压的最大输出电压)。电子帘输出电子束的能量范围为 $80 \sim 300$ keV。随能量的降低,电子束在箔膜的能量损

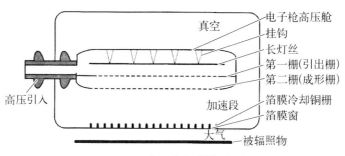

图 2 - 50　电子帘加速器原理图

失急剧增加，80 keV以下的电子束要求的箔膜厚度非常薄，对于大面积束的引出在技术上有很大困难。能量提高到250 keV后，电子束在箔膜上的传输效率的提高已很缓慢，而装置在电源和X射线的屏蔽设备方面的成本却急剧上升；此外，电子帘采用的是单间隙加速，当电压大于300 kV时，采用单间隙加速已不合理（间隙太大，需要分压为多间隙），所以一般能量上限约为300 keV。

（2）输出电子束的电流密度。对于稳态束，使用铝箔时传热限制束功率最大约为10 W/cm²，若按250 keV电子束的能损约5%估算，则电子束流密度的上限约为0.8 mA/cm²（考虑到运行寿命，实际允许的密度值远小于此值）。

（3）输出电子束的有效宽度和长度。长边方向为20～300 cm；受散热的限制，短边方向为2～20 cm。

（4）输出电子束的不均匀度。这是大面积源最难突破的指标之一，它由发射的均匀性和正确的电子光学系统设计来保证。一般要求不均匀度的范围为±10%，个别要求范围为±5%。

（5）电子束入射箔膜时的角度。不同入射角的电子束在箔膜中的能量和束流损失不同，冷却箔的铜栅的截束比不同。一般要求小于20°。

（6）束流时间特性。一般工业用电子帘要求稳态源。

（7）价格和效率。

（8）可靠性、可操作性、寿命、可维修性等。

2.5.1　电子帘加速器的分类及主要指标的确定

2.5.1.1　电子帘加速器的分类

电子帘加速器的类型很多，按其技术特点可做如下分类[28]。

（1）按灯丝特性分类：分为单灯丝和多灯丝两大类。单灯丝源指的是沿长边安排一根灯丝，也有沿长边安排两三根灯丝，以增加引出束宽度和流强。

单灯丝源适用于辐照区域不太宽的电子帘,最长适用于 1.5 m,如图 2 - 51[28]所示。多灯丝源指的是沿长边方向安排一系列垂直长边方向的相互平行的灯丝,由一个灯丝电源供电,也有由若干根灯丝组成一个组件串联供电,然后这些组件再平行排列,如图 2 - 52[28]所示。多灯丝源适用于较宽的辐照区域,最长可达 3.5 m。

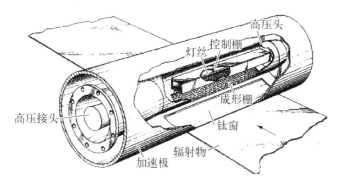

图 2 - 51　单灯丝电子帘加速器

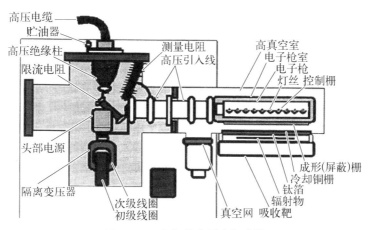

图 2 - 52　多灯丝电子帘加速器

（2）按阴极类型分类:工业上最常用的是热灯丝阴极,个别采用小冷阴极或等离子体阴极。

（3）按束流特性分类:绝大多数为稳态源,少数为脉冲源。

（4）按电子引出方式分类:分为通过含栅极的电子枪引出后再加速(加速场对电子枪内无影响)以及用加速场直接将电子从阴极引出和加速的无栅极电子枪,无栅极电子帘加速器如图 2 - 53[28]所示。

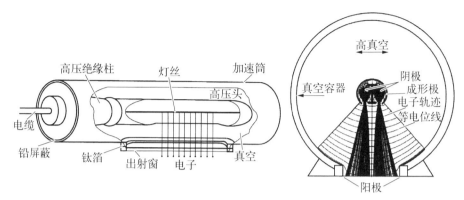

图 2 - 53　无栅极电子帘加速器

（5）按真空抽气方式分类：分为真空泵抽气型和全密封型。后者适用于小装置，全密封型电子帘加速器如图 2 - 54[28] 所示。

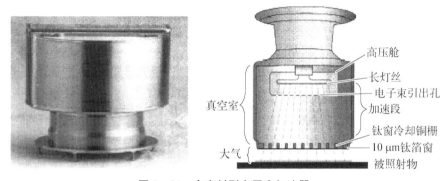

图 2 - 54　全密封型电子帘加速器

（6）按高压电源与主机的连接方式分类：有分离式（即高压电源单独有一个钢筒，通过高压电缆将高压引入主机真空室）和整体结构（即高压电源和主机用硬连接，通过高压绝缘子将高压引入主机真空室）。

2.5.1.2　电子帘加速器主要指标的确定

电子帘加速器的主要指标包括电子能量、有效束流强度、电源的高压和负载、束流密度分布的不均匀度等，其确定的原则如下[28]。

1）电子帘的能量选择

电子帘的能量指标即高压电源的输出电压指标，是最关键的指标，因为它直接关系到电子帘所能运行的工作范围、装置的大小和选型（如箔膜厚度和冷却方式等）、制造和运行费高低等。按一般经验，装置的价格和装置的输出功率近似成正比，其中高压电源的造价为总造价的一半以上，并且大体与其输出功率成正比,而其余部件的造价随功率提高的变化很小。高压的大小还涉及技术的难度和装置可靠性等。

能量选择的基本原则有两个:① 使辐照层内吸收的功率与束总功率之比为最大值,这样装置的消耗功率为最小值;② 要保持辐照层内剂量的均匀度。

为了精确确定装置的能量,必须首先测量出实际介质不同能量下的剂量-深度曲线(即 dE/dx -深度曲线)。图 2-55 所示是宽束源给出的在若干能量下实测到的经 15 μm 的钛箔和 3.2 cm 的空气层后的剂量-深度曲线。由图 2-55 可见,能量太低,大部分能量消耗在辐照层(图中阴影区域)的前面(主要损失在箔膜内),达到辐照层的剂量很小;相反,能量太高,大部分能量消耗在辐照层后面,能量效率也降低。因此,存在一个最佳能量,在此最佳能量下所要求的束功率最小。按经验,作为初选,一般把辐照层处的剂量作为最大剂量值的 70% 的点对应的能量选为运行能量。

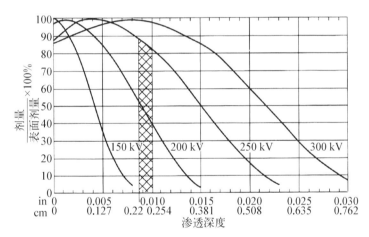

图 2-55　不同能量下的剂量-深度曲线

2) 电子帘有效束流的确定

能量指标确定后,有效束流可按以下步骤和原则确定[28]:

(1) 选定最大所需的剂量值 D。例如涂层固化所需要的典型剂量范围: $D=$ 50～100 kGy(kJ/kg);如果装置是应用于消毒工作,则要求的剂量大于 25 kGy。

(2) 选定最大产额率:它由“有效辐照宽度×被辐照物品运动速度”确定。

(3) 当涂层厚度不大,可忽略涂层内剂量的下降时,所要求的功率与涂层的厚度无关。

(4) 装置的束功率随涂层前纸张或箔膜等物品厚度的变化而呈正比变化。

（5）不同的纸张或箔膜的厚度，原则上存在不同的最佳能量，在此最佳能量下所要求的束功率最小。

3）加速器高压电源负载的确定

高压电源的有效束功率与其输出功率之比是决定装置性能-价格比的关键之一，是必须精心设计的一个参数。根据穿过箔膜后的剂量曲线可以确定最优的加速高压，因而高压电源的输出功率和有效束功率就由其负载电流 I_{eff} 和有效电流 I_a 决定。负载电流是高压电源输出的总电流；有效电流是直接用于辐照加工的束流。有效电流与负载电流之比为电源效率 μ，影响电源效率的因素有 4 个[28]：① 冷却箔膜的铜栅的截束比 κ_1，电子到达钛箔的效率为 $\mu_1 = 1 - \kappa_1$；② 穿过钛箔的束流传输率 T_n；③ 由于总加速电流中只有一部分到达钛箔，所以要估计经钛箔输出的束流与总被加速束流之比 κ_2；④ 高压电源本身的各种泄流电流（包括高压测量等负载）与输出电流之比 κ_3。因而总效率为 $\mu = \mu_1 T_n \kappa_2 (1 - \kappa_3)$，有效电流为[28]

$$I_a = I_{eff} / \left[\mu_1 T_n \kappa_2 (1 - \kappa_3) \right] \qquad (2-20)$$

如果电子能量为 250 keV，钛箔厚度为 12.7 μm，则加速电源的总效率约为 0.5。

4）束密度分布的不均匀度

大面积电子束对密度分布不均匀度的要求十分严格。这是电子帘研制中最为困难的任务之一。不均匀度 δ 的定义为[28]

$$\delta = \pm \left| \frac{j_{max} - j_{min}}{j_{max} + j_{min}} \right| \times 100\% \qquad (2-21)$$

式中，j_{max} 和 j_{min} 分别为辐射范围内最大和最小密度值。产生密度分布不均匀的原因可能是阴极表面发射电子的不均匀、电子热速在加速和漂移过程中引起的不均匀性、横向电磁场（包括空间电荷场）引起的不均匀性等。在大面积源中电子的热速和空间电荷场的作用可忽略。表面发射电子的不均匀性可以通过使电子枪工作在空间电荷限制流状态而均匀化。所以大面积源中正确的电子光学系统设计是十分重要的。除几何不均匀度外，还需要考虑时间的不稳定度。

2.5.2　电子枪

大面积电子源的阴极主要有两种类型：等离子体阴极和热阴极。前者包括气体放电型等离子体电子源和爆炸等离子体电子源。

一般情况下,爆炸等离子体电子源适用于发射的电流密度 j 为 $1\sim 10\ \mathrm{A/cm^2}$、脉冲长度 τ 为 $1\times 10^{-8}\sim 1\times 10^{-6}\ \mathrm{s}$。气体放电型等离子体电子源适于发射的电流密度 j 为 $0.01\sim 1\ \mathrm{A/cm^2}$,脉冲长度 τ 为 $1\times 10^{-5}\sim 1\times 10^{-4}\ \mathrm{s}$。热阴极电子源适用于长脉冲($10\ \mathrm{ms}\times 1\ \mathrm{mA/cm^2}$)和稳态($0.1\ \mathrm{mA/cm^2}$)。

2.5.2.1　电子枪的结构形式

绝大多数工业用电子帘使用线灯丝做电子发射体,只有个别的采用等离子体阴极、冷阴极等。电子帘电子枪按结构有两种可供选择的方案[28]:

(1) 如图 2-50 所示,由灯丝和栅极组成电子枪。常用的为双栅极电子枪。灯丝安排在 z 轴,第一栅(引出栅)大多为绕灯丝的半径为 R_1 的圆筒,由所加栅压决定灯丝的发射特性。第二栅(成形栅或屏蔽栅)为与灯丝距离为 R_2 的平面,第一栅和第二栅间大多为等电位漂移空间(个别的另加电压);通过两者的距离控制束的扩张。这种方案的优点是将加速电压与电子枪分隔,加速电压不影响电子的引出和成形(最易获得均匀束和不同能量、不同流强的束);避免高压击穿对阴极区的影响。但缺点是需要一个能远距离调节的处于高电位的大功率偏压电源,束损严重,这使电源结构及电源控制较复杂。

(2) 德国的无栅极方案(见图 2-53),由加速场引出电子流。这种方案的优点是在结构上大大简化了,只需一个灯丝电源。但需解决的问题是对束宽和束均匀度的控制。

为了提高灯丝发射的效率,有的在与引出方向相反的一面加反射极。反射极的电位有的连接到阴极,有的加可调负电压。但研究表明,增设反射极将对引出束的均匀度产生较大影响,需要细致研究它的形状、位置和电位等对均匀度的影响。

灯丝的形式主要有 3 类:① 单根长灯丝。它适用于束宽小于 1.5 m 的电子帘,也有用若干根平行长灯丝并联或交错放置的。② 并联多灯丝。即沿长边方向每隔一定距离安排一根短灯丝,其方向与辐照物移动方向相同,适用于宽束源。③ 串并型。将若干短灯丝串联组成一个组件,多个组件再并联起来用一个电源供电。

当束宽小于 1.5 m 时,倾向于采用长灯丝。其原因如下:① 长灯丝在物理上是简单、清楚的,理论计算可以相当正确地预言实验结果,而多灯丝在物理上存在需要细致研究的问题。② 长灯丝采用的是高压、低电流的灯丝电源,而并联多灯丝采用的是低压、大电流、大功率的电源。③ 寿命。多灯丝的60~120 根灯丝中的任何一根出问题都会影响束的均匀度,从而使运行终止。

而且,灯丝的理论寿命与直径成正比,在多灯丝源中,为减少单根灯丝的电流而采用细灯丝后灯丝寿命会缩短。④ 可靠性。仅非常短的灯丝(如小于4 cm)两端可以直接紧固。对于大功率装置,束的窄边不能太短,这样每根灯丝长 12~20 cm,其端部需要拉紧装置,防止灯丝发热下垂。多根灯丝及其拉紧装置结构较复杂,出现故障的概率较大。

并联多灯丝的最大优点是可以进一步增加辐照的宽度,目前已可达到 3.5 m。

2.5.2.2 灯丝材料的选择

大面积电子源对阴极材料的主要要求如下:① 有足够的发射能力(如对于稳态源要有大于安培级的发射能力);② 加热功率尽量小,因热耗主要是辐射损失,所以要求阴极的工作温度尽量低,即逸出功要小;③ 在运行温度下要有足够的机械强度;④ 在真空环境被破坏的条件下有一定的重复工作的寿命,要求寿命应不小于 10 000 h。

最常用的灯丝材料为钨、钽及其合金。与钨丝相比较,钽丝具有所需工作温度、加热功率(约为钨的 40%)、加热电流和加热电压都低的优点。钽的机械性能比钨好,易加工、可弯曲,而钨偏脆。但钨耐大气的冲击性能要比钽好,所以大多数还是采用钨丝。

LaW 合金丝的发射温度与纯钨丝的基本接近。TuW 合金丝的逸出功小,运行温度要比 LaW 合金丝的低约 420 ℃,其所需电压和电流约为 LaW 的 75%,加热功率为 LaW 的 56%。但它在高压和离子轰击下工作不稳定,易变脆,表面发射不均匀。

LaB$_6$ 阴极的逸出功低(2.66 eV),工作温度低(低于 1 600 ℃),从而可极大地降低对加热功率(约可降低 2/3)、加热电压和加热电流的要求(有利于束流的均匀性)。在相同的发射电流下,LaB$_6$ 灯丝的寿命比钨丝的高 2~3 个数量级。它能在有毒气体和离子轰击条件下稳定工作,能承受暴露大气的事故,但其缺点是不能直接与钢等材料接触,所以结构较复杂。

氧化物阴极有最低的工作温度(800~1 000 ℃)、最高的热效率(0.1~1 A/W)和高的发射电流(稳态时为 3~5 A/cm^2),但它易在剩余气体(尤其是氧气)内中毒和在离子轰击下遭到破坏,操作起来比较复杂。

2.5.2.3 灯丝结构设计要点

灯丝结构设计有如下几个要点。

1) 灯丝冷端问题

灯丝实际长度(由两支点算起)和均匀温度区长度(有效长度)的差定义为

冷端长度。计算表明,冷端的长度与中央均匀区长度无关,取决于灯丝支点的温度和热辐射系数等。因此选用良好的绝缘材料,提高支点的温度对于加大可利用的长度有重要意义。冷端长度与直径的平方成正比,其长度为几厘米至十厘米。

2）灯丝加热电源

灯丝电源最好用中央接地、正负输出的直流电压,这样可以降低灯丝两端的部分与栅极间的电位差。灯丝电源要独立、连续可调,调节精度要求与稳定度的要求相当。

3）灯丝机械设计中的注意事项

灯丝机械设计中需要解决的主要问题有如下几点:

（1）长灯丝的悬挂。每隔一定距离要设挂钩,它实际又是一个冷端,因此,挂丝要细长,其端部热绝缘性能要好。

（2）钨丝加热后的伸长率大约为 1.2%。若两端固定,引起的灯丝下垂量将很大。这个伸长量需要通过两端有弹性的弹簧或弹簧片来补偿。弹簧的材料要耐高温且富有弹性。由于灯丝一直处于两端拉紧状态,在高温条件下要考虑材料的蠕变,其寿命将随拉伸强度的增大而下降,所以弹簧的力要合适。为了获得 1 000 h 的寿命,一般的拉伸强度只能为常温下极限强度的 1% 量级。

拉伸机构要保证在很宽的温度范围内灯丝仍可均匀地拉伸。灯丝常处在空间电荷限制状态,灯丝伸长后仍需正好处于设计位置,所以常有定位孔和定位块,为了保证灯丝的定位,两者的间隙常设计得很小。但此处的温度很高,需要精心设计此热间隙。间隙过大,则定位误差大;间隙过小,升温后定位块会卡住,使灯丝拉断。

（3）灯丝两端、悬挂丝和弹簧等要对高压头绝缘,耐压大于 1 kV。

（4）所有可能接触钨蒸气和溅射物的绝缘子都必须有良好的屏蔽措施。

（5）灯丝的夹紧结构等要耐高温。引线截面要足够大,以加载大的加热电流。

2.5.2.4　灯丝交叉场对电子的偏转

无论是单灯丝还是多灯丝,灯丝的加热都是直热式的,即加热电流直接通入灯丝。灯丝的加热电流会在灯丝附近产生环形的磁场,如图 2-56[28] 所示。同时,灯丝上还加载电子引出或加速高压,从而形成电磁交叉场,对引出的电子必然产生偏转效应,如图 2-57[28] 所示。灯丝交叉场对电子的偏转会导致电子束的利用效率降低、钛箔热分布不均的不利影响，而轰击到钛窗边框外的电子束也容易导致绝缘材料破坏等。

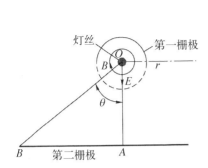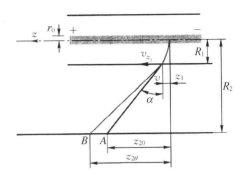

图 2 - 56 灯丝附近的环形磁场　　图 2 - 57 交叉电磁场对电子的偏转效应

为了减弱交叉场对电子的偏转效应，可以采用减小灯丝直径和降低栅压等方法[28]。减小灯丝直径可以减少灯丝电流和冷端长度，但其缺点是灯丝的抗拉强度降低，寿命缩短。

2.5.3　电子输出窗

电子帘中电子与电子输出窗（箔膜）的相互作用主要有两方面：一方面是散射（包括部分反射），即电子与核碰撞，经库仑散射改变了方向；另一方面是阻滞（包括部分电子完全吸收），即电子经各种非弹性碰撞而损失能量。除以上过程外，电子还可能将部分能量转换给原子核外的电子而将其击出，即产生次级电子束。通过各种过程其最终的效应可用以下若干系数来描述[28]。

（1）束损。一部分电子经大角度散射后将被反射而向相反方向出射至箔膜，这部分束流与入射束流之比称为反射系数 R_n。能透过箔膜而出射的束流与入射束流之比称为粒子透射系数 T_n。

（2）能损。反射电子束所携带的能量与入射电子束能量之比称为能量反射系数 R_e，透过箔膜的电子束所携带的能量与入射电子束能量之比称为能量透射系数 T_e。

（3）散射角。电子束经钛箔后角分布很广。200 keV 电子束经不同厚度的钛箔后，按出射束流归一化的角分布如图 2 - 58[28] 所示。对于 250 keV、13 μm 钛箔的情况，大约 50% 的束在 28° 以内，70% 的束在 39° 以内。

透过箔膜的束具有一个很宽的能量分布。图 2 - 59[28] 表示的是 200 keV 电子束经不同厚度的钛箔后按出射束流归一化的能谱。图 2 - 60[28] 表示经

13 μm 的钛箔,电子束在钛箔中的能量损失与运行电压的关系。应该指出,低能电子在空气中的能量损失也是不能忽略的。图 2-61[28] 表示电子束在空气中的射程以及束损 10% 对应的距离与束能量的关系。

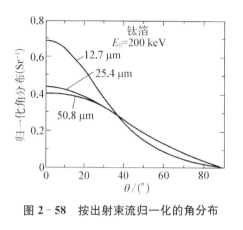

图 2-58　按出射束流归一化的角分布

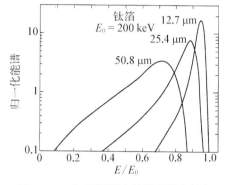

图 2-59　经不同厚度钛箔后按出射束流归一化的能谱

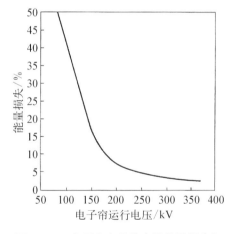

图 2-60　电子束在钛箔中的能量损失与电压的关系

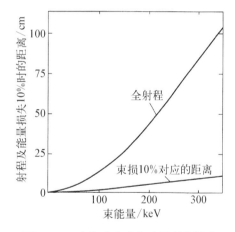

图 2-61　电子束在空气中的射程及束损 10% 对应的距离与束能量的关系

　　电子束经箔膜后产生的很广的角分布将引起两个重要的效应:① 使束流极大均匀化;② 在箔膜的两个方向的两端部产生不均匀区。一般而言,箔膜至辐照物的距离越大,均匀化效果越好,但辐照物离箔膜越近,剂量越大,边界越陡,均匀区越大。此外,散射效应将引起单灯丝源在长灯丝的端部产生不均匀区。

2.5.3.1 电子输出窗结构

由于电子帘加速器输出的电子能量较低,电子输出窗箔膜很薄,所以对应的极限张力就很小,一般不超过 $30\ \mu m$,因此需要采用膜栅结构来提高箔膜的极限张力。膜栅可以采用图 2－62[28] 所示的机械结构,图中的框架高度为 h,框架内为多个长 $2l$、宽 $2m$ 的窄槽。膜栅除了可以提高箔膜的极限张力,同时还可以提高箔膜的导热性能,同时对箔膜进行强制风冷。

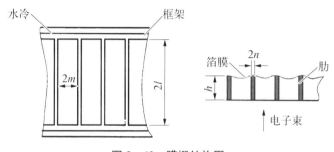

图 2－62　膜栅结构图

2.5.3.2 电子输出窗材料

箔膜材料的选择原则如下:导热系数越大越好;允许运行的最大工作温度越高越好;在允许工作温度下屈服强度越大越好;在相同的能量传输系数下,等效厚度越厚越好;能量沉积系数越小越好;能够耐辐射和耐外部气体的腐蚀。

膜所采用的材料主要有铝、铝合金、钛、铍、$50\%Al+50\%Be$、金刚石复合膜、Kapton(聚酰亚胺薄膜)和 Havar 合金等,部分材料的性能参数如表 2－7 所示[29]。

表 2－7　固体薄膜隔离窗材料性能

参　　数	铍	铝	钛	Havar 合金
原子序数 Z	4	13	22	28[①]
原子量 A	9	27	47.9	60.7[①]
密度/(g/m^3)	1.85	2.7	4.5	8.3
熔点/℃	1 278	660.4	1 660	1 480
热导(0～100 ℃)/[W/(m・K)]	201	237	21.9	14.7
热容(25 ℃)/[J/(K・kg)]	1 825	900	523	—

（续表）

参　数	铍	铝	钛	Havar 合金
抗张强度/MPa	310～550	50～195	230～460	1 860
平均激发能/eV	84.2	160	246	302

① 平均有效值。

（1）从核性能角度看，铍是最好的。它的相对原子质量小，具有最小的能量和粒子反射系数，最大的能量传输系数和电子传输系数，最小的能量沉积系数和最大的束穿透能力。

（2）从传热性能角度看，3 种材料中以铍最好，钛最不好，铝介于两者之间。在使用钛箔时，箔膜到铜栅热阻很大，而铜栅的热阻几乎可忽略。在使用铍和铝箔时，情况相反，箔膜热阻几乎可忽略，而以铜栅的热阻为主。

（3）用钛箔时，由于热阻主要由箔膜决定，所以最大电流密度 J_{max} 与铜栅厚度 h 的关系不显著；而用铍和铝箔时，由于热阻主要由铜栅决定，所以 J_{max} 几乎随 h 线性增加。

（4）尽管铝箔的热阻远小于钛的热阻，但由于铜栅的热阻已不能忽略，因此箔本身传热性能改进的作用大大减少。而钛的允许温升约为铝的 2 倍，因此与钛箔相比，尽管铝箔的 J_{max} 为钛箔的 2～3 倍，但铝的机械性能比钛的差很多，所以目前大多数人仍使用钛箔。

（5）铍的 J_{max} 要比钛的高 5～6 倍，这是因为在能量传输系数相同时，铍箔的厚度为钛的 4 倍，铍的导热系数约为钛的 7 倍，而铍箔的能量沉积系数仅为钛箔的 80％，铍还具有高模量、高比刚度、耐氧化、尺寸稳定性好等优点。但铍的缺点是价格贵、铍粉末有毒、性较脆。尽管很多文章都指出铍可作为备择的材料，但目前还没有看到有学者使用。

（6）50％Al＋50％Be 会增加束的不均匀度。

（7）金刚石薄膜具有低密度、高热导[5～10 W/(cm · K)]、耐高温、抗腐蚀等优点，但价格高。

（8）Havar 合金又名 UNS R30005，是一种可热处理、非磁性的钴基合金，具有很高的强度和优异的抗腐蚀性，抗疲劳性能很好，是一种沉淀硬化型超耐热合金。其成分是钴 42.0％（41％～44％）、铬 19.5％（19％～21％）、镍 12.7％（12％～14％）、钨 2.7％（2.3％～3.3％）、钼 2.2％（2％～2.8％）、锰 1.6％（1.35％～1.8％）、碳 0.2％（0.17％～0.23％）、铍 0.05％（0.02％～

0.08%），剩余为铁元素。常规的 Havar 合金薄膜厚度为 0.2 mm，最薄可为 2 μm。

参考文献

［1］ 刘克新.我国高压型加速器技术及应用进展［C］//粒子加速器学会第七届全国会员代表大会暨学术报告会,黄山,中国,2004：211-218.

［2］ 桂伟燮.荷电粒子加速器原理［M］.北京：清华大学出版社,1994.

［3］ 徐建铭.加速器原理［M］.北京：科学出版社,1974.

［4］ 陈佳洱.加速器物理基础［M］.北京：北京大学出版社,2012.

［5］ Salimov R A, Cherepkov V G, Golubenko J I, et al. D. C. high power electron accelerators of ELV-series：status, development, applications［J］. Radiation Physics and Chemistry, 2000, 57(3-6)：661-665.

［6］ Milton B F. A high current tandem accelerator for gamma-resonance contraband detection［C］//Proceedings of the 1997 Particle Accelerator Conference, Vancouver, Canada, 1997：3775-3779.

［7］ Melnychuk S T, Kamykowski E, Sredniawski J, et al. Operating characteristics of a high current electrostatic accelerator for a contraband detection system［C］//Proceedings of the 1999 Particle Accelerator Conference, New York, USA, 1999：587-589.

［8］ 张华顺.真空绝缘串列加速器初步设计［R］.北京：中国科学院高能物理研究所,2010.

［9］ 叶铭汉,陈鉴璞.静电加速器［M］.北京：科学出版社,1965.

［10］ Coggiola M J, Peterson J R, Huestis D L. Angular scattering effects in D$^-$ production by double electron capture of D$^+$ in Cs［J］. Physical Review A, 1987, 36 (5)：2008-2023.

［11］ Bayanov B F, Belov V P, Bender E D, et al. Accelerator-based neutron source for the neutron-capture and fast neutron therapy at hospital［J］. Nuclear Instruments and Methods in Physics Research A, 1998, 413：397-426.

［12］ Kuznetsov A, Aleynik V, Bashkirtsev A, et al. Raising the generating current in the VITA neutron source for BNCT［C］//Proceedings of IPAC 2013, Shanghai, China, 2013：3693-3695.

［13］ Belchenko Y, Burdakov A, Davydenko V, et al. Initial high voltage tests and beam injection experiments on BINP proton tandem-accelerator［C］//Proceedings of RuPAC 2006, Novosibirsk, Russia, 2006：135-137.

［14］ Kuznetsov A, Gmyrya A, Ivanov A, et al. Beam injector for vacuum insulated tandem accelerator［C］//Proceedings of RuPAC 2016, Petersburg, Russia, 2016：529-531.

［15］ Taskaev S, Aleynik V, Burdakov A, et al. Vacuum-insulation tandem accelerator for boron neutron capture therapy［C］//Proceedings of IPAC 2011, San Sebastián,

Spain, 2011: 3615 - 3617.

[16] Shchudlo I, Taskaev S, Kasatov D. Three-fold increase of the proton beam current in the vacuum insulation tandem accelerator[C]//Proceedings of IPAC 2016, Busan, Korea, 2016: 1228 - 1229.

[17] Kuznetsov A, Aleynik V, Sorokin I, et al. Calibration testing of the stripping target of the vacuum insulated tandem accelerator[C]//Proceedings of RuPAC 2012, Petersburg, Russia, 2012: 560 - 562.

[18] Sorokin I, Bashkirtsev A, Ivanov A, et al. X-ray radiation high-voltage elements of the tandem accelerator with vacuum insulation[C]//Proceedings of RuPAC 2012, Petersburg, Russia, 2012: 299 - 301.

[19] Henestroza E, Eylon S, Yu S, et al. ILSE - ESQ injector scaled experiment[C]// Proceedings of IPAC 1993, Washington D. C. , USA, 1993: 709 - 711.

[20] Kwan J W, Ackerman G D, Chan C F, et al. Acceleration of 100 mA of H$^-$ in a single channel electrostatic quadrupole accelerator [J]. Review of Scientific Instruments, 1995, 66(7): 3864 - 3868.

[21] Kwan J W, Anderson O A, Reginato L L, et al. Electrostatic quadrupole DC accelerators for BNCT applications, LBNL - 35540 [R]. Berkeley: Lawrence Berkeley Lab, 1994.

[22] Kreiner A J, Kwan J W, Burlón A A, et al. A tandem-electrostatic-quadrupole for accelerator-based BNCT[J]. Nuclear Instruments and Methods in Physics Research B, 2007, 261(1): 751 - 754.

[23] Bieniosek F M, Celata C M, Henestroza E, et al. 2MV electrostatic quadrupole injector for heavy-ion fusion, LBNL - 56618[R]. Berkeley: Lawrence Berkeley Lab, 2009.

[24] Cartelli D, Capoulat M E, Bergueiro J, et al. Present status of accelerator-based BNCT focus on developments in Argentina[J]. Applied Radiation and Isotopes, 2015, 106: 18 - 21.

[25] Kreiner A J, Vento V T, Levinas P, et al. Development of a tandem-electrostatic-quadrupole accelerator facility for boron neutron capture therapy (BNCT)[J]. Applied Radiation and Isotopes, 2009, 67: 266 - 269.

[26] Vento V T, Bergueiro J, Cartelli D, et al. Electrostatic design and beam transport for a folded tandem electrostatic quadrupole accelerator facility for accelerator-based boron neutron capture therapy[J]. Applied Radiation and Isotopes, 2011, 69(12): 1649 - 1653.

[27] Kwan J W, Ackerman G D, Anderson O A, et al. Testing of a high current DC ESQ accelerator[C]//Proceedings of PAC 1991, San Francisco, USA, 1991: 1955 - 1957.

[28] 张华顺. 工业用电子帘加速器[M]. 北京: 中国原子能出版社, 2017.

[29] Cho S O, Kim M, Lee B C, et al. A compact low-energy electron beam irradiator [J]. Applied Radiation and Isotopes, 2002, 56(5): 697 - 702.

第 3 章

高压型加速器在低能核物理研究中的应用

19 世纪末，对物质结构的研究进入微观领域。1896 年，法国物理学家贝可勒尔(Becquerel)发现天然放射性，这是人类第一次观察到核变化现象，标志着核物理学的开始。高压型加速器是早期低能核物理实验研究的重要工具，对核物理研究早期很多物理概念和物理图像的建立起了不可替代的作用。本章将从核反应、核结构和核天体物理三个方面就低能核物理研究做一些简介。

3.1 核反应

核反应一般可表示为 a+A→b+B，简写为 A(a，b)B，其中 a 表示入射粒子，通常形象地称为弹核(projectile)，A 为靶核(target)，b 和 B 表示出射粒子(类弹核)和剩余核(类靶核)。核反应过程满足电荷数、质量数、能量、动量、角动量和宇称都守恒。

在加速器出现之前，最早的核反应研究是用放射源产生的 α 粒子轰击靶核来进行的。1909 年，英国卡文迪什实验室的卢瑟福用准直 α 源轰击金箔(微米厚度)，发现存在大角散射的 α 粒子(大于 90°的大约有 1/8 000)，由此于1911 年确立了原子的核结构模型(行星模型)。1919 年，卢瑟福用放射源发射的 α 粒子轰击氮原子核，实现了人类历史上第一个核反应 $^4He+^{14}N→H+^{17}O$，简写为 $^{14}N(\alpha，p)^{17}O$。1932 年，英国卡文迪什实验室的 J. D. 考克饶夫(J. D. Cockcroft)和 E. T. S. 瓦耳顿(E. T. S. Walton)用高压倍加器产生的质子束流轰击锂靶，形成 $^8Be^*$ 并很快分裂为两个 ^4He，成功实现了核转变，开启了基于加速器提供的束流进行核反应研究的先河。此后，随着加速器能量的不断升高,不同的核反应机制被揭示出来。

原子核是一类典型的量子多体系统。对于低能核反应,由于原子核的集体运动时间与反应时间匹配,因此可能与相对运动自由度产生强耦合,从而极大地改变核反应的进程,因此低能核反应涉及隧穿和耦合这两个量子力学中的基本问题。在核反应过程中,原子核可能布居到激发态,因此可以研究原子核的结构性质。另外,核反应研究还可以为应用研究提供重要的核数据。

本章将简要介绍原子核的基本性质、实验方法、基本的核反应图像和一些具体的核反应。

3.1.1　原子核的性质概述

原子核的性质是指原子核作为整体所具有的静态性质。本节简要介绍几个原子核的性质,以便对原子核有个初步的了解。

1) 原子核的组成及密度分布

原子核由质子和中子(统称核子)组成,质子带一个正电荷,中子不带电,质子数 Z 通常称为原子序数,中子数记为 N,核子数即通常所说的质量数 $A = Z + N$。 单个核子的质量约为 1.67×10^{-27} kg,而单个电子的质量约为 9.11×10^{-31} kg,因此原子核的质量占原子质量的绝大部分。

实验表明,原子核是接近于球形的,通常用半密度处的半径 R 来表示原子核的大小。R 与原子核质量数 A 的关系为 $R \sim A^{1/3}$,即原子核的体积近似正比于核子数,这意味着原子核是不可压缩的。对于稳定原子核,其半径从 0.85 fm(质子)逐渐增大到约 8.5 fm(超重核),1 fm$ = 10^{-15}$ m。原子核的半径在 10^{-15} m 量级,可见原子核只占原子体积的很小部分。

通过高能电子在原子核上的散射,得到原子核内质子的分布半径 $R = r_{0C}A^{1/3}$,r_{0C} 为约化库仑半径,$r_{0C} \approx 1.1$ fm,据此给出 ^{208}Pb 原子核的电荷分布,如图 3-1 所示。整个核子分布也类似,只是通常分布半径更大一些($r_{0n} = 1.4 \sim 1.5$ fm)。由图 3-1 可以看出,在原子核的中心部分,电荷密度几乎是一个常量。密度分布反映了核物质的饱和性。核子密度(单位体积的核子数)的径向依赖可近似为

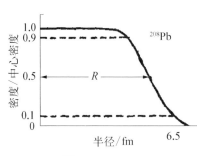

图 3-1　^{208}Pb 原子核内电荷分布图

$\rho(r) = \rho_0/[1 + \exp(r - R)/a]$，其中，$\rho_0$ 是中心密度，R 是核物质半密度半径，a 是表面弥散参数(一般取 0.65 fm)。原子核的密度极大，折合为 10^{14} g/cm^3。

组成原子核的质子和中子都是自旋为 1/2 的费米子，同时核子还在核内做复杂的相对运动，因而具有相应的轨道角动量。所有这些角动量的矢量和就是原子核的自旋。自旋是核的内部运动所具有的，与整个核的外部运动无关。质子数和中子数都是偶数的偶偶核的基态自旋为零。

2) 原子核的 β 稳定线

有些原子核是不稳定的，可以发射粒子，即通过 β(电子)、α(^{4}He) 衰变或自发裂变等方式而转化为稳定的原子核。理论预测存在大约 8 000 种核素，其中只有 288 种是稳定的。稳定核中多数为质子数和中子数均为偶数的偶偶核，反映了质子与中子各自有配对的趋势。

把这些稳定的核素画在 Z - N 平面上，如图 3 - 2 所示。图中每个黑点代

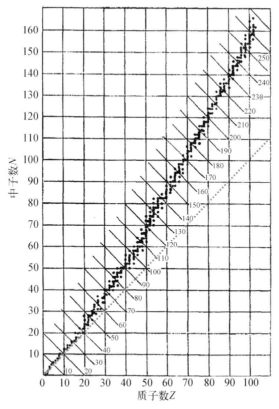

图 3 - 2　稳定原子核在 Z - N 平面上的分布，图中通过分布中心的连线称为 β 稳定线

表一个稳定核素,这些核素集中在一个狭长的区域内,经过此区域中心的连线称为β稳定线。图中标数字的斜线为质量数,灰色点线对应中子数等于质子数。β稳定线的两侧分布有大量不稳定的核素,通过β衰变不断向β稳定线(可以看作一个山谷)靠拢。

可以看出:① 在轻核中,中子数与质子数相等的核素具有较高的稳定性,说明中子与质子有对称分布的趋势;② 随着质量数的增大,中子数与质子数的比值(中质比 N/Z 增大;③ 这种中质比的趋势决定了由两个较轻的原子核合成的较重原子核是缺中子的,这决定了目前用熔合反应机制合成的超重核,无法到达理论所预言的 $Z=114$ 和 $N=184(N/Z \approx 1.6)$ 附近元素寿命较长的超重岛。

3) 比结合能

实验发现,原子核的质量总是小于组成它的核子的质量和,这个差值称为原子核的质量亏损。根据质能关系 $E=mc^2$,能量变化与质量变化的关系为 $\Delta E=\Delta mc^2$,单位为 MeV。

比结合能为自由核子组成一个原子核时所释放的能量 E 与核质量数 A 的比值,用 ε 表示,即把原子核拆成单个自由核子时平均对每个核子所要提供的能量,这反映了原子核核子间结合的紧疏程度。比结合能随原子核质量数变化的曲线称为比结合能曲线,稳定核的比结合能曲线如图3-3所示。

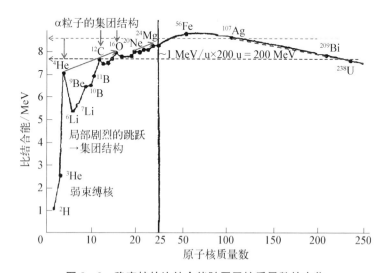

图 3-3 稳定核的比结合能随原子核质量数的变化

可以看出：

(1) 曲线的形状是中间高($\varepsilon \approx 8$ MeV)，两端低。在 A 较小的轻核区，核子间结合得比较松，如 ^{2}H 的比结合能 ε 最小，只有 1.112 MeV，通常称这类核为弱束缚核，会有 ^{2}H + ^{3}H 等轻核的聚变放能机制。在 A 较大的重核区，核子间结合得也比较松，重核裂变成两个中等质量的碎片的过程会伴随约 200 MeV 的能量释放。这正是目前人类利用核能的基本原理。

(2) ^{4}He、^{12}C 和 ^{16}O 等较轻的偶偶核对应着比结合能曲线的几个峰位，可能意味着这些轻核中存在 α 粒子的集团结构。

3.1.2　核反应研究实验方法

核反应过程会产生不同于弹靶核的带电粒子和中子，同时由于反应产物可能处于激发态，因此还会有退激产生的中子和 γ 射线等。核反应实验研究正是通过鉴别反应产物并测量其信息，包括出射角度、能量和时间等，来提取核反应机制的。

1) 反应产物的运动学

引入反应截面 σ 来描述一个入射粒子与单位面积上一个靶核发生反应的概率。反应截面（或有效截面）σ 是指弹性散射截面以外的各种截面之和，也称为去弹性散射截面，表示为

$$\sigma = \frac{N'}{IN_s} = \frac{\text{单位时间发生的反应数}}{\text{单位时间的入射粒子} \times \text{单位面积的靶核数}} \tag{3-1}$$

反应截面具有面积的量纲，单位为靶恩 b(1 b = 10^{-24} cm^2)。假定擦边碰撞以内对应核反应事件，那么反应截面约为 $\sigma_r = \pi R^2 = \pi(R_T + R_P)^2 \approx 300$ fm^2 = 3 b，其中 R 为两核表面接触时中心的间距，也称为道半径。对于低能核反应，通常某个反应道的截面小于总反应截面，因此实际中多用 mb 作为单位。

核反应的出射粒子一般是在 4π 方向内发射，出射粒子方向可用球面坐标系中的角度(θ, φ)来标志，如图 3-4 所示，其中 z 轴为入射粒子方向。微分

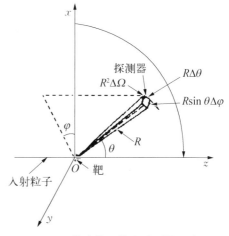

图 3-4　微分截面的实验测量示意图

截面 $\sigma(\theta, \varphi)$ 定义为单位时间内出射到空间立体角 $\mathrm{d}\Omega$ ($\mathrm{d}\Omega = \sin\theta\mathrm{d}\theta\mathrm{d}\varphi$) 内的粒子数 $\mathrm{d}N'$ 与束流强度 I、单位面积的靶核数 N_s、对靶点的立体角 $\mathrm{d}\Omega$ 的比值,即

$$\sigma(\theta, \varphi) = \frac{\mathrm{d}N'}{IN_\mathrm{s}\mathrm{d}\Omega} \tag{3-2}$$

式中,$\sigma(\theta, \varphi)$ 的单位为 mb/sr,$1\ \mathrm{mb} = 10^{-27}\ \mathrm{cm}^2$,sr 为球面度。其意义是表示出射粒子在 (θ, φ) 方向单位立体角内的概率。微分截面 $\mathrm{d}\sigma/\mathrm{d}\Omega$ 含有核反应机制的重要信息。通常还会遇到对动能、电荷数和质量数等物理量的多重微分截面。

在大多数情况下,核反应后的出射粒子分布具有轴对称性,即与 φ 角无关,这样微分截面 $\sigma(\theta, \varphi)$ 可简化为 $\sigma(\theta)$,$\sigma(\theta)$ 即为反应产物的角分布。微分截面只是某一 θ 方向的核反应截面,对 θ 积分可得到总反应截面,也称为积分截面,表示为

$$\sigma = \frac{N'}{IN_\mathrm{s}} = \int_0^{2\pi}\int_0^{\pi}\sigma(\theta)\sin\theta\mathrm{d}\theta\mathrm{d}\varphi \tag{3-3}$$

2) 反应靶室与反应靶

在核反应实验中,一般是用加速器提供的束流轰击安装在真空靶室内的靶,从而产生核反应。通过用探测器鉴别粒子种类并测量其能谱和角分布等来研究核反应机制。低能重离子核反应实验测量装置主要涉及加速器、靶室、探测器、谱仪、电子学和数据获取系统等。

加速器用来提供具有一定能量的束流粒子(通常称为炮弹核)。核反应实验要求束流的方向稳定且束斑比较小(直径约为 1 mm),实验时所需束流强度的确定依赖于探测器计数率、信号宽度(如主放输出的能量信号宽度为微秒量级)和电子学的响应速度等因素,以没有明显的信号堆积和电子学死时间为准。

加速器通过真空管道与反应靶室连接,简化的反应靶室(俯视)如图 3-5 所示。工作时用机械泵和分子泵抽真空,真空度一般需要好于 10^{-4} Pa 量级。根据实验目标的不同,靶室有多种设计。为了测量核反应出射的带电粒子,靶室多采用圆柱形结构,把反应靶置于靶室的中心,对准入射粒子的方向。靶室直径一般为几十厘米。反应靶通常安装在可以上下移动的靶架上,以在真空条件下更换靶位。探测器则以靶为中心放置,这种靶室有时称为“散射室”。另外,为了能够测量入射带电粒子束流,靶室需配有法拉第筒,靶室壁上配有信号法兰,用于引出靶室内探测器输出的信号并做进一步处理。

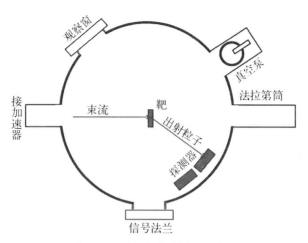

图 3 - 5　反应靶室(俯视)示意图

　　研究低能核反应机制一般选用厚度均匀的固体薄靶,这里的"薄"可以理解为一个束流粒子穿过整个靶厚度的过程中发生一次以上散射/反应的概率可以忽略。另外,由于低能核反应机制对同位素敏感,因此一般需要选用纯度较高的同位素靶材。固体靶通常由产生核反应的靶物质和承托这种靶物质的衬底两部分组成,有的靶材料也可制作成自支撑靶。为防止束流在靶框上的散射,考虑到加速器束斑的大小,靶的直径一般为 10 mm 左右。图 3-6 给出了一个在低能核反应中使用的典型靶结构,衬底为面密度为 25 μg/cm^2(厚度为 0.111 μm)的 C,^{208}Pb 靶的面密度为 100 μg/cm^2(厚度为 0.088 μm)。要求衬底物质不能产生干扰反

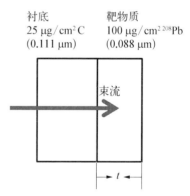

图 3 - 6　核反应靶结构及束流轰击靶的示意图

应,且靶和衬底材料能够经受束流的轰击。同时考虑炮弹核在靶上的能损和探测器上反应产物的计数率等,靶厚 t 通常在几十至几千微克每平方厘米量级。

　　3) 反应产物的鉴别

　　实验上对反应产物的探测基于射线与物质的相互作用。入射带电粒子在穿过阻止介质的过程中,主要与阻止介质原子的核外电子发生库仑相互作用,带电粒子在阻止介质中与核外电子的非弹性碰撞使原子激发或电离而损失能

量,称为电离损失。对于质子和 α 等重带电粒子,在阻止介质中单位路程上的能量损失率 $-dE/dx$ 称为阻止本领,单位为 MeV/cm。电子电离能量率可由 Bethe - Block(贝特-布洛克)公式计算。低能重粒子经过阻止介质时电离密度很大,会出现电离出来的离子对的再次复合,导致收集到的电荷量减少,脉冲幅度减小,这种现象称为脉冲幅度亏损(PHD),如低能裂变碎片在硅探测器中会出现较大的脉冲幅度亏损。质子、α 粒子以及重带电粒子在阻止介质中的路径近似为一条直线,路程的长度近似等于它穿过阻止介质的厚度,因此常用"射程"的概念来描述重带电粒子在介质中的行为。带电粒子与阻止介质的核外电子发生非弹性碰撞而使原子电离,产生电子-正离子对,这种由入射粒子直接引起的电离称为原电离。电离过程中放出的较高能量(千电子伏量级)的 δ 电子引起的进一步原子电离称为次电离。在阻止介质的单位路程上产生的总电离离子对数目称为比电离,用 S 表示。在同一阻止介质中,由于阻止本领与比电离的比值与粒子的种类和能量无关,因此可用电子-正离子对数作为损失能量的量度。比电离随粒子剩余射程的变化曲线称为比电离曲线,又称为布拉格(Bragg)曲线,图 3 - 7 所示为质子和 α 粒子在硅阻止介质中的相对电离密度,横坐标为剩余射程,单位为 μm。粒子在接近阻停区域的比电离最大值称为布拉格峰。根据测定的布拉格曲线可以鉴别带电粒子,实际中可使用多层 ΔE 气体电离室(Bragg 电离室)探测器来鉴别粒子。

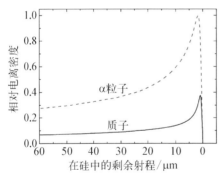

图 3 - 7 质子和 α 粒子在硅阻止介质中的相对电离密度

在实际测量中,由于带电粒子在阻止介质中损失能量是一个统计过程,会导致能量损失歧离和射程歧离,能量损失歧离是能量分辨率的下限,可用 TRIM(transport of ion in matter)程序进行相关计算。为表示相对分辨本领,引入能量分辨率 $\eta = \Delta E/E$,这里 E 为单能量粒子的能量,ΔE 为实验所测得的单能量粒子能量分布,即能谱的半高宽度。能量测量在低能重离子核反应实验研究中占有重要地位。实验上对于带电粒子的能量测量主要涉及能量灵敏型探测器→前置(电荷灵敏型)放大器(前放)→线性放大器(主放)→幅度数字化变换器。因此,实验得到的能量分辨率还受电子学噪声等因素的影响。

根据 Bethe - Block 公式,可以看出在同一阻止介质中:① $\Delta E \cdot E \propto$

MZ^2，E 是入射粒子的能量，单位为 MeV，即同一种粒子落在 $\Delta E \cdot E$ 为常数的曲线上；② 由于 $E = 1/2Mv^2$，v 是入射粒子的速度，$\mathrm{d}E/\mathrm{d}x \propto MZ^2/E$，即不同种粒子落在 $\Delta E \cdot E$ 为常数的不同曲线上。此即基于同时测定 ΔE 和 E 来鉴别粒子的 $\Delta E - E$ 探测器望远镜方法的原理[1]。实验上，第一个探测器较薄，称为通过探测器，也称为 ΔE 探测器，第二个探测器的厚度大于待测粒子的剩余射程，称为停止探测器，也称为 ER(residual energy)探测器。由 $\Delta E \cdot E \propto MZ^2$ 可以看出该方法对 Z 更敏感[1]。

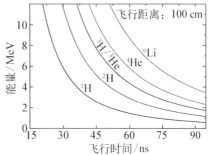

质量为 M、动能为 E 的粒子与飞行时间 TOF 的关系为 $E \cdot \mathrm{TOF}^2 = K \cdot M$，式中 K 只与飞行距离有关，即质量相同的粒子，$E \cdot \mathrm{TOF}^2$ 为常数，因此可按质量来鉴别粒子，即 $E - \mathrm{TOF}$ 法。图 3-8 给出了飞行距离为 100 cm 时，不同质量粒子的能量与飞行时间的关系，其中纵轴为能量，横轴为飞行时间。

图 3-8　不同质量粒子的能量与飞行时间的关系，飞行距离为 100 cm

根据目标产物的不同特点，实验上需要选择不同的探测器来测量粒子的能量和角度，并鉴别粒子的电荷数 Z 和质量数 A。实验探测是通过带电粒子与探测器物质相互作用提供有关核辐射信息，并借助后续的电子学系统对信号进行分析处理的过程。根据带电粒子与物质相互作用的不同过程，研制了不同类型的探测器，如基于电离效应的气体探测器（如电离室、正比计数器和平行板雪崩型探测器等）和半导体探测器（如硅探测器、锗探测器等）及基于使阻止介质的原子或分子激发进而分析的闪烁探测器［如 NaI(Tl) 和 CsI(Tl) 等］。

除了探测器外，有时为了压低散射产物的计数率或者提高粒子的鉴别本领，会用到谱仪并配合后续的焦面探测器。谱仪的特点是选择性，谱仪是利用反应产物的电刚度 $\eta = E/q$ 和/或磁刚度 $B\rho = P/q$ 的不同，用电场和/或磁场对反应产物进行粒子飞行径迹改变的装置，其中 E 为粒子能量，P 为粒子动量，q 为粒子的电荷态（低能重粒子的电子没有完全剥离，电荷态分布类似高斯分布）。用于测量转移反应的磁谱仪有早期针对较轻重离子的小立体角、高精度磁谱仪如 Q3D 和后来针对较重重离子的大立体角 QD 磁谱仪如 PRISMA，还有用于超重核测量的磁谱仪如中国科学院近代物理研究所的充气反冲核谱仪 SHANS (spectrometer for heavy atoms and nuclear structure)。

可以看出,核反应实验研究的过程如下:束流打靶发生反应,用真空靶室内的探测器测量反应产物,探测器输出的能量信号经过前置放大器实现阻抗匹配后,输入幅度放大器,经过逻辑甄别后,进入数据获取系统,最后存储到计算机中,通过后续的数据处理和物理分析得到具体的核反应机制。

3.1.3 低能核反应的物理图像

低能核反应具有重要的基础研究价值,可以研究原子核的结构和内部运动形态,如原子核的基态和激发态性质;可以研究核反应机制,理解核反应所经历的物理过程。同时低能核反应也有重要的应用价值,如与能源相关的裂变和聚变、与医疗等相关的放射性同位素生产以及活化分析等。一般把质子(p)、氘(d)、氚(t)和 ^{3}He、^{4}He 等质量数不大于 4 的原子核称为轻离子,质量数大于 4 的原子核称为重离子(heavy-ion)。本节主要介绍与低能重离子核反应相关的基础知识。

1) 相互作用势

两个原子核之间的相互作用势包括库仑势 V_{Coul}、核势 V_{Nucl} 和离心势 V_{Cent} 三部分,表示为 $V_l(r) = V_{Coul}(r) + V_{Nucl}(r) + V_{Cent}(r)$,其中,长程排斥库仑势表达式如下:

$$V_{Coul}(r) = \begin{cases} (3R_C^2 - r^2)Z_T Z_P e^2 / 2R_C^3 & r < R_C \\ Z_T Z_P e^2 / r & r \geqslant R_C \end{cases} \quad (3-4)$$

式中,R_C 是库仑匹配半径(Coulomb matching radius),$R_C = r_{0C}(A_T^{1/3} + A_P^{1/3})$;$Z_T$ 为靶核的电荷数;Z_P 为弹核的电荷数;A_T 为靶核的质量数;A_P 为弹核的质量数。

对于径向短程吸引核势,距离较大时一般选取伍兹-萨克森(Woods-Saxon)形式:

$$V_{Nucl}(r) = -\frac{V_0}{1 + \exp[(r - R_0)/a]} \quad (3-5)$$

式中,R_0 是两核表面(半密度)接触半径(也称为道半径),$R_0 = r_0(A_T^{1/3} + A_P^{1/3})$,$r_0$ 是可调参数。

离心势表示为

$$V_{Cent}(r) = h^2 l(l+1)/2\mu r^2 \quad (3-6)$$

离心势与入射角动量有关,起排斥势垒的作用。式中,μ 为体系约化质量,$\mu = M_a M_A / (M_a + M_A)$;$l$ 为相对运动角动量,$l = b \times P$,b 和 P 分别为碰撞参数和动量。

图 3 - 9 给出了 $^{16}\text{O} + ^{208}\text{Pb}$ 体系库仑势 V_{Coul}、核势 V_{Nucl} 随两核之间距离的变化,其中纵轴为作用势,横轴为两核中心之间的距离,V_{NN} 为核-核相互作用势,势阱深度 $V_0 = 80 \text{ MeV}$,$r_{0C} = r_0 = 1.20 \text{ fm}$。可以看出,随着两核间距离的减小,吸引核势逐渐增大,在垒半径 R_{B} 处会形成一个势的最大值 V_{B},形状像个壁垒,称为库仑势垒。库仑势垒附近的相互作用势形状可用抛物线近似,有势垒高度 V_{B}、势垒半径 R_{B} 和势垒曲率 $\hbar\omega$ 三个参数。势垒半径内部的核势形状像一个深井,称为势阱,有时候也称为势口袋(pocket)。随着角动量 l 的增大,势垒能量升高,势垒内部的势口袋逐渐变浅直至在某一临界角动量 l_{cr} 处消失。

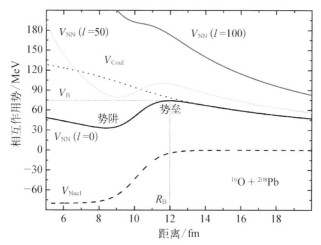

图 3 - 9　$^{16}\text{O} + ^{208}\text{Pb}$ 体系的库仑势 V_{Coul} 与核势 V_{Nucl} 叠加形成的库仑势垒

由图 3 - 9 可以看出,两个原子核在靠近的过程中受到库仑势垒的阻挡,因此需要足够的能量才能发生核反应。低能核反应一般指入射粒子动能低于 10 MeV/u 的核反应,可以看出近垒重离子核反应属于低能核反应。

2)索末菲参数

索末菲参数(Sommerfeld parameter)的表达式为 $\eta = a/\lambda$。a 为最趋近距离 $D(\pi)$ 的一半;λ 为波长。索末菲参数表示一半最趋近距离内的波数,远大于 1 是经典近似描述的条件。以质心系能量 $E_{\text{cm}} = 5 \text{ MeV/u}$ 的 $^{16}\text{O} + ^{208}\text{Pb}$ 体

系为例,对心碰撞时的最趋近距离 $D(\pi)$ 约为 12.7 fm。相对运动波长 $D=h/p\lambda=\hbar/(2\mu E_{cm})^{1/2}=0.14$ fm。索末菲参数 $\eta=a/\lambda\approx46$,满足经典近似描述的条件。不同体系的索末菲参数随约化能量的变化如图 3-10 所示。可以看出,在近垒能区重离子体系可用经典近似描述。

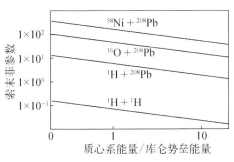

图 3-10 不同体系的索末菲参数随约化能量的变化

3) 碰撞参数

图 3-11 定性给出了不同碰撞参数(角动量)对应的经典轨道和反应类型,图中横轴为两核中心之间的距离,纵轴为碰撞参数 b。可以看出,随着碰撞参数 b(轨道角动量 $l=b/D$)由大变小,相互作用由浅到深,将依次发生:

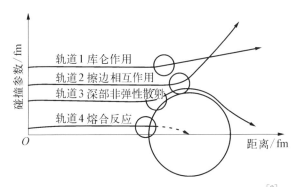

图 3-11 重离子反应机制随碰撞参数 b 的变化[2]

(1) 轨道1核力不起作用,发生库仑散射和库仑激发等远距离相互库仑作用。

(2) 轨道2核力刚开始起作用,发生擦边相互作用或表面相互作用,可以发生弹性散射、非弹性散射和转移反应等直接反应(反应过程时间短,约为 10^{-21} s 量级,与入射粒子直接穿过靶核的时间相当。)

(3) 轨道3碰撞参数进一步减小,两核相互作用程度加深,两核相切时间加长,发生较大规模的核子交换和能量耗散,但出射产物基本保持了弹靶核各自的特性,称为深部非弹性散射。

(4) 轨道4为中心碰撞区域,两核可能形成各个自由度达到平衡状态的熔合反应(即复合核,复合核过程时间约为 10^{-18} s 量级。)

实际上,重离子核反应机制从准弹性的擦边相互作用一直到全熔合反应是一个连续变化的过程。图 3-11 中轨道 1 和轨道 2 涉及的动能变化不大,出射粒子轨道接近弹性散射轨道,因此统称为准弹性散射。准弹性散射是表面过程,因此适合研究原子核的表面性质(如核半径、形变参数和表面核子轨道等)和整体性质(外部核势)。

4)分波法

近垒能区的重离子核反应对应的索末菲参数远大于 1,因此核反应截面可用半经典分波分析方法,即对于弹靶核的自旋均为零的情形,可以把反应截面 σ_r 分为各角动量 l 所对应的分波截面 $\sigma_{r,l}$ 之和,即 $\sigma_r = \sum\limits_{l=0}^{\infty} \sigma_{r,l}$。其核心思想是把碰撞参数 b 以波长为步长进行分割,即 $b = l\lambda$ 的每一份对应一个分波 l,式中 $l = 0$,1,2,$\cdots$,如图 3-12 所

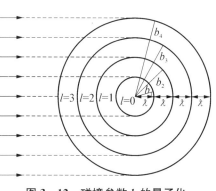

图 3-12　碰撞参数 b 的量子化

示。由图可见碰撞参数 b_l 的入射粒子束所占面积近似为第 l 带的内径为 b_l、外径为 b_{l+1} 的圆环的面积 S_l,分波反应截面 $\sigma_{r,l} \leqslant S_l$, $\sigma_{r,l} \leqslant \pi D^2 (2l+1)$。

5)实验室系与质心系的转化

在分析数据时,通常需要把实验室系的物理量转化到质心系,主要包括以下几个方面的转化。

(1)能量转化。质心系势能量 E_{cm} 与实验室系 E_{lab} 的关系为 $E_{cm} = M_A/(M_a + M_A)E_{lab}$,其中,$M_a$ 为弹核质量,M_A 为靶核质量。

(2)速度转化。$V_{cm} = M_A/(M_a + M_A)V_{lab}$,其中,$V_{cm}$ 为弹核在质心系运动的速度。体系的约化质量 $\mu = M_a M_A/(M_a + M_A)$。

(3)角度转化。$\theta_{cm} = \theta_{lab} + \sin^{-1}(\gamma\sin\theta_{lab})$, $\gamma = \left(\dfrac{M_a M_b}{M_A M_B}\dfrac{E'}{E'+Q}\right)^{1/2}$。其中,$E_{cm}$ 为入射粒子的质心系能量(也称为相对运动动能);Q 为反应 Q 值,对于 Q 值为零的弹性散射道,$\theta_{cm} = \theta_{lab} + \sin^{-1}(M_a/M_A\sin\theta_{lab})$。

由上面的描述可以看出,近垒重离子核反应的特点是库仑作用强、波长短、相对论效应可以忽略。形成的复合核的激发能高、角动量大。近垒能区核反应中弹核的每核子能量为几兆电子伏,远低于费米运动动能,因此内部自由

度改变的时标预期比典型的碰撞时间要快。同时,近垒能区重离子核反应通常主要是原子核的集体效应,核子自由度不重要,因此常用核势来描述两个核之间的相互作用。另外,相对运动自由度与集体运动自由度有强烈的耦合。下面主要从半经典的轨道图像来介绍几种典型的核反应。

3.1.4　几种典型的核反应

根据弹靶核的质量、反应能量和碰撞参数的不同,低能重离子核反应中可能会出现几种不同的相互作用机制。

3.1.4.1　弹性散射

弹性散射(简称弹散)是指散射前后体系的总动能相等,只有动能的交换而原子核的内部状态不发生变化的散射。一般表示为 a＋A → a＋A,简写为 A(a, a)A。实验上通常可以通过一维能谱上能量较高且截面较大的单能峰来指认弹性散射产物。弹性散射不涉及核的组成或者状态的改变,不属于核反应。但重离子弹性散射是获取核尺寸与核表面状态的一个重要来源,同时也是实验上辨认反应产物的一个基准,是研究核反应的基础。

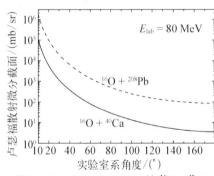

图 3-13　$E_{lab}=80$ MeV 的 ^{16}O＋^{40}Ca 和 ^{16}O＋^{208}Pb 体系的卢瑟福散射粒子的实验室系散射角分布

垒下能区主要在库仑场中发生的弹性散射称为卢瑟福散射,或者称为库仑散射,属于弹性散射(卢瑟福散射是核力作用范围之外的一种弹性散射)。粒子被散射后的运动方向与入射方向之间的夹角 θ 称为散射角。实验室系下卢瑟福散射的角分布为 $\sigma_{Ru}(\theta_{lab})=$ $1.296\left(\dfrac{Z_T Z_P}{E_{lab}}\right)^2\left[\csc^4\left(\dfrac{\theta_{lab}}{2}\right)-2\left(\dfrac{M_a}{M_A}\right)^2\right]$,单位为 mb/sr。图 3-13 给出了 $E_{lab}=$ 80 MeV 的 ^{16}O＋^{40}Ca 和 ^{16}O＋^{208}Pb 体

系的卢瑟福散粒子的实验室系散射角分布,其中横轴为实验室系角度,纵轴为卢瑟福散射微分截面。可以看出,小角度对应的截面很大,因此实验时无法用探测器直接探测这些角度的反应产物。同粒子的纯库仑散射称为莫特(Mott)散射,角分布的特点是质心系 90° 对称分布和有明显的振荡结构。

由动量守恒可求得出射粒子(弹核)的能量:

$$E_b = \left\{ \frac{(M_a M_b E_a)^{1/2}}{M_B + M_b} \cos\theta \pm \left[\left(\frac{M_B - M_a}{M_B + M_b} + \frac{M_a M_b}{(M_B + M_b)^2} \cos^2\theta \right) E_a + \right.\right.$$

$$\left.\left. \frac{M_B}{M_B + M_b} Q' \right]^{1/2} \right\}^2 \tag{3-7}$$

式中,对于正运动学取正号;逆运动学会出现双值,即同时取正负号。其中 Q' 为具体核反应的 Q 值,这里 $Q' = Q + E^*$。基于此公式,可根据出射粒子动能来确定出射道核的激发能 E^*。弹性散射满足能量和动量守恒,即 $Q' = 0$。图 3-14 给出了 $E_{lab} = 80$ MeV 的 $^{16}O + ^{40}Ca$ 和 $^{16}O + ^{208}Pb$ 发生弹性散射的出射粒子能量随着出射角度的变化,其中横轴为实验室系角度,纵轴为弹性散射 ^{16}O 粒子的动能。

　　近垒能区重离子弹性散射属于菲涅尔衍射(Fresnel diffraction)。为反映核力对弹性散射的影响并便于显示弹散角分布,弹散角分布通常表示为弹性散射截面与卢瑟福散射(库仑)截面比值的相对角分布,这样随着角度变化较小且物理信息明显。图 3-15 所示为 $E_{lab} = 124.5$ MeV 的 $^{12}C + Ta$ 体系的弹性散射角分布[3],可以看出这种角分布的特点是小角度比值为 1(Ⅰ区),随后在较小角度出现振荡(oscillation)并有 20%~30% 的增大(Ⅱ区),然后迅速下降(Ⅲ区),减小的部分代表被吸收(发生反应)的成分。弹性散射角分布的典型特征如下:

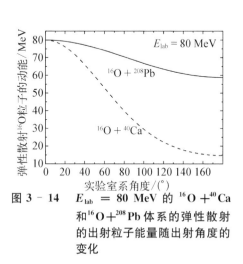

图 3-14　$E_{lab} = 80$ MeV 的 $^{16}O + ^{40}Ca$ 和 $^{16}O + ^{208}Pb$ 体系的弹性散射的出射粒子能量随出射角度的变化

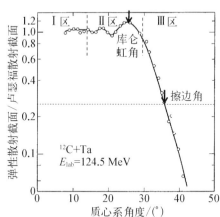

图 3-15　$E_{lab} = 124.5$ MeV 的 $^{12}C + Ta$ 体系的弹性散射角分布,空心圆圈为实验点,实线为锐截止模型的计算结果[3]

　　(1) 比值为 1 的坪区:轨道角动量 l(碰撞参数)较大时,由于核力的短程性质,散射径迹基本沿库仑轨道,为纯卢瑟福散射。实验测量其他的反应道时可根据弹散角分布平区测量的粒子数来做反应截面的相对归一。

（2）振荡区：随着 l 的减小（角度的增大），两核表面开始交叠，核力逐渐开始起作用，产生虹（rainbow）现象。角分布上表现为出现极大值，对应的角度称为虹角，即弹性散射角分布中的虹角为多个角动量对应一个出射角度。由于是以库仑力为主，故称库仑虹角。

（3）擦边角区：为了形象地粗略反映核反应发生时两个原子核表面交叠的程度，引入"擦边角 θ_{gr}"的概念，即小于擦边角的角区对应于两核的表面交叠前，大于擦边角的角区对应两核的表面交叠后。弹性散射 $d\sigma_{el}$ 与卢瑟福散射 $d\sigma_{Ru}$ 的比值的角分布在比值为 $1/4$ 的位置对应擦边角 θ_{gr}，由此得到的擦边角写为"四分之一点 $\theta_{1/4}$"，相应角动量 $l_{1/2}$ 为穿透系数等于 0.5 的角动量。

弹性散射角分布中的衍射效应导致了一种用光学模型分析弹性散射的经典光学解释。目前微观核力形式仍不清楚，通常基于弹性散射角分布，根据光学势模型来抽取唯象的核-核相互作用势。光学势中假设复位势，其中实部描述散射，虚部描述吸收（反应），即把核类比成半透明的吸收介质（复位阱也称为光学势）。其中，实部与虚部服从色散关系（dispersion relation）。核势一般取伍兹-萨克森（Woods - Saxon）形式，即 $V(r) = -\dfrac{(V+iW)}{1+\exp\left(\dfrac{r-R}{a}\right)}$，每个部分有势阱深度 $V(W)$、道半径 R [即入射粒子与靶核半径之和 $R = r_0(A_T^{1/3} + A_P^{1/3})$] 和表面弥散参数 a 三个参数，光学模型参量可由拟合弹性散射角分布来确定。

研究发现，光学势虚部随着能量的降低而减小，实部随着能量的降低呈钟罩形分布，称为"光学势阈异常"现象，是 1985 年 Lilley 等[4]在 $^{16}O + ^{208}Pb$ 体系的弹性散射抽取光学势的研究中发现的。图 3 - 16 给出了 $^{19}F + ^{208}Pb$ 体系的光学势阈异常现象[5]，其中实线是从弹性

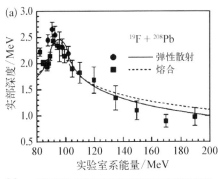

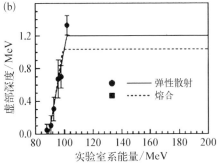

图 3 - 16 $^{19}F + ^{208}Pb$ 体系的光学势的阈异常现象[5]

(a) 实部深度；(b) 虚部深度

散射角分布抽取的光学势,灵敏半径取 12.5 fm,这种能量依赖反映了近垒能区的耦合道效应。光学势是描述核反应的基础,根据光学势可以计算总反应截面(或称为去弹反应截面)。

3.1.4.2　非弹性散射

非弹性散射(简称非弹)是指入射粒子与靶核相互作用时,把部分动能转移到激发态(即粒子内部状态有所改变)而继续飞行的散射过程。如对于靶核被激发的情形,可表示为 $a+A \rightarrow a'+A^*$,简写为 $A(a, a')A^*$。实验上测量到的通常是比弹性散射能量峰位低的几个独立的峰。核的低激发态大体上可以分为集体运动态、单粒子运动激发态以及两者的耦合。实验上,主要是通过测量激发态原子核的退激 γ 来研究核结构(见下节)。本节只从出射带电粒子的角度来研究相关核反应机制。

非弹性散射出射粒子(弹核)的角分布通常具有与势弹性散射类似的衍射花纹。早期研究库仑激发用的入射粒子大多数是 p、d 和 α 等轻离子(用来激发约 1 MeV 的相当低的激发态)。20 世纪 50 年代中后期开始用重离子(如 N)。重离子的库仑激发截面大,很少有其他核反应的干扰,而且能通过多次激发产生较大角动量的激发能级。

在垒下能区由于核与核之间库仑相互作用导致的原子核激发称为库仑激发。在库仑激发反应中,由于转动态的低激发能和大的电四极跃迁概率,因此布居最多的是入射弹核电四极场诱发的低能集体激发态。库仑激发实际上是一种非弹性散射。库仑激发不是由核力作用引起的,而是通过电磁相互作用实现的,实质上可以看作是 γ 跃迁的逆过程,可用来研究核结构。20 世纪 50 年代通过轻粒子库仑激发,基于集体激发频率小于反映单核子运动的单粒子激发频率的考虑,确定了原子核的集体激发[6],发现低能电四极跃迁的强度大大超过了(10~100 倍)与单粒子激发相联系的跃迁强度,这些增强的跃迁很明显是大量核子的共同效应。

库仑激发实验可以探测 γ 射线或者内转换电子,但最直接的探测方法是直接测量非弹散射的弹核[6],即根据出射道运动学来反推激发能。这种方法的优点是动能决定确定的激发态且测量激发截面时不依赖于衰变模式。图 3-17 给出了束流能量为 6.12 MeV 的 p+197Au 在 130° 的出射质子能谱[6],用磁光谱仪探测技术(magnetic spectrograph detection technique),通过出射粒子的动量(能量)来判定197Au 的激发态。图中"Au-C$_1$"和"Au-C$_2$"分别为197Au 的 279 KeV 和 550 KeV 两个激发态。图 3-17 中的斜线为根据弹

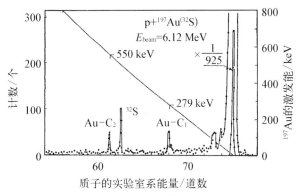

图 3 - 17 $E_{beam} = 6.12$ MeV 的 $p+^{197}$Au 在 130°的出射质子能谱及其确定出来的^{197}Au 激发态[6]

性散射峰和两个非弹性散射所做的能量刻度。

近垒和垒上非弹性散射是库仑力与核力共同作用下的非弹激发。其中核激发贡献的幅度在擦边角成峰。此时,库仑效应与核效应相干叠加,出射粒子角分布呈振荡结构。"库仑-核干涉"现象有双重性质:① 对于给定的经典轨道,库仑与核两种作用对非弹幅度的贡献是相消的;② 到达相同散射角度的不同轨道之间的干涉,可能再次导致库仑作用主导与核作用主导的不同轨道之间(对非弹幅度贡献)的相消。如对于 $E_{lab} = 60$ MeV(约 $1.5V_B$)的^{16}O$+^{58}$Ni 的弹散和第一激发态的角分布,一个典型的干涉特征是弹散最大值的角度对应非弹的一个显著的下降。扭曲波玻恩近似(DWBA)计算能很好地再现非弹性散射的实验结果。

后续的研究发现,DWBA 不能再现非弹角分布中干涉下降的角度位置,这是因为对于低激发能的集体运动,内部运动与基态相同,因此与基态有较强的耦合,此时需要考虑耦合道效应,用耦合道玻恩近似。因此,对非弹散射角分布的拟合也提供了一种抽取形变参数的方法;对非弹性散射的研究,能够获得核反应机制和原子核激发能级的信息。

3.1.4.3 转移反应

入射粒子与靶核发生擦边碰撞时,有少量的核密度交叠,这时发生一个或多个核子的转移或者交换的反应统称为转移反应,表示为 A(a, b)B。转移反应有两种:一种是从较轻的弹核中转移核子到较重靶核的削裂(stripping)反应;另一种是从较重靶核转移核子到较轻靶核的拾取(pickup)反应。实验上通常使用 ΔE - ER 探测器望远镜来鉴别转移反应产物,在测量小角度或者较重的产物时还需要借助磁谱仪。一两个核子的转移反应是表面相互作用的重要过程,一般是布居基态和几个低能激发态。转移反应通常用来确定原子核单粒子能级的自旋、宇称和谱因子等,是研究原子核单粒子(或核子集团)结构的有效手段。在这种转移反应中,能量交换一般不大。因此,运动轨道近似可用经典的库仑碰撞来描写[2]。转移反应可以看作从入射道到出射道的粒子跃迁过程,因此可用 DWBA 方法。

转移反应 A(a, b)B 的微分截面与谱因子成正比,如对于拾取反应谱因子表征在核 A(或 b)中的单粒子态 $|B+x>_{l_1}, j_1$(或 $|a+x>_{l_2}, j_2$)所占的比例。因此,根据转移反应可以提取原子核的单粒子谱因子的大小。转移反应中核结构(谱因子)效应和耦合道效应显著,考虑耦合道效应需要用到耦合道方法(CCBA)或耦合反应道方法(CRC)。对于转移到连续能级的情况,可以用连续能级离散化耦合道(CDCC)方法。转移反应的出射粒子可能布居基态或者激发态,能谱分布由最佳转移反应 Q 值 Q_{opt} 和角动量选择定则等决定。Q_{opt} 是转移反应特有的,假定沿半经典的库仑轨道,转移前后的轨道能够平滑连接,即入射道与出射道的最趋近距离相等时转移概率最大,由此得到最佳转移反应 Q 值 Q_{opt}(Q 窗效应)。Q_{opt} 对应于假定卢瑟福散射轨道时入射道和出射道的平滑连接。Q_{opt} 导致中子拾取和质子削裂道的反应截面偏大。

在半经典方法中,转移微分截面 $\sigma_{tr}(\theta)$ 可以写为弹散截面、转移截面和匹配因子的乘积,即 $\sigma_{tr}(\theta) = \sigma_{el}(\theta) \cdot \sigma_{tr}(\theta) \cdot F(Q)$。匹配因子为对初、末态的经典散射轨道不匹配的修正。单个核子的转移概率用 P_{1N} 表示,两个核子的转移概率 P_{2N} 为两个核子各自的转移概率乘一个增强因子 EF,即 $P_{2N} = P_{1N}(1) \cdot P_{1N}(1) \cdot EF$,EF 为实验测量的两核子转移概率与假定级联转移机制计算值的比值,其反映了两个核子的对关联性质。转移反应为表面过程,故引入交叠参数 d_0 来描述反应过程,定义 $d_0 = R_{min}/(A_T^{1/3} + A_P^{1/3})$,其中 $A_{T, P}$ 分别为两个碰撞核的质量数。转移概率 P 随交叠参数的变化趋势含有转移反应机制丰富的信息。

转移反应是一种擦边过程,角分布 $d\sigma(\theta)/d\Omega$ 的典型特点是在擦边角附近成(单)峰,呈钟罩形角分布。角分布在擦边角附近成峰的原因是虹角效应 $d\theta/dl \approx 0$ 和核反应机制的变化。窄的角分布反映了短的相互作用时间和小的相互交叠。动力学分散(dispersion)效应会导致角分布变宽。图 3-18 给出了不同能量下 $^{197}Au(^{14}N, ^{13}N)^{198}Au$ 的角分布[7]。由图可见,随着入射粒子能量的增加,角分布的峰位向小角度移动。根据经典力学可知,碰撞参数与散射角之间的关系为 $b=\dfrac{Z_{T}Z_{P}e^{2}}{2E_{cm}}\cot\left(\dfrac{\theta_{cm}}{2}\right)$。峰位处的角度对应特定的碰撞参数(角动量),可由此算出最趋近距离,结果表明转移反应发生在原子核的表面。

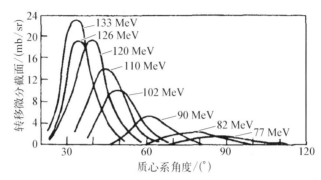

图 3-18　^{197}Au(^{14}N, ^{13}N)^{198}Au 的角分布随质心系能量的变化[7]

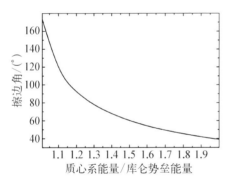

图 3-19　擦边角(质心系)随约化能量
(E_{cm}/V_B)的变化

擦边角可由公式 $\theta_{gr}=2\arcsin\left(\dfrac{\varepsilon_C}{2\varepsilon-\varepsilon_C}\right)$ 计算,其中 ε_C 是库仑势垒,ε 是束流质心系能量。为方便定性理解图 3-18 中角分布峰值随能量的变化,图 3-19 给出了质心系擦边角随约化能量(E_{cm}/V_B)的变化。

有些转移反应的出射核会进一步破裂,需要通过对破裂子体测量和鉴别来重构母核的信息。Québert 等在 $E_{cm}=32$ MeV 的 ^{7}Li+^{197}Au 实验中,通过在擦边角附近(窄角锥内)用探测器望远镜对带电粒子 α 与 d 的符合测量,根据 α 与 d 的能量得到 ^{6}Li 的激发态能量。发现了 ^{197}Au[^{7}Li, ^{6}Li*(3+, 2.18 MeV)]^{198}Au 和 ^{6}Li*(3+, 2.18 MeV)→α+d 两步反应机制,即 ^{7}Li 先发生中子削裂反应布居到 ^{6}Li*(2.18 MeV),处于破裂阈值之上的 ^{6}Li*(2.18 MeV)再发生破裂。

单核子转移反应可以用来研究激发态的核结构和奇特核体系的光学势。基于 Q3D 磁谱仪,刘祖华等测量了入射能量 E_{beam} 为 11.8 MeV 的 ^{11}B(d, p)^{12}B 和 ^{12}C(d, p)^{13}C 的单中子边缘转移反应角分布,分析指出 ^{12}B 的第二激发态($J^{\pi}=2-$)和第三激发态($J^{\pi}=1-$)以及^{13}C 的第一激发态($J^{\pi}=1/2+$)为中子晕态,^{13}C 的第三激发态($J^{\pi}=5/2+$)为中子皮态。另外,为克服目前放射性次级束流品质差,难以得到高质量弹性散射数据的问题,杨磊等测量了^{7}Li$+^{208}$Pb 体系的弹性散射角分布和单质子转移反应道产物^{6}He 的角分布,如图 3 - 20 所示。转移反应实验分两次进行,垒上能区的转移产物主要在前角,用 Q3D 磁谱仪测量,而垒下能区的准弹产物主要在背角,在 R60°束流线上直径为 60 cm 的散射靶室上进行测量。基于耦合反应道(CRC)理论计算,成功抽取了晕核体系^{6}He$+^{209}$Bi 从垒上到垒下能区的高精度光学势,并得到了该体系的反应阈值,灵敏半径取 13.5 fm。

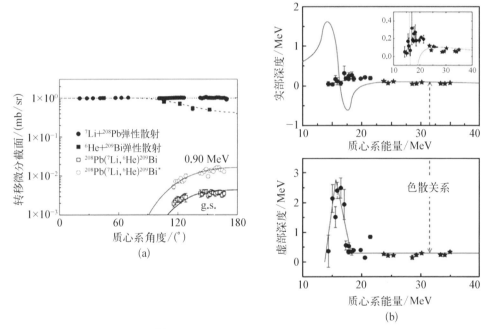

图 3 - 20　^{7}Li$+^{208}$Pb 体系弹性散射和单质子转移反应角分布(a)以及从转移出射道抽取的^{6}He$+^{209}$Bi 体系的核势(b)

除了上面提到的单核子转移反应外,还可能发生多核子转移反应。这是介于少数核子转移与深度非弹之间的一种反应过程。多核子转移反应截面一般随着转移核子数的增多而逐渐减小,在擦边角处成峰,宽度随着转移核子数目的增多而增大。可能存在多个核子的级联转移或者配对的集团转移。多核子转移反应可以研究核内核子的关联效应,包括弱关联(如核子配对与超流态)和强关联(如集团转移、从准弹到深度非弹的过渡和与其他竞争反应道的耦合效应）。近期，澳大利亚国立大学（ANU）的 Cook 等研究了 $E_{cm} = 38.72\ MeV$ $(E_{cm}/V_B = 1.31)$ 的 $^7Li + ^{209}Bi$ 反应，解释了弱束缚 ^7Li 核的 t 集团转移反应机制，即 $^{209}Bi(^7Li,\ ^4He)^{212}Po^*$（而不是破裂后的部分熔合反应机制）。

在实验中，较轻粒子的转移反应产物鉴别可用探测器直接测量。图 3 - 21 给出了 $^{19}F + ^{208}Pb$ 体系的不同转移反应产物的角分布随能量的变化，从上到下依次为 ^{18}O、^{15}N、^{14}C。实验用 ΔE - ER 探测器鉴别反应产物谱，其中 ΔE 探测器为屏栅电离室，ER 探测器为硅半导体。

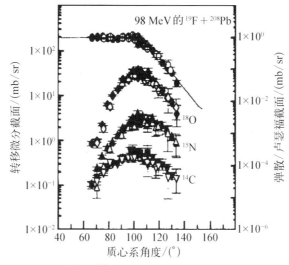

图 3 - 21　$^{19}F + ^{208}Pb$ 体系的不同转移反应产物的角分布随能量的变化[1]

较重体系的多核子转移反应产物的鉴别一般要用到谱仪，如意大利 LNL 实验室的飞行时间磁谱仪和 PRISMA 磁谱仪，结合反应产物的磁刚度、飞行时间、飞行径迹和能量损失等多重信息来鉴别。1999 年，Corradi 等基于飞行时间磁谱仪测量了 $^{64}Ni + ^{238}U$ 体系的多核子转移反应产物[8]，如图 3 - 22 所示，其中横轴和纵轴分别为与质量数和电荷数有关的量，可以看到会发生大量核子的转移。理论预期可以通过多核子转移反应来产生丰中子重核。

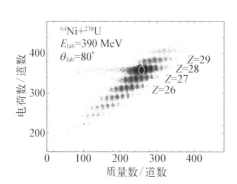

图 3 - 22　$^{64}Ni + ^{238}U$ 体系的多核子转移产物

3.1.4.4　深部非弹性散射

两个原子核碰撞后大部分或者全部径向相对运动动能转化为内部运动能量,在发生大量的核子交换后没有熔合在一起形成复合核,而是在库仑斥力作用下重新分开的核反应称为深部非弹性散射(简称深部非弹)。反应时两个原子核有相当大的密度交叠(核作用比较强烈),反应发生在相对运动动能大于库仑势垒且碰撞参数较小的情形,一般随着 $Z_T Z_P$ 和 E_{cm}/V_B 的增大而增大,是强阻尼(damping)过程,对于重体系可能损失几百兆电子伏的动能。深部非弹性散射是介于准弹性散射和俘获反应之间的一种核反应机制。深部非弹性散射涉及较多在核表面区域的核子,因此也属于擦边反应。

1961 年,美国耶鲁大学的 Kaufmann 和 Wolfgang 基于 $^{16}O+^{103}Rh$ 反应中类弹核产物的角分布,揭示了这种新耗散碰撞过程[9]。图 3-23 所示是 $E_{lab}=$ 101 MeV(约 $1.75V_B$)的 $^{16}O+^{103}Rh$ 反应中类弹核产物的角分布。产物 ^{15}O 位于擦边角附近 40°的峰对应转移反应机制,而在小角度截面逐渐变大的部分则对应深部非弹机制,即两核的弥散表面有一定程度的交叠和一定的核子交换,形成的中间复合体系有一定的转动时间,但没有熔合。

1973 年,维辛斯基给出了高角动量下深部非弹性散射的(轨道散射)图像描述[10],如图 3-24 所示。其中,l_{max} 为两核之间的核力刚开始起作用的角动量,

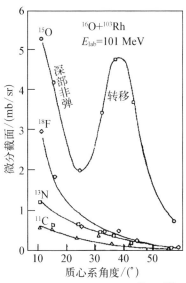

图 3-23　$E_{lab}=101$ MeV 的 $^{16}O+^{103}Rh$ 反应中类弹核产物的角分布(θ_{cm})

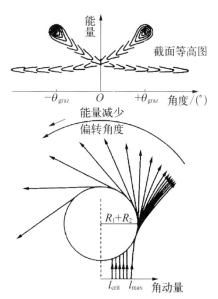

图 3-24　深部非弹性散射的轨道图像

l_{crit} 为距离(R_T+R_P)处的核力、库仑力和离心势的和达到的最大值,意味着小于l_{crit} 则发生俘获反应。在中间角动量 $l_{crit}<l<l_{max}$ 区域,类弹核沿着靶核表面做绕转(nuclear orbiting)运动,随着角动量的减小,出射粒子更多地偏离擦边轨道,朝向小角度直至负角度区域,同时伴随着由于摩擦力引起的更多动能耗散。可以看出,相互作用时间有强烈的角动量依赖,随两核间相互穿透作用的增加而增加。

之后详细的实验研究从特定反应产物和动能与角度的关联分布方面对深部非弹性散射进行了深入的研究。维辛斯基首次给出了反应产物的角度-能量关联图,即维辛斯基图(Wilczyński plot)[10]。图 3 - 25 所示为 $E_{lab}=388$ MeV(约 $1.9V_B$)的^{232}Th(^{40}Ar, K)Ac 反应道 K 产物的双微分截面 $d\sigma^2/(dEd\theta)$等高图[11],可以看出反应产物的出射能量与散射角之间存在着强关联。

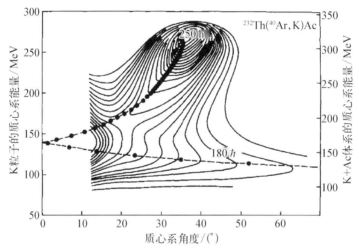

图 3 - 25　维辛斯基图(Wilczyński plot),$E_{lab}=388$ MeV 的^{232}Th(^{40}Ar,K)Ac 反应道 K 产物的双微分截面 $d\sigma^2/(dEd\theta)$等高图

(1) 38°附近动能较高的峰为准弹特征,对应边缘碰撞,出射角度随角动量的变化不敏感,具有虹角特征并因此形成极大值。

(2) 随着入射角动量的减小,擦边轨道朝向较小角度,同时角分布展宽,表明作用时间增长,另外动能迅速减小到接近出射道的库仑垒能量。

(3) 随着中间体系进一步转动到负角度区,动能随着角度的进一步减小而缓慢减小。图中小角度附近动能较低的峰,其能量低于两体出射道(假定球形核)的库仑势垒高度,因此对应转动体系发生了一种类似裂变的反应机制,即形状越来越拉长直至体系到达断点。

1976 年，Siwek‑Wilczyńska 和 Wilczyński 采用唯像两体摩擦力的经典运动方程(经典动力学计算)，考虑了耗散力等动力学过程，进行了不同角动量下的轨迹计算，如图 3‑25 所示。其中用唯像势考虑了出射道中的形变效应[11]。图 3‑25 中沿着高能山脊和低能山脊的实心点，是用唯像两体摩擦力的经典运动方程理论计算给出的总角动量位于 $180\hbar\sim250\hbar$ 范围内，不同角动量对应的散射角和出射能量的关联，其中角动量的步长为 $1\hbar$，很好地再现了实验结果。负角偏转的假设已经得到实验证实。因此，深部非弹性散射是研究核物质黏滞性(viscosity)和核子迁移率等核物质基本性质的一个重要工具。

3.1.4.5　熔合反应

熔合反应是指弹核克服库仑势垒被势阱俘获，与靶核合并而形成一个各自由度都达到平衡、忘记入射道历史的复合核(compound nucleus，CN)的核反应，可表示为 $(A_1，Z_1)+(A_2，Z_2)\rightarrow(A_1+A_2，Z_1+Z_2)E_{ex，J}$。熔合反应过程涉及非常大的质量和能量转移，是全部运动学能量转化为激发能的非弹过程的强耗散反应。入射道的相对运动角动量转化为复合核的自旋(角动量)，复合核通常具有较高的激发能和角动量，熔合反应是实验上最有利于观察到高自旋态的核反应机制。熔合产物可以通过蒸发几个轻粒子而退激到基态，剩余的熔合蒸发残余核(ER)的出射方向接近入射束流，通常需要借助谱仪进行测量，这是熔合产物的最直接证据。实验上也可以通过复合核退激发时出射的质子、^{4}He 粒子和 γ 光子等进行测量。

复合核的概念由 N. 玻尔(N. Bohr)在 1936 年提出。根据能量守恒定律，复合核的激发能 E_{ex} 由两部分组成，表示为 $E_{ex}=E_{cm}+Q_{fus}$，一部分是入射粒子的相对运动动能 E_{cm}(体系质心系能量)，另一部分是入射粒子与靶核形成复合核(基态)的结合能(即反应 Q 值)$Q_{fus}=(M_T+M_P-M_{T+P})c^2$，其中 M_P、M_T 和 M_{T+P} 是弹核、靶核和复合核的基态质量，即 $E^*=E_{lab}A_T/(A_P+A_T)+Q_{fus}$。形成的复合核处于较高激发态，在约 1×10^{-18} s 时间内通过发射轻粒子和 γ 射线甚至是裂变等过程退激发，不同衰变方式出现的概率(宽度)取决于复合核本身的性质。复合核蒸发轻粒子后的产物称为熔合蒸发残余核，其发射角度集中在沿束流方向的较小角度内。

垒上熔合是一个经典的越过库仑势垒的过程，对于较轻的体系，按照半经典的锐截止模型，假定在 $l\leqslant$ 临界角动量 l_{cr} 的范围内，两核熔合在一起形成复合核，与 l_{cr} 对应的碰撞参数 $b_{cr}=\hbar l_{cr}\sqrt{2\mu E}$。这样熔合截面可以写为 $\sigma_{fus}\sim\pi\lambdabar^2 l_{cr}^2$。已知离心势通过增加势垒高度和填充吸引的口袋来终止大碰撞参数下的熔合,因此可由 $E_{cm}=V_B^{eff}=V_B+E_{cent}(l_{cr})$ 计算熔合临界角动量,进而可得 $\sigma_{fus}=\pi R_B^2(1-V_B/E_{cm})$,此即常用的垒上熔合截面计算公式。此式没有势垒形状的信息,基于强相互作用半径模型得到,即假定距离小于某一特定值 $R_{12}(R_{12}=R_1+R_2,R_1,R_2$ 为半密度半径,R_{12} 为道半径,可称为强作用半径)才发生这种强耗散。由 $\sigma_{fus}=\pi R_B^2(1-V_B/E_{cm})$ 可以看出:① 根据 $\sigma_{fus}=\pi R_B^2(1-V_B/E_{cm})$,可以得到势垒半径 R_B 和势垒高度 $V_B=V(R_B)$。 如图 3 - 26 所示,垒上 $^{74}Ge+^{74}Ge$ 体系的熔合截面与 $1/E_{cm}$ 的关系确实为线性[12]。 ② 当 E 趋于无穷时,πR_B^2 为熔合反应可能的最大截面,故称 πR_B^2 为熔合的几何截面。但当入射能量比势垒能量高出较多时,深部非弹性散射反应道的开放导致熔合截面降低,因此此式适用于垒上不太高的能区。

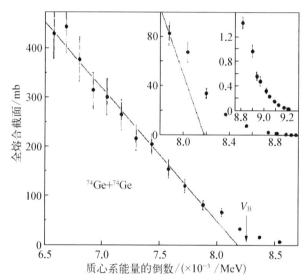

图 3 - 26　通过拟合垒上能区 $^{74}Ge+^{74}Ge$ 体系的熔合截面
得到势垒半径 R_B 和势垒高度 V_B

粒子在能量 E_{cm} 小于势垒高度时仍能贯穿势垒的现象,称为隧穿效应。垒下熔合反应是指相对运动能量低于库仑势垒时,通过量子力学的势垒隧穿机制而实现的熔合反应。考虑到势垒形状近似为抛物线,进一步假定各分波的势垒形状都一样,可得到积分熔合截面: $\sigma_{fus}(E)=\dfrac{R_B^2\hbar\omega}{2E_{cm}}\ln\Big[1+$

$\exp\Big(2\pi\dfrac{E_{cm}-V_B}{\hbar\omega}\Big)\Big]$,此即 Wong 模型。该公式在垒上和垒下能区都适用,

$E_{cm} \gg V_B$ 时,公式退化为经典垒上公式 $\sigma_{fus} = \pi R_B^2 (1 - V_B/E_{cm})$;$E_{cm} \ll V_B$ 时,

有 $\sigma_{fus}(E) = \dfrac{R_B^2 \hbar \omega}{2E_{cm}} \exp\left(2\pi \dfrac{E_{cm} - V_B}{\hbar \omega}\right)$,即深垒下能区熔合截面随能量的下降

呈简单的指数衰减形式(建立在冻结势的基础上)。上述是基于两核相互距离
的一维变量得到的,故称为一维势垒隧穿模型(barrier-penetration model)。
早期较轻体系的熔合反应截面可用一维势垒隧穿模型来解释。

　　1978 年,Stokstad 等通过测量 ^{16}O$+^A$Sm 体系的近垒及垒下熔合截面,发
现了垒下熔合截面增强现象,即在垒下能区熔合截面实验值比一维势垒隧穿
模型计算结果有成数量级的增强。图 3-27 所示为近垒能区 ^{58}Ni$+^{58}$Ni 体系
的熔合激发函数[13],其中虚线为一维势垒隧穿模型的计算结果。可以看出,在
垒下能区,熔合截面实验值相比一维势垒隧穿计算有成数量级的增强。此后
的实验表明,这是重体系的普遍现象,由此现象催生了耦合道理论,即由于低
能集体激发态强烈耦合到入射道而导致原来的一维势垒隧穿变为多维势垒隧
穿,从而导致垒下熔合截面增强。

　　可以用熔合反应实验截面的约化,即通过消除几何参数的差异,来反映熔
合反应中的动力学效应。图 3-28 所示为对 $^{58,\,64}$Ni$+^{58,\,64}$Ni 和 $^{58,\,64}$Ni$+^{74}$Ge
体系熔合截面的约化[14]。在垒下能区不同的趋势反映了不同的增强效应。目

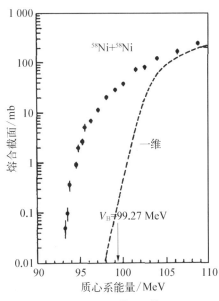

图 3-27　近垒能区 ^{58}Ni$+^{58}$Ni 体系的
　　　　　熔合激发函数

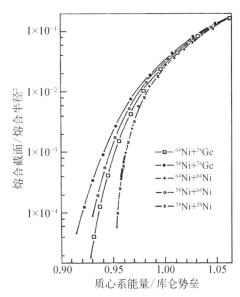

图 3-28　熔合反应截面的约化

前,理论如常用的完全耦合道理论程序(CCFULL),已经可以很好地描述非弹耦合对熔合反应截面的贡献。

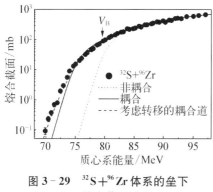

图 3 - 29 $^{32}S+^{96}Zr$ 体系的垒下
熔合截面增强

1983 年,对$^{58}Ni+^{64}Ni$ 体系熔合反应截面的研究揭示了可能存在正 Q 值中子转移道的耦合贡献。目前对于核子转移的耦合道效应,还缺乏成熟的理论研究。图 3 - 29 给出了$^{32}S+^{96}Zr$ 近垒熔合激发函数[15],可以看出,垒下熔合截面相比一维势垒隧穿(点线)和考虑非弹激发(实线)的理论计算都大,考虑级联中子转移的计算(断线)较好地再现了实验结果,显示了垒下熔合反应中可能存在正 Q 值中子转移效应。但后期在对$^{18}O+^{58}Ni$ 和$^{18}O+^{74}Ge$ 等体系熔合截面的测量中没有显示出正 Q 值中子转移效应。这显示了熔合反应机制的复杂性,对广为接受的中子流模型(Stelson 提出)和考虑中子级联转移的耦合道模型(Zagrebaev 提出)提出了挑战。近期 Esbensen 等的耦合道理论分析指出了在$^{40}Ca+^{96}Zr$ 等体系中可能存在质子削裂对熔合截面增强的贡献。

熔合蒸发反应是目前人类合成超重元素所采用的机制。通常把 104 号(Rf)之后的元素称为超重元素,原子核中的量子壳效应是超重元素能够存在的根本原因。目前,人类已经用熔合反应方法合成并用一系列特征衰变 α 谱(包括能量和时间)鉴别了原子序数(质子数)$Z=118$ 的元素 Og,我国也在充气磁谱仪 SHANS 上用熔合反应机制合成了 $Z=110$ 的元素(Ds)附近的新核素。但受到弹靶组合的选择和反应截面极小的限制,用传统的熔合蒸发反应机制以及探测方法,预期很难合成更重的超重核。

3.1.4.6   裂变反应

裂变反应通常是一个重核分裂为两个碎片的反应过程,也可能存在较低概率的三分裂甚至四分裂等。裂变碎片处于激发态,通过发射轻粒子来退激发。另外,碎片多为丰中子核,也会有 β⁻ 衰变发生。裂变碎片通常具有较大的电荷数、质量数和较宽的动能分布。裂变反应涉及大量核子重组的复杂过程,提供了裂变断点的重要信息(如根据动能为库仑能转化的图像得到裂变碎片是大形变的),同时提供了研究反应时标、各自由度平衡时标、壳效应和对关联等微观机制的理想场所。实验上常用两个平行板雪崩计数器(PPAC)测量一对互补的裂变碎片,得到碎片的角分布;也可以用飞行时间探测器如微通道板(MCP)测量其飞行时间,得到一对碎片各自的飞行时间或者各自的动能,这样就可以推算出各自的质量数。

　　1938 年,在中子轰击天然铀的研究中,发现反应产物中有核素钡和镧[16]。这是由于重核俘获中子后断裂成两个中等质量的碎片,类似于生物细胞分裂,于是提议将这一过程取名为裂变[16]。随即引发了激增的科学研究,并推动了反应堆和核武器在数年后出现。裂变放能是因为中间质量核的平均每个核子结合能(比结合能)大(原子核结合得紧),当一个重核分裂成两个中等质量的原子核时,伴随着约 200 MeV 的能量释放。

　　裂变可以看作原子核伴随着大形变的穿透势垒过程。最早的裂变理论是在 1939 年由梅特纳和弗里希[16]以及玻尔和惠勒提出的,用考虑表面张力的带电液滴宏观模型来解释铀分裂成两个大体等大的较轻碎片的机制。在该宏观模型中,随着形变的增大,液滴变得越来越不稳定,确定了鞍点阈值处裂变核的形状。20 世纪 60 年代发展了宏观(液滴)和微观(单粒子)模型。总核能量的壳修正解释了势能曲面中的多重谷、最小值、鞍点和峰。势能曲面的思想如下:考虑虚构的水流,当各个最小值逐步填满水时,虚构的水流穿过鞍点,就找到了鞍点阈能和对应形状[17]。这时候考虑四极形变(形变参数为 β_2)和十六极形变(形变参数为 β_4)两个自由度(对称形变)的二维势能曲面 V (β_2, β_4),如图 3 - 30 所示。在图 3 - 30 中,形变零点为势能谷(势能参考零点),虚线表示裂变谷,由球形核开始到发生裂变的形变过程称为裂变路径。势能曲面在所有裂变路径上势能最高点连线的附近呈马鞍形状,因此其中最低的一个最高点称为鞍点,在图 3 - 30 中用"•"表示(鞍点为最低裂变势垒能量,鞍点的轨迹为脊线)。由势能曲面可以看出,裂变势垒 B_f 是核裂变要克服的最低势垒。易发生核裂变的锕系核

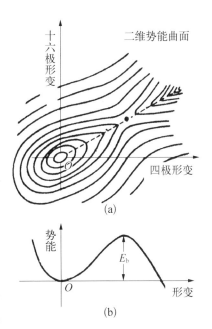

图 3 - 30　二维势能曲面即裂变
势垒示意图

(a)(基态为球形)原子核的二维势能曲面图的示意图;(b)沿(a)中虚线的裂变势能的变化(E_b 为裂变势垒高度)

素的裂变势垒大约为 6 MeV[2]。

势能曲面决定核从基态、中间鞍点到最终裂变碎片分离组态的形状演化。根据势能曲面可以计算裂变碎片的质量和动能分布以及对称和不对称裂变的

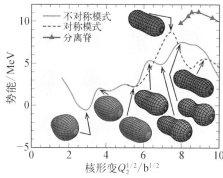

能量阈值[17]。最新考虑(裂变方向的)沿拉长、不对称度、两个碎片的形变和中间脖子直径的五维势能曲面[17],如图 3 - 31 所示。图 3 - 31 显示了 ^{228}Ra 势能谷、势能脊和对应的核形状,存在对称和不对称两种裂变路径,对称裂变路径上的裂变鞍点高,核形状拉长大意味着 TKE 较低。

图 3 - 31 用五维参数计算 ^{228}Ra 势能曲面在形变自由度上的投影

裂变有自发裂变和诱发裂变。核裂变受到裂变势垒的阻挡。自发裂变

存在于很重的原子核中,而对于较轻的锕系核素,自发裂变半衰期都比较长,如 ^{238}U 的自发裂变半衰期 $T_{1/2}^{\mathrm{SF}}$ 约为 1.01×10^{16} a。诱发裂变是指重原子核在外来粒子(如中子、γ 粒子、重离子等)轰击下发生的裂变,重离子诱发裂变可能有熔合裂变、快裂变、准裂变和预平衡裂变等多种机制:① 弹靶俘获后最终形成复合核后的裂变称为熔合裂变。② 对于大角动量($l > l_{\mathrm{f}}$)的体系,裂变在无势垒的情况下进行,称为快裂变,对应的角分布前倾。③ 两个接触的球形核形成复合核的过程中需要越过较高的势垒。体系没有越过鞍点的裂变称为准裂变。④ 裂变垒的高度接近核的本征温度时,K 自由度的弛豫时间与裂变时间相当,K 自由度可能尚未完全平衡但裂变已经发生,即预平衡裂变,属于非复合核裂变模式。可能出现预平衡裂变:质量自由度平衡,但 K 自由度仍没完全平衡($\tau_K \approx 80 \times 10^{-22}$ s),比准裂变深入。有可能处于某些高 K 的同质异能态上,这可能有利于复合核的形成。实验上,裂变碎片的角分布、质量分布和动能分布包含了裂变机制的信息。根据反应过程发生的时间顺序,可以从过渡态核、断裂组态和断裂后现象三个主题来理解裂变。

实验研究表明,高激发能原子核产生的裂变碎片的质量分布是一个对称高斯分布,分布宽度 $\sigma_{\mathrm{M}} = \sqrt{T/k}$,其中 k 是裂变体系的刚性系数(与核物质的黏滞性有关,可通过拟合实验质量分布给出),而 $T = \sqrt{E^*/a}$,可以看出 $\sigma_{\mathrm{M}} \propto E^{*1/4}$。图 3 - 32(a)所示为 ^{4}He $+$ ^{209}Bi 体系裂变碎片的质量分布,图 3 - 32(b)

所示为总动能(TKE)随束流能量的变化[18]，可以看出两者均为对称高斯分布，分布宽度随反应能量(复合核激发能)的增大而变宽。裂变碎片的质量分布可由断点统计模型给出。

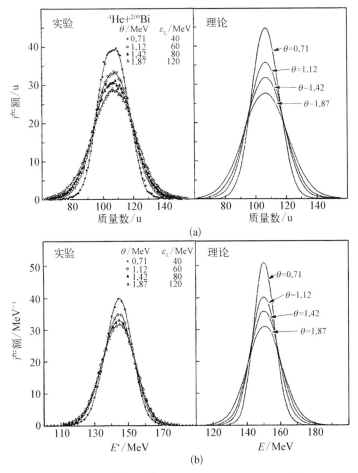

图 3-32　不同能量下 ^{4}He+^{209}Bi 体系的裂变碎片质量分布(a)以及总动能分布随反应能量的变化(b)

实验发现，初碎片的 TKE 与裂变核的激发能 E^* 无关。对于统计平衡的裂变，两个碎片的总动能服从高斯分布，中心值为最概然平均总动能⟨TKE⟩(与激发能无关)，宽度约为几十兆电子伏。⟨TKE⟩与复合核的 $Z_{CN}^2/A_{CN}^{1/3}$ 服从线性关系。图 3-33 给出了裂变碎片的⟨TKE⟩平均值的 Viola 系统学[19]，其中 Z 和 A 分别为复合核的电荷数和质量数，说明动能主要是由库仑能转化来的，同时说明裂变碎片是大形变的。

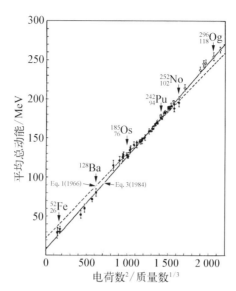

图 3 - 33   Viola 给出的裂变碎片⟨TKE⟩平均值的系统学

熔合裂变是各个自由度都达到平衡后的裂变,时间较长,为 10^{-18} s 量级。在断裂时,裂变碎片在质心系是沿着对称轴方向对飞的。原子核是在不断转

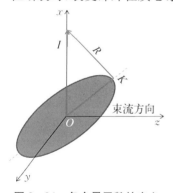

图 3 - 34   各个量子数的定义

动的,对称轴的取向分布由转动波函数决定。熔合裂变反应提供了一个研究几十兆电子伏高激发能下原子核性质的平台,其裂变碎片角分布可以用鞍点过渡态(SPST)模型来描述。图 3 - 34 所示为各个物理量的描述,基于 1956 年玻尔的鞍点统计模型有两个基本假定:① 复合核裂变碎片角分布可以用在鞍点(至少在鞍点附近,鞍点本征激发能最低)达到平衡的 K 分布来描述;② 鞍点决定末态。

对于激发能远高于裂变势垒的情况,过渡态核的能级可以用统计方法来描述,过渡态核的能级密度近似为 $\rho(J , K) \propto \exp\left[(E^* - E_{\mathrm{rot}}^{JK})/t\right]$,其中 E^* 为激发能,E_{rot}^{JK} 为束缚在转动上的能量,t 是热力学温度。对于给定的 J(复合核的总自旋),$\rho(K)$ 可以表示为高斯型分布 $\rho(K) \propto \exp(-K^2/K_0^2)$。 其中,$K_0^2$ 是 K 的标准差,与鞍点的核温度 T_{sad} 和有效转动惯量 I_{eff} 有关,即 $K_0^2 = T_{\mathrm{sad}} I_{\mathrm{eff}}/\hbar^2$。

裂变碎片角分布含有形变鞍点组态处原子核能级(K)的信息,如各自由

度都达到平衡状态的复合核裂变的碎片 4π 各向同性发射(质心系),角分布 $90°$ 对称分布,且在经典极限下正比于 $1/\sin\theta$。$K=0$ 的裂变角分布服从 $1/\sin\theta$,对于 $K\neq 0$ 的裂变,除 $90°$ 外,裂变角分布将偏离 $1/\sin\theta$。

实验上,裂变碎片在沿着入射束流向前和向后的方向上,具有最大的微分截面。图 3 - 35 所示为 ^{4}He$+^{233}$U 体系的熔合裂变碎片角分布的各向异性值 $A = W(0°/180°)/W(90°)$,实线为 $W(\theta)=1+\alpha_2 P_2\cos\theta + \alpha_4 P_4\cos\theta + \alpha_6 P_6\cos\theta$ 的拟合结果[20]。根据 $A\approx 1+\langle l^2\rangle/4K_0^2$,其中 $\langle l^2\rangle$ 可以理论计算,各向异性值可以反映鞍点处 K 分布的情况。

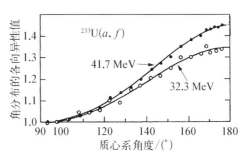

图 3 - 35　^{4}He$+^{233}$U 体系的熔合裂变碎片角分布

除了上面介绍的各个自由与处于平衡态的复合核裂变外,还可能有非平衡裂变。准裂变机制于 20 世纪 80 年代提出,发生于有裂变垒($l<l_f$)的体系。1981 年,在动力学理论模型上已经讨论过"准裂变",解释为由于入射道中的耗散和质量转移,阻止在裂变垒的内部形成一个平衡复合核,而在裂变垒外部形成一个大形变的复合体并衰变成类裂变碎片。准裂变是熔合实验合成超重核反应过程中的重要竞争过程,在重体系中极大压低了复合核形成截面。准裂变的特点是动能完成弛豫,角分布各向异性值大(更前倾),质量分布随着角度变化,对应的非对称质量分布或者对称分布比熔合裂变的宽。2008 年,澳大利亚国立大学的 Hinde 等研究了 ^{32}S$+^{232}$Th 体系裂变碎片质量随着角度的变化(见图 3 - 36),横轴 M_R 为质量不对称度,$M_R = M_{Back}/(M_{Back} + M_{Front})$,$M_{Back}$ 和 M_{Front} 分别为背角碎片的质量数和前角碎片的质量数。图 3 - 36(b)中转动角度小,复合体系的粘连时间短,质量分布为非对称;图 3 - 36(d)中转动角度大,粘连时间长,质量分布接近对称,但仍显示了质量分布与转动角度有关,因此仍然是准裂变机制。该图反映了准裂变过程随出射角度(时间)的演化过程,进一步区分了 ^{32}S$+^{232}$Th 体系中的浅层和深层准裂变机制[21],深化了对裂变机制的认识。

低能核反应实验研究已有超过 100 年的历史,是一个依旧充满生机的研究领域,不断有激动人心的研究成果出现,也还有很多未解之谜等待去探索。核反应研究随着人类科技水平的提高而不断进入新的研究水准。近年来,随

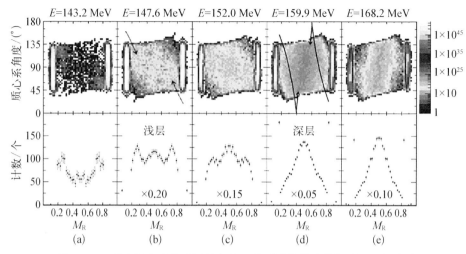

图 3-36　单个裂变碎片质量数与体系总质量数的比值与质心系角度的关系随反应能量的演化过程(彩图见附录)

着探测器颗粒度提升、电子学集成化程度的提高和计算机性能的提升,多参数的全运动学符合测量已经成为现实,高精度实验将为综合理解核反应机制和判别理论并推动理论的发展提供丰富的实验数据。同时,也为人类高效率安全利用核能提供翔实的实验数据。另外,未来基于新一代强流加速器装置产生的丰中子次级束流将为深入认识原子核的性质和反应机制提供更为广阔的平台,其诱发的熔合反应或多核子转移反应也将被用来尝试生成丰中子重核和超重核。

对于高压型加速器,未来将在低能核反应研究领域,尤其是弱束缚核的破裂机制和与天体环境下的元素演化过程相关的核反应研究领域继续发挥重要的作用。

3.2　核结构

原子核物理是研究原子核的基本结构和运动规律的一门科学。原子核结构与原子核反应是核物理的两大中心问题。原子核结构主要是研究核子,即质子和中子在核力作用下如何在核内运动,以及原子核的性质如何由核子的运动所决定。核结构是物质结构的一个重要层次,通过对核结构问题的研究,人类可以从根本上加深对自然规律的认识和理解。本节介绍在高压型加速器上开展的核结构研究,内容包括原子核结构研究简介、原子核结构实验方法概述、核结构研究装置、原子核高自旋态与原子核激发态寿命测量。

3.2.1　原子核结构研究简介

1911 年,卢瑟福著名的 α 粒子对原子的大角度散射实验[22]证明了原子中存在一个原子核,开启了原子核物理学科的探索历程。1919 年,卢瑟福用 α 粒子轰击氮核,发现了质子。随后,卢瑟福预言,除了质子和电子以外,在原子中可能还存在另一种不带电的重粒子,这可能是某种 neutron(中子)。直到 1932 年,J. Chadwick 宣布他通过 α 粒子轰击实验[23],发现了中子的存在,这项发现被视为一个重要的里程碑。同年,W. Heisenberg 和 D. Ivanenko 提出了原子核由质子和中子构成的假说,为早期的核结构研究奠定了基础。

随后,20 世纪 30 年代至 40 年代末,原子核的研究主要局限于从实验上对原子核进行粗块性质的研究,其中包括原子核大小、原子核质量与结合能、原子核的自旋等。人们发现了核半径的 $A^{1/3}$ 规律和核力的饱和性,得出了原子核结合能的半经验公式(Weizsäcker-Bethe 公式等)。基于原子核的每核子结合能(B/A)随质量数 A 的变化规律,人们发现了利用原子核能的广阔前景[24]。

原子核的组成问题弄清楚之后,人们开始了原子核微观结构的系统研究。1949 年,M. G. 梅耶(M. G. Mayer)和 J. H. D. 詹森(J. H. D. Jensen)及其合作者提出了基于强自旋轨道耦合的壳模型,成功地解释了原子核"幻数"的存在[25],被称为核结构理论发展的第一个里程碑。人们在壳模型的基础上,又提出了原子核的集体模型,认为核子在原子核内独立运动的同时,整个原子核还存在振动、转动等集体运动。A. 玻尔(A. Bohr)与 B. R. 莫特尔森(B. R. Mottelson)在 1953 年建立了原子核的转动模型,后来被发展成振转模型(RVM)。1954 年,D. R. 英格利斯(D. R. Inglis)提出推转壳模型(CSM),在 70 年代后被广泛用于处理有关高自旋态的问题。1955 年,尼尔森(Nilsson)提出了既考虑原子核形变又考虑核子单粒子运动的轴对称形变壳模型,即尼尔森模型。1975 年,A. Arima 和 F. Iachello 提出了相互作用玻色子模型(IBM),用群论的方法统一描写原子核振动和转动两种集体运动模式,成功地给出了原子核的低激发态性质。1980 年,Hess 等建立了广义集体模型(GCM),该模型可以统一描述转动核、振动核和过渡核的结构,对许多原子核高自旋态的性质解释得很成功。这些模型理论的提出,使人们对原子核的认识更为深入和全面,极大地推动了原子核物理学的发展。

当前核结构研究的发展方向是探索高激发能(核温度和核密度)、高自旋(角动量)及高同位旋(远离 β 稳定线)等三个极端条件下的核性质。以各种手段将原子核推向某些极端状态,推向稳定极限,寻找极端状态下新的物理现象,探索极端状态下的新规律。极端条件下的核性质研究将为核结构研究开辟十分广阔的前景[26]。在这三个方向的研究中,高自旋态的研究开展较早。由 H. Morinaga 和 P. C. Gugelot[27]首创的在束 γ 谱学为核结构研究开辟了一条新途径。1972 年发现了回弯现象,使原子核的高自旋态研究成为颇具吸引力的课题。原子核高自旋态通常是指原子核自旋角动量 I 大于 $10\hbar$ 的核态。实验上能够确定能级的角动量的上限为 $60\hbar$ 或更高一些,而能够进行统计研究的自旋态可高达 $80\hbar$。随着加速器的发展和探测器、电子学、计算机等领域技术的提高,特别是第二回弯现象、旋称反转、超形变带、手征双重带、磁转动带、带终结等现象相继被实验发现,高自旋态的研究越来越受到人们的关注,成为核结构研究中一个十分活跃的领域。

3.2.2　原子核结构实验方法概述

一般来讲,原子核是一个有限的量子多体体系,是一个简单性与复杂性的结合体。从微观上来看,每个原子核内部的精细结构表现出多样性(complexity),即每个原子核中都存在一系列处于不同能量状态的、分立的能级,表征原子核能级的基本物理量为能量、自旋、宇称、寿命等。然而,原子核的一些宏观性质具有一定的规律性(simplicity),如质量、半径、形状等。决定这些的本质根源在于核力。人们主要是通过了解原子核能级的性质来研究核结构,并建立了实验研究核结构的专门学科——核谱学,包括衰变谱学和在束 γ 谱学。早期人们对原子核结构的认识,主要来源于放射性衰变和低能轻粒子核反应研究,通过 α、β、γ 衰变[2]核谱学技术研究原子核放射性衰变,但这只能研究相邻两个原子核之间的衰变,只能提供低激发能级的核结构信息。20 世纪 50 年代后期,有人将 γ 谱仪搬上了加速器,用于研究核反应中产生的瞬发 γ 谱,才诞生了致力于原子核高自旋态研究的在束 γ 谱学。在束 γ 谱学主要是通过实验测量 γ 射线的能量、相对强度、能级寿命、角分布、级联关系、γ-γ 角关联、内转换系数和 γ 跃迁多极性,用以确定原子核能级的位置、自旋、宇称等并建立衰变纲图,从而获得原子核的能级性质和结构信息。在束 γ 谱学通常采用符合测量方法,即记录同时或在极短的时间间隔内发生而彼此有联系的两个或两个以上事件。研究有关联的级联衰变事件,可以确定原子核的能级位置、平均寿命等。符合事件分为真符合事件和偶然符合事件，其中真符合事件是指有相关性的事件，真符合是指有内在因果关系的事件之间的符合；而偶然符合则是不具有相关性的事件之间的符合。实验上需要通过限定符合分辨事件等手段，提高真偶符合比。

在束 γ 谱学研究中，原子核高自旋态可以通过以下几种主要的方法来布居：重离子熔合蒸发反应[26, 28]、多重库仑激发、重核裂变、转移反应和深度非弹性散射等。

1）重离子熔合蒸发反应

重离子熔合蒸发反应是目前布居大角动量态的最有效方法，在当今的高自旋态研究中应用最为广泛。如图 3-37 所示，当重离子束核轰击靶核后，两个核熔合在了一起，由于高速入射的束核带入了很大的角动量和能量，体系处于高速旋转的状态中。两个核互相交换核子，激烈振荡，核间有很强烈的相互作用，形状也在不停地变化，在这一过程中，入射束核的动量和角动量不断转

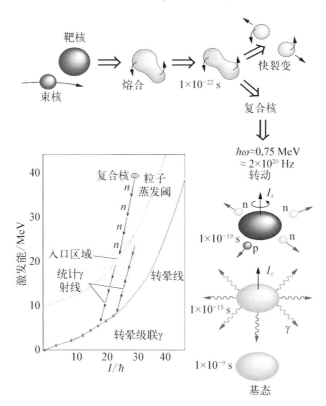

图 3-37　重离子熔合蒸发反应布居原子核高自旋态示意图

移给靶核。上述过程发生所需时间大约为 1×10^{-22} s。随后，核反应过程可能发生两种情况：① 发生快裂变或形成复合核。其中，快裂变是入射核来不及把所有的动量转移给靶核，两个核没有熔合便分裂开来，但这时两个核已经发生了核子交换，即发生了转移反应。② 若入射离子把所有的动量转化成了体系共同的动量和角动量，则两个核熔合成了一个复合核。从反应开始到形成复合核，大约需要 1×10^{-19} s，这时复合核具有很高的激发能，转动速度非常快，频率 $\hbar\omega$ 约为 0.75 MeV，相当于经典图像下转动频率约为 2×10^{20} Hz。

接下来，处于高激发态的复合核开始通过蒸发粒子使自己冷却下来，由于带电粒子受库仑位垒作用，主要以蒸发不带电的中子为主。每蒸发一个中子可能带走 8~10 MeV 的能量，但平均仅带走约 $1\hbar$ 的角动量，因此很容易得到较高自旋的激发态。利用该方法布居，最高自旋态值随着束靶的选择可达 $70\hbar$，自旋值大于 $70\hbar$ 的复合体系是很不稳定的，很容易发生裂变。在约 1×10^{-15} s 之后，当复合核蒸发了几个中子之后，原子核的激发能降至入口线（蒸发完粒子后的状态或称入口态组成的线）以下时，蒸发残核的内禀激发能已经低于核子的结合能，不足以再蒸发核子，剩余核将通过发射 γ 射线退激到基态。

剩余核最先发射统计 γ 射线退激，它们主要来自统计过程的较高能量的电偶极（E1）跃迁，构成了高自旋区的连续谱。统计 γ 射线带走较多非转动激发能，使复合核进一步冷却下来，使原子核退激到转晕线附近的状态。处于转晕线附近的原子核，绝大部分的激发能量都用于转动而不是消耗在内部激发能上，即是一个很"冷"(cold)的体系，能级密度很稀。然后，处于转晕线附近的原子核激发能及相应的角动量，将通过一系列级联的沿转晕线或在转晕线附近大体平行于转晕线的分立 γ 跃迁带走。最终，在大约 1×10^{-9} s 之后，蒸发剩余核退激到达基态或者接近基态的位置，不再发射 γ 射线。

2）多重库仑激发

库仑激发[29] 是一种通过电磁相互作用，使束核和靶核受到激发的过程。由于电磁相互作用是一种长程相互作用，所以在束核和靶核相距还较远，或束流能量较低尚不能克服库仑位垒的情况下就可以发生库仑激发。库仑激发主要是激发原子核的集体态，它来源于核内大量核子的集体运动，例如原子核的集体转动和振动。实验上，可观测到增强的电四极（E2）跃迁，它比单粒子态间跃迁的强度大许多倍。

由于电磁相互作用（库仑相互作用）机制已经十分清楚，并且相互作用理论也非常完善，因此库仑激发比其他核反应方式存在明显优势，是早期研究原子核性质的主要手段。在放射性束流线上,利用逆运动学库仑激发还可以布居研究远离稳定线原子核的低激发态,在核谱学研究中通常作为重离子熔合蒸发反应的一种补充方法。

实验上,要适当选择在库仑位垒之下的入射束的能量,此时短程核力尚未发生作用,原子核的激发完全来源于纯电磁相互作用,可以用库仑相互作用理论来分析实验结果。

根据半经典理论,电四极跃迁总截面可表示为

$$\sigma_{E2} = (Z_1 e/\hbar v_i)^2 a^{-2} B(E2, J_i \to J_f) f_{E2}(\xi) \qquad (3-8)$$

式中,$Z_1 e$ 是入射束的电荷;v_i 是束核和靶核间的初始相对速度;a 是相对碰撞时两核可接近的最近距离;$B(E2, J_i \to J_f)$ 是由自旋为 J_i 的初态到自旋为 J_f 的末态跃迁的电四极约化跃迁概率,$f_{E2}(\xi)$ 是对经典轨道的积分,其中 $\xi = a \Delta E/\hbar v_i$,$\Delta E$ 是两能级间能量差,即激发能。

实验上只要测得 E2 跃迁总截面,便可通过式(3-8)提取两能级间的电四极约化跃迁概率 $B(E2, J_i \to J_f)$。 导出式(3-8)的半经典理论的条件是入射束可以用经典轨道来描述,即原子核激发不足以干扰入射束的轨道。这一经典假设成立的条件为

$$\eta_i = Z_1 Z_2 e^2/\hbar v_i \to \infty \qquad (3-9)$$

即入射束的能量较低。

由于库仑激发总截面正比于入射束 Z_1 的平方,因而选择较重的重离子束通过多重库仑激发,可以将束核激发到较高的激发态和较高的自旋态。重离子加速器技术的进展,特别是放射性束的产生,为这一领域的实验研究提供了十分有利的条件。

3) 重核裂变

重核裂变方法是一种利用 ^{252}Cf 等重核自发或诱发裂变,通过测量裂变产物退激发射的瞬发 γ 射线,获得丰中子核较高自旋态能级结构信息的重要手段之一。由于裂变产物非常丰富,如果实验统计足够,则一次实验往往可以得到很多丰中子核的能级结构信息。早期受实验技术所限,只能观测到 $4\hbar \sim 6\hbar$ 之间的能级。随着在束 γ 谱学实验技术的发展,近年来此类实验在核结构和核数据研究中再次成为热点。

对于转移反应和深度非弹性散射等布居原子核高自旋态的方法,由于实验上使用较少,此处就不一一介绍了。

3.2.3 核结构研究装置

进行核结构实验研究的装置主要是加速器、探测器和核电子学系统。核结构研究常用的离子束流主要是由串列加速器和回旋加速器提供的稳定束或放射性束。串列加速器提供的束流与回旋加速器提供的束流相比,具有单色性好、能量调节速度快、束流斑点小等优点,更适合于开展核结构实验。关于加速器在本书另外章节有非常详细的介绍,本节主要介绍用于核结构研究的探测器和核电子学系统,同时简要介绍基于上述装置开展核结构研究的常用手段。

γ射线的探测主要是依据它与物质的三种主要作用方式,即光电效应、康普顿效应和电子对效应。光电效应产生的是全能峰,而康普顿散射产生的是连续谱。20 世纪 60 年代,在束 γ 谱学实验使用的是 NaI(Tl)探测器,这种类型的探测器效率高,但能量分辨率差。随后,能量分辨率更好的 Ge(Li)和 HPGe 探测器也相继用于反应堆和加速器上的核物理实验。在束 γ 谱学的一次重大突破,是将 HPGe 和锗酸铋(BGO)结合组成的 HPGe - BGO 反康谱仪用于核物理实验。如图 3 - 38 所示,反康谱仪是利用围绕在 HPGe 主探测器周围的 BGO 晶体来探测在 HPGe 中经康普顿散射逃逸出来的 γ 射线,用以反符合 HPGe 中的康普顿连续谱,因而提高了峰总比 P/T(peak to total ratio)。

图 3 - 38　HPGe - BGO 反康谱仪结构示意图

20 世纪 80 年代,国际上一些实验室相继建立了一批由多台 HPGe - NaI(Tl)(或 HPGe - BGO)反康谱仪和多探测单元的 BGO(或 BaF2)中心球组成的 γ 探测陈列,例如英国 Daresbury 实验室在串列加速器上建立的包含 6 台反康谱仪的 TESSA 装置,后来改装升级为由 30 套反康谱仪组成的 TESSA30。γ探测器及其早期探测阵列的部分介绍可以参考由孙汉城、杨春祥编著的教材《实验核物理》[29]。20 世纪 80 年代后期,美国和欧洲分别开始建造探测效率更高的 4π 探测器阵列 GAMMASPHERE 和 EUROBALL。这两个探测阵列都大约由 100 套反康谱仪组成,对于 1 MeV 的 γ 射线,全能峰探测效率 ε_{ph} 约为 10%,峰总比 P/T 约为 60%。凭借优异的探测性能,这两个探测阵列在核结构实验研究中,至今仍然发挥着非常重要的作用。

图 3-39 显示了在不同时期,由于重粒子加速和探测技术的进步,在束 γ 谱学对高自旋态原子核精细结构的研究历程。从图 3-39 中可以看到,随着探测器技术的发展,探测器对 γ 射线的高能量分辨已经越来越理想,因此用退激 γ 射线作为研究原子核的探针,在基础、应用研究方面都是非常有用的。特别是多个 γ 探测器组成阵列进行 γ-γ 符合测量,由于总的探测器立体角的增大,探测器颗粒度增加,探测效率大为提高,具有很高的选择性且本底可以压得很低,将大大节省宝贵的加速器束流时间,使探测极弱的 γ 事件成为可能。

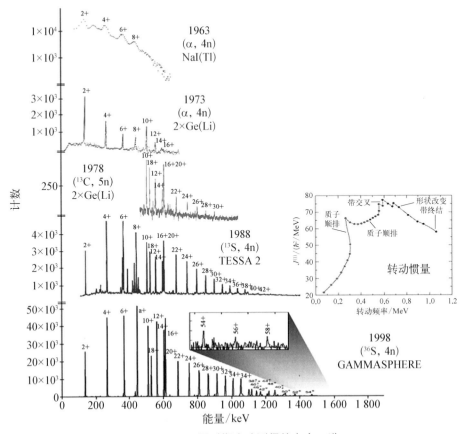

图 3-39　不同时期实验测得的在束 γ 谱

在 γ-γ 符合测量中,二重符合事件的探测效率 η 与谱仪台数 n 的关系是 η 正比于 $n(n-1)/2$。若用反康谱仪开展 γ-γ 符合实验,将进一步提高符合谱的峰总比,如果单谱 P/T 提高了 1 倍,γ-γ 符合实验的 P/T 将提高大约 4 倍。

随着放射性离子束的产生和使用,远离稳定线原子核的性质的研究打开了新的窗口。但是,放射性离子束受限于束流纯度和束流强度等因素,以至核反应实验中产生的产物核数量非常有限,需要更加高效地探测反应产物发射出的 γ

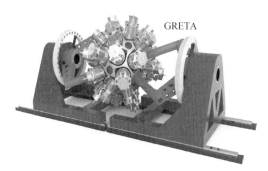

图 3 - 40 GRETA 示意图

射线。因此,20 世纪末美国开始进行伽马能量追踪技术的方案研究,并于 2000 年开始进行 GRETA (gamma-ray energy tracking array) 样机的研制(见图 3 - 40)。GRETA 与 GAMMASPHERE 相比,多项技术指标均大大提高,如分辨本领由 1×10^4 提高到 1×10^7(已能探测到 $\sigma \approx 1$ nb 的反应产物),对 1.3 MeV 的 γ 射线的探测效率由 8% 提高到 50%。先进 γ 射线径迹追踪型探测阵列(advanced gamma-ray tracking array,AGATA),如图 3 - 41 所示,是由英国、德国、法国、意大利、丹麦、瑞典、芬兰、波兰、罗马尼亚、保加利亚 10 国的 30 多个实验室和大学联合建造的。有两种方案:① 180 个六角形的高度分割(highly segmented) HPGe($180 \times 36 = 6\,480$ 单元)组成,探测能量

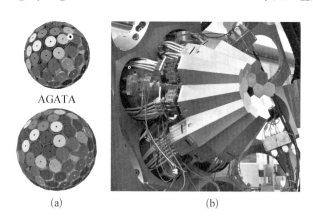

(a)   (b)

图 3 - 41 两种方案的 AGATA 示意图及样机

(a) AGATA 示意图;(b) 样机

范围从约 10 keV 到 10 MeV,探测效率为 40%($M_\gamma=1$)、25%($M_\gamma=30$)。② 120 个六角形的高度分割 HPGe(120×36=4 320 单元)组成,探测效率为 38%($M_\gamma=1$)、21%($M_\gamma=30$)。由于耗资巨大,AGATA 目前仅建成部分样机,如图 3-41(b)所示。γ 径迹追踪型的探测阵列具有非常好的多普勒展宽修正能力和实验本底压制能力,非常有利于开展束流速度非常高的次级束实验。

我国自 20 世纪 80 年代开始,在北京串列加速器核物理国家实验室,合作建成了主要由 15 套反康谱仪组成的 γ 探测阵列。2018 年,兰州重离子加速器国家实验室建成由 15 个 70% 的 HPGe 和 8 个 CLOVER 探测器组成的探测阵列,计划给所有探测器配置 BGO 反康谱仪。2019 年,我国在束 γ 谱学研究平台整合与升级方面迈出了关键一步。国内在束 γ 谱学合作组的 7 家单位签署合作协议,在中国原子能科学研究院(简称原子能院)的 HI-13 串列加速器在束 γ 谱学终端共建新一代 γ 探测阵列(见图 3-42)。

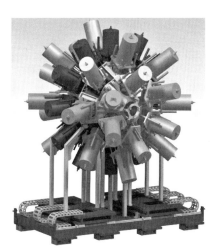

图 3-42　国内新一代共建 γ 探测阵列示意图

原子核集体低层态的跃迁能量一般都比较低,存在很强的内转换过程,尤其是对于重核和高极数跃迁,发射内转换电子占据绝对优势。因此,在束测量内转换电子是一条比较合适的途径,这是建立在内转换理论现在已相当成熟的基础上的。需要特别指出的是,转换电子谱学是探测 E0 跃迁的唯一手段,可以弥补在束 γ 谱学的不足。通过实验测量的内转换系数与理论计算值的比较可以推断出 γ 跃迁的电磁特征和多极性,从而可以确定能级自旋和宇称。

对于在串列加速器上进行的核结构研究来说,为了获得可靠完整的能级纲图信息,仅靠单一的 γ 谱学方法常常是不够的。特别是对于重核,由于存在来自裂变效应的强烈竞争,用通常的在束 γ 谱学方法研究其激发态是非常困难的。鉴于重核的原子序数、内转换系数非常大,因此内转换电子谱学是非常有用的。另外,要在国内放射性同位素在线分离装置(ISOL)上开展甚缺中子核的 β 衰变谱学研究工作,微桔谱仪是一个不可或缺的工具。微桔谱仪类似

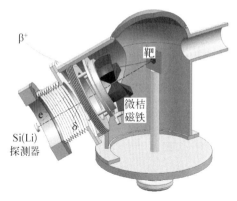

图 3 - 43　微桔谱仪示意图

于一个光学透镜,如图 3 - 43 所示,目标电子将被微桔磁铁聚焦到探测器上。

核结构研究中常用的探测装置还有由硅探测器组成的带电粒子探测阵列,开展 γ -带电粒子符合测量,挑选反应道,得到更加干净的能谱。近年来出现的 $LaBr_3$ 新型探测器,特别是配备 BGO 反康谱仪的 $LaBr_3$ 探测器,不但具有优越的时间性能,弱峰分辨能力更好,同时还具备优于 HPGe 探测器的探测效率,使之成为开展原子核低激发态寿命测量时首选的最佳探测器。对这两种探测设备感兴趣的可查阅相关文献,这里不做详细介绍,后面章节中将介绍利用 $LaBr_3$ 探测器开展寿命测量的一些细节。

上面介绍了核结构研究中的各种探测装置,下面将简要介绍用于核结构实验的电子学和获取系统。传统电子学系统包括前置电荷灵敏放大器、整形放大器、信号甄别器、峰形灵敏模-数转换器(ADC)、逻辑单元、时间-数字转换器(TDC)和定标器等,如图 3 - 44 所示。其中,前置电荷灵敏放大器用于探测器信号甄别、滤波和前端放大;整形放大器、快放大器、信号甄别器等相关插件用于实现探测器信号的放大以及波形甄别、快速放大、逻辑处理和信号转换等功能;NIM 机箱电源为 NIM 插件提供电源。传统的获取系统主要有两种: ① 由日本引进的 KODAQ 系统,它基于 CAMAC 机箱和日本东洋(TOYO)公司的 CC7700 CAMAC 机箱控制器,由日本高能加速器研究机构(KEK)开发,在 MS - Windows 9X 操作系统下运行。获取系统由 C 语言写成,用户可对程序进行修改,以满足多参数实验的需要。② 以 VME(Versa Module Europa)

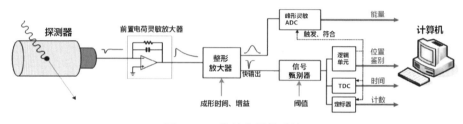

图 3 - 44　传统电子学系统

标准机箱作为硬件平台,使用 Mostek 公司的 MADC 插件记录探测器的能量信号,使用 CAEN 公司的 775N 插件记录探测器的时间信号。获取系统以 MIDAS 软件包作为软件系统的开发平台,按要求定制后的运行系统可以实现 VME 机箱的控制、γ 能谱的在线显示以及数据记录功能。

早期使用的核电子学插件主要是美国 ORTEC 和 CANBERRA 等公司的产品,但由于电子学插件基本上是分立元器件,获取的通道和参数有限,近年来已逐渐被淘汰。目前核物理实验使用的前端电子学、多路集成主放大器等插件,主要来自欧洲的 CAEN 和 Mesytec 等公司。

数字化波形采样系统是 CAEN 和美国 XIA 等公司近年来发展起来的技术。它具有明显的优势,例如在高计数率下,相比于模拟电子学系统具有更好的能量分辨率,几乎没有获取死时间,电子学线路简单以及调节参数方便等。传统电子学系统获取系统事件触发率大于 3 000/s,就会出现明显的死时间;而数字化获取,事件触发率为 10 000~20 000/s,几乎没有死时间。数字化获取电子学线路如图 3-45 所示,探测器信号经过前放之后,直接接入了一个数字化仪(digitizer),这个数字化仪可以完成信号的模-数转换(A/D)、波形采样,通过 FPGA 内置的算法还可以对信号进行处理。也就是说,一个数字化仪(插件)就可以完成传统模拟电路中一大堆插件才能完成的工作,得到实验中观测量的时间和能量信息。图 3-45 中的实物图所示为 XIA 公司 16 通道的 PIXIE16 数字化仪(插件),根据不同探测需求可以定制 100 MHz、250 MHz 和 500 MHz 等不同的采样频率。

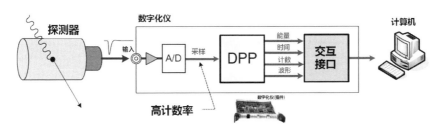

图 3-45　数字化获取电子学线路

3.2.4　原子核高自旋态

前文介绍了产生原子核高自旋态的实验方法,以及相关实验装置。本节将介绍原子核高自旋态的主要研究领域。

处在高自旋态下的原子核,由于其转动速度很高,原子核的形状、核子耦合的图像等结构特性有很大的变化，更深刻揭示了原子核集体运动和独立粒子运动之间的关联和转化，因而蕴含了关于核结构、核力特性的大量有价值的信息。当前原子核高自旋态研究领域主要包括以下一些热点问题：磁转动与反磁转动、手征双重带、旋称劈裂和反转、超形变（长、短轴之比为 2∶1）与巨超形变带（长、短轴之比为 3∶1）、原子核形状共存及形状演化、全顺排与带终结以及角动量顺排和带交叉等。这些物理现象为核结构研究提供重要的实验信息，都是高自旋态研究中极具挑战性的热门课题，引起了核物理学家的浓厚兴趣。

1) 磁转动与反磁转动

研究原子核的奇异结构性质，一直是原子核物理领域研究的重点和热点。自 20 世纪 90 年代初以来，人们陆续在球形或近球形核中观测到了大量类转动的 $\Delta I = 1$ 的级联强磁偶极（M1）跃迁序列。与人们熟知的形变原子核集体转动产生的强电四极（E2）转动带不同，这种类型的转动带的总角动量是通过处在高$-j$ 轨道质子空穴（粒子）和中子粒子（空穴）的角动量矢量方向互相靠近（或称逐渐顺排）产生的，类似于剪刀的闭合。例如，质子数处于 $Z = 50$ 闭壳附近、质量数 $A \approx 110$ 的过渡区原子核，其高$-\Omega g_{9/2}$ 质子空穴、低$-\Omega h_{11/2}$、$g_{7/2}$ 和 $\Omega d_{5/2}$ 中子粒子的逐渐顺排，产生了一组 $\Delta I = 1$ 的级联强磁偶极（M1）跃迁序列，即磁转动（MR）带[30]。带头处，质子角动量（j_π）和中子角动量（j_ν）几乎是相互垂直的。随着质子和中子角动量的逐渐顺排，形成了 MR 带高自旋态的角动量。图 3-46 所示为磁转动示意图及能级纲图示例，带 2（Band 2）和带 3（Band 3）为候选 MR 带。处于 MR 模式下的原子核具有如下主要特性：其能谱结构近似满足关系 $E(I) - E0 I(I + 1)$；B（M1）电磁跃迁的概率达到 $1 \sim 10$ 量级；B（M1）/B（E2）的值很大 $[\geqslant 20/(\mu_N/eb)^2]$ 且随角动量的增加缓慢减弱。至今，已经在 $A \approx 60$、$A \approx 80$、$A \approx 100$、$A \approx 130$ 和 $A \approx 190 \sim 200$ 核区的同位素中相继观测到了 MR 带。

除了上述 $\Delta I = 1$ 的 MR 外，根据产生总角动量的微观机制，还有一种奇特的 $\Delta I = 2$ 的反磁转动（AMR），如图 3-46（b）中带 4（Band 4）所示。在 AMR 带中，带头处一对质子空穴处于反平行状态，但逐渐沿着总角动量顺排，与中子粒子形成双剪刀。AMR 总角动量的增加，是由双剪刀中的质子角动量矢量向中子粒子的角动量矢量方向逐渐靠拢形成的，总角动量不能产生一个横向磁矩，所以呈现一条有确定旋称的 $\Delta I = 2$ 的转动带。不同于 MR 的 $\Delta I = 1$ 系列，AMR 结构具有其明显特征：只有 $\Delta I = 2$ 的级联跃迁，B（E2）值很小，且随着自旋的增大而减小；动力学转动惯量 $J^{(2)}$ 在整条能带中保持恒定，$J^{(2)}/B$(E2)的值比典型形变转动带大一个量级以上，且随着自旋的增大而增大。实际上，已经在 $A\approx110$ 核区的 Cd、In、Pd 等同位素核中观测到 AMR 现象。但是，在为数不多的几例 AMR 文献报道中，大部分仅有能级纲图的实验数据，而缺乏能级跃迁性质的实验数据。

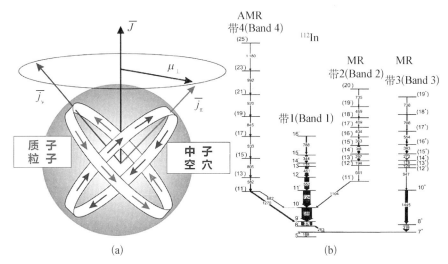

图 3 - 46　磁转动示意图及能级纲图示例

（a）磁转动示意图；（b）能级纲图示例

目前，已经发展了倾斜轴推转（TAC）模型、倾斜轴推转-相对论平均场（TAC - RMF）理论、三轴投影壳模型（TPSM）等理论，成功描述了观测到的 MR 和 AMR 现象。实验方面，国内在束 γ 谱学合作组在 HI - 13 串列加速器上，开展了 $A\approx110$ 核区 In 和 Ag 等同位素核的 MR 带和 AMR 带的研究。

2）手征双重带

Frauendorf 和 Meng[31] 于 1997 年预言了三轴形变原子核中可能存在手征转动结构。当双奇核具有三轴形变，两个单核子分别填充于亚壳层的下层和上层，形成粒子态与空穴态时，则核芯角动量与两个单核子角动量互相垂直，形成左、右两个手征性系统，此时引起所谓的手征性的破裂，形成两条自旋宇称和能量相似的 $\Delta I=1$ 的转动带，称为手征双重带，如图 3 - 47 所示。自从预言原子核中存在手征双重带后的 20 多年间，人们在 $A\approx130$、$A\approx100$、$A\approx190$ 和 $A\approx80$ 核区，开展了广泛的原子核手征性研究工作。理论方面，发展了核芯-准粒子耦合模型(core-quasiparticle coupling model)、粒子-三轴转子模型等,用来再现手征双重带和预言其可能存在的区域。原子能院的陈永寿、高早春等利用反射不对称壳模型,实现了对旋称反转、手征带和摇摆带的统一的壳模型描述。目前,实验和理论工作者们在对这一问题进行更加深入的探讨,而实验数据的不断增加,必然会为理论研究提供新的机遇和视角。

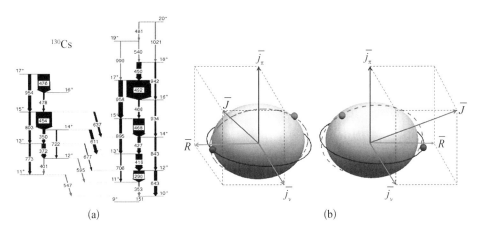

图 3-47   原子核手征性示意图及能级纲图示例

(a)原子核手征性示意图;(b)能级纲图示例

根据大量的实验结果和理论计算,手征双重带应该具有以下特性:具有相同宇称、能级近简并的 $\Delta I = 1$ 的转动带;双带的能级劈裂 $S(I) = [E(I) - E(I-1)]/2I$ 几乎恒定;较强的带内 M1 跃迁,高自旋处较弱的带间 E2 跃迁;$B(M1)/B(E2)$ 的值的奇偶自旋摇摆效应;双带具有近似的带内 $B(M1)$、B(E2)值。其中,电磁跃迁概率被认为是检验候选手征双重带的一个严格标准。两手征伙伴带应该通过相似的电磁跃迁退激。在理想手征双重带中,其约化电磁跃迁概率 $B(M1)$ 和 B(E2)应该表现出相似的特性,并且 $B(M1)$ 的值会随奇偶自旋振荡。因此,电磁跃迁概率测量是研究核手征性的重要探针。后文将介绍通过寿命测量提取电磁跃迁概率的方法。

3) 旋称劈裂和反转

对于一些集体转动带,如果相邻的能级能量差随角动量的变化曲线不再是直线,出现了锯齿曲线的话,则称该转动带发生了旋称(signature)劈裂。根据推转壳模型(CSM)的计算,对于一条集体带,优惠带分支的能级差的值一般应该低于非优惠带分支的能级差,如果出现相反的情况的话,则称该集体带出现旋称反转。继 1981 年 Larabee 等[32]在研究^{159}Tm 的高自旋态时观察到旋称反转现象之后,有关奇 A 核^{157}Ho、^{155}Ho、^{165}Lu 等的旋称反转现象陆续被各实验报道。之后,在奇奇核中也发现了大量旋称反转现象,尤其是发生在双奇核的高$-j$ 组态带的旋称反转现象是当前核结构领域十分活跃的研究课题。所不同的是,奇 A 核的旋称反转发生在高自旋区,而奇奇核发生在低自旋区。随着实验条件的改善和实验技术的不断成熟,对旋称反转方面的研究则向深度和广度方向同时扩展。在最近几年中,旋称反转现象的研究区域已经从奇 A 核的 $h_{11/2}$ 组态带,扩展到 $A \approx 160$ 区奇奇核的 $\pi h_{11/2} \otimes \nu i_{13/2}$、$\pi h_{9/2} \otimes \nu i_{13/2}$ 带,$A \approx 80$ 区的 $\pi g_{9/2} \otimes \nu g_{9/2}$ 带,$A \approx 130$ 区的 $\pi h_{11/2} \otimes \nu h_{11/2}$ 带,$A \approx 170$ 区的 $\pi g_{9/2} \otimes \nu i_{13/2}$ 带,$A \approx 180$ 区的 $\pi i_{13/2} \otimes \nu i_{13/2}$ 带。对 Signature 劈裂和反转机制的探索是目前比较引人注目的热点之一。在理论方面,许多物理模型应用于对该现象的研究,例如推转壳模型的三轴形变理论、粒子-转子模型的 p－n 相互作用与科里奥利力竞争的理论、角动量投影模型的带交叉、自反转提出的解释、考虑质子交换力的相互作用玻色子模型以及四极对力对旋称反转的解释等。但是至今对于旋称反转形成的物理机制仍然没有形成一个令人信服的唯一解释。上文提到过,原子能院的陈永寿、高早春认为旋称反转、手征带和摇摆带都与原子核的三轴转动密切相关,并将旋称反转解释为原子核三轴转动过程中转动轴的改变[33]。

4) 超形变带和巨超形变带

20 世纪 70 年代,A. Bohr 和 B. Mottelson[34]就预言:当变形原子核的长轴与短轴之比为 2∶1 时,此时四极轴对称变形度 $\varepsilon_2 = 0.6$,具有合适的中子数与质子数的原子核会很稳定,形成超形变核(superdeformed nucleus,SD)。而在实验上,直到 1986 年,才在^{152}Dy 中发现由 19 条 γ 射线组成的转动带,其转动惯量接近刚体值,这是第一次发现角动量 I 高达 $60\hbar$ 的高自旋超形变核。此后,人们陆续观测到成百条高自旋超变形带,它们分布在 40、80、130、160 和 190 等多个核区,其长短轴之比为 3∶2、2∶1、1.65∶1 等,各不相同。在 $A \approx 160$ 核区三轴超形变研究中,国内核物理学家在原子能院串列加速器上观测到的三轴超形变[35],是我国在自己的实验室中观测到的第一条超形变带,也是世界上第三例三轴超形变。目前,美国、欧洲的一些科学家正在着手寻找长、短轴之比更大,达到 3∶1 的巨超形变核(hyper deformed nucleus,HD)。然而,遗憾的是,对于绝大多数 SD 带,尚不清楚这些 SD 带是如何退激到正常形变(ND)带上去的,因此还未能直接测定 SD 带的自旋。因此,如何正确指定 SD 带的自旋,也是当前研究的热门课题。目前,大多数研究者都是通过对运动学转动惯量(第一类转动惯量)和动力学转动惯量(第二类转动惯量)的比较,以及利用转动谱的二参数 ab 公式 $E = a[\sqrt{1+bI(I+1)}-1]$,对 SD 带的自旋指定进行建议的。最有效的办法是利用微桔谱仪测量连接跃迁和超形变带 γ 跃迁的内转换系数,从而确定超形变带的自旋和宇称。

5) 原子核的形状共存、形状演化、形状相变及临界点对称性

原子核可以具有多种形状,如球形、长椭形变、扁椭形变和三轴形变等,如图 3-48 所示(图中 γ 为三轴形变参量)。原子核的形状一直是核结构研究的热点问题。当一个原子核处在不同形状时的能量相差不大时,会存在一个与基态形状不同的低激发态,原子核同时呈现出两个不同的形状,这种现象就称为形状共存。形状共存一般与高-j 单粒子闯入轨道有关。原子核的稳定形状随着同位旋或角动量等发生变化称为形状演化。形状演化有两种解释:一是指原子核的形状会随着转动频率的变化而发生变化,其原因主要是集体转动和价核子的核心极化效应;二是指原子核的形状随着中子或质子数的变化而发生相变。原子核的形状相变不同于常见的热动力学相变,而是基态和低

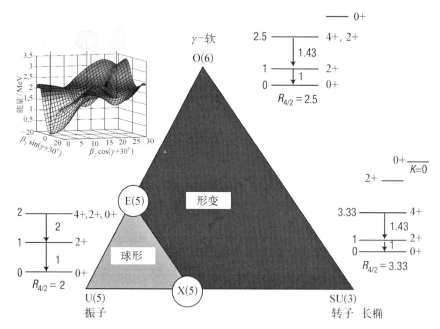

图 3-48　原子核的形状共存、形状相变及临界点对称性示意图

激发态的平衡形状和结构的量子相变。这产生了处于相变点原子核结构的临界点对称性这一新的研究领域,如图 3-48 所示。

6) 全顺排与带终结

当原子核转动速度逐渐加快时,核外成对的中子或质子会逐渐拆对顺排,除了稳定的核芯之外的所有粒子拆对顺排,转动带的角动量达到全部价核子顺排所能提供的最大角动量后,原子核完成从集体运动到单粒子运动的转化。此时这种状态也称为带终结(band termination)。

7) 角动量顺排和带交叉

有不少集体转动带的激发态能量随角动量 I 变化时,增大到一定值后偏离了 $I(I+1)$ 规律,用振动-转动耦合无法解释。在其第一类转动惯量 J_1 随转动频率 ω 变化($J_1-\omega$)图中呈现一条先平滑,后急剧上升,再出现 S 形回弯的曲线,称为集体回弯现象。对集体回弯现象的解释一般用带交叉来解释,认为基态带与以双准粒子态为带头的激发带之间的交叉是形成回弯现象的原因。基带的内部态所有核子都处于配对状态,转动惯量较小,而激发带的内部态主要是处于高 j、低 Ω 轨道上的一对粒子受到较大的科里奥利力的作用被拆散,产生角动量顺排,转动惯量急剧增大。

8) 原子核八极形变

八极形变原子核具有空间反射不对称的特性。理论计算表明,在 Z 或 N 为 34、56、88、134 的核区,两条 $\Delta N=1$、$\Delta l=3$ 和 $\Delta j=3$ 的单粒子轨道会产生很强的长程八极作用,使原子核具有八极形变。其相应的八极形变带的能级结构表现为两条宇称相反的集体带,其带内通过 E2 集体跃迁连接,而带间通过 E1 交叉跃迁连接。目前实验上已经在 $Z=56$、$N=88$ 和 $Z=88$、$N=134$ 核区观测到了多个八极形变核。

3.2.5　原子核激发态寿命测量

原子核的能级寿命是表征核状态的重要物理量,它代表了能级间的跃迁概率。原子核能级的跃迁概率能准确反映核的内禀属性,因此是核结构研究最重要的内容之一。理论描述的跃迁概率与跃迁始末态的波函数有关,因而受核结构模型假设的影响。所以,测量能级寿命是对理论模型的最好检验[36]。同时,提取跃迁概率可以揭示这个激发态的集体性或单粒子性,可以系统研究某一核素随角动量的变化规律,还可以开展同位素链(或同中子素链)中原子核形变的系统研究。

自从 20 世纪 70 年代初发现了回弯现象后,高自旋态研究成为十分活跃的领域。随着电子学、计算机、加速器和探测技术的发展,继第二回弯、形状共存、超形变等核行为的揭示,特别是近年来关于磁转动、手征性和形状相变临界点的 X(5) 和 E(5) 对称性等核现象的发现,进一步唤起人们对高自旋态研究的关注,现已成为核结构研究的前沿阵地。无疑,开展高自旋态的寿命测量也成为倍受重视的研究课题,因为这对于澄清这些新的核现象具有重要意义。

原子核高自旋态的平均寿命一般是 $10^{-13} \sim 10^{-12}$ s 量级,这正是多普勒线移衰减法(DSAM)和反冲距离多普勒线移法(RDDS)适合的时间测量范围[36]。这两种方法都利用了运动中的反冲核发射的 γ 射线的多普勒效应。它们的区别在于,DSAM 是用反冲核在介质中的慢化时间作为参考时间,常用于测量较高自旋区域 0.01~1 ps 范围内的能级寿命;而 RDDS 则是用反冲核在真空中的飞行时间作为参考时间,常用于测量较低自旋区域 0.1 ps~1 ns 范围内的能级寿命,两种方法在测量能级寿命的范围上互为很好的补充。另外,还有可以测量大于几百皮秒的激发态寿命的延迟符合技术,这种方法近些年因为 LaBr$_3$(Ce) 探测器的发展而焕发新生命。

实验时,提取出原子核的能级寿命值 τ 后,根据如下公式可以计算出跃迁概率 $B(M1)$ 和 $B(E2)$:

$$B(M1) = 5.68 \times 10^{-14} \cdot E_\gamma^{-3} \cdot \lambda(M1) \tag{3-10}$$

$$B(E2) = 8.156 \times 10^{-14} \cdot E_\gamma^{-5} \cdot \lambda(E2) \tag{3-11}$$

式中,$B(M1)$ 和 $B(E2)$ 的单位分别为 μN^2 和 $e^2 b^2$;γ 射线能量 E_γ 的单位为 MeV;$\lambda (\lambda = 1/\tau)$ 的单位为 s^{-1}。

实验提取的约化跃迁概率和相应的跃迁四极矩,主要用于开展原子核手征性、磁转动以及原子核形变、形状演化、形状共存、形状相变和临界点对称性等核结构热点课题的研究。下面简单介绍几种寿命测量方法。

1) 多普勒线移衰减法

多普勒线移衰减法(DSAM)[36-37]的原理如图 3-49 所示。核反应后逸出靶箔的反冲核通过固体或气体介质,反冲核将在介质中逐渐慢化终致被阻止。反冲核在减速过程中衰变并发射 γ 光子,γ 光子的能量 E_γ 将因多普勒效应而发生线移:

$$E_\gamma = E_{0\gamma}\left(1 + \frac{v_{\mathrm{rec}}}{c}\cos\theta\right) \tag{3-12}$$

式中，$E_{0\gamma}$ 为核静止（$v_{\mathrm{rec}}=0$）时发射的光子能量；c 为光速。

发生多普勒线移之后，γ 能谱是在能量介于 $E_{0\gamma}$ 和 $E_{0\gamma}\left(1 + \frac{v_{\mathrm{rec}}}{c}\cos\theta\right)$ 之间呈宽分布的能谱，其谱形与反冲核的衰变率和速度随时间的分布有关。换言之，在确定的介质中，衰变寿命将决定多普勒线移能谱的谱形。对不同的衰变寿命，在理论上可以算出对应的多普勒线移能谱的形状。因此，由对谱形的分析就可以推算出衰变寿命。如图 3-49 所示，根据式（3-12），$\theta = 90°$ 的探测器观测到的峰形为规则的高斯峰，峰的半宽度较大但不发生线移；$0 < \theta <$ $90°$（前角）的探测器观测到的 γ 能谱将向高能端发生线移；$90° < \theta < 180°$（后角）的探测器观测到的能谱向低能端发生线移。图 3-49 右上角为实验中不同角度探测器测得的能谱。

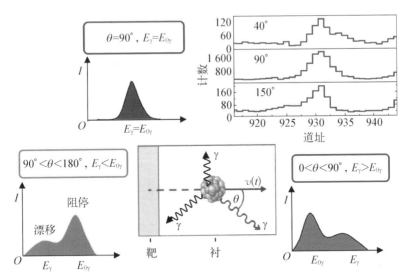

图 3-49　多普勒线移衰减法原理示意图

前面提到采用该方法测量寿命时是通过谱形分析推算寿命的，具体来说是根据已知的实验条件，用蒙特卡罗方法模拟出多普勒线移能谱的形状，然后与实验提取的不同出射方向跃迁的多普勒峰形比较，从而得到能级的平均寿命。这种方法能够测量 $1\times10^{-14}\sim1\times10^{-10}$ s 范围内的寿命，由于缺乏电离原子在物质中的能量损失和散射过程的精细知识，该方法的误差约为 10%。

2) 反冲距离多普勒线移法

反冲距离多普勒线移法(RDDS)[36,38]的原理如图 3 - 50 所示。当入射离子束轰击靶箔时,核反应生成的反冲核将脱离靶箔,以速度 v_{rev} 在真空中飞行,根据式(3 - 12),如果反冲核退激时向与运动方向成 θ 角的方向发射 γ 光子,则固定在 θ 角方向的探测器接收到的 γ 光子的能量 E_γ 将因多普勒效应而发生线移,线移的大小取决于反冲速度 v_{rec} 和发射角 θ。若在距离靶箔 d 的地方放置一阻停箔,在实验过程中移动阻停箔至不同的距离($d + \Delta d$),随着飞行距离($d + \Delta d$)的增加,探测器记录的同一能量 γ 光子飞行峰的面积逐渐增大,而阻停峰的面积却逐渐减少。

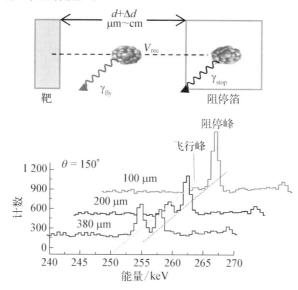

图 3 - 50 反冲距离多普勒线移法原理示意图

采用反冲距离多普勒线移法测量能级寿命,通常使用一台 Plunger[39] 装置来实现靶箔和阻停箔之间微米至厘米范围内距离的精细调节。数据处理方面目前一般应用微分衰减曲线法,即用待测能级的直接馈入跃迁的飞行峰部分开窗,从而馈入模式就可以大大简化,边带的馈入强度、馈入时间以及未知馈入的问题都可以不用考虑,于是从开窗谱中就可以直接提取出待测能级的寿命。如果待测能级由跃迁 B 布居,而由跃迁 A 退激,那么用每一个靶箔和阻停箔之间的相对距离 Δd 都可以计算出一个能级寿命 $\tau(\Delta d)$:

$$\tau(x) = \frac{\{B_s, A_u\}(\Delta d)}{\dfrac{\mathrm{d}}{\mathrm{d}x}\{B_s, A_s\}(\Delta d)} \cdot \frac{1}{\langle v_{rev} \rangle} \qquad (3 - 13)$$

式中，$\langle v_{\mathrm{rev}} \rangle$ 为反冲核平均速度；$\{B_{\mathrm{s}}, A_{\mathrm{s}}\}(\Delta d)$ 为在距离 Δd 处用 B 跃迁飞行峰开窗得到的 A 跃迁的飞行峰（阻停）强度。

采用这种方法提取寿命，可以完全排除原子核的去极化效应。我们只需要知道与开窗射线飞行峰部分有符合关系的退激射线飞行峰和阻停峰的强度，以及靶箔和阻停箔之间移动的相对距离 Δd，而不需要绝对距离 $(d + \Delta d)$。因此，我们可以得到一系列不依赖距离的寿命值，然后作常数拟合就可得到最终的寿命值。该方法能够测量 $1 \times 10^{-12} \sim 1 \times 10^{-8}$ s 范围内的寿命，因为 RDDS 不依赖于反冲核的 $\mathrm{d}E/\mathrm{d}X$ 知识，有可能给出较小的误差（小于 5%）。

3）反冲距离多普勒线移法

快时间的延迟符合技术是一种利用新型闪烁体探测器 $\mathrm{LaBr_3(Ce)}$ 测量核能级寿命的实验方法。这种方法是基于能量分辨率很好的 HPGe 探测器与时间和能量分辨率都较好的 $\mathrm{LaBr_3(Ce)}$ 探测器相结合的寿命测量技术。

通过记录 HPGe 和 $\mathrm{LaBr_3(Ce)}$ 之间的 $\gamma\gamma\gamma(t)$ 符合事件，利用能量分辨率好的 HPGe 探测器探测到的 γ_3 开窗，挑选出与之有符合关系的由 $\mathrm{LaBr_3(Ce)}$ 探测器探测到的 γ_1 和 γ_2、γ_1 和 γ_2 之间的能级即为待测寿命能级，然后用 $\mathrm{LaBr_3(Ce)}$ 探测器开门，γ_1 和 γ_2 的时间信号分别作为"启始"和"停止"即可提取出时间谱，如图 3 - 51 所示。延迟符合法能够测量的寿命范围为 $1 \times$

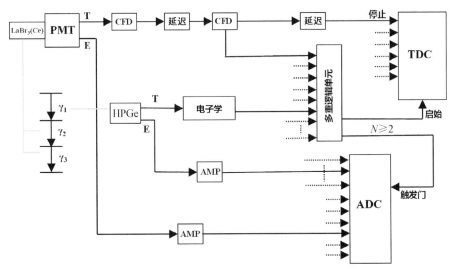

PMT—光电倍增管，photomultiplier；CFD—恒比定时甄别器，constant-fraction discriminator；ADC—模-数转换器，analog to digital converter；T—时间信号；E—能量信号；AMP—放大器，amplifier；TDC—时间-数字转换器，time to digital converter。

图 3 - 51　利用 $\mathrm{LaBr_3(Ce)}$ 探测器的延迟符合技术测量寿命的原理及电子学线路图

$10^{-11} \sim 1 \times 10^{-5}$ s,如果要测量大于 1×10^{-8} s 数量级的寿命,一般只需要用符合时间分辨率小于 1×10^{-8} s 的慢符合谱仪;但是如果要测量小于 1×10^{-8} s 数量级的寿命,则一定要用符合时间分辨率为 $1 \times 10^{-10} \sim 1 \times 10^{-8}$ s 的快慢符合谱仪。

在实验数据处理方面,对于寿命远大于符合时间分辨率的事件,只需要提取延迟谱中半对数坐标的直线斜率即可;而对于寿命与符合时间分辨率相当或小于时间分辨率的情况,则需同时测量瞬时符合曲线和延迟符合曲线。对此,目前常用的数据处理方法有 3 种,分别是矩心位移法、斜率法和去卷积法。其中矩心位移法在实际测量中由于很难满足所需条件,一般拓展为"镜像对称矩心位移法",就是互换测量延迟谱时的"启始"和"停止",得到的两曲线的矩心距离约为 2τ。当延迟时间谱的面积远远大于瞬时时间谱的面积时,一般采用斜率法,只需提取延迟符合曲线在半对数坐标上的斜率,便可得到寿命值,一般当预期的寿命比仪器时间分辨大 30% 时就可以用斜率法测量寿命。在没有本底污染、电子学漂移等的理想条件下,延迟时间谱可以看成高斯瞬时谱〔瞬时符合曲线 $P(y)$〕与指数衰变的非对称卷积谱:

$$N(t_\mathrm{d}) = \frac{A}{\tau} \int_{-\infty}^{t} P(y) \mathrm{e} \frac{-(t_\mathrm{d} - y)}{\tau} \mathrm{d}y \qquad (3-14)$$

式中,A 为归一化因子;τ 为寿命值;t_d 为时间变量。实验上只需测得瞬时时间谱和延迟时间谱,然后用上式拟合即可得到寿命值,这就是去卷积拟合方法。用延迟符合法测量寿命时,数据处理采用的就是这种方法。

长期以来,受限于实验条件,利用加速器开展的原子核反应与核结构研究主要集中在 β 稳定线附近或丰质子一侧的原子核。而随着美国的 FRIB、德国的 GSI - Super - FRS、法国的 ANIL - SPIRAL2、日本的 RIBF - BigRIPS 等装置的建立,产生了由具有反常中质比且有一定寿命的核素组成的放射性核束。放射性核束的产生和使用,为突破传统核物理的研究领域提供了前所未有的条件,特别是为远离稳定线的原子核的性质研究打开了新的窗口,它提供了在极端同位旋自由度下,检验现有原子核结构理论、发现原子核结构新现象的理想实验室。为此,目前国际上还在不断升级和新建大型 RIB 装置。国内也先后建成并投入使用兰州重离子加速器放射性次级束流线(HIRFL - RIBLL)、北京放射性核束装置 BRIF,目前正在建设或拟建新一代大科学装置 HIAF 和BISOL,将为我国参与国际前沿研究提供先进的研究平台,也是我国科研工作面临的重大机遇与挑战。利用这些大科学装置,就可以开展远离稳定线的原子核反应和核结构等方面的研究。

目前利用放射性核束在同位旋自由度上系统研究原子核的结构及反应性质,例如,原子核奇异结构与奇异运动模式,原子核形状演化、共存、相变及临界点对称性等,是国际上核物理研究的热点。

3.3　核天体物理

人类对宇宙充满着强烈的好奇,从刀耕火种的原始社会到科学技术突飞猛进的现代文明,人类从未停止对宇宙的探索。对宇宙的探索,极大地丰富了人类的精神世界,是人类文明、艺术和思想发展的原动力之一,同时成为物理、化学和探测技术等众多学科交叉融合的平台,极大地推动了科学技术的发展进步,提高了人类对自身及其所处环境的认识。宇宙起源、暗物质、暗能量以及重元素合成等未解之谜一直深深吸引着人们进行不断的探索。近年来,美国 LIGO 观测台探测到的引力波(2015 年),中科院暗物质粒子探测卫星"悟空"号(DAMPE)的探测成果(2017 年),事件视界望远镜(EHT)国际合作项目首张黑洞照片的发布(2019年),不仅在科研领域引起轰动,更极大地激发了普通大众对宇宙探索的兴趣。

在宇宙演化的进程中,核过程是恒星抗衡引力收缩的能源,也是宇宙中除氢以外所有化学元素赖以合成的唯一机制,在宇宙和天体演化过程中发挥着极为重要的作用。核天体物理就是通过核过程来研究天体的演化和元素的合成。

3.3.1　核天体物理概述

核天体物理是核物理与天体物理相融合形成的交叉学科,主要研究目标如下:① 宇宙中各种化学元素核合成的过程和天体场所;② 作为恒星能源的核过程如何控制恒星的演化和命运[40]。自 20 世纪 30 年代以来,人类对于元素起源和恒星演化复杂过程的探索取得了显著进展,但迄今仍存在许多亟待破解的难题。欧美国家长期以来一直把核天体物理作为最重要的发展领域之一,他们的中长期核科学发展规划的前沿领域中都包括核天体物理。例如,美国国家科学院设立的关于宇宙物理学的委员会在 2003 年总结了新世纪的 11 个重大科学问题,其中之一就与核天体物理密切相关:从铁到铀,这些重元素是怎样制造出来的[41]。我国自然科学基金委员会也将恒星的形成与演化以及太阳活动的来源等与核物理和核天体物理相关的领域列为数理科学部 15 个优先发展的领域之一。2012 年发布的《未来 10 年中国学科发展战略・物理学》和目前已出版的《核物理与等离子体物理——学科前沿及发展战略》,均把核天体物理作为重点发展的领域之一。

1917 年,爱因斯坦将广义相对论理论应用到整个宇宙,发表了标志着物理宇宙学诞生的论文《广义相对论下的宇宙学思考》,以有界无边的宇宙模型解决了古老的"奥伯斯佯谬"难题。然而从广义相对论出发建立的宇宙模型不是静态的,爱因斯坦为此在场方程中加入了一个宇宙学常数来进行修正。苏联宇宙学家、数学家亚历山大·弗里德曼和比利时物理学家乔治·勒梅特(Georges Lemaître)分别在 1922 年和 1927 年独立地得到了爱因斯坦场方程的一个解:正在膨胀的宇宙模型。

美国天文学家埃德温·哈勃(Edwin Hubble)通过观测证实了银河系外其他星系的存在,并发现了大多数星系都存在红移的现象,而且距离我们越远的星系红移值越大。1929 年,他建立了著名的哈勃定律: $v = H_0 D$。 其中,v 是星系的退行速度,D 是星系与我们的距离,H_0 是哈勃常数。哈勃定律告诉我们宇宙正在不断膨胀着。

1948 年,弗里德曼的学生,美籍俄裔物理学家乔治·伽莫夫(George Gamow)以弗里德曼的膨胀宇宙模型为基础提出了热大爆炸宇宙学模型[42]。模型表明,宇宙最初开始于高温高密的原始物质,温度超过几十亿摄氏度。随着宇宙膨胀,温度逐渐下降,形成了现在的星系等天体。伽莫夫的模型成功解释了宇宙中轻元素的丰度,并且预言了宇宙随膨胀冷却后形成的背景辐射。创建稳态宇宙理论的英国著名天体物理学家弗雷德·霍伊尔(Fred Hoyle)有一次在英国广播公司(BBC)的节目上讽刺伽莫夫的宇宙模型为"Big Bang",没想到"大爆炸"一词获得了意想不到的接受度,后来人们习惯地将伽莫夫的宇宙膨胀模型称为大爆炸模型。

星系红移、宇宙微波背景辐射、宇宙轻元素丰度、大尺度结构和星系演化,这四种观测证据构成了大爆炸理论的四大支柱。其中,元素丰度问题作为我们认识宇宙的重要参数,就是核天体物理研究的核心内容之一。

20 世纪 30 年代,汉斯·贝特(Hans Bethe)提出恒星能源来自核过程,由此开创了核天体物理[43],随后威廉·阿尔弗雷德·福勒(William Alfred Fowler)等 4 人发表了著名的 B2FH[44]论文,确立了核天体物理的基础。由于核天体物理的重要性和学科交叉性,始终位于基础科学研究的前沿领域。核天体物理经过近一个世纪的发展,使人类对于元素起源和恒星演化复杂过程的认知得到了显著扩展,但迄今仍存在许多亟待破解的难题。在核天体物理中被誉为圣杯的最重要核反应 $^{12}C(\alpha, \gamma)^{16}O$ 的精确测量便是其中的典型问题[45]。威廉·阿尔弗雷德·福勒在 1983 年诺贝尔物理学奖的获奖感言中说："人类身体的 90% 是由 ^{12}C 和 ^{16}O 组成的,我们了解其中的化学和生物过程,但我们却不知道形成 ^{12}C 和 ^{16}O 的天体核过程。"

图 3 - 52 所示曲线清楚表明了 $^{12}C(\alpha, \gamma)^{16}O$ 反应率对其他元素的产生有着决定性的影响,该反应速率的微小改变即引起其他元素丰度的剧烈变化。

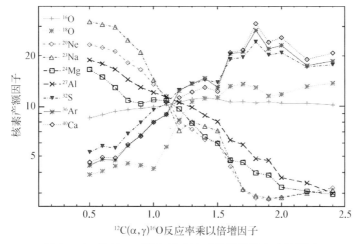

图 3 - 52　$^{12}C(\alpha, \gamma)^{16}O$ 反应率对若干元素丰度的影响

随着科技的飞速发展,当前我们对宇宙的认识已从简单的光学观测发展到了包括 X 射线、γ 射线、高能宇宙线、中微子和引力波等在内的多信使时代。相信,随着对恒星演化一些关键问题的研究的不断深入,核天体物理将在其中扮演更加重要的角色。

3.3.2　加速器中的核天体物理

　　我们都是星尘。这一刻,你活着。这是一件了不起的事。你生活在这个星球上,呼吸着空气,喝着水,享受着最近的那颗恒星的温暖。你的 DNA 世代相传——回溯到更久远的时空,从宇宙的尺度来说,你身体里的每一个细胞,组成你的细胞的所有元素,都诞生于一颗恒星的熔炉中。

　　　　　　　　　　　　　　　——卡尔·萨根

3.3.2.1 恒星中的核反应

核反应是宇宙中除氢以外的所有化学元素合成的唯一机制,也是恒星抗衡引力收缩以及新星、超新星和 X 射线暴(X-ray burst)等爆发性天体现象的能量来源。要了解恒星乃至宇宙的演化,首先要清楚发生在那里的核反应,因此我们的目光很自然地首先落在了我们最熟悉的恒星——太阳上。

面对每天东升西落的太阳,人们很自然地好奇于太阳的能量是怎样产生的。显然,化学反应是不可能持续提供这么强大的能量的。19 世纪晚期,威廉·汤姆森(William Thomson)和赫尔曼·冯·亥姆霍兹(Hermann von Helmholtz)提出,太阳能量来源于由自身物质向中心收缩的重力势能转化而成的热能,但这样的过程只能维持大约 3 000 万年,而地球上最古老的岩石已有几十亿年的历史。

当时间进入 20 世纪,随着爱因斯坦质能方程的提出、原子核反应的发现以及量子力学的发展,人类终于发现了太阳能量的秘密。1920 年,英国物理学家亚瑟·斯坦利·埃丁顿(Arthur Stanley Eddington)第一个提出恒星的能量来源于核聚变。1938 年,美国犹太裔核物理学家汉斯·贝特(Hans Bethe)提出 pp 链反应的核合成理论[46],成功解决了太阳能量来源问题。

如图 3-53 所示,在太阳核心发生的热核反应的净效应是 4 个质子转变成一个 ^{4}He 及两个正电子和两个电子中微子。反应前后的质量不是严格相等的,根据爱因斯坦的质能方程 $E=mc^2$,亏损的质量将转化为能量,这一过程大概释放出 26.10 MeV 的能量。以太阳光度 3.846×10^{33} erg/s 计算,每秒大约

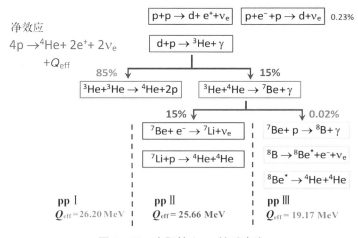

图 3-53　太阳核心 pp 链反应比

发生 9.2×10^{37} 次 pp 链反应,也就是每秒有 3.7×10^{38} 个质子聚合成 α 粒子,相当于 6.2×10^{11} kg。预计太阳还可以稳定燃烧 50 亿年。

在恒星经历了类似太阳的氢燃烧阶段后将开始氦燃烧,如果恒星的质量足够大,则后续还将进行碳燃烧、氖燃烧、氧燃烧和硅燃烧,如表 3-1 所示。大质量恒星演化的后期,核心会形成如洋葱般层层排列的结构(见图 3-54)。但是当恒星核心燃烧生成铁后,后续的核过程将不再产生能量,而是消耗能量,恒星也走到了生命的尽头。

表 3-1　不同质量恒星的演化结果

恒星质量(以太阳质量为单位)	恒星核心温度/K	演化过程	演化结果
0.08～0.5	≤8.5×10^7	经历 H、He 燃烧	氦白矮星
0.5～2.3	≤1×10^9	经历 H、He 燃烧	碳氧白矮星和行星状星云
2.3～8	≥1×10^9	经历 H、He 燃烧	碳氧白矮星和行星状星云,Ia 型超新星
8～30	≥1×10^9	经历 H、He、C、Ne、O、Si 等各燃烧阶段	中子星(铁核超新星)
30～100	≥1×10^{10}	经历 H、He、C、Ne、O、Si 等各燃烧阶段	黑洞

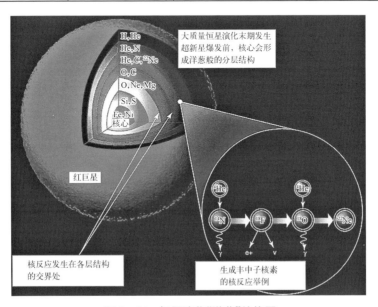

图 3-54　恒星演化"洋葱"结构图

在恒星经历这一系列演化的过程中,通过核反应形成了几乎所有比铁轻的元素。核天体物理理论对于元素丰度的网络计算也能够相对准确地再现观测结果,但超铁元素的产生过程依旧是未解之谜。

如图 3-55 所示,普遍认为,比铁重的元素主要是产生于慢中子俘获过程(s 过程)和爆发性天体事件的快速中子俘获过程(r 过程)。s 过程发生在渐近巨星中,围绕稳定线通过慢中子俘获和 β 衰变产生重元素。r 过程主要发生在核心塌缩的超新星中,在"强大"的中子注量率[约 $10^{22}/(cm^2 \cdot s)$]下,以铁为种子核沿中子滴线进行连续快速的中子俘获,进而形成丰中子的超铁元素。r 过程是产生重元素的最重要途径之一,至少 50% 比铁重的元素都是由这一过程产生的。

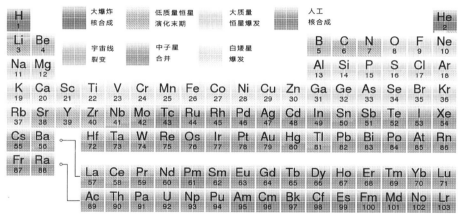

图 3-55　元素合成环境及合成机制(彩图见附录)

3.3.2.2　加速器里的核反应

1) 加速器的应用

1932 年,英国卡文迪什实验室的 J. D. 考克饶夫和 E. T. S. 瓦耳顿开发制造了 700 kV 高压倍加器[47],加速质子从而第一次实现了人工加速的粒子引起核反应,他们也因此获得 1951 年诺贝尔物理学奖。从此,加速器就成为研究核天体物理各种关键反应的重要工具。

经过近百年的发展,伴随着加速器及相关技术的进步,核天体物理实验测量技术也取得了很大的发展。在稳定束流强不断提升的同时,一方面通过在线同位素分离和弹核碎裂等方法产生了放射性束流[26],使得对于 r 过程等远离稳定线的核天体反应的实验研究成为可能。另一方面,人们还将加速器搬到宇宙线本底非常低的深地实验室,使得对一些截面非常小的核天体物理关键反应的直接测量成为可能。根据核天体物理感兴趣能区,通常我们利用低能高压倍加器(50～800 keV)和中低能的单端和串列高压静电加速器(大于1 MeV)开展实验研究。目前,技术发展的核心问题是提高束流强度,从而有效提高测量的灵敏度。除此之外,国际上以及国内也在围绕远离稳定线元素的课题研制大型的放射性束流加速器装置。

　2) 其他实验装置

　加速器无疑是核天体物理实验研究中最重要的装置,此外还需要束流传输、分析和反应产物的鉴别、测量等一系列实验装置。

　对于束流的传输和分析,一般采用电和磁两种方法,通常的装置包括磁透镜以及电分析、磁分析和电磁综合运用的速度分析装置。

　对于反应产物的分析筛选包括各种磁谱仪装置,例如加拿大 TRIUMF 实验室的 DRAGON 反冲质量谱仪(见图 3 - 56)[48],我国串列实验室的 Q3D 磁谱仪[49],还有用于质量测量的时间谱仪、储存环等装置。

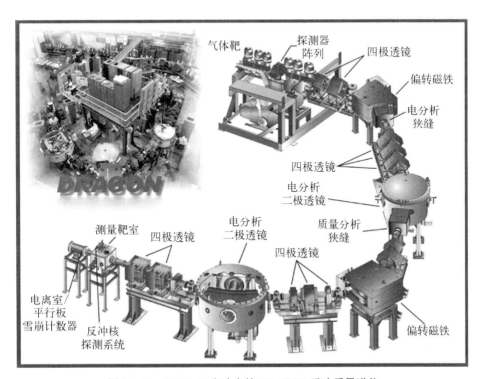

图 3 - 56　TRIUMF 实验室的 DRAGON 反冲质量谱仪

为了提高对反应产物的探测效率,各种探测器阵列已在实验测量中广泛应用,包括测量带电粒子的半导体探测器阵列,测量中子和 γ 射线的探测器阵列。图 3 - 57 所示为中国锦屏深地核天体物理实验项目 JUNA(Jinping Underground Nuclear Astrophysics Experiment)[50] 的半导体和 BGO 探测器阵列。

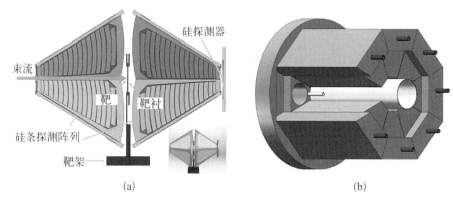

(a)　　　　　　　　　　　　　　(b)

图 3 - 57　JUNA 的半导体和 BGO 探测器阵列示意图

(a) JUNA 硅探测器阵列;(b) JUNA BGO 探测器阵列

同时鉴于核天体物理研究的特点,还发展了无窗气体靶技术以及具有更多靶物质的无窗喷射气体靶技术。图 3 - 58 所示为加拿大 TRIUMF 实验室的 DRAGON 反冲质量谱仪上的无窗气体靶装置。

3) 电子屏蔽效应

在加速器的帮助下,我们可以在实验室中开展天体核合成反应的实验研究,那么实验室中进行的反应和天体环境中的核过程是一样的吗? 答案是否定的。

恒星中物质的典型状态是由裸核

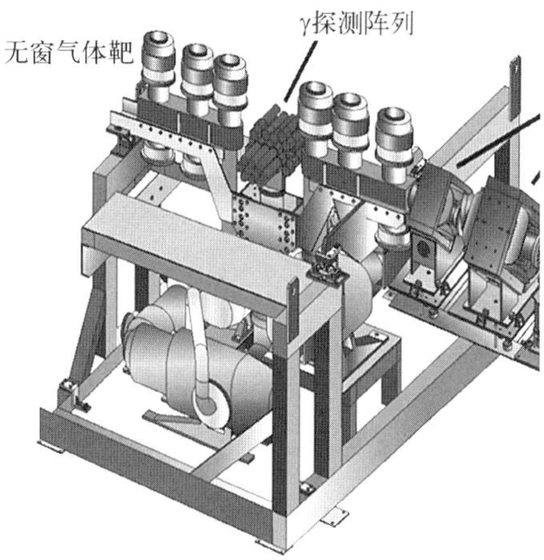

图 3 - 58　加拿大 TRIUMF 实验室 DRAGON 反冲质量谱仪上的无窗气体靶装置

与电子组成的等离子体,其密度、温度和物理特性的跨度很大。关于恒星等离子体环境对热核反应的影响,核天体物理学家做过长期和广泛的理论探讨,其中既有弱屏蔽的情况,又有强屏蔽的情况,还涉及热核反应机制向高密度物质核反应机制的转变[51]。

回到实验室,利用加速器开展的核反应实验中使用的靶核是中性原子(或分子),入射粒子则通常是有某种电荷态分布的正离子。当质心系的能量足够低时,靶原子的电子云对入射离子与靶核之间的库仑相互作用产生影响,入射离子的电子云有同样的效应。

如图 3-59 所示,R_n、R_a 和 R_c 分别为靶核半径、靶原子半径和入射离子经典轨迹的拐点,E_c 为库仑势垒。靶原子和入射离子的电子云对各自核电荷的屏蔽作用导致有效库仑势垒的高度降低和宽度变窄,从而使测到的被原子或分子效应"扭曲"的反应截面 $\sigma_s(E)$ 高于裸核的反应截面 $\sigma_b(E)$。这种电子屏蔽效应等效于将裸核情况下的质心系能量从 E 提高到 $E_{eff} = E + U_e$,我们将能量提高的部分定义为电子屏蔽势。

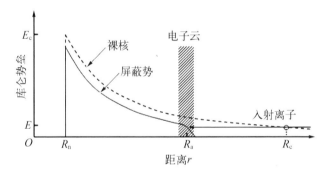

图 3-59　靶原子的电子云对库仑相互作用的影响(夸张和理想化的示意)

电子屏蔽效应导致反应截面升高的原因在于库仑势垒穿透概率的变化,但表征该概率的 Gamow 因子无法体现电子屏蔽效应引起的变化,结果使反应截面的升高表现为 $S_s(E)$ 因子的增大。反应截面的倍增因子可表示为

$$f_{lab}(E) = \sigma_s(E)/\sigma_b(E) = S_s(E)/S_b(E)$$
$$= E/(E + U_e) \cdot \exp(\pi \eta U_e/E) \qquad (3-15)$$

按照静力学模型,假设核外电子均匀分布在半径为 r_0 到 a 的体积内,即

$$\rho(r) = \begin{cases} 0, & r \leqslant r_0 \\ \rho_0, & r_0 < r < a \\ 0, & r \geqslant a \end{cases} \qquad (3-16)$$

式中,r_0 为核半径;a 为电子屏蔽半径,其表达式如下:

$$a = 0.885\, 3a_0(Z_1^{2/3} + Z_2^{2/3})^{-1/2} \qquad (3-17)$$

式中,a_0 为玻尔半径;Z_1 和 Z_2 分别表示靶核和入射核的电荷数。这样在该模型的描述中,电子屏蔽势为

$$U_e = \frac{3}{2}\frac{Z_1 Z_2 e^2}{a} \qquad (3-18)$$

但是实验测量的结果却表明,实验中对于各种反应测量得到的电子屏蔽势都大于理论给出的上限值。实验结果和理论计算的差异表明,目前的理论模型还不能完全描述电子屏蔽效应。尤其是后续的实验表明,在金属环境中进行的核反应存在异常大的电子屏蔽势。

德国鲁尔大学 DTL 实验室的 C. Rolfs 领导的国际合作小组就 d(d, p)t 反应在不同材料中的电子屏蔽效应开展了一系列研究[52],实验包括了氘化金属靶、半导体靶和绝缘体靶。结果清楚显示了氘化金属靶中电子屏蔽效应的异常增大,而且元素周期表中的同族元素有相近的结果(见图 3-60)。该研究团队利用德拜模型对这种现象提出了一种可能的解释[53],为电子屏蔽效应的研究提供了新的思路。

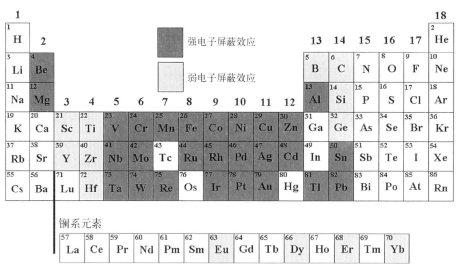

图 3-60　不同材料中 d(d, p)t 反应电子屏蔽势的元素周期表表示

为了估算恒星等离子体环境中热核反应的屏蔽倍增因子,得出"真实"的

反应率,首先必须准确得出实验室带电粒子核反应中电子屏蔽势能和屏蔽倍增因子,为此,研究人员在理论和实验方面均进行了不懈的努力。理论方面提出一些新的模型计算电子屏蔽势。实验方面的改进有两个方面:一是将测量推向更低的能区;二是提高测量的精度。因此,把实验室搬到深层地下,降低宇宙射线本底是不可避免的选择。

3.3.3　核天体物理实验方法

从前文宇宙和恒星演化的介绍中我们可以了解到,核过程在其中扮演了并将继续扮演着非常重要的角色。描述宏观宇宙的天体物理和研究微观世界的核物理在宇宙和天体演化的进程中奇妙地交叉在一起。核天体物理就是两者相互联系的交叉学科。核天体物理的主要目标就是确定不同天体环境中能量产生和元素合成的机制及其演化的进程。具体到实验方面,就是测量宇宙和天体环境中发生的大量热核反应的截面及其随能量的变化,尤其是对演化进程起决定性作用的关键反应的截面数据。

3.3.3.1　核天体物理实验研究内容和方法

核天体物理的研究路线是通过原子核理论和实验获得的核反应截面、不稳定核的半衰期以及原子核质量等数据,使用天体物理模型模拟计算并再现天体演化进程和最终产生的元素丰度。进而通过与天文观测结果互相比较,检验理论模型的正确性,并就其中存在的矛盾,探索可能存在的新机制和新规律。

核天体物理反应网络[49]是针对具体的天体环境,以核素为节点通过对所有可能的核过程进行网络计算,从而反演天体演化的路径和计算合成元素的丰度。恒星核反应网络计算不仅需要核天体物理模型提供的原子核的反应和衰变数据,也需要恒星的密度、温度和化学组成等环境条件。

图 3 - 61 给出了 OneMg 新星中 N - O - F 元素核合成的反应网络,从中可以看出网络的复杂性。其中箭头的粗细表示核过程流的强弱。

目前比较流行的核反应网络计算程序有 Wagoner 等编制、Kawano 等改进的研究宇宙原初核合成的程序 New123,瑞士巴塞尔大学 Marco Pignatari 等编制的 MESA 恒星演化计算程序,以及美国克莱门森大学 Brad Meyer 等编制的研究恒星核合成的 NucNet Tools。

1) 直接测量

对于恒星平稳演化阶段发生在相对低温天体物理环境下的热核反应,由

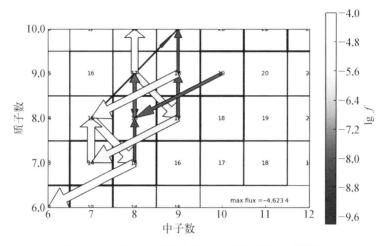

图 3 - 61 OneMg 新星中 N - O - F 元素核合成路径

于带电粒子热核反应的有效能区(伽莫夫窗口)远低于库仑势垒,反应截面甚小(通常为 $1 \times 10^{-18} \sim 1 \times 10^{-13}$ b),直接测量十分困难。

1991 年,意大利国家核物理研究所(LNFN)将一台 50 kV 的高压倍加器(LUNA Ⅰ)安装在意大利拉奎拉的格兰萨索国家地下实验室(LNGS)主实验厅旁边的辅引通道里,建立了世界上第一个深地核天体物理平台。2000 年,又建立了一台 400 kV 的加速器实验平台(LUNA Ⅱ)[54],如图 3 - 62 所示。

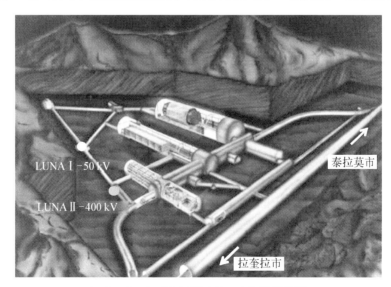

图 3 - 62 LNGS 布局及 LUNA 加速器位置

意大利深地核天体实验平台(LUNA)利用两台加速器开展了原初核合成、恒星演化氢燃烧阶段以及电子屏蔽效应等一系列关键反应的研究,其中大部分反应都在伽莫夫窗口进行了直接测量。LUNA 开创性的举动开启了核天体物理深地直接测量之路,使地面无法完成的直接测量成为可能,为核天体物理研究提供了重要的实验数据(见表 3-2)。

表 3-2　LUNA 50 kV 和 LUNA 400 kV 加速器开展的实验研究

核 反 应	反 应 类 型	反应能量/keV
^{3}He(^{3}He, 2p)^{4}He	pp 反应链	16.5～24.4
^{2}H(^{3}He, p)^{4}He	pp 反应链/电子屏蔽效应	5.4～31.3
^{2}H(p, γ)^{3}He	pp 反应链/原初核合成	2.5～22
^{3}He(α, γ)^{7}Be	pp 反应链/原初核合成	93～170
^{2}H(α, γ)^{6}Li	原初核合成	80～133
^{14}N(p, γ)^{15}O	CNO 循环	70～228, 119～370
^{15}N(p, γ)^{16}O	CNO 循环	90～230
^{17}O(p, γ)^{18}F	CNO 循环	167～370
^{17}O(p, α)^{14}N	CNO 循环	64.5, 183
^{18}O(p, α)^{15}N	CNO 循环	143
^{22}Ne(p, γ)^{23}Na	Ne-Na 循环	156.2, 189.5, 259.7, 70, 105, 215
^{24}Mg(p, γ)^{25}Al	Mg-Al 循环	214
^{25}Mg(p, γ)^{26}Al	Mg-Al 循环	92, 130, 189.5, 304
^{26}Mg(p, γ)^{27}Al	Mg-Al 循环	326

表 3-3 列出了 LUNA 50 kV 和 LUNA 400 kV 加速器的束流参数。LUNA 50 kV 加速器已于 2003 年退役,目前运行的 LUNA 400 kV 加速器采用射频离子源,只能产生单电荷态的 H$^+$ 和 He$^+$,而且束流强度相对较低,无法就恒星演化氢燃烧以及后续阶段的关键反应开展实验研究。因此 LUNA 提出了建设新一代加速器的升级计划,将在 LNGS 实验 B 厅安装 3.5 MV 加速器实验平台。

表 3 - 3 LUNA 50 kV 和 LUNA 400 kV 加速器束流参数

LUNA 50 kV 加速器			LUNA 400 kV 加速器		
离子	能量范围/keV	流强/μA	离子	能量范围/keV	流强/μA
H⁺	20～50	100	H⁺	150～400	1 000
He⁺	20～50	100	He⁺	150～400	500

随着核天体物理重要反应在伽莫夫窗口的直接测量日益受到关注，LUNA 正在开展升级计划，同时英国、西班牙、罗马尼亚、印度和韩国等欧亚国家也提出了各自的深地核天体物理计划。特别是中国锦屏深地核天体物理实验室，以 2 400 m 厚的岩层覆盖成为目前世界上最深、本底条件最好的深地实验室，中国的深地核天体物理实验项目 JUNA 400 kV 强流加速器已经入驻锦屏实验室 II 期[55]，开始实验测量工作。

2）间接测量

（1）渐近归一化系数方法。

1994 年，美国得克萨斯农工大学的研究人员首次提出用渐近归一化系数（asymptotic normalization coefficient，ANC）方法来导出低能辐射俘获反应截面或者天体物理 S 因子的想法。该方法利用扭曲波玻恩近似（DWBA）来分析实验单质子转移反应的角分布，导出剩余核虚衰变的质子 ANC，进而得出质子辐射俘获反应的直接俘获截面或者天体物理 S 因子。该方法在美国得克萨斯农工大学的实验室得到了非常好的应用[56]。

原子能院的研究小组在 ANC 方法的应用上，利用串列加速器放射性次级束流线（见图 3 - 63）[57] 和 Q3D 磁谱仪完成一系列重要的实验工作。其中最具代表性的是通过 ^{2}H(^{7}Be，^{8}B)n 反应成功地推导出太阳内部的关键核反应 ^{7}Be(p，γ)^{8}B 的天体物理 S 因子[58]。实验结果对于人们理解"太阳 ^{7}Be 中微子丢失之谜"有非常重要的意义。

（2）共振弹性和非弹性散射。

对于一些关键的(p，γ)、(p，α)、(α，γ)以及(α，p)核天体反应，其共振反应率的计算依赖于复合核非束缚能级的共振能量、自旋宇称及能级宽度等共振参数。在共振能级宽度 Γ 不是很窄的情形下，可以通过低能放射性束流与质子和 α 粒子的共振弹性及非弹性散射方法来测定这些共振参数。

实验上，可以采用薄靶和厚靶两种测量方法。

图 3-63　原子能院放射性次级束流线

利用在线同位素分离方法(ISOL)产生的放射性束流可以方便地进行能量调节,通常采用薄靶方法进行实验测量。利用放射性次级束轰击薄的氢靶氦靶(气体靶),在后端用位置灵敏的半导体探测阵列来探测反冲粒子(p 和 α),加速器连续调节束流能量,就可以得到一定能量范围内反冲粒子的激发函数。利用 R 矩阵理论分析方法,能够确定共振能级的特性。由于需要多能点扫描测量激发曲线,这种方法对束流强度要求较高,通常要达到 $1 \times 10^5 \sim 1 \times 10^6$ 个/秒。基于美国橡树岭国家实验室(Oak Ridge National Laboratory, ORNL)的 HRIBF 装置就采用这种方法开展了天体 ^{17}F(p, γ)^{18}Ne 反应率的研究工作。

用回旋加速器提供的稳定束打靶,可以同时产生很多放射性核素。为了实现对目标核的有效分离,人们建造了不同的飞行分离器(in-flight separator),也可称为谱仪(spectrometer)。这种方法产生的放射性束,很难对其能量进行精确的调节,通常在实验上采用厚靶测量方法。束流在厚靶中逐渐损失能量直至停止,反应靶起到了改变束流能量的作用。厚靶方法的优点在于所需流强相对较低,大约每秒钟 1×10^4 个粒子;同时,一次即可完成对很大范围能区激发函数的测量。但是,受探测器能量分辨率、束流和反冲粒子在靶中的能量弥散以及次级束能量展宽等因素的影响,可观测能级的宽度被限制在 10 keV 左右。在低能区,由于卢瑟福散射截面的增大和共振宽度的减小(穿透效应),应用这种方法将变得很困难。东京大学原子核科学研究中心

(CNS)在低能放射性束 CRIB 装置上开展了厚靶方法的一系列研究工作。近年来，原子能院和中国科学院近代物理研究所开展了相关的实验研究。

（3）特洛伊木马方法。

特洛伊木马方法最早由德国的理论核物理学家 G. Baur 在 1986 年提出。它通过研究三体反应 A+a→C+c+b 的准自由散射以实现测定两体反应 A+x→C+c 截面。其中木马 a 包含了 b 和 x 两个粒子，b 是反应中不受影响的旁观者，x 是反应中真正起作用的粒子。实验中通常选择 ^{2}H(n+p)和 ^{6}Li(α+d) 作为木马，其中 n 和 α 作为旁观者。该方法的最大优点在于所测得的 S 因子不需要电子屏蔽效应的修正。意大利 Spitaleri 教授领导的课题组在这一研究领域取得了一系列重要的成果。

（4）库仑解离方法。

1986 年，G. Baur 等理论核物理学家提出了可以用时间反转库仑解离(γ，p)反应来研究(p，γ)俘获反应。根据细致平衡原理，反转反应(γ，p)的截面比正反应(p，γ)的要大 100～1 000 倍。因此，利用这一方法在实验上非常容易取得结果。日本理化学研究所(RIKEN)、美国密歇根州立大学(MSU)和德国重离子研究所(GSI)在这方面做了大量的工作。

3）质量测量

原子核的结合能、核反应的 Q 值都依赖于原子核的质量。原子核质量的精度会影响原子核波函数、核反应截面以及原子核半衰期的计算。因此，精确的原子核质量数据是核天体模型计算中一个非常重要的输入量。

核质量的直接测量主要有基于频率和基于时间两种测量方法。基于频率的测量，通常采用彭宁阱(通过测量磁场中离子的回旋频率的分量来起作用)和储存环技术。飞行时间(TOF)法是通过测量两点之间原子核的飞行时间，并将其与质量已知的原子核的飞行时间进行比较，进而得出原子核的质量。

德国重离子研究所利用储存环技术系统地测量了中、重质量区原子核的质量，完成了很多出色的工作。我国 2008 年建成的兰州重离子加速器冷却储存环也完成了对 6 个原子核质量的首次测量，并提高了 6 个原子核已有数据的精度。首次测得 ^{65}As 的质子分离能为 −90(85) keV，精度达到了 1×10^{-6}，证实 ^{65}As 是一个质子非束缚核。

目前人们已比较精确地测量了稳定核及靠近稳定线核素的质量，但是在远离稳定线核区，特别是在极丰中子核区，由于产生机制和原子核短寿命等因素的限制，精确的原子核质量测量依然是对实验的挑战。

3.3.4　核天体物理进展

1) 核天体物理重要问题

在宇宙演化的进程中,核过程是恒星抗衡引力收缩的能源,也是宇宙中除氢以外所有化学元素赖以合成的唯一机制,在宇宙和天体演化过程中起着极为重要的作用。

2015 年美国核科学长期发展规划:化学元素是从哪里来的,它们是如何合成的? 宇宙中的结构(如恒星、星系团和超大质量黑洞)是如何产生的,这与恒星中元素的出现及恒星的爆炸过程有什么关系? 在极端温度和密度下,物质的性质是什么? 中微子和中微子质量是如何影响元素合成与结构制造的? 2017 年欧洲核物理长期发展规划:驱动恒星、星系和宇宙演化的核过程是什么? 生命创造的基石在哪里? 核合成过程是如何随时间演化的? 在极端条件下,物质的性质是什么? 多信使观测能提供目前实验室没有达到的条件吗?

上述核天体物理重要问题涉及的重元素合成、核合成演化问题等包含了众多远离稳定线的核过程,需要我们发展新的加速器技术尤其是强流的放射性核束装置。放射性核束物理已成为国际核物理研究的前沿,利用放射性核束有可能在滴线区新物理、铁以上重元素的天体合成过程、超重稳定岛核素合成等关键科学问题上取得突破,进而对整个自然科学产生重大影响。

2) 新一代的加速器装置

(1) 阿贡国家实验室的 CARIBU(Californium Rare Ion Breeder Upgrade)。作为世界上首台超导直线串列加速装置,美国阿贡国家实验室的 ATLAS(Argonne Tandem Linac Accelerator System,ATLAS)曾完成了很多出色的研究工作。作为最新的升级计划,CARIBU 在 ATLAS 前端增加了以 ^{252}Cf 弹核碎裂驱动的离子源和高分辨率的同位素分离装置,从而提供高强度的远离稳定线的丰中子束流,束流能量最高可达 15 MeV/u(见图 3 - 64)。CARIBU 的离子引出和同位素分离非常有效和快速(20~30 ms),使加速器能够提供短寿命的放射性核束。

(2) 稀有同位素束流设施(FRIB)。稀有同位素束流设施(FRIB)是由美国能源部(DOE)、密歇根州立大学(MSU)和密歇根州共同资助的新一代加速器设施。加速器将建在密歇根州立大学,计划在 2022 年 6 月完成全部装置建设,其布局示意图如图 3 - 65 所示。FRIB 将提供高流强的稀有同位素束流

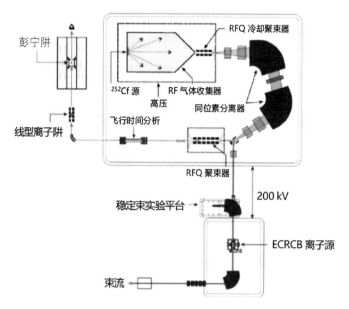

图 3 - 64　美国阿贡国家实验室的 CARIBU 装置示意图

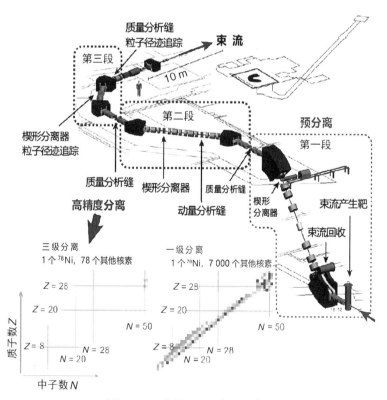

图 3 - 65　美国 FRIB 布局示意图

(远离稳定线的短寿命原子核)，开展核物理学、核天体物理学、原子核的基本相互作用以及相关应用科学的研究工作，使人们对稀有同位素的性质有更深入的了解。

（3）放射性同位素束工厂（RI beam factory，RIBF）。放射性同位素束工厂（RIBF）是日本理化学研究所建设的新一代重离子研究设施，其布局示意图如图 3-66 所示。其核心的超导环形回旋加速器是世界上最大的回旋加速器，直径为 18 m，质量约为 8 300 t。RIBF 的最新升级可以生成从氢到铀的大约 4 000 个不稳定核的强流束，可以增加我们对宇宙中重元素的形成方式的了解。

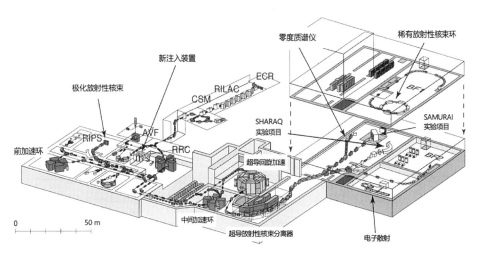

图 3-66　日本理化学研究所 RIBF 布局示意图

（4）GANIL/SPIRAL 2 装置。2019 年，法国重离子加速器国家实验室（GANIL）的新一代加速器 SPIRAL 2 正式建成（见图 3-67）。SPIRAL 2 基于在线同位素分离方法（ISOL）产生放射性核束，预期能够在质量数为 60 至 140 的中重核区域提供强度为 $1 \times 10^{6} \sim 1 \times 10^{10}$ /s 水平的极端丰中子的放射性束流。

SPIRAL 2 将针对核天体物理中最具挑战性的问题开展研究，还将提供大量基础核数据。同时该装置还将应用于同位素制药、放射性生物学和材料科学等应用研究领域。

（5）反质子与离子研究装置（FAIR）。反质子与离子研究装置（facility for antiproton and ion research，FAIR）是德国计划建设的综合性的粒子加速器

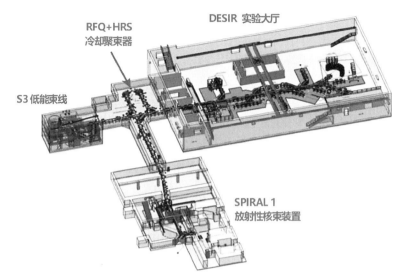

图 3 - 67   法国重离子加速器国家实验室 SPIRAL 2 布局示意图

系统(见图 3 - 68)。FAIR 加速器装置由 8 个环形加速器和 2 台直线加速器构成。FAIR 将建造在德国达姆施塔特市,毗连德国重离子研究所(GSI),基于 GSI 的已有装置,把现有的直线加速器 UNILAC 升级后与新建的 p - LINAC 一起作为注入器,为新系统提供重离子和质子束流的第一级加速。

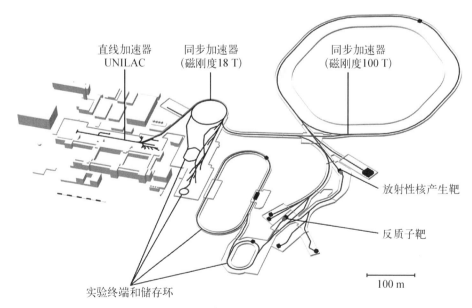

图 3 - 68   德国 FAIR 布局示意图

FAIR 将能提供任意一种稳定或非稳定化学元素（从氢到铀）离子的高能量和高强度的束流，且束流具有前所未有的高品质。FAIR 项目的关键科学目标是探索物质结构和自宇宙大爆炸至今的宇宙演化过程。

（6）HIAF。中国科学院近代物理研究所提出建造重大科技基础设施——强流重离子加速器装置（high intensity heavy-ion accelerator facility，HIAF），如图 3‑69 所示。将通过中高能弹核碎裂反应产生远离稳定线的原子核，利用储存环技术精确、系统地测量原子核质量，特别是以位于天体核合成路径上的关键核素质量为重点，并基于熔合蒸发反应、转移反应、敲出反应、库仑离解、弹性散射和非弹性散射，通过 γ 射线、带电粒子和中子的关联测量，系统获取弱束缚原子核结构和它们参与的核反应数据。HIAF 项目设计于 2019 年通过评审，建设选址为广东惠州市，建设周期为 7 年。建成后将为中国核物理和核天体物理基础研究取得国际领先的成果创造有利条件。

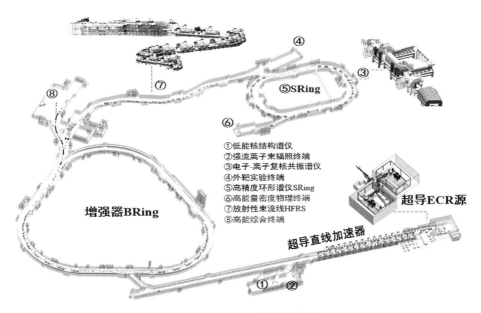

①低能核结构谱仪
②强流离子束辐照终端
③电子-离子复核共振谱仪
④外靶实验终端
⑤高精度环形谱仪 SRing
⑥高能量密度物理终端
⑦放射性束流线 HFRS
⑧高能综合终端

⑤SRing

增强器 BRing

超导 ECR 源

超导直线加速器

图 3‑69　HIAF 布局示意图

（7）北京在线同位素分离半中子束流装置（ISOL）。北京 ISOL 使用高注量率的中子与铀靶发生反应，利用在线同位素分离器分离出裂变产物核，并用这些裂变产物核加速打靶产生极端丰中子的放射性束流，其布局如图 3‑70 所示。北京 ISOL 在若干关键质量区可产生比国内外现有装置强度高 2 个数量级的极端丰中子核束流,从而将核科学研究推进到迄今尚未达到的原子核区域,将我国核基础科学研究提高到国际领先水平。北京 ISOL 的强流氘离子加速器既能作为互补的裂变驱动源产生丰中子核束,亦能独立运行产生强快中子束,用于开展亟需的核能材料快中子辐照测评。到目前为止,国际上还没有足够强的快中子辐照装置,北京 ISOL 建成后将使我国在该领域步入国际前列,满足先进核能装置需求。本装置产生的质子、氘离子、重离子、中子等多种束流有助于我国在核科学研究和应用的诸多领域开展具有重要意义的研究工作。

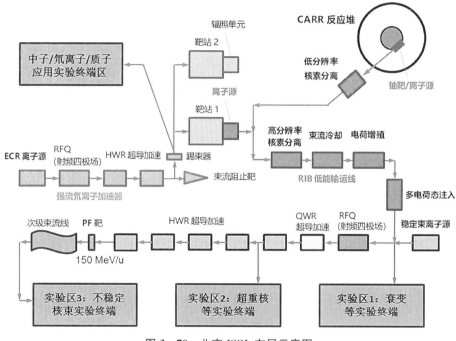

图 3 - 70　北京 ISOL 布局示意图

3) 中国锦屏深地核天体物理实验室

2010 年 12 月,清华大学和雅砻江流域水电开发有限公司合作,利用锦屏二级水电工程一条 17 km 长的交通隧道中部的辅洞,建成锦屏一期深地实验室。锦屏深地实验室深度居世界之首,表面岩层覆盖 2 400 m,等效水深 7 000 m。锦屏一期深地实验室大小为 40 m 长、6.5 m 宽、7.7 m 高,实验室开展了清华大学和上海交通大学的两个探寻暗物质的研究项目(CDEX 和 PandaX)以及一个极低本底的放射性活度测量项目。

2014 年,锦屏深地实验室二期开始建设,将新建 4 个 130 m 长、14 m 宽、14 m 高的实验厅及相关的交通辅引洞(见图 3‑71)。新建成的实验室二期总容积超过 36 万立方米,其中可提供给实验的有效空间达到 28 万立方米,锦屏二期深地实验室已成为世界上建设空间最大、岩石覆盖最深的地下实验空间。

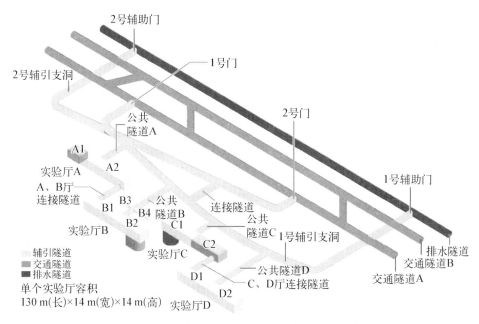

图 3‑71　锦屏二期深地实验室地下空间规划

锦屏一期深地实验室的暗物质实验项目虽然还没有确定性的结果,但不断刷新了暗物质探测的灵敏度,排除了国际上其他实验给出的暗物质可能存在区域。如图 3‑72 所示,利用锦屏二期深地实验室,CDEX 将建立吨级的高纯锗探测器,PandaX 也将部署 500 kg 级液氙探测器,继续向暗物质的探测发起挑战。

与此同时,中国核天体物理实验也开启了深地之旅。锦屏二期中的 A1 实验厅将交由原子能院领头的深地核天体物理实验项目 JUNA(Jinping Underground Nuclear Astrophysics)使用,用于开展核天体物理关键反应的直接测量。JUNA 是我国第一个也是唯一的地下核天体物理实验项目,借助锦屏深地的本底优势,有望建成世界上最先进的深地核天体物理实验平台。锦屏深地实验室与其他深地核天体物理实验室本底比较如图 3‑73 所示。

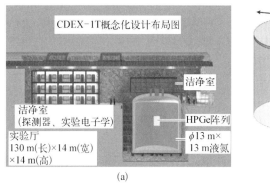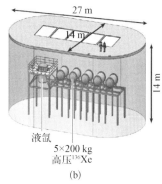

(a)   (b)

图 3 - 72   锦屏二期暗物质实验项目

(a) 清华大学 CDEX - 1T 高纯锗探测器；(b) 上海交大 PandaX 液氙探测器

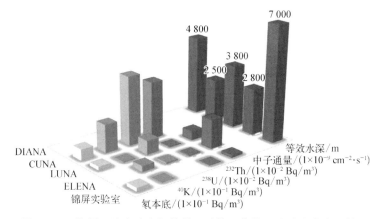

图 3 - 73   锦屏深地实验室与其他深地核天体物理实验室本底比较

    JUNA 项目将在锦屏深地实验室建立 400 kV 强流加速器平台。表 3 - 4 对比了 JUNA 强流加速器和意大利格兰萨索国家地下实验室的 LUNA 加速器的参数。JUNA 实验平台采用了 400 kV 高压倍加器，通过自主研发的强流 ECR 离子源将束流强度提高一个量级，从而大幅提高了加速器平台的实验研究范围和测量精度。

表 3 - 4   JUNA 强流加速器和 LUNA 加速器束流参数比较

JUNA 400 kV 加速器			LUNA 400 kV 加速器		
离子	能量范围/keV	流强/mA	离子	能量范围/keV	流强/mA
H$^+$	100～400	10	H$^+$	150～400	1
He$^+$	100～400	10	He$^+$	150～400	0.5
He^{2+}	200～800	2	He^{2+}	—	—

JUNA 400 kV 加速器(见图 3-74)的研究目标是恒星平稳演化氢燃烧阶段和部分氦燃烧阶段中一些关键反应截面的直接测量。首批将开展 ^{19}F(p, α)^{16}O、^{25}Mg(p, γ)^{26}Al、^{13}C(α, n)^{16}O 和 ^{12}C(α, γ)^{16}O 反应的实验测量工作。目前 JUNA 加速器已于 2020 年 12 月 26 日在锦屏深地调试出束,正在开展实验测量工作。

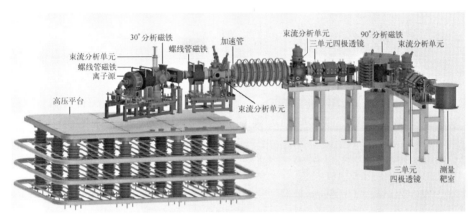

图 3-74　JUNA 400 kV 加速器示意图

JUNA Ⅱ 建立 MV 级加速器的深地核天体物理实验平台也已开始计划(见图 3-75)。通过在锦屏深地实验室建立强流高稳定的 MV 级单端静电,完善深地核天体物理实验平台的能量覆盖范围,未来将开展恒星演化氢燃烧阶段、碳燃烧阶段以及 s 过程重要的中子源等关键核天体物理反应的实验研究。

图 3-75　JUNA Ⅱ MV 级加速器效果图

JUNA 项目不仅开启了我国深地核物理实验的大门,更是利用了强流加速器和锦屏深地实验室这一世界上最深的地下实验室的本底优势,将核物理实验带入了全新的领域,未来有可能摘取核天体物理的圣杯——$^{12}C(\alpha, \gamma)^{16}O$反应的直接测量。JUNA 项目未来可期,核天体物理实验未来可期!

参考文献

[1] Lin C J, Xu J C, Zhang H Q, et al. Quasi-elastic scattering of $^{19}F+^{208}Pb$ system at near- and sub-barrier energies[J]. High Energy Physics and Nuclear Physics, 1997, 21(10): 872 - 880.

[2] 卢希庭. 原子核物理[M]. 北京:中国原子能出版社, 2001.

[3] Alster J, Conzett H E. Elastic scattering of ^{12}C from Fe, Ni, ^{107}Ag, In, and Ta[J]. Physical Review, 1964, 136(4B): 1023 - 1030.

[4] Lilley J S, Fulton B R, Nagarajan M A, et al. Evidence for a progressive failure of the double folding model at energies approaching the Coulomb barrier[J]. Physics Letters B, 1985, 151: 181.

[5] Lin C J, Xu J C, Zhang H Q, et al. Threshold anomaly in the $^{19}F+^{208}Pb$ system [J]. Physical Review C, 2001, 63(6): 064606.

[6] Alder K, Bohr A, Huss T, et al. Study of nuclear structure by electromagnetic excitation with accelerated ions[J]. Reviews of Modern Physics, 1956, 28(4): 432 - 542.

[7] Mcintyre J A, Watts T L, Jobes F C. Neutron transfer and tunneling mechanism in the bombardment of gold by nitrogen[J]. Physical Review, 1960, 119(4): 1331 - 1339.

[8] Corradi L, Stefanini A M, Lin C J, et al. Multinucleon transfer process in $^{64}Ni+^{238}U$[J]. Physical Review C, 1999, 59(1): 261 - 268.

[9] Kaufmann R, Wolfgang R. Nucleon transfer reactions in grazing collisions of heavy ions[J]. Physical Review, 1961, 121(1): 192 - 205.

[10] Wilczyński J. Nuclear molecules and nuclear friction[J]. Physics Letters B, 1973, 47(6): 484 - 486.

[11] Siwek-Wilczyńska K, Wilczyński J. A phenomenological model of deep-inelastic collisions between complex nuclei[J]. Nuclear Physics A, 1976, 264(1): 115 - 131.

[12] Beckerman M. Subbarrier fusion of atomic nuclei[J]. Physics Reports, 1985, 129 (3): 145 - 223.

[13] Ngô C. Fusion dynamics in heavy ion collisions[J]. Progress in Particle and Nuclear Physics, 1986, 16: 139 - 194.

[14] Beckerman M, Salomaa M, Sperduto A, et al. Sub-barrier fusion of $^{58, 64}Ni$ with ^{64}Ni and ^{74}Ge[J]. Physical Review C, 1982, 25(2): 837 - 849.

[15] Zhang H Q, Lin C J, Yang F, et al. Near-barrier fusion of $^{32}S+^{90, 96}Zr$: the effect

of multi-neutron transfers in sub-barrier fusion reactions[J]. Physical Review C, 2010, 82: 054609.

[16] Meitner L, Frisch O R. Disintegration of uranium by neutrons: a new type of nuclear reaction[J]. Nature, 1939, 143: 239 - 240.

[17] Möller P, Madland D G, Sierk A J, et al. Nuclear fission modes and fragment mass asymmetries in a five-dimensional deformation space[J]. Nature, 2001, 409: 785 - 790.

[18] Plasil F, Burnett D S, Britt H C, et al. Kinetic energy-mass distributions from the fission of nuclei lighter than radium[J]. Physical Review, 1966, 142(3): 696.

[19] Viola V E, Kwiatkowski K, Walker M. Systematics of fission fragment total kinetic energy release[J]. Physical Review C, 1985, 31(4): 1550 - 1552.

[20] Vandenbosch R, Warhanek H, Huizenga J R. Fission fragment anisotropy and pairing effects on nuclear structure[J]. Physical Review, 1961, 124: 846.

[21] Hinde D J, Rietz R, Dasgupta M, et al. Two distinct quasifission modes in the ^{32}S+^{232}Th reaction[J]. Physical Review Letters, 2008, 101(9): 092701.

[22] Rutherford E. The scattering of α and β particles by matter and the structure of the atom[J]. Philosophical Magazine Series 6, 1911, 21(125): 669 - 688.

[23] Chadwick J. Possible existent of a neutron[J]. Nature, 1932, 129: 312.

[24] 中国核物理学会核结构专业委员会. 核结构研究的几个里程碑与中国核结构研究20年[J]. 高能物理与核物理, 2006, 30: 1 - 13.

[25] Mayer M G. On closed shells in nuclei[J]. Physical Review, 1949, 75(12): 1969 - 1970.

[26] 丁大钊, 陈永寿, 张焕乔. 原子核物理进展[M]. 上海: 上海科学技术出版社, 1997.

[27] Morinaga H, Gugelot P C. Gamma rays following (α, xn) reactions[J]. Nuclear Physics, 1963, 46: 210 - 224.

[28] De Voigt M J A, Dudek J, Szymański Z. High spin phenomena in atomic nuclei[J]. Reviews of Modern Physics, 1984, 55(4): 949 - 1046.

[29] 孙汉城, 杨春祥. 实验核物理[M]. 哈尔滨: 哈尔滨工程大学出版社, 2014.

[30] Frauendorf S, Meng J, Reif J. Tilted cranking[C]//Proceedings of the Conference on Physics from Large γ-Ray Detector Arrays, Berkeley, USA, 1994.

[31] Frauendorf S, Meng J. Tilted rotation of triaxial nuclei[J]. Nuclear Physics A, 1997, 617(2): 131.

[32] Larabee J A, Waddington C J. $h_{11/2}$ band in ^{159}Tm and the second yrast crossing in ^{158}Er and ^{160}Yb[J]. Physical Review C, 1981, 24(5): 2367 - 2369.

[33] Zheng Y, Zhu L H, Wu X G, et al. Abnormal signature inversion and multiple alignments in doubly odd ^{126}I[J]. Physical Review C, 2012, 86(1): 014320.

[34] Bohr A, Mottelson B. Nuclear Structure, Volume II: nuclear deformations[M]. New York: World Scientific, 1975.

[35] Yang C X, Wu X G, Zheng H, et al. Superdeformed triaxial band in ^{167}Lu[J]. European Physical Journal A, 1998, 1: 237 - 239.

[36] 吴志华,赵国庆,陆福全,等. 原子核物理实验方法[M]. 3 版. 北京:中国原子能出版社,1994.

[37] Gascon J, Yu C H, Hagemann G B, et al. Configuration-dependent transition rates in ^{157}Ho[J]. Nuclear Physics A, 1990, 513: 344 - 372.

[38] Dewald A, Möller O, Petkov P. Developing the recoil distance doppler-shift technique towards a versatile tool for lifetime measurements of excited nuclear states [J]. Progress in Particle and Nuclear Physics, 2012, 67(3): 786 - 839.

[39] Krücken R. Precision lifetime measurements using the recoil distance method[J]. Journal of Research of the National Institute of Standards and Technology, 2000, 105: 53 - 60.

[40] Rolfs C E, Rodney W S. Cauldrons in the cosmos[M]. Chicago: The University of Chicago Press, 1988.

[41] Haseltine E. The greatest unanswered questions of physics[J]. Discover Magazine, 2002, 23 (2): 23 - 37.

[42] Alpher R A, Bethe H, Gamow G. The origin of chemical elements[J]. Physical Review, 1948, 73: 803 - 804.

[43] Bethe H A. Energy production in stars[J]. Physical Review, 1939, 55(5): 434 - 456.

[44] Burbidge E M, Burbidge G R, Fowler W A, et al. Synthesis of the elements in stars [J]. Reviews of Modern Physics, 1957, 29(4): 547 - 650.

[45] Woosley S E, Heger A. Nucleosynthesis and remnants in massive stars of solar metallicity[J]. Physics Reports, 2007, 442: 269 - 283.

[46] Bethe H A, Critchfield C L. The Formation of deuterons by proton combination[J]. Physical Review, 1938, 54: 248.

[47] Cockcroft J. Experiments on the interaction of high-speed nucleons with atomic nuclei[C]//Nobel Lectures, December 11, 1951.

[48] Hutcheon D A, Bishop S, Buchmann L, et al. The dragon facility for nuclear astrophysics at triumf-isac: design, construction and operation[J]. Nuclear Instruments and Methods in Physics Research Section A, 2003, 498: 190 - 210.

[49] 李志宏. 核天体物理学[M]. 北京:中国原子能出版社,2019.

[50] Liu W P, Li Zh H, He J J, et al. Progress of Jinping Underground Laboratory for Nuclear Astrophysics (JUNA)[J]. Science China Physics, Mechanics & Astronomy, 2016, 59(4): 1 - 7.

[51] 白希祥. 低能带电粒子聚变反应中的静电屏蔽效应[J]. 原子核物理评论, 2002, 19 (1): 7 - 12.

[52] Raiola F, Migliardi P, Lian G, et al. Electron screening in d(d, p)t for deuterated metals and the periodic table[J]. Physics Letters B, 2002, 547: 193 - 199.

[53] Raiola F, Lian G, Bonomo C, et al. Enhanced electron screening in d(d, p)t for deuterated metals[J]. European Physical Journal A, 2004, 19: 283 - 287.

[54] Formicola A, Imbriani G, Junker M, et al. The LUNA Ⅱ 400 kV accelerator[J].

Nuclear Instruments and Methods A，2003，507：609-616.

[55] Cheng J P，Kang K J，Li J M，et al. The China Jinping Underground Laboratory and its early science[J]. Annual Review of Nuclear and Particle Science，2017，67：231-251.

[56] 何建军,周小红,张玉虎. 核天体物理实验研究[J]. 物理,2013,42 (7)：484-495.

[57] Bai X X，Liu W P，Qin J Ch，et al. A facility for production and utilization of radioactive beams[J]. Nuclear Physics A，1995，588：273-276.

[58] Liu W P，Bai X X，Zhou Sh H，et al. Angular distribution for the ^{7}Be(d, n)^{8}B reaction at $E_{c.m.} = 5.8$ MeV and the $S_{17}(0)$ factor for the ^{7}Be(p, γ)^{8}B reaction[J]. Physical Review Letters，1996，77(4)：611-614.

第 4 章

高压型加速器在加速器
质谱仪中的应用

加速器质谱仪(accelerator mass spectrometry，AMS)[1-2] 是基于加速器技术和离子探测器技术的一种高能同位素质谱仪。所用的加速器主要是高压型加速器，有大(不小于 3 MV)、中(1～3 MV)和小(小于 1 MV)型的串列式加速器，有单极静电加速器(200～800 kV)，还有很小的加速器(小于 200 kV)。本章主要介绍高压型加速器在 AMS 中的应用，内容包括 AMS 发展过程、原理、装置结构、仪器现状、技术发展以及在各个领域的应用，重点介绍了为提高离子能量而最新发明的阶梯式静电加速方法和 AMS 仪器的最新进展，即基于多电荷态离子源的 AMS 系统。

4.1 AMS 的发展过程

因地质和考古等学科发展的需求，随着加速器技术和离子探测器技术的发展，于 20 世纪 70 年代末诞生了一种新的核分析技术，即 AMS。AMS 是基于加速器技术和离子探测器技术的一种高能质谱，属于一种同位素质谱(MS)，它克服了传统 MS 存在的分子本底和同量异位素本底干扰的限制，因此具有极高的同位素丰度灵敏度。目前传统 MS 测量的丰度灵敏度最高为 1×10^{-8}，AMS 则达到了 1×10^{-15}。AMS 不仅具有如此高的测量灵敏度，还有样品用量少($0.1 \sim 1\,000\ \mu g$)和测量时间短等优点。因此，AMS 为地质、海洋、考古、环境等许多学科研究的深入发展提供了一种强有力的测量手段。

AMS 的发展可以追溯到 1939 年。Alvarez 和 Cornog 利用回旋加速器测定了自然界中 ^{3}He 的存在。在之后的近 40 年中，由于重粒子探测技术和加速器束流品质等条件的限制，一直没有开展任何关于 AMS 的工作。随着地质学、考古学等对 ^{14}C、^{10}Be 等长寿命宇宙成因核素测量需求的不断增强，为了解决衰变计数方法和普通质谱测量方法测量灵敏度不够高的问题,1977 年,Stephenson[3]提出用回旋加速器探测 ^{14}C、^{10}Be 等长寿命放射性核素的建议。与此同时,美国罗切斯特大学(University of Rochester)的研究小组提出了用串列式加速器测量 ^{14}C 的计划[1]。加拿大麦克马斯特大学(McMaster University)和美国罗切斯特大学几乎同时发表了用串列式加速器测量 ^{14}C 的结果。从此,AMS 作为一种核分析技术,也作为一种同位素 MS,以其多方面的优势迅速发展起来。截至 2020 年,AMS 国际会议已经召开了 14 次(见表 4-1)。已有 170 多个 AMS 实验室开展了相关工作,其中,我国有原子能院[4]、北京大学和中国科学院地球环境研究所等近 20 个实验室已经开展或正在建设 AMS 实验室。AMS 应用研究工作几乎涉及所有研究领域,而且在许多方面都取得了重要的科研成果,并发挥着越来越不可替代的作用。

表 4-1　历届 AMS 国际会议召开的时间和地点

届　　数	年　　份	国　　家	城　　市
第一届	1978	美国	罗切斯特
第二届	1981	美国	阿尔贡
第三届	1984	瑞士	苏黎世
第四届	1987	加拿大	尼亚加拉
第五届	1990	法国	巴黎
第六届	1993	澳大利亚	堪培拉、悉尼
第七届	1996	美国	图森
第八届	1999	奥地利	维也纳
第九届	2002	日本	名古屋
第十届	2005	美国	伯克利
第十一届	2008	意大利	罗马
第十二届	2011	新西兰	惠灵顿
第十三届	2014	法国	艾克斯
第十四届	2017	加拿大	渥太华

　　AMS 目前主要用于分析自然界长寿命、微含量的宇宙射线成因核素,如 ^{10}Be(1.51×10^6 a)、^{14}C(5 700 a)、^{26}Al(7.17×10^5 a)、^{32}Si(132 a)、^{36}Cl(3.01×10^5 a)、^{41}Ca(1.02×10^5 a)、^{129}I(1.61×10^7 a)等,其半衰期在 $1 \times 10^0 \sim 1 \times 10^8$ a 范围,核天体物理研究中许多令人感兴趣的反应过程都在这个时间

范围内。作为年代计和示踪剂，这些宇宙射线成因核素可提供自然界许多运动、变化以及相互作用等的相关信息。

4.2　AMS 原理

实质上，AMS 与同位素 MS 的原理是相同的。上一节指出，AMS 是基于加速器技术和离子探测器技术发展而来的一种高能质谱技术，属于一种同位素质谱 MS。由于加速器和离子探测器的使用，AMS 突破了 MS 测量中存在的分子本底和同量异位素本底的限制，测量的丰度灵敏度从 MS 的 1×10^{-8} 水平提高到 1×10^{-15} 水平。

4.2.1　AMS 基本原理与结构

同位素 MS 的丰度灵敏度最好为 1×10^{-8}，其影响因素主要是分子本底和同量异位素本底。例如，测量 ^{36}Cl，存在 ^{35}ClH、$^{18}O_2$ 等分子离子和 ^{36}S 同量异位素离子的干扰，MS 无法将这两类本底排除掉。AMS 则通过加速器把离子能量提高后，离子穿过一个气体或膜剥离器把分子瓦解并排除，再通过探测器把同量异位素分辨出来。

4.2.1.1　AMS 的工作原理

普通 MS 与 AMS 的原理对比如图 4-1 所示。

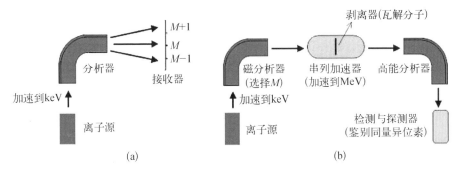

图 4-1　普通质谱与加速器质谱原理图

(a) MS 原理图；(b) AMS 原理图

图 4-1(a) 为 MS 原理图，从离子源引出的离子被加速到 2~10 keV，再经过静磁分析、静电分析、飞行时间分析或电四极分析等分析器中任意一种，或两种分析器的组合，按质荷比大小不同，经不同的轨迹进入接收器。在 MS 的

接收器中,在质量数为 M 的位置存在 3 种离子:一是待测定的核素离子,二是与待测量核素具有相同质量数的分子离子,三是同量异位素离子。例如,测定 ^{36}Cl 时,在质量数 $M=36$ 的位置上,除了 ^{36}Cl 外,还有 $^{35}ClH^+$、$^{18}O_2^+$ 等分子离子和 $^{36}S^+$ 同量异位素离子,还有质荷比为 36 的 $^{72}Ge^{2+}$ 的干扰。分子离子和同量异位素离子是限制传统 MS 测量丰度灵敏度提高的两个最重要因素。

图 4-1(b)为 AMS 原理图,与普通 MS 相似,AMS 由离子源、离子加速器、磁分析器、串列加速器、高能分析器、检测与探测器组成。两者的区别如下:第一,AMS 用加速器把离子加速到 $1 \times 10^2 \sim 1 \times 10^4$ keV,而普通 MS 的离子能量仅为 10^0 keV 量级;第二,AMS 的探测器是针对高能带电粒子具有电荷分辨本领(分辨同量异位素)的粒子计数器。在高能情况下,AMS 具备以下优势:

(1) 能够排除分子本底的干扰。对分子的排除是由于在加速器的中部具有一个剥离器(薄膜或气体),当分子离子穿过剥离器时,由于库仑力的作用,分子离子被瓦解。

(2) 通过粒子鉴别消除同量异位素的干扰。对于同量异位素的排除主要是采用重离子探测器。重离子探测器是根据高能(兆电子伏量级)带电粒子在介质中穿行时,具有不同核电荷离子的能量损失速率不同来进行同量异位素鉴别。根据离子能量的高低、质量数的大小,有多种不同类型的重离子探测器用于 AMS 测量。除了使用重离子探测器外,通过在离子源引出分子离子,通过高能量的串列加速器对离子全部剥离、充气磁铁、激发入射粒子 X 射线等技术来排除同量异位素。

(3) 减少散射的干扰。离子经过加速器的加速后,由于能量提高而使得散射截面下降,从而改善了束流的传输特性。由于这些优点,AMS 极大地提高了测量灵敏度。

(4) 样品用量少、测量时间短。例如,用 AMS 测量地下水中的 ^{36}Cl,只需 1 L 左右的地下水样品;若 $^{36}Cl/Cl$ 原子比为 1×10^{-14},只需要几十分钟的测量时间。如果采用衰变计数法,则需处理数吨重的地下水样品;要达到与 AMS 相同的测量精度,则需要几十小时甚至上百小时的测量时间。

4.2.1.2 AMS 装置的结构

图 4-2 是原子能院的 AMS 装置结构简图,包括 38 个分系统。AMS 装置除了真空、控制、数据获取等几个通用系统外,还有离子源与注入器、加速器、电磁分析器和探测器四个专用系统[5]。

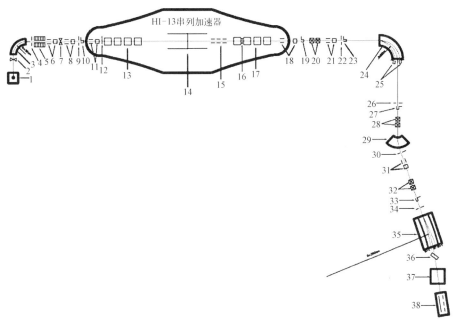

1—MC-SNICS离子源；2—微调透镜；3—偏转磁铁；4—狭缝；5—预加速管；6—x-y导向器；7—匹配透镜；8—1x-1y导向器；9—狭缝；10—低能端法拉第筒；11—2x-2y导向器；12—栅网透镜；13—加速管；14—气体/膜剥离器；15—头部三单元电四极透镜；16—二次剥离器；17—高能加速管；18—高能端1x-1y导向器；19—高能端法拉第筒；20—磁四极透镜；21—高能端2x-2y导向器；22—物点狭缝；23—物点法拉第筒；24—分析磁铁；25—偏转法拉第筒；26—像点狭缝；27—像点法拉第筒；28—磁四极透镜；29—开关磁铁；30—狭缝；31—x-y磁导向器；32—四极透镜；33—靶前法拉第筒；34—狭缝；35—静电分析器；36—微通道板；37—AMS靶室；38—探测器。

图 4-2　原子能院的 AMS 系统

1）离子源与注入器

AMS一般采用Cs^+溅射负离子源，即由铯锅产生的Cs^+经过加速并聚焦后溅射到样品的表面，样品被溅射后产生负离子流，在电场的作用下，负离子流从离子源被引出，根据样品的不同一般为$0.1\sim50~\mu A$。离子源不仅引出原子负离子，为了达到束流强度高和排除同量异位素的目的，也经常引出分子负离子，例如测量^{10}Be时，引出BeO^-。AMS测量对离子源的要求是束流稳定性好、发射度小、束流强度高等。此外，还要求多靶位，更换样品速度快。目前，一个多靶位强流离子源最多可达130个靶位。原子能院AMS装置的离子源采用MC-SNICS型铯溅射负离子强流多靶源（见图4-3）。

AMS注入器一般为磁分析器（见图4-4），是对从离子源引出的负离子进行质量选择，通过预加速将选定质量的离子加速到$20\sim200~keV$范围内，然后注入加速器中继续加速。AMS注入器一般采用大半径（$R>50~cm$）、90°双聚

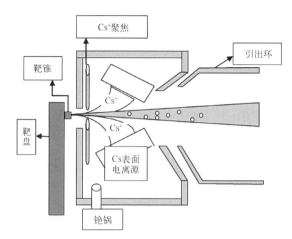

图 4-3 MC-SNICS 型铯溅射负离子强流多靶源原理示意图

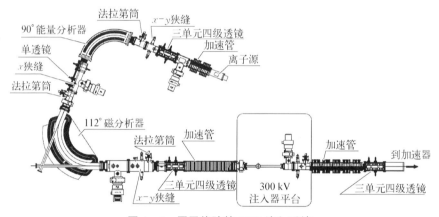

图 4-4 原子能院的 AMS 注入系统

焦磁铁,应具有很强的抑制相邻强峰拖尾能力,也就是说要具有非常高的质量分辨本领,即在保证传输效率的前提下,$M/\Delta M$ 越大越好。另外,在磁分析器前加上一个静电分析器,也是抑制相邻强峰拖尾的有效方法。

2) 加速器

加速器是 AMS 的核心部件之一,目前主要采用串列加速器和单极静电加速器。AMS 要求所用的加速器具有电压稳定性好、束流传输效率高、小型化和运行维护简单等特点。

(1) 串列加速器。目前绝大多数的 AMS 所用加速器为串列加速器,加速器的加速电压在 0.2~6 MV 范围内。被注入加速器中的负离子,在加速电场中首先进行第一级加速,当离子加速运行到头部端电压处,由膜(或气体)剥离器剥去外层电子而变为正离子(此时分子离子被瓦解),随即进行第二级加速而得到较高能量的正离子。目前,在 AMS 测量中所用的加速器主要由美国 NEC 公司和荷兰的高压工程欧洲分公司(HVEE)制造。加速器的端电压有 0.5 MV、1 MV、2.5 MV、3 MV、5 MV、6 MV、10 MV 等。原子能院的串列加速器是一台原美国高压工程公司生产的 HI-13(端电压可以达到 13 MV)串列加速器,如图 4-5 所示,这台加速器目前已经实现全部核心部件的国产化,目前原子能院和启先核科技有限公司(简称启先科技)合作,能够生产出 0.3～8.0 MV 的串列加速器。

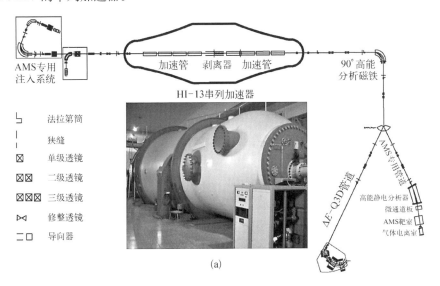

(a)

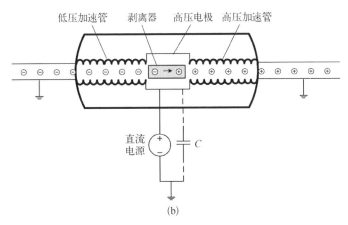

(b)

图 4-5　原子能院的串列加速器系统

(a) HI-13 串列加速器系统照片及结构示意图;(b) 串列加速器原理示意图

（2）单极静电加速器。串列加速器必须采用负离子源，而负离子源的束流强度低，会影响测量丰度灵敏度和测量精度的提高。AMS 仪器技术的发展，要求进一步提高测量丰度灵敏度和测量精度，这样就需要采用束流更强的正离子源。采用正离子加速，就不能使用串列加速器，因为串列加速器的第一级加速必须是负离子。采用基于正离子源（包括气体进样和固体进样）的单极静电加速器，必将是未来 AMS 的发展方向。

在 AMS 上最早采用单极静电加速器的是美国 NEC 公司，其于 1995 年首次发明了基于加速电压为 250 kV 的单极静电加速器。自 2015 年以来，原子能院与启先科技合作，相继建成了两台基于单极静电加速器的 AMS 装置，采用的加速电压分别为 200 kV 和 150 kV。图 4-6 是原子能院与启先科技合作研发的基于 150 kV 单极静电加速器的^{14}C AMS 实物照片，这个^{14}C AMS 是迄今国际上最小的 AMS 装置。

图 4-6　原子能院与启先科技合作研发的基于 150 kV 单极静电
加速器的^{14}C AMS 实物照片

（3）阶梯式静电加速器。在一般情况下，单极静电加速器（无钢筒）的最高加速电压为 800 kV，采用单电核态的正离子源，离子的最高能量为 800 keV。这样低的能量，对于^{26}Al、^{36}Cl、^{41}Ca 和^{85}Kr 等具有同量异位素干扰的核素，就存在困难了。例如，测量^{26}Al 需要排除同量异位素^{26}Mg 的干扰，测量^{36}Cl 需要排除^{36}S 的干扰，测量^{41}Ca 需要排除^{41}K 的干扰。需要离子的能量达到几十兆电子伏，才能够比较充分地排除同量异位素离子。近年来，启先科技采用多电荷态的离子源和阶梯式加速器的方法可以有效提高离子的能量。多电荷态离子源采用电子回旋共振离子源,阶梯式加速器是采用多个高压台架叠加,形成阶梯式的加速方法。每一个阶梯上都进行一次加速,每一次加速都采用一个单极静电加速器。这样经过多次(2 次,3 次,乃至更多次)加速就能够使得总的加速电压达到 2 MV 或以上。这时离子的能量就可以达到几十兆电子伏。例如测量^{41}Ca,离子源可以选择 13＋电荷态,即^{41}Ca^{13+}。当总的加速电压为 2 MV 时,离子能量为 $13\times2=26$ MeV。图 4－7 所示是阶梯式静电加速器的原理和结构简图,该加速方法由启先科技发明,专利申请受理号为 202110177456.5。

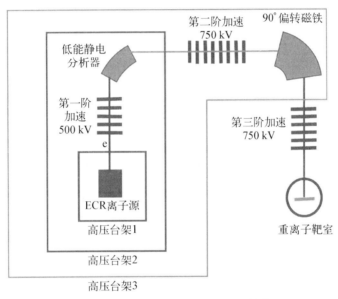

图 4－7　阶梯式静电加速器原理和结构简图

3)电磁分析器

经加速器加速后的高能正离子,包括多种元素、多种电荷态 q(多种能量 E)的离子。为了选定待测离子,必须对高能离子进行选择性分析。AMS 高能分析器主要有以下三种类型:

(1)磁分析器。与注入器的磁分析器相同,它利用磁场对带电粒子偏转作用实现对高能带电粒子的动量进行分析,从而选定 EM/q^2 值。

(2)静电分析器。其利用带电粒子在静电场中受力的原理,实现对离子的能量分析,从而选定 E/q 值。

（3）速度选择器。利用一组相互正交的静磁场与静电场对带电粒子同时作用，实现对离子的速度进行分析，从而选定 E/M 值。

上述分析器中任意两种的组合都可以唯一选定离子质量 M 与电荷 q 的比值 M/q。例如，在对 ^{36}Cl 的测量中，经过加速器加速后，束流中的离子包括 $^{36}Cl^{i+}$、$^{36}S^{i+}$、$^{35}Cl^{i+}$、$^{37}Cl^{i+}$、$^{18}O^{i+}$ 和 $^{12}C^{i+}$（i 为电荷，$i=1,2,3,\cdots$）等，经过上述的任意两种分析器后，只保留具有相同电荷态的 ^{36}Cl 和 ^{36}S，其他离子全都被排除。目前各实验室的 AMS 装置主要采用第一种与第二种或第三种的组合。原子能院的 AMS 高能分析系统采用的是第一种与第二种的组合。电磁分析系统如图 4-8 所示。

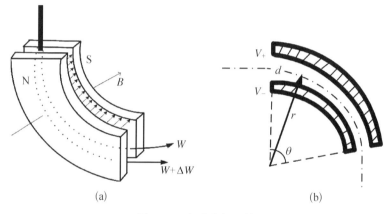

图 4-8　电磁分析系统

（a）磁分析器；（b）静电分析器

4）探测器

AMS 的探测器一方面用于鉴别和排除同量异位素、相同质荷比（M/q，来源于分子碎片）以及散射等离子的干扰；另一方面通过测量待测离子的能谱，得到其计数率。例如，测量 $^{36}Cl^{8+}$ 时，同量异位素 $^{36}S^{8+}$ 和分子碎片 $^{18}O^{4+}$ 等离子会一起进入探测器，探测器一方面能区分出这三种离子，另一方面能测出 $^{36}Cl^{8+}$ 的能谱。

AMS 的探测器一般有两种：一种是半导体探测器，这种探测器一般只做能谱测量，不具有同量异位素鉴别的能力，所以半导体探测器多用于 ^{14}C 和 ^3H 等没有同量异位素离子干扰的核素测量；另一种是气体电离室探测器，这种探测器具有同量异位素和相同质荷比离子的鉴别能力，所以用于 ^{10}Be、^{26}Al、^{36}Cl 和 ^{41}Ca 等具有同量异位素和相同质荷比的干扰离子的核素测量。探测器的基本原理基于 Bethe‑Block 公式,即在非相对论情况下,入射粒子在介质中的能量损失 ΔE 与剩余能量 E 的乘积正比于原子序数 Z 的平方:

$$E \cdot \Delta E \propto MZ^2 \qquad (4-1)$$

式中,M 是进入探测器离子的质量数。由式(4-1)可以看出,由于同量异位素粒子的原子序数不同,它们在通过一段介质时的能量损失 ΔE 就不同,剩余能量 E 也不同。因此,利用探测器测量粒子的总能量 E 及其能量损失 ΔE 即可实现同量异位素的鉴别。图 4-9 所示是气体探测器原理图,图中 E_T 是进入探测器离子的能量。

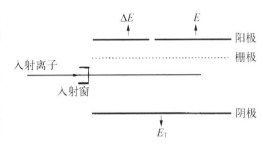

图 4-9　气体探测器原理示意图

4.2.2　AMS 仪器技术的发展

AMS 仪器技术大致经历了 4 个发展阶段。

(1)第一阶段。20 世纪 70 年代末到 80 年代末的十几年为 AMS 发展初期。这时期大部分 AMS 装置是在原用于核物理实验研究的加速器基础上改造而成的,其特点如下:① 装置非专用,只有部分束流时间用于 AMS 测量;② 加速器的能量比较高,测量的费用比较高;③ 由于加速器非专用,AMS 系统稳定性差,传输效率比较低。

(2)第二阶段。20 世纪 90 年代初到 21 世纪初,随着考古、地质、环境等学科研究需求的迅速增加,AMS 发展初期的非专用 AMS 装置已经远远不能满足用户的需求,于是专用 AMS 装置开始出现(全套商品化专用 AMS 装置)。至 2020 年,国际上专用 AMS 装置的数量有近 150 台[6]。这些专用 AMS 装置大部分基于串列加速器,加速器的端电压有 5 MV、3 MV、1 MV、0.5 MV 和 0.2 MV。这一时期的特点是“两个专用”:一个是 AMS 装置专门用于 ^{14}C、^{10}Be、^{129}I 等核素的分析与应用;另一个是 AMS 装置专门用于专一目的的研究,如美国 Woods Hole 海洋研究所的 NOSAMS 装置[7]主要用于海洋学研究,英国约克大学制造的一台 AMS 设备专门用于药物研究[8]。

(3)第三阶段。21 世纪以来,随着科学技术的不断发展,AMS 装置趋于简单化、小型化和合理化。由于大型设备运行维护费用非常高,近年来 AMS

的一个主要趋势是朝着紧凑和低成本的小型化、简单化方向发展。如美国 NEC 公司 2004 年推出的一种新的 AMS 系统——基于 0.25 MV 单极静电加速器的 AMS 系统（SSAMS）[9]；瑞士苏黎世联邦理工学院（ETH）的 AMS 实验室研制的端电压为 0.2 MV，专用于 ^{14}C 定年的"桌面"AMS 系统[10]。针对 ^{36}Cl、^{41}Ca 和 ^{32}Si 等具有较强同量异位素干扰核素的测量，基于 5 MV 串列的 AMS 装置在能量上属于临界，原子能院姜山小组 2004 年提出采用 6 MV 的串列加速器更为合理，得到了国际上的认同。目前，国际上 6 MV 的 AMS 已经有 7 台。

（4）第四阶段。最近 10 年以来，随着地质、考古等学科对提高丰度灵敏度的迫切需求，AMS 仪器的发展创新有了较大的进展，表现为以下几方面：将 AMS 的负离子源变成正离子源；将离子源的单电荷态转变成多电荷态；另外，在加速器方面，有去加速器化、去串列加速器化的趋势。

4.2.3　AMS 仪器研发与制作公司

目前，国际上 AMS 仪器研发与制作公司一共有四家。表 4-2 列出了四家公司及其所具有的不同型号 AMS 产品。四家公司分别是美国 NEC 公司、荷兰的高压工程欧洲分公司（HVEE）、瑞士的工程科学仪器公司（Ionplus）和中国的启先科技。启先科技是 2017 年成立的一家 AMS 公司，目前正在致力于 AMS 仪器的创新，详见 4.6.2 节。

表 4-2　国际上四家公司的 AMS 产品和技术特点

公司名称	AMS 加速电压/MV	特　　点
美国 NEC	6，5，3，0.5，0.25①	串列加速器，有输电运动部件
荷兰 HVEE	6，5，3，1	高压倍加器，无输电运动部件
瑞士 Ionplus	0.2，0.3	串列加速器，无加速管
中国启先科技	0.2①，0.4①，0.6①，1.5①	单极静电加速器，正/负离子源

说明：① 指采用单极静电加速器的加速电压。

4.3　AMS 核心技术的发展

除了仪器技术外，AMS 核心技术还包括加速器技术、离子源技术、压低本底技术、制样与进样技术和粒子鉴别技术等。关于加速器技术已经在第 2 章和本章的 4.2.1.2 节中介绍。本节介绍离子源技术、在低能端压低同量异位素、制样与进样技术等的发展。

4.3.1 离子源技术

在 AMS 仪器中,目前主要采用 Cs 溅射负离子源。对于测量同位素丰度比相差较大的未知样品与标准样品来说,强的离子束流和小的记忆效应是离子源必须具备的。

1) 固体进样离子源

由于固体 Cs 溅射负离子源可以降低同量异位素的干扰,交叉干扰低,而且对于 AMS 经常测量的核素有较适用的负离子产额[1, 11],所以至今仍被大多数 AMS 系统所采用。通常,待测样品需要转换成固体单质(如 CO_2 转换成石墨)或者化合物形式,与 Ag 或 Nb 粉混合压入靶锥,以增强样品的导电、导热性。近年来,对于一些核素的 AMS 测量,PbF_2 粉末与待测样品混合作为靶材料已经取得了可喜的实验结果[12]。固体 Cs 溅射负离子源推动了 AMS 技术的迅速发展,其性能和可靠性目前仍在不断改进之中。

2) 气体进样离子源

早在 1984 年,Middleton 就已经对气体离子源进行了调查研究。对于 ^{14}C 测量来说,这种方式不但可以简化样品制备流程,而且对于量极少的样品,可以有效避免制备过程中所带来的样品损失。但是,由于一系列的实验结果并不尽如人意,直到 2004 年,才由 Skipper 等[13]成功完成实验,其测量的样品量可以减小到 50 ng。这种离子源一般是把气体吸附能力比较强的 Ti 粉压入靶锥,通过特殊的流气装置将气体传输到靶锥表面,然后通过 Cs 溅射产生实验需要的离子束流。近 10 年来,许多 ^{14}C-AMS 实验室都已经建立了这种实验装置。但是,由于气体离子源产生的束流较固体离子源低,源内的交叉污染相对来说也比较强,所以目前仍处于不断发展与完善之中。

也有一些其他类型的负离子或正气体进样离子源已经或正在发展起来。例如,美国 Woods Hole 实验室研制的紧凑型微波离子源[14],可以产生大约 500 μA 的 C^+,然后通过 Mg 蒸气转变成 C^-,从而可以进行常规的 AMS 测量;澳大利亚核科学与技术机构(Australian Nuclear Science and Technology Organization, ANSTO)研制的电子回旋共振离子源[15],通过产生 C^{3+} 离子束排除相应的分子离子 CH、CH_2,然后经过 Rb 蒸气室转变为负离子的方法进一步排除 N 的干扰,

最后把 $^{14}C^-$ 引出进行 AMS 分析。这种方法的发展优势是可以不需要加速器,但是目前这种技术仍处于研究阶段。

多电荷态的 ECR 离子源属于超强电离离子源,基于超强电离的 AMS,即 ECR - AMS 将是未来十分具有发展潜力的一种 AMS 仪器技术。

4.3.2　在低能端压低同量异位素

如何压低和排除同量异位素是 AMS 测量技术上的一个重要课题。在低能端,主要方法包括在离子源内采用不同的样品化学形态和离子源引出离子形式,以及引出后采用在线化学等方法。

为了压低同量异位素 ^{14}N 对 ^{14}C 的干扰,在 ^{14}C 的 AMS 测量中,美国的 M. Anbar 最早开展了在离子源引出 C^- 的实验,证明了 N 不能够形成稳定的负离子。该实验奠定了 AMS 测量 ^{14}C 的理论和实验基础。另外,为了排除 ^{41}K 对 ^{41}Ca 测量的干扰,法国的 Raisbeck 等[16]采用 CaH_2 作为 AMS 测量样品,离子源引出 CaH_3^-,从而有效地降低了 ^{41}K 的干扰。同样,在 ^{182}Hf 的 AMS 测量中,奥地利的 Vockenhuber 等[17]采用 HfF_4 作为测量样品,离子源引出 HfF_5^-,能够把同量异位素 ^{182}W 压低 4~5 个数量级。

近年来发展起来的射频四极透镜(RFQ)技术为 AMS 测量中同量异位素干扰的减少提供了一种全新的手段。其基本原理是在低能端装有一个气体反应室,通过 RFQ 控制反应条件,当离子穿过气体反应室时,根据不同核素气相反应阈值的差异,一些负离子就会变成中性粒子而被排除,从而达到对同量异位素进行分离的目的。如对于放热反应 $SF_5^- + SiF_4 \rightarrow SF_4 + SiF_5^-$,$SiF_4$ 气体很容易形成超卤素阴离子[18],因此可以达到排除 SF_5^- 的目的。此方面的技术已经成功应用于 ^{36}Cl 的低能 AMS 测量,$^{36}Cl/Cl$ 的探测限达到了 1×10^{-14}。又如,加拿大渥太华大学的 Kieser 等[19]基于小型 AMS 装置测量 ^{135}Cs、^{137}Cs 与 ^{90}Sr 的实验,将 PbF_2 粉末与样品均匀混合,采用离子源引出 CsF_2^- 与 SrF_3^- 的方法,成功压低了同量异位素本底 ^{135}Ba、^{137}Ba 和 ^{90}Zr 的干扰。对于 CsF_2^-,可压低 BaF_2^- 至原来的 0.01%,使得 ^{135}Cs、^{137}Cs 的测量灵敏度分别达到 7×10^{-15} 与 1×10^{-14}。对于 SrF_3^-,可压低 ZrF_3^- 至原来的 0.1%,测量灵敏度可以达到 1×10^{-16}。

4.3.3　制样与进样技术

制样与进样技术主要有三个用途:一是增加样品的电离效率;二是增加

离子源的束流强度;三是压低分子本底和同量异位素本底。

1) 制样技术

样品制备属于 AMS 整体系统的一部分,是非常关键的环节。在 AMS 测量中,一般需要在样品制备过程中加入载体把待测核素提取出来,这样一方面影响了对样品的测量灵敏度,另一方面不可避免地会引入干扰。近年来发展起来的无载体样品分析技术,不仅简化了样品制备流程,而且在很大程度上避免了载体加入过程中对样品的污染,有效地提高了测量灵敏度。如 Maden 等[20]发明了一种方法,即将小量的无载体 Be(100 ng)沉积在洁净的基体上,然后被聚焦非常好的 Cs 束(SIMS 离子源)溅射,样品中原始的 $^{10}Be/^{9}Be$ 值能够被直接测量,其优点之一是使用这种方法测量的 $^{10}Be/^{9}Be$ 值比加载体要低 3～5 个数量级。另外,对于 ^{129}I、^{236}U 等核素的测量,无载体的样品制备方法近年来也发展起来了[21]。

2) 激光共振电离

根据阴离子电子结合能的不同,采用固定频率的激光对具有较低电子亲和势的同量异位素进行解离,以达到对同量异位素进行抑制的目的,这种方法的有效性已经被证明[22]。因为此种情况下仅有光子反应,并不需要气体反应,所以在很大程度上减少了离子源能量散射。近来,相关的有效排除同量异位素干扰的实验装置已经被探索研制[23],其技术优点是离子的能量不用被降低到电子伏量级,在千电子伏量级就可以对同量异位素进行分离与排除。当前,这种方法正处于积极发展研制之中,同样此方法对于低能 AMS 系统具有广阔的应用前景。

3) 激光灼烧

美国 NEC 公司针对 ^{14}C - AMS 测量开发了一种液体样品 AMS 测量技术,即通过激光灼烧液体,产生 CO_2 气体直接进入气体离子源进行 AMS 测量[24],这种方法在很大程度上简化了 ^{14}C 测量中的样品制备流程。同时,美国阿贡国家实验室针对锕系元素的分析研制出多电荷态 ECR 离子源,并用于 AMS 测量的新技术研究[25]。该装置也是通过激光灼烧技术将锕系材料转化成气体输送到 ECR 离子源,然后通过加速器加速、M/q 选择,对感兴趣的核素进行测量。最近,ETH 也推出了一种激光消融耦合系统:石笋、珊瑚等碳酸盐固体样品被放在密封的消融室内,使用激光脉冲束聚焦在固体表面对样品进行持续分解,固体消融产生的 CO_2 与 He 气体一起进入 AMS 气体离子源,CO_2 的产额可以通过调节激光频率进行控制,这种方法可以用来对直径小于

150 μm 的固体颗粒进行分析。

4.4 AMS 的丰度灵敏度

AMS 和同位素 MS 测量同位素丰度灵敏度的实质是一样的,但是影响两者测量丰度灵敏度的因素是不同的,因此两者对其测量的丰度灵敏度的定义也是不同的。针对同位素 MS,影响测量丰度灵敏度的因素主要是仪器本底,所以丰度灵敏度的定义取决于仪器测量的本底水平。对于 AMS,由于它具有极强的排除各种本底的能力,影响测量丰度灵敏度的因素不再是仪器本底水平,而是束流强度、传输效率以及制样本底等多种因素。自从 AMS 出现以来,国际上并没有对其测量的丰度灵敏度有合理的定义。本节将参考同位素 MS 测量丰度灵敏度,从 AMS 测量的物理实质和影响测量丰度灵敏度的因素出发,定义 AMS 丰度灵敏度。

4.4.1 MS 的丰度灵敏度

丰度灵敏度是同位素 MS 的一个标志性指标,丰度灵敏度的定义如下:质量为 M 的离子峰 A_M 与它在质量数 $(M+1)$ 位置,和质量数 $(M-1)$ 位置的离子拖尾峰 A_{M+1} 与 A_{M-1} 之比的倒数(原子数之比),即 A_{M+1}/A_M,A_{M-1}/A_M。着重指出:在 $(M+1)$ 和 $(M-1)$ 位置的离子拖尾峰 A_{M+1} 和 A_{M-1} 也就是上述的仪器本底。MS 的仪器本底包括分子离子、主同位素离子的高能或低能拖尾、同量异位素离子以及散射离子等。其中,分子离子和同量异位素离子是最主要的干扰。一台同位素 MS,丰度灵敏度最高为 1×10^{-8}。

如图 4-10 所示,普通质谱测量的丰度灵敏度只考虑在质量数 M 上的一个强峰对左边 $(M-1)$ 和右边 $(M+1)$ 质量数的拖尾贡献。

例如,对于 ^{41}Cl 的测量,主同位素为 ^{40}Ca,在 ^{41}Ca 的位置上,存在分子离子 ^{40}CaH 和同量异位素 ^{41}K 的离子干扰。这些干扰一般在 $1\times10^{-8}\sim1\times10^{-6}$ 范围内,而自然界里 ^{41}Ca 的同位素丰度为 10^{-14} 量级,所以传统的同位素 MS 无法实现 ^{41}Ca 的测量。

AMS 的丰度灵敏度与同位素 MS 的丰度灵敏度不同。在很多情况下,分子离子和同量异位素离子不是影响丰度灵敏度的主要因素。AMS 注入器一般采用大半径 $(R>50\ \text{cm})$ 的 $90°$ 双聚焦磁铁,要求具有很强的抑制相邻强峰拖尾的能力。另外,在磁分析器前加上一个静电分析器,也是抑制相邻强峰拖尾

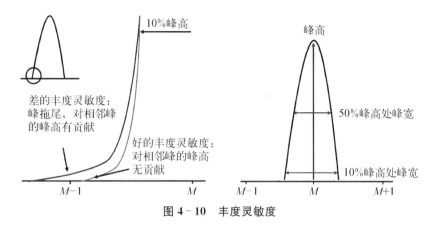

图 4-10　丰度灵敏度

的有效方法。结合高能分析器对待测核素 M/q（M 为离子质量，q 为电荷）的唯一选定功能，可极强地抑制强峰拖尾的现象。同时，AMS 能够把分子和同量异位素本底压得很低，很多时候不再构成影响丰度灵敏度的主要因素。例如 ^{129}I 测量丰度灵敏度，不再受分子和同量异位素本底的影响，而是受本底样品中存在 ^{129}I 或制样本底中 ^{129}I 沾污等的影响。再例如，利用大型 AMS 测量 ^{10}Be，影响测量丰度灵敏度的因素是制样本底、束流强度以及传输效率。

4.4.2　AMS 丰度灵敏度的定义

AMS 测量的丰度灵敏度定义如下：在有限时间内能够测量到待测的原子数目 A 与其稳定同位素的原子数目 A_0 的比值 A/A_0。测量有限时间采用通常的 AMS 测量时间（15 min 左右），取一个整数，即 1 000 s，测量到待测核素的计数确定为 1 个原子。例如，如果一个待测量核素 M（质量数为 M），平均每 1 000 s 有一个计数（计数率为每秒 0.001 个，即 $A=0.001$），其稳定同位素（$M+1$）到达离子探测器的束流是 1 μA（计数率为每秒 6.25×10^{12} 个，即 $A_0=6.25\times10^{12}$）。于是，该 AMS 系统测量核素 M 的丰度灵敏度为

$$\frac{A}{A_0}=\frac{0.001}{6.25\times10^{12}}=1.6\times10^{-16}$$

$$(4-2)$$

图 4-11 所示是原子能院 HI-13

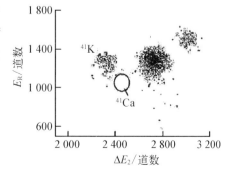

图 4-11　测量标准样品中 ^{41}Ca 的测量谱

串列 AMS 测量 ^{41}Ca 的实验谱图,标准样品 ^{41}Ca 的丰度为 6.0×10^{-12},^{41}Ca 的计数是每 1 000 s 有 10 个左右。如果样品中 ^{41}Ca 的丰度为 6.0×10^{-13},那么恰好就是 1 000 s 有一个 ^{41}Ca 计数。因此,测量的丰度灵敏度仅为 6.0×10^{-13}。这个丰度灵敏度值主要是受到束流强度低和传输效率低的影响。由于 HI - 13 串列 AMS 是一台大型串列加速器,传输效率(离子源引出 CaF 分子负离子)仅为 3%,所用的是一台比较老的 NEC 负离子源,离子源引出束流强度仅为 80 nA。

4.4.3 影响 AMS 测量丰度灵敏度的主要因素

丰度灵敏度既是理论值,也是实验数据,AMS 测量丰度灵敏度对于有的核素主要是受到本底的影响,有的核素主要是受到束流强度、传输效率、探测效率的影响。概括起来,影响 AMS 测量丰度灵敏度的主要因素有三个,即束流强度、束流传输效率和本底(包括仪器本底和制样本底)水平。

$$\frac{A}{A_0} = \frac{A}{A_i A_f} \tag{4-3}$$

式中,$A_0 = A_i A_f$,其中 A_i 为低能端的束流强度,A_f 为低能端到探测器前束流的传输效率。

1) 束流强度

束流强度是指法拉第筒测出的束流大小。离子源引出系统是决定引出束流强度的关键部分,对于 AMS 技术而言,不仅需要较强的束流强度,还需要预防离子束发散。因此,必须用一定结构的磁场或电场对束流进行约束。原子能院 AMS 系统采用 MC - SNICS 型 Cs^+ 溅射负离子源,即由铯锅产生的 Cs^+ 经过加速并聚焦后溅射到样品的表面,样品被溅射后产生负离子流,在电场的作用下负离子流从离子源引出。束流性能对溅射离子的温度和聚焦情况非常敏感,一般而言,在供铯充足的情况下,溅射电压和铯聚焦电压决定电离器表面的电场强度,每一个电离器表面的电场强度对应一个饱和铯流。在测量中,饱和铯炉温度的选择基本取决于铯聚焦电压,对不同的铯聚焦电压应采用不同的铯炉温度。在实验中先逐步升高铯炉温度,引出流强也随之上升,当引出流强不再增加时,铯炉温度为 T_1,然后再逐步降低铯炉温度,当引出流强开始减小时,铯炉温度为 T_2,取 T_1 和 T_2 的平均值作为测量过程中铯炉温度的设置值,可实现较高的引出流强。

图 4-12 所示为采用端电压为 5 MV，电荷态为 3+，测量 ^{10}Be 时的本底水平与束流强度的关系。

在实际测量过程中，需采用合适的离子化技术对样品进行电离，提高待测核素的离子化效率和传输效率，抑制其他核素的电离。离子源不仅引出原子负离子，为了达到束流强度高和排除同量异位素的目的，也经常引出分子负离子，这就涉及样品及导

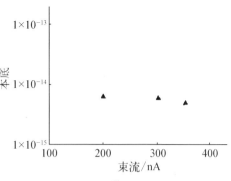

图 4-12　测量 ^{10}Be 时的本底水平与束流强度的关系

电介质化学形式的选择和制备方式。例如，在原子能院 AMS 测量 ^{41}Ca 在生物学和天文学的应用中，采用二次氟化法制备的 CaF_2 样品加 PbF_2 作导电介质具有最高的束流引出强度，这可能是由于其 F^-/O^- 最高，容易引出 CaF_3^-。除此之外，压靶技术、靶锥半径、Cs 束聚焦稳定性等因素均会对束流强度产生影响。

与正离子源相比，目前 AMS 所采用的溅射负离子源的强度要低很多。正离子源的束流强度一般在 $1\times10^2\sim1\times10^4$ μA 范围内，负离子源的束流强度仅在 $1\sim10$ μA 范围内。如果离子源的束流强度在一到几微安，传输效率为 10% 左右，那么其测量的丰度灵敏度最好为 1×10^{-15} 水平。在 4.4.2 节中，如果 CaF^- 离子源引出束流强度增加 10 倍，到 800 nA，这时的丰度灵敏度就会提高 10 倍，达 6.0×10^{-14}；如果增加 100 倍到微安量级，丰度灵敏度就达 10^{-15} 量级。

2) 束流传输效率

AMS 测定样品中待测核素的数量是通过测量待测核素与其稳定同位素原子数的比值来实现的（如 ^{36}Cl/^{35}Cl）。稳定同位素通过法拉第筒来测量，待测核素通过粒子探测器来测量，两种测量是交替进行的。样品中稳定同位素的数量是已知的，再通过测得同位素比值，就可以得到待测核素的数量。因此，提高束流传输效率 A_f 就可以提高待测核素的测量丰度灵敏度。如果束流传输效率提高 1 倍，那么测量丰度灵敏度也随之提高 1 倍。

束流的传输效率一般指探测器前法拉第筒测得束流强度与注入磁铁之后法拉第筒测得束流强度的比值。对于串列加速器 AMS 来说，决定束流传输效率最为关键的因素为剥离效率，因此，采用适当的剥离物质就尤为重要。目

前,通常采用气体剥离或薄膜剥离,以气体剥离为例,在高压电极内部加装1台复合分子泵可实现剥离气体的循环使用。与普通气体剥离器相比,剥离管道中的等效气体厚度大为增加,剥离管道长度有所减小,这有效提高了离子的剥离效率,有利于束流传输。

束流光学是影响传输效率的另一个主要因素,束流中每个粒子都可用六维相空间(x, y, z, p_x, p_y, p_z)的一点表示,其中z是离子运动方向,x与y是横向平面上的水平和垂直方向,p_x、p_y、p_z是三个方向的动量分量。在研究连续离子束流的传输时,只考虑在$z = zl$处束流某截面上离子的运动状态,因而只要(x, y, p_x, p_y)四维相空间就够了。由于离子运动在x、y两个方向上是互不耦合的离子束流,可分别在(x, p_x)和(y, p_y)构成的两维相平面上进行研究。如果粒子轴向动量是恒定的,且远大于径向动量,则可用散角的正切值$x' = dx/dz$和$y' = dy/dz$分别替代p_x和p_y。因此,非相对论的离子束流可通过两个独立的相平面(x, x')和(y, y')表示。需采用静电四极透镜和正交电磁场对(x, x')和(y, y')进行约束,稳定同位素离子沿着中心轨道传输,放射性核素离子沿着相应的偏离的轨道传输。每种质量的离子的束流在各自的约束场中平行传输,在系统中心对称面上,各束流包络在两个方向上都形成束腰。同时,改善加速管道内的真空条件,可使散射与电荷交换大幅度减小,束流损失相应降低,提高束流传输效率。总之,优化离子束流光学线路,改善交替注入监测技术,可以有效提升离子传输效率及稳定性。

由于 AMS 测量在离子引出和加速过程中待测核素与其稳定同位素的质量不同,因此两者的传输效率也有差异,这样测得的同位素比值与实际的同位素比值也存在差异。为了消除上述测量上的差异,AMS 采用与已知标准样品的测量进行比较的相对测量方法。

3) 本底水平

AMS 测量的本底水平包括仪器本底水平和制样本底水平。该部分内容将在 4.5 节详细描述。

4) 提高丰度灵敏度的实例

前面对待测核素丰度灵敏度的影响因素进行了总体性描述,以下以 AMS-^{10}Be 测量为例,详细描述影响其测量丰度灵敏度的因素以及测量精度的获得。

(1) 提高 BeO$^-$ 的引出束流强度。为改善样品的导电性和导热性,近年来使用较为普遍的是将样品与 Nb 粉以一定比例混合压入靶座,大多数 AMS 实验室根据各自的实验条件进行合理比例配比以得到最大流强。对不同混合比例的样品进行反复测量比较,结果表明,最佳比例大致为 1 : 1 (体积比)。

在铯溅射离子源中,样品表面覆盖上一层薄的铯原子层有利于降低 BeO^- 的溢出功,增加引出流强。但铯原子过多则会使 BeO^- 的溢出功增加为铯原子的溢出功,反而减弱 BeO^- 流强。另外,过量铯原子会弥散到离子源其他部分,降低离子源的绝缘性且使其真空变坏,影响引出流的传输,因此,铯炉温度的合理选择非常重要。在测量中,溅射电压通常选为 5.8 kV,引出束流强度为 $1\sim2\ \mu A$。

最近几年,美国 NEC 公司通过改进溅射负离子源离子器的结构,明显改进了离子源 BeO^- 的流强。

(2) 提高 $^{10}Be^{3+}$ 的传输效率。由于 ^{10}Be 离子计数很少,无法测量流强,^{10}Be 离子的传输效率一般通过研究 ^{9}Be 离子的传输效率来反映。^{9}Be 束流的传输效率指探测器前法拉第筒测得 $^{9}Be^{3+}$ 流强的 1/3(剥离选择 3+ 价电荷态)与注入磁铁之后法拉第筒测得 $^{9}BeO^-$ 流强的比值。采用 ETHoptics 软件对 ^{10}Be 离子在高能端束流传输进行了模拟计算,确定了 ^{10}Be 离子束流传输的优化设计:在合适位置安装测量 ^{9}Be 束流的法拉第筒,剥离管道长度由 700 mm 减小到 500 mm,内径由 6 mm 增加到 8 mm,增大了其束流接受度。提升系统的真空度,降低散射和电荷交换造成的损失。在静电分析器后添加一块 90° 磁铁,这块附加磁铁一方面可有效分离 ^{9}Be、^{10}Be 两种离子,降低测量本底,另一方面还可对 ^{10}Be 束流进行聚焦。

(3) 提高探测器 ^{10}Be 的探测效率。探测器可选择安装内径为 12 mm 和 15 mm 的窗口。选用各种内径窗口组合进行实验,调节阳极电压、栅极电压以及吸收室和探测室气压,使计数率和高能端测量效率达最大。当 ^{10}B 吸收室两侧窗口内径均为 15 mm 时,^{10}Be 的高能端测量效率达 90% 或以上,且 ^{10}Be 的计数率明显增加。在离子源引出流强只有 1.2 μA 的情况下,标准样品计数率已达 23 s^{-1}。探测器窗口增大,更多的 ^{10}Be 粒子进入探测器,提高了高能端测量效率。

(4) 降低测量 ^{10}Be 的本底水平。除了同量异位素 ^{10}B 本底之外,^{7}Be、^{9}Be、^{10}Be 等都可能叠加到 ^{10}Be 的谱上形成本底干扰。^{10}Be 测量中的本底因素如下:

① 同量异位素^{10}B 本底。同量异位素^{10}B 能形成负离子与^{10}Be 离子一起加速并进入探测器，须在制样和 AMS 分析过程中予以清除。一般剥离后选用 Be^{3+}，B^{3+} 干扰使探测到的最小^{10}Be/^{9}Be 比值为 10^{-14} 量级。如果剥离后选用 Be^{2+}，本底计数会更大，如采取二次剥离后测量 Be^{3+} 的方法，把 B^{3+} 干扰抑制了约 500 倍。

② 同位素^{7}Be 本底。5 MV - AMS 分析^{10}Be 时，高能^{10}B^{3+} 与探测器前 mylar 箔窗中的氢原子会发生强的核反应 H(^{10}B, ^{7}Be)^{4}He，形成^{7}Be，但在端电压小于 3 MV 下，Be^{3+} 的能量低于 H(^{10}B, ^{7}Be)^{4}He 的反应阈。

③ 同位素^{9}Be 本底。可能来自探测器前或吸收器前薄箔的核反应。若^{9}BeOH$^-$ 随质量数为 26 的^{10}Be^{16}O$^-$ 一起注入加速器，在高能加速管内发生电荷交换，形成连续谱，其中的^{9}Be 进入探测器后发生散射而有可能落在^{10}Be 谱上。在选用 Be^{3+} 时，与^{10}Be^{3+} 磁刚度相等的^{9}Be 离子在高能加速管内相继发生电荷交换^{9}BeO → ^{9}Be^{4+} → ^{9}Be^{3+}。为防止这一本底机制，高能 AMS 中选用 4 价离子。于是散射到加速器内的 BeH 离子在剥离器处形成^{9}Be^{4+}，它们与^{10}Be^{4+} 同时注入，并在高能分析器中发生小角度散射。

④ 污染^{10}Be 本底。过去制样中用^{7}Be 作示踪剂，用来制造^{7}Be 的^{7}Li 中的污染与质子或中子核反应会形成^{10}Be，也可从矿石或土壤污染、^{9}Be 的就地分裂反应或俘获中子反应，或由上述机制中某些组合形成。在商购的 Al 中也发现每克 Al 中有 $(4\sim10)\times10^7$ 个^{10}Be 原子。

图 4 - 13 为^{10}Be(10^{-11} 标样)的 $\Delta E_1 - E_t$ 二维谱图。

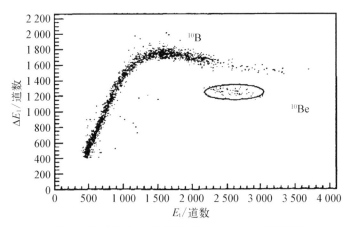

图 4 - 13 ^{10}Be(10^{-11} 标样)的 $\Delta E_1 - E_t$ 二维谱图

（5）测量 ^{10}Be 的精度。将同一样品分成 n 份,每个样品座的样品循环转动,共测 T 次,故每个样品座的样品在 T 次循环中共测得 T 个值(X_1, X_2, $\cdots$, X_T)。每个测量值 X_i 中又包含 S 次交替测量,X_i 是 S 次交替测量的平均结果($i=1$, 2, $\cdots$, T)。每次交替测量得到的比值(如 ^{10}Be/^{9}Be)存入一个数据块。

故每个样品座的样品在 T 次循环中共有 $T \times S$ 次交替测量,并测得 $T \times S$ 个数据块。求得每个样品座的样品在 T 次循环中测得的 T 个 X_i 值的算术平均值:

$$\overline{X} = \frac{1}{T} \sum_1^T X_i \tag{4-4}$$

和该算术平均值的标准偏差:

$$\delta = \sqrt{\frac{\sum_1^T (X_i - X)^2}{T(T-1)}} \tag{4-5}$$

所以,N 个样品座的样品共有 N 个测量值和相应的标准偏差 δ_j($j=1$, 2, $\cdots$, N)。

若各个样品座样品的 δ_j 相差较大,则要求加权平均值。由于 AMS 设备性能较好,各个样品座样品的 δ_j 相差不会太大,所以我们不考虑权重,求得 N 个样品座样品测量值的算术平均值为

$$\overline{Y} = \frac{1}{N} \sum_1^N \overline{X_j} \tag{4-6}$$

式中,$j=1$, 2, $\cdots$, N,各个样品测量值相对于该算术平均值的标准偏差 σ 为

$$\sigma = \sqrt{\frac{\sum_1^N (X_j - Y)^2}{N-1}} \tag{4-7}$$

式中,$j=1$, 2, $\cdots$, N,它们的相对标准偏差为

$$\sigma = \frac{1}{Y} \sqrt{\frac{\sum_1^N (X_j - Y)^2}{N-1}} \tag{4-8}$$

式中，$j = 1, 2, \cdots, N$，它表示 AMS 测量相同样品的不确定性。HVEE 公司和 NEC 公司的产品都采用了这一测量精度的方法。

4.5 本底

AMS 测量本底包括仪器本底和制样本底。束流强度和传输效率提高到一定程度后，仪器本底和制样本底将是影响 AMS 测量丰度灵敏度的主要因素。

4.5.1 本底的定义及种类

本底的定义如下：一台 AMS 装置在有限延长时间内，通过测量空白样品在待测量核素 M 的位置上得到的原子计数 A_b 与稳定同位素束流强度的原子数之比 A_b/A_0，称为仪器本底；通过测量经过制样流程后的空白样品在待测量核素 M 的位置上得到的原子计数 A_{bp} 与稳定同位素束流强度的原子数之比 A_{bp}/A_0，称为制样本底。有限延长时间，是相对于确定丰度灵敏度的有限测量时间而确定的。由于本底水平必须低于仪器的测量灵敏度值，因此在有限时间内（1 000 s）是测量不到本底计数的。因此，必须是在有限延长时间内。我们定义 3 600 s 或者多次（大于等于 3 次）测量 1 000 s 的平均值为有效延长时间。

本底的种类主要包括分子本底、同量异位素本底、相邻同位素本底、分子碎片本底、电荷交换及散射产生的本底和样品本底（样品中含有的待测量核素）等。

4.5.2 仪器本底

仪器本底是在 AMS 测量空白样品过程中产生的不属于待测核素的其他种离子所造成的本底，主要包括同量异位素本底、相邻同位素本底、电荷交换本底以及分子及分子碎片本底等。这些本底的高低与 AMS 装置的大小、仪器真空度大小、测量参数的选择和测量方法等紧密相关。下面就本底的产生过程做进一步分析。

1) 同量异位素本底

样品通过离子源引出形成束流是产生同量异位素本底与相邻同位素本底的主要因素。同量异位素本底指与待测核素质量数相同而原子序数不同的各种化学元素的核素形成的本底,如测量 ^{10}Be 时的同量异位素本底是 ^{10}B;测量 ^{41}Ca 时的同量异位素本底是 ^{41}K。对于同量异位素的排除主要是采用重离子探测器。重离子探测器根据高能(兆电子伏量级)带电粒子在介质中穿行时,具有不同核电荷离子的能量损失速率不同进行同量异位素鉴别。根据离子能量的高低、质量数的大小,有多种不同类型的重离子探测器用于 AMS 测量。除了使用重离子探测器外,通过在离子源引出分子离子,高能量的串列加速器对离子全部剥离、充气磁铁、激发入射粒子 X 射线等技术也可以用来排除同量异位素本底。

排除同量异位素本底的干扰,是 AMS 测量中最为关键和最为困难的技术(见第 3 章)。尤其是在 AMS 仪器小型化技术上,其核心就是如何排除同量异位素的干扰。

2) 相邻同位素本底

相邻同位素本底指与待测核素质量数最接近的同位素形成的本底。相邻同位素本底主要是针对重核素(质量数 M 大于 100)的测量,由于重核素相邻同位素与待测量核素的质量差别相对较小($\Delta M/M$),AMS 的静电分析器和磁分析器都难以彻底把它们排除干净。例如,对于锕系元素 ^{236}U 的测量,虽然不存在同量异位素的干扰,但是其相邻同位素 ^{238}U 和 ^{235}U 都会在 ^{236}U 的位置上产生干扰;再如,测量 ^{129}I 时会存在稳定同位素 ^{127}I 的干扰。

重核素相邻同位素干扰的产生主要有四个方面:一是离子源和加速器的剥离器会产生能量离散,导致相邻同位素具有与待测核素相同的电刚度和磁刚度。二是 AMS 系统的真空度,系统内的残余气体会导致离子能量离散。三是系统内部的散射,如果束流在传输过程中偏离中心线,就会与仪器内壁或边缘发生碰撞,导致散射本底的出现。四是 AMS 系统的设计,主要是静电分析器和磁分析器等分析器的设计。通常,静电分析器的能量分辨率和磁分析器的动量分辨率的设计要尽可能高。另外,在 AMS 系统的低能端,在前加速后(在注入磁铁前)要先放上一个静电分析器,以排除高能量和低能量离子的拖尾。

3) 电荷交换本底

电荷交换本底是基于串列加速器 AMS 的一种特有本底,只有在串列加速器上才会产生这种本底。电荷交换本底是离子经过电子剥离后,在串列加速器的第二级正离子加速过程中,比待测量核素高一个电荷态的同位素离子与加速器中的残余气体(气体来自气体剥离器)或仪器内壁碰撞而得到一个电子,从而使得与待测核素具有相同或相近的电刚度和磁刚度,就能够与待测量核素离子一同被测量到。例如测量 $^{36}Cl^{8+}$ 时,选用的电荷态是 8+。其稳定同位素 $^{35}Cl^{9+}$ 经过与残余气体或仪器表面碰撞得到一个电子后变成 $^{35}Cl^{8+}$,这时由于它的能量有所提高(在 9+电荷态时,得到较高能量),就可能与 $^{36}Cl^{8+}$ 具有非常接近的磁刚度 ME/q^2 和电刚度 E/q ,就能够与 ^{36}Cl 离子一同进入探测器。这类本底一般在 $1 \times 10^{-16} \sim 1 \times 10^{-15}$ 范围。

4) 分子及分子碎片本底

分子及分子碎片本底指与待测核素质量数相同的分子或分子碎片形成的本底。AMS 测量对分子及分子碎片本底的排除是由加速器中部的一个剥离器(薄膜或气体)通过库仑力的作用将穿过的分子及分子碎片瓦解,从而排除本底干扰。

表 4-3 给出了国际上 AMS 测量的最低本底水平(包括仪器本底和制样本底)。这些数值是通过测量空白样品给出的,空白样品的制备采用最低含量材料。

表 4-3　AMS 测量的主要核素最低本底水平

核素	样品形式	引出束流		本底水平	探测器	AMS 的加速器/MV
		引出形式	束流大小/nA			
^3H	气体	H^+	50	4×10^{-14}	半导体	0.2
^{10}Be	BeO	BeO^-	5 000	2×10^{-15}	半导体	3.0
^{14}C	C	C^-	50 000	1×10^{-15}	电离室	0.5
^{26}Al	Al_2O_3	Al^-	3 000	3×10^{-15}	电离室	3.0
^{32}Si	SiO_2	Si^-	100	6×10^{-14}	电离室	6.0
^{36}Cl	AgCl	Cl^-	15 000	1×10^{-15}	电离室	6.0
^{41}Ca	CaH_2	CaH_3^-	5 000	6×10^{-16}	电离室	3.0
^{53}Mn	MnF_2	MnF^-	1 000	7×10^{-15}	充气磁铁+ΔE	8.0
^{59}Ni	Ni	Ni^-	500	5×10^{-13}	磁铁+ΔE	8.0
^{60}Fe	Fe	Fe^-	700	2×10^{-16}	充气磁铁+ΔE	10.0

（续表）

核素	样品形式	引出束流		本底水平	探测器	AMS 的加速器/MV
		引出形式	束流大小/nA			
^{79}Se	Ag_2SeO_3	SeO_2^-	300	约 1×10^{-12}	电离室	8.0
^{126}Sn	SnF_2	SnF_3^-	400	1.9×10^{-10}	电离室	10.0
^{129}I	AgI	I^-	5 000	3×10^{-14}	TOF+半导体	0.5
^{182}Hf	HfF_4	HfF_5^-	80	2×10^{-12}	TOF+ΔE	3.0
^{236}U	U_3O_8	UO^-	80	6×10^{-12}	TOF	0.3

4.5.3　制样本底

在样品制备过程中（尤其是本底样品制备），实验室环境、试剂、容器以及靶锥材料中存在待测量的核素，它们非常容易对本底样品以及含量很低的样品带来污染，其是产生样品本底（样品中含有的待测量核素）的主要因素。一般通过在制样流程中尽量减少样品之外的核素引进加以抑制。

制样本底来源于样品制备过程中载体、试剂、器具、操作及真空条件等诸多方面。对于不同核素，其分类和所占权重各不相同，不能一概而论。以下以 ^{14}C 测量为例，探讨制样本底形成的种类及控制技术。

AMS-^{14}C 的制样本底包括现代碳和死碳，由于自然界中碳的含量非常高，因此对于 AMS 测量而言，^{14}C 测量受制样过程的影响比较大。实际上 ^{14}C 样品制备过程中引入的本底主要来自玻璃等材料的吸附，化学试剂的吸附以及以化合物形式存在的死碳，储存过程中石墨的吸附以及压靶操作中引入的粉尘颗粒和样品交叉污染。Verkouteren 等[26]认为在 (2.2 ± 0.5) μg 总现代碳本底中由石英管引入的碳本底量为 (0.36 ± 0.07) μg，500 mg CuO 试剂引入的碳本底量为 (0.44 ± 0.13) μg。同样，Ertunc 等均认为试剂（CuO、Fe 以及 Zn）和玻璃管路吸附是碳本底的主要来源。研究表明，在采用橡胶盖密封的玻璃管进行酸解制取 CO_2 的过程中，由于磷酸和橡胶反应会引入死碳本底，导致年龄略微偏老。Paul 等[27]比较了不同保存环境和时间对石墨靶的影响，其结果表明压靶后的石墨比未压靶的石墨更容易受到碳本底影响,碳本底的影响不仅存在于石墨靶表面,还能深入石墨靶内部。Steinhof 等认为,随着保存时间的延长,现代碳本底以每月 15～40 ng 的速度递增。

基于以上碳污染源的分析,对进一步降低碳本底的方法归纳总结为以下两种:

(1) 从污染源加以控制,降低碳本底的引入量。针对来源于玻璃管以及实验工具的碳本底,采用的主流方法如下:900 ℃灼烧石英反应管,550 ℃灼烧耐热玻璃管以及所用的实验工具,加热带 120 ℃加热真空管路放气,延长抽真空时间,采用无油真空泵组,缩小管路体积等。针对来源于试剂的碳本底,采取的主流方法如下:Fe 粉真空高温氧化还原活化,Zn 粉真空 450 ℃灼烧,CuO、Ag 丝等在空气氛围中高温灼烧等。针对来源于石墨靶储存和压靶过程中的碳本底,采取诸如惰性气体氛围保存和真空封存、电子干燥箱等保存、测试过程中预剥蚀等方法。

(2) 在上述控制本底来源的同时,通过数学模型对测试结果加以校正。通过质量守恒计算,我们认为对于已建立的特定石墨制靶真空系统和实验方法,其引入的系统碳本底是恒定的。因此,其校正公式定义为

$$\frac{F}{F_{\text{std}}} = \frac{F_{m_s} - F_{m_b}}{F_{m_{\text{OXI}}} - F_{m_b}} \tag{4-9}$$

式中,F_{std} 为标准物质推荐值;F_{m_s}、F_{m_b}、$F_{m_{\text{OXI}}}$ 分别代表未知样品、本底样品和标准样品的测试值。

除 AMS 测量 ^{14}C 以外,在测量一些中重核素的时候,制样过程中加入的载体是引入制样本底的主要因素。

综上,样品需在超净间中采用科学的方式制备,需降低环境、试剂、容器以及靶锥材料中存在的干扰元素,必要时还需要通过数学模型加以校正。

图 4-14 所示是英国格拉斯哥大学 AMS 实验室测量 ^{41}Ca 的实验谱,样品是经过制样流程的标准样品的本底情况。测量样品的化学形态是 CaF_2,离子源引出 CaF_3 负离子。测量由端电压为 5 MV、NEC 公司生产的 AMS装置完成,高能端选择 ^{41}Ca^{5+} 电荷态。从实验谱中可以看到谱是很复杂的,本底主要有同量异位素 ^{41}K、相邻同位素 ^{42}Ca 以及众多的分子碎片本底。可以发现,这些分子碎片的质荷比(M/q)与 ^{41}Ca^{5+} 相同或者非常接近(M/q,41/5＝8.2)。还可以发现,真正会影响 ^{41}Ca 测量灵敏度的主要本底有同量

异位素^{41}K 离子和相邻同位素^{42}Ca 离子,因为这台仪器测量^{41}Ca 的本底水平是 1×10^{-14}。

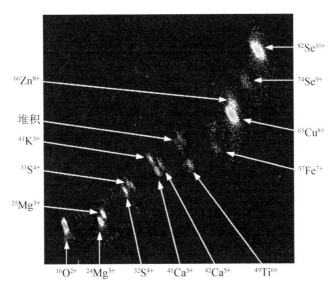

图 4‑14　英国格拉斯哥大学 5 MV 串列 AMS 测量^{41}Ca 标准样品的双维谱

4.6　AMS 仪器新技术

　　本节主要介绍 AMS 仪器技术的最新进展,概括起来有三个发展方向:一是继续小型化发展;二是向更高丰度灵敏度($1\times10^{-17}\sim1\times10^{-16}$)的方向发展;三是新型 AMS 仪器技术。新型 AMS 仪器技术是在保持 AMS 灵敏度的前提下取消了加速器,向传统 MS 方向发展。与原子能院合作的启先科技已经成为国际上第四家 AMS 仪器制造公司,并且将在小型化和更高灵敏度的 AMS 仪器技术上发挥重要作用。作为当前 AMS 仪器技术向更高灵敏度发展的一个实例,本节将重点介绍一种新型的 AMS,它基于多电荷态电子回旋共振(ECR)离子源,即 ECR‑AMS。

4.6.1　小型化技术

　　由于 AMS 属于大型仪器,并且价格昂贵,操作复杂,运行维护成本高,难以有更多的用户拥有它。小型化技术是当前和未来 AMS 仪器发展的主要方向之一。

1) 150~250 kV 的单极静电加速器

21 世纪初,美国的 NEC 公司研发出 250 kV 单极(single stage)静电加速器的 AMS(简称 SS-AMS)[28]以来,国际上已有 6 个实验室建立了这种 SS-AMS 装置。第一台安装在瑞典的隆德大学(Lund University),如图 4-15 所示。SS-AMS 具有结构相对简单,运行和维护都方便,性价比高等特点。SS-AMS 存在的主要问题在于它是单极加速器,其离子能量比相同端电压串列加速器 AMS 离子能量低 50% 左右。例如对于^{14}C 测量,^{14}C$^+$ 能量仅有 250 keV,散射本底相对会多一些。如果同样端电压下,串列 AMS 的离子能量为 500 keV,则由于能量高,仪器本底会少一点(主要是散射本底会少),传输效率会高一点。

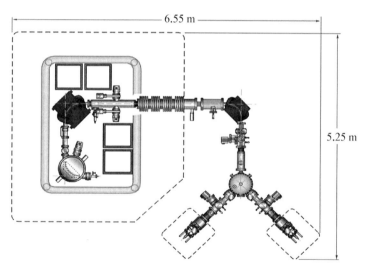

6.55 m

5.25 m

图 4-15 安装在瑞典隆德大学的 SS-AMS 装置

实际上,对^{14}C 测量,主要问题是制样产生的本底。一般情况下,制样产生的本底在 3×10^{-15} 左右。而 250 kV 的 SS-AMS 的仪器本底可以好于 2.5×10^{-15},完全能够满足测量需求。有许多领域的研究,如环境、考古、核设施监测等,并不需要很高的丰度灵敏度和很低的仪器本底。因此,从实际应用出发,原子能院 AMS 团队先后研制了两台更小的 SS-AMS 系统:一台是用于环境和考古研究的^{14}C 200 kV SS-AMS 系统[29],如图 4-16 所示;另一台是用于生物医学和环境研究的^{14}C 150 kV SS-AMS 系统,如图 4-17 所示。

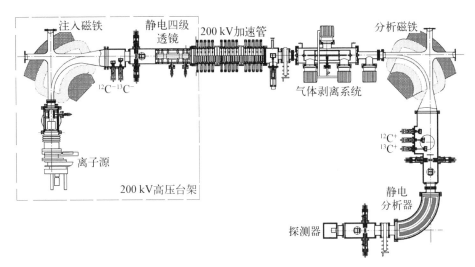

图 4‑16　原子能院研制的 200 kV SS‑AMS 结构示意图

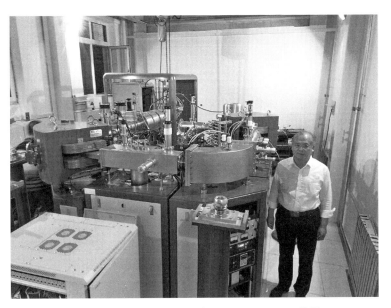

图 4‑17　原子能院研制的 150 kV SS‑AMS 装置

2）用于 ^{14}C 测量的 2×200 kV 串列 AMS 系统

图 4‑18 是瑞士 Ionplus 公司生产的 2×200 kV AMS 系统装置图。该系统是目前最小的基于 200 kV 串列加速器的 AMS，专门用于 ^{14}C 的测量。该系统是由瑞士 ETH 研究所的 M. Suter 等于 2015 年研发出来的。

该系统有两个技术特点：一是 2×200 kV 的串列加速器采用真空绝缘和

图 4-18　瑞士 Ionplus 公司生产的 2×200 kV AMS 系统装置

高压电极加速的方式,不同于目前的气体绝缘和加速管加速的方式;二是加速器体积小,加上整体设计紧凑,整个系统的占地大小仅为 $3.4\text{ m}\times2.6\text{ m}$。该仪器的本底水平可以达到 2×10^{-15}。

　　3)用于重核素测量的 2×350 kV 串列加速器 AMS 系统

　　2004 年,澳大利亚国立大学的 Fifilde 利用瑞士 PSI AMS 实验室的 0.5 MV 串列 AMS 系统,探索了 ^{240}Pu、^{242}Pu、^{244}Pu 等 Pu 的同位素在低能量下的测量方法[30]。研究结果表明,在 0.3 MV 的端电压下,AMS 对于重核素测量具有两个方面的优势:一方面,剥离效率与传输效率高,在 3+电荷态时传输效率达到 15%,其中采用氮气剥离,对于 3+和 1+电荷态(0.3 MV 端电压)的剥离效率分别达到 25% 和 28%;另一方面,由于剥离效率与传输效率高,测量灵敏度高于大型 AMS 装置,对于 ^{240}Pu、^{242}Pu、^{244}Pu 测量的最低探测限为 1×10^{6} 个原子,相当于同位素丰度灵敏度为 $1\times10^{-14}\sim1\times10^{-13}$(大型 AMS 针对 Pu 同位素灵敏度为 $1\times10^{-13}\sim1\times10^{-11}$)。应该指出的是,这台 AMS 并不是专门为重核素测量所设计的,低能端的质量分辨是通过减小缝隙等实现重核素分辨与注入的,因此该系统对于重核素的传输效率并不是很好。基于此项研究以及最近几年国际上的研究现状,姜山等[31]在 2011 年提出了用于长寿命重核素高灵敏测量的小型 AMS 系统,即基于 0.35 MV 串列加速器的 AMS 系统。

　　为什么选择 0.35 MV 的端电压?根据计算,端电压在 0.3~0.5 MV 的范围内都能够得到很好的重核素离子剥离效率和传输效率。如果选择 0.4 MV

或 0.5 MV 的端电压,存在加速管容易在大气下打火的问题,需要在钢筒内充上绝缘气体才能够解决打火问题。如选择 0.3 MV 的端电压,对于重核素的传输来说是能量的下限;低于 0.3 MV 时,正电荷的剥离效率会下降(0 电荷态开始出现),同时散射本底等问题也会出现。综合比较存在的问题,选定0.35 MV 的端电压最为理想。

2018 年,原子能院在国际上首次成功地研制出了 2×0.35 MV 小型重核素 AMS 系统。图 4‑19 和图 4‑20 分别是 2×0.35 MV 小型重核素 AMS 系统的结构图和系统装置实物图。

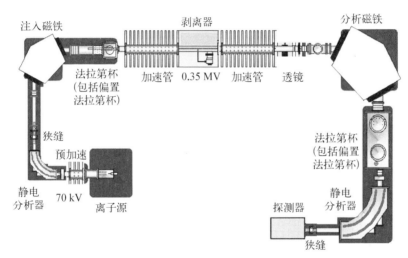

图 4‑19　原子能院 2×0.35 MV 小型重核素 AMS 结构图

图 4‑20　原子能院 2×0.35 MV 小型重核素 AMS 系统装置实物图

该装置测量^{236}U、$^{240/239}$Pu 和^{237}Np 等重核素的最低探测限能够达到 1×10^6 个原子。

4.6.2 超强电离质谱技术

随着 AMS 应用研究的不断深入,目前 AMS 1×10^{-15} 的丰度灵敏度显得不够用了。例如对于^{10}Be 的应用研究,测定更老或更年轻的年代时,需要的丰度灵敏度在 $1 \times 10^{-17} \sim 1 \times 10^{-16}$ 范围内才能够得到有效的计数。再如,^{14}C 的考古和定年需要测定$(4 \sim 8)$万年甚至更长的年龄数据,目前 1×10^{-15} 的丰度灵敏度只能够给出 4 万年以内的年龄数据,这同样需要将丰度灵敏度提高到 $1 \times 10^{-17} \sim 1 \times 10^{-16}$ 范围内。

为了达成提升 AMS 丰度灵敏度 $10 \sim 100$ 倍的目标,姜山和欧阳应根于 2017 年提出了将超强电离技术应用于 AMS 和 MS 的技术方案。超强电离技术的本质如下:一种离子源内具有超强的电离作用的离子源,使得测量样品中的同位素和元素能够形成多个电荷态,即剥离掉多个电子($2+$、$3+$、$4+$,…,乃至全剥离),并且形成很强的多电荷态的离子束流。例如,CO_2 气体进样,可以引出 C^{4+}、C^{5+}、C^{6+} 等多电荷态的离子,束流强度可以达到 1×10^3 μA。超强电离技术最大的优点是完全不存在分子离子和分子碎片离子的干扰,因为当电荷态为 $3+$ 时,分子离子全部被瓦解,从而解决了困扰小型化 AMS、同位素 MS 和无机 MS 的分子离子和分子碎片离子干扰的问题。

质谱学的发展经历了硬电离(强电离)和软电离两个时代,超强电离也必将在质谱领域发挥重大作用。

4.6.2.1 ECR - AMS 的结构

超强电离的离子源有多种,采用多电荷态的 ECR 离子源作为 AMS 离子源,即 ECR - AMS,其已申请了国际三方发明专利[32](美国、欧洲和日本)。关于 ECR 离子源的原理请见第 1 章。

图 4 - 21 是 AMS 和 ECR - AMS 装置结构对比图,在结构上两个装置有如下四点不同:

(1) 离子源不同。AMS 采用溅射型负离子源,ECR - AMS 采用多电荷态的正离子源,即多电荷态的 ECR 离子源。ECR 离子源的束流强度比溅射负离子高 $10 \sim 100$ 倍。

(2) 加速器不同。AMS 采用串列式静电加速器,具有电子剥离系统,导致束流传输效率降低。ECR - AMS 采用单极静电加速器,没有电子剥离系统,

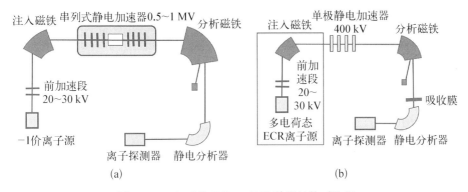

图 4 - 21　AMS 和 ECR - AMS 装置结构对比图

(a) AMS 结构简图；(b) ECR - AMS 结构简图

传输效率明显提高。ECR - AMS 束流传输效率比 AMS 高 2～10 倍。

（3）系统复杂程度不同。ECR - AMS 在两个方面比 AMS 简单：一方面是加速器简单，用单极静电加速器代替了串列式静电加速器；另一方面是取消了 AMS 上用的电子剥离器系统。

（4）仪器大小不同。由于 ECR - AMS 的加速和分析都是针对多电荷态离子，因此，所用的磁分析器和静电分析器等的结构尺寸都明显缩小（磁铁和静电分析器的偏转半径与质荷比 M/q 成正比），与相同加速电压的 AMS 相比，ECR - AMS 的占地面积能够缩小 50%～66.7%。

ECR - AMS 装置的总体结构包括以下几个主要系统：

（1）离子源与注入系统。该系统包括多电荷态 ECR 离子源、一段前加速段和一个磁分析器。

（2）单极静电加速器系统。该系统是 AMS 的一个核心系统，它能保证待测量核素有足够高的能量，以有效开展同量异位素的粒子鉴别。

（3）高能分析系统。该系统包括高能量分辨率的静电分析器、ΔE 能量吸收膜、高动量分辨的磁分析器和第二个高能量分辨率的静电分析器。

（4）离子探测与数据获取系统。该系统包括气体电离室、飞行时间（TOF）探测器、电子学部件和计算机数据获取与数据分析部件。

（5）自动控制系统。该系统通过传感器和控制软件实现对上述各个系统的工作进行自动控制。

4.6.2.2　ECR - AMS 的测量过程

ECR - AMS 是气体进样，装置的测量过程如下：① 将气体样品或者固体/液体样品转化成的气体样品，进行物理、化学分离与纯化（一般样品量为

0.1～1.0 mg 级)。② 将气体通过石英微管送入 ECR 离子源中,气体样品经过离子源电离成具有多电荷态的正离子,并由离子源的出口引出。③ 被引出的多电荷态离子束流,先在前加速段被加速,后经过注入磁铁选定待测量离子(选定质荷比 M/q),并注入加速器进行加速,从而得到较高的粒子能量(能量 $E=qV$, q 为离子电荷态的带电量,V 为加速器的加速电压)。④ 经过高能端静电分析进行能量 E/q 的选择后,待测量离子穿过 ΔE 能量吸收膜(为了排除同量异位素)。⑤ 穿过吸收膜后再次经过动量 ME/q^2 和能量 E/q 的分析,以确定所要测定的离子,并排除部分同量异位素和具有相同质荷比核素等干扰离子。⑥ 待测离子进入探测器系统进行粒子鉴别,进一步排除同量异位素等干扰离子,并记录所测量的核素。

4.6.2.3 ECR‐AMS 能够提高丰度灵敏度 10～100 倍的依据

目前的 AMS 丰度灵敏度为什么还不够高?要回答这个问题,我们首先要知道有哪些因素影响了 AMS 的丰度灵敏度(详见 4.4.3 节)。影响测量 AMS 丰度灵敏度的因素主要有三个:一是束流强度;二是束流传输效率;三是本底水平,包括仪器本底和制样本底。我们分析影响 AMS 丰度灵敏度的因素,找到存在的问题后就能够找到提高 AMS 丰度灵敏度的办法。

1) 传统 AMS 存在的具体问题

在影响测量丰度灵敏度的三个方面,AMS 存在如下问题:

(1) 采用的负离子源束流强度不够高。目前采用的溅射负离子源,其束流强度一般为 1～10 μA。如果采用 ECR 离子源,束流强度可以达到 $1 \times 10^2 \sim 1 \times 10^3$ μA,能够提高 10～100 倍。

(2) 采用的串列加速器传输效率不高。在串列加速器的两次加速之间有一个电子剥离器,使负离子转换为正离子,其转换效率为 10%～50%。如果不采用电子剥离器,则束流传输效率能够达到 90% 或以上。

(3) 仪器的本底不会太低。AMS 仪器存在固有本底,主要来源于离子源和串列加速器对离子加速过程中的电荷(电子)交换。例如,在离子源方面,测量 ^{10}Be 和 ^{36}Cl 时,其同量异位素 ^{10}B 和 ^{36}S 就主要来源于离子源的样品靶锥材料和离子源环境。在串列加速器方面,加速过程中会产生电荷交换本底(见 4.5.2 节)。

另外,制样本底也不会太低。我们知道,AMS 是固体进样,样品需要制备,在制样过程中必然会受到环境、试剂和制样设备等的沾污。例如,测量 ^{14}C,样品由 CO_2 制备成石墨,制样过程受到环境和制样设备中现代 ^{14}C 的沾污,导致测量的 ^{14}C/^{12}C 的丰度灵敏度为 3×10^{-15} 左右。

2) ECR - AMS 的特点

多电荷态 ECR - AMS 的特点主要体现在 ECR 离子源上,该离子源具有束流强和引出多电荷态时无分子本底干扰等优点。另外,多电荷态离子得到的能量高,一方面有利于排除同量异位素的干扰;另一方面质荷比(M/q)低,使得 ECR - AMS 系统小型化。具体特点如下:

(1)多电荷态的 ECR 离子源束流强。ECR 离子源的束流强度比溅射负离子高 10~100 倍。

(2)采用单极静电加速器,没有电子剥离系统,传输效率明显提高。ECR - AMS 束流传输效率比 AMS 高 2~10 倍。

(3)多电荷态(电荷态大于 3+)的 ECR 离子源除了无分子本底干扰外,还具有压低同量异位素本底的能力,一般可以降低为原来的 0.1%~10%。

(4)能够降低仪器固有本底。多电荷态离子经过加速后,能够得到较高的离子能量,就有利于压低同量异位素本底。另外,采用单极静电加速器,能够避免串列加速器上存在的电荷交换本底等。

(5)能够降低制样本底。ECR 离子源气体进样最大限度减少了制样本底和溅射负离子源本底等。

与 AMS 相比,ECR - AMS 在束流强度和束流传输效率方面,共计能够提高 10 倍以上。如果在仪器本底水平和制样本底水平上都能够降低至原来的 10% 以下,其丰度灵敏度就能够提高 10 倍以上,进入 $1 \times 10^{-17} \sim 1 \times 10^{-16}$ 范围。

3) ECR 离子源上 ^{10}Be 的实验数据

2018 年,启先科技、原子能院和近代物理研究所三家合作,开展了 ECR - AMS 的原理验证。用 ECR 离子源引出 Be 和 B,试验的目的有两个:一个是得到 Be 的稳定同位素 ^{9}Be 的束流强度;另一个是得到在 ECR 离子源内能够压低干扰本底同量异位素 ^{10}B 的能力。试验得到了非常理想的结果,该结果与传统 AMS 实验结果的比较如表 4 - 4 所示。

表 4 - 4 ECR 离子源与 AMS 负离子源引出 ^{9}Be 和 ^{10}B 的实验数据比较

离子源	AMS	ECR - AMS
束流强度/μA	约 2	约 20
传输效率/%	约 40	约 90
离子源压低 ^{10}B (采用 Be:B=1:1)	离子源 ^{9}Be 和 ^{10}B 束流强度比=1:1	离子源 ^{9}Be 和 ^{10}B 束流强度比=1:0.01

如表 4-4 所示，ECR 离子源的束流强度和束流传输效率总计比 AMS 的束流强度和束流传输效率高出 20 倍以上。相对于 ^{9}Be 束流，AMS 负离子源不具有压低 ^{10}B 的能力，而 ECR 离子源具有压低 ^{10}B 100 倍的能力。

4.6.2.4　ECR - AMS 在应用上的优势与扩展

ECR - AMS 是气体进样，由于测量丰度灵敏度的提高，其测量和应用范围都将会大幅度增加。

（1）能够开展惰性气体的测量。传统 AMS 不能够实现惰性气体的测量，原因是 AMS 采用负离子源，惰性气体不能够得到电子而形成负离子。

（2）能够增加放射性核素的测量种类。针对放射性核素，传统 AMS 适用于长寿命的测量。一般半衰期大于 10 天的核素（如 ^{7}Be 等），用 AMS 测量具有明显优势。而对于中、短寿命的核素采用直接放射性测量方法具有优势。ECR - AMS 由于灵敏度能够提高 10～100 倍，因此对于中、长寿命核素的测量都有优势，即对于半衰期大于 1 天（甚至 1 h）的核素，都有明显优势。

（3）能够开展更深入和广泛的科学研究。最为重要的有三点：第一，能够实现 ^{41}Ca 的考古定年；第二，能够将 ^{14}C 定年的范围从目前的 1 万年～5 万年，提高到 1 万年～8 万年甚至更宽的范围；第三，能够显著提高 ^{3}H、^{10}Be、^{26}Al、^{36}Cl、^{85}Kr 等核素应用范围的广度和深度。

（4）系统更加紧凑、简单。占地面积是同等加速电压的串列式 AMS 的 33.3%～50%。

（5）能够扩大应用范围。由于气体进样和小型化，该仪器可以用于现场开展在线测量或快速检验，这样就可以作为超高灵敏监测/检测的仪器广泛应用于环境、食品、医疗、核设施安全等领域。

（6）ECR - AMS 去掉加速器后，就成为同位素 MS 和无机 MS，出现新的 MS，即同位素 ECR - MS 和无机 ECR - MS。由于没有分子离子的干扰，其测量的丰度灵敏度会大幅度提高。例如，同位素 ECR - MS 的丰度灵敏度为 $1 \times 10^{-15} \sim 1 \times 10^{-13}$，比传统的同位素 MS 1×10^{-8} 的丰度灵敏度提高 100 000 倍以上，测量精度提高 10 倍以上，详见 4.6.3 节。

从仪器发展的角度看，每一种新的仪器也存在新的问题。ECR - AMS 的主要问题如下：由于离子源引出多电荷态，所以在传输过程中存在相同质荷比的离子的干扰。例如，测量 ^{10}Be^{4+}，存在 ^{15}Ne^{6+}、^{20}Na^{8+} 等干扰，因为它们具有与 ^{10}Be^{4+} 相同的质荷比 $10/4 = 2.5$。我们在测量中通过两个步骤就能够把它们排除掉：第一，在高能端离子穿过吸收膜后我们选择 ^{10}Be^{3+}，电荷态从

4＋变为 3＋,质荷比变成了 $10/3 \approx 3.33$。这时,原来具有相同质荷比的离子绝大部分将被排除(质荷比变化和能量变化)。第二,极其少量(低于 1×10^{-13})的离子如 $^{20}Na^{6+}$ 可能进入探测器。由于 $^{20}Na^{6+}$ 和 $^{10}Be^{3+}$ 在能量上存在很大差异(1 倍左右),探测器很容易把它们完全区分开,能够压低至原来的 0.1% 以下。

ECR－AMS 系统的工业化样机,启先科技、原子能院和近代物理研究所等单位正在合作研制之中,预计能够在 2022 年开始测试并开展应用。

4.6.3　其他新型仪器技术

关于新型 AMS 技术,目前有两个非常有意义的系统正在研制和发展中。一个是基于正离子(positive ion)源的 MS 系统,即 PIMS 系统;另一个是基于多电荷态 ECR 的 MS 系统,即 ECR－MS。这两种仪器技术的共同特点如下：都取消了加速器,只有 $20 \sim 30$ kV 的加速段,仪器向传统的 MS 回归,但仍然保留了 AMS 的测量指标和性能。

1) PIMS 系统

PIMS 是由英国格拉斯哥大学的 Freeman 联合美国 NEC 公司和法国的 Pantenik 研究所于 2016 年推出的 ^{14}C 专用测量系统,系统结构如图 4－22 所示。这种系统也是采用 CO_2 进样,利用单电荷态 ECR 源将 CO_2 电离成 C^+,然后将离子加速到 30 keV 或 60 keV 后,穿过异丁烷气体将 C^+ 转换成 C^-,

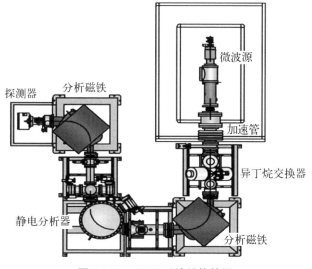

图 4－22　PIMS 系统结构简图

同时将分子离子瓦解,最后再利用磁分析器和静电分析器排除干扰后,利用面垒型半导体探测器对 ^{14}C 进行测定。PIMS 不需要加速器,使得设备更加小型化。测量上的主要优点是气体进样,不需要石墨化样品制备。不足之处是有两个新的问题:一是 30 kV 的 $^{14}C^{+}$ 难以很好地排除分子离子的干扰;二是离子电荷转换(正离子转变为负离子)穿过气体时,负离子的转换效率比较低。这两个问题的存在使得 PIMS 的丰度灵敏度限制在 10^{-15} 量级。

2) ECR - MS 系统

ECR - MS 是基于多电荷态电子回旋共振离子源的一种同位素质谱仪。ECR - MS 系统的结构与磁质谱基本相同[见图 4 - 1(a)],只是将离子源换成了 ECR 离子源。由于多电荷态 ECR 离子源具有束流强、离子能量离散小、没有分子离子干扰和具有压低同量异位素干扰等优点,ECR - MS 测量同位素的丰度灵敏度能够达到 $1 \times 10^{-15} \sim 1 \times 10^{-13}$ 范围,大大提高了同位素 MS 测量的丰度灵敏度。ECR - MS 适合于 U、Pu 和锕系等重元素的同位素测量,也适合于一些轻核素如 H、He、Li、Be、B、C、N 和 O 等元素同位素的高精度测量。

从质谱仪的整体意义上来说,ECR - MS 把 AMS 和传统同位素 MS 结合在了一起。虽然 ECR - MS 去掉了 AMS 上的加速器,但是对于那些无同量异位素干扰的待测量核素,仍然部分保留了 AMS 测量的高灵敏度指标和 MS 测量的高精度指标。对于 ^{10}Be、^{14}C、^{36}Cl 和 ^{41}Ca 等存在同量异位素核素的测量,只需要增加一个加速段把离子能量提高,再利用吸收膜和气体电离室等粒子鉴别手段就能够把测量丰度灵敏度提高到好于 1×10^{-15}。

ECR - MS 系统是一个同位素 MS、一个无机元素 MS,也是一个同位素和无机元素同时测量的 MS。ECR - MS 系统于 2018 年由我国的启先科技提出,目前公司正在与有关单位合作开展 ECR - MS 样机的研制,不久之后将会与科技工作者见面。

4.7 AMS 的应用研究

AMS 最为典型的应用是地质学与考古学,通过测量 ^{14}C、^{10}Be、^{26}Al、^{36}Cl 和 ^{41}Ca 等宇宙成因核素,就可以得到各种年代的数据。例如,在地质学上能够测定地层年代、沉积年龄、暴露年龄、埋藏年龄以及历史事件发生的时间等;在考古学上能够研究人类自身、人类文化和人类文明等历史的发生、发展、演化和溯源等,详见文献[33]。本节简要地介绍 AMS 在核科学与技术、医学、环境科学和材料科学等领域的应用。AMS 技术的发展必将推动各个应用领域的深入发展,也必将打开新的应用领域。

4.7.1　核科学与技术

AMS 在核科学与技术中的应用主要包括长寿命核素半衰期测量、核反应截面测定、裂变产额测量、核设施流出物测量以及核应急检测等方面。

4.7.1.1　长寿命核素半衰期测量

如果所测核素半衰期太长,在一定的测量时间内放射性核素的强度变化很小,则难以用直接测量方法进行半衰期的测定。此时,测量长寿命放射性核素半衰期的有效方法就是基于以下关系式进行计算:

$$\frac{\mathrm{d}N}{\mathrm{d}t} = -\lambda N, \ \lambda = \frac{\ln 2}{T_{1/2}} \tag{4-10}$$

式中,$\mathrm{d}N/\mathrm{d}t$ 是放射性核素的活度;$T_{1/2}$ 为放射性核素的半衰期;N 为放射性核素的原子数。在测量了放射性核素的活度和原子数之后,就可以得到放射性核素的半衰期,这种方法为间接测量法。其中,放射性核素的原子数可以利用质谱方法进行测量。

对于可以获得大量原子数目且足以克服稳定同量异位素本底干扰的情况,常采用普通质谱技术测定放射性同位素的原子数目,实现了许多长寿命核素的半衰期测定。但是对于一些天然丰度小的长寿命放射性核素来说,利用普通质谱测量时因有很强的本底干扰而无法准确测量放射性核素的原子数目。AMS 具有排除分子本底及同量异位素的能力,因而可以开展原子数目比较少的长寿命放射性核素半衰期的测量。

基于 AMS 测量长寿命放射性核素的高灵敏度特性,国际上利用 AMS 方法相继开展了 ^{32}Si、^{41}Ca、^{44}Ti、^{60}Fe、^{79}Se、^{126}Sn 等长寿命放射性核素的半衰期测量。原子能院也基于 HI-13 串列 AMS 系统开展了 ^{79}Se、^{32}Si 及 ^{151}Sm 的半衰期测量。这些核素在不同的领域都有很重要的应用,如 ^{32}Si 是宇宙射线与大气中的 Ar 散裂反应的产物,利用它可开展海洋、地下水和沉积物等的定年与示踪研究;^{79}Se 和 ^{126}Sn 可应用于环境和核废物储存等方面的研究;而 ^{44}Ti 和 ^{60}Fe 则是天体物理中非常重要的两个核素,宇宙射线与陨石中的一些重核的散裂反应形成 ^{44}Ti,利用 ^{44}Ti 可在几百年范围内对陨石的地球年龄进行测定,测量陨石中产生的 ^{44}Ti 的丰度可以推算近几百年宇宙射线注量率的变化。研究人员也利用 AMS 方法测量到了在铁陨星中由宇宙射线产生的 ^{60}Fe,而且认为 ^{60}Fe 在行星的早期热源中可能扮演着一个重要的角色,其半衰期是一个关键数据。

4.7.1.2 核反应截面测定

AMS 测量核反应截面可由下式得到:

$$\sigma = \frac{N_{\rm p}}{N_{\rm t}\phi t} \tag{4-11}$$

式中,$N_{\rm p}$、$N_{\rm t}$ 分别为子核与靶核的原子个数;ϕt 为入射粒子在照射时间 t 内的总注射。由于产物核半衰期很长,同时靶核数目比照射所生成的放射性子核的数目大很多,故可认为子核数目没有衰变且靶核数目不变。

目前,国际上有 30 多个核反应截面是由 AMS 测定的。原子能院测量了 ^{14}N(^{16}O, α)^{26}Al、^{238}U(n, 3n)^{236}U、^{60}Ni(n, 2n)^{59}Ni 和 ^{93}Nb(n, 2n)^{92}Nb 等反应截面,为相关研究提供了重要数据。AMS 也可以开展不稳定核素的核反应截面测定(级联核反应),如 ^{180}Hf(n, γ)^{181}Hf(n, γ)^{182}Hf 核反应截面。

以下是王祥高的 ^{238}U(n, 3n)^{236}U 核反应截面测量工作。14 MeV 中子引起的 ^{238}U(n, 3n)^{236}U 核反应截面是国防和核工作需要的重要数据之一。为了选取 ^{238}U(n, 3n)^{236}U 核反应靶,用 AMS 测量了来自世界各地的铀的样品中的 ^{236}U/^{238}U 本底,并用电感耦合等离子体(ICP)对样品中的铀同位素和样品成分进行分析,得到低 ^{236}U 本底的天然铀样品作为核反应靶。样品辐照在原子能院 600 keV 中子发生器的直管道上进行,以 T(d, n)^{4}He 反应为中子源,氘束流能量为 300 keV,靶上束斑直径小于 5 mm,中子产额为(2~5)×10^{10} n/s,样品累计照射了 198.42 h。通过 AMS 测量得到中子能量 $E_{\rm n}$ =(14.65 ± 0.40)MeV 和 $E_{\rm n}$ =(14.18 ± 0.30)MeV 的 ^{238}U(n, 3n)^{236}U 反应截面分别为(556.7±43.4)mb 和(489.3±54.3)mb[34]。图 4-23 所示是 14 MeV ^{238}U(n, 3n)^{236}U 反应截面与前人实验数据的比较。

4.7.1.3 在自然界中寻找超重元素

自然界是否存在超重元素,这是核物理界乃至科学界一个十分重要的科学问题。假如自然界存在超重元素,首先其必定是长寿命核素,其次其含量一定极低。因此,AMS 是寻找超重元素最有利的方法之一。

第一个利用 AMS 开展的寻找自然界中超重核的研究工作是在独居石中

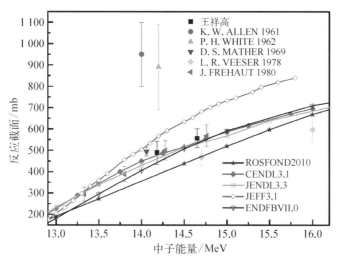

图 4 - 23　14 MeV ^{238}U(n, 3n)^{236}U 反应截面与前人实验数据的比较

寻找超重元素[35],由于当时的设备比较简陋,技术不够完善,只是初步得到了在独居石中质量数在 345~355 范围内的超重元素的含量低于 1×10^{-10}。随后较为系统的工作是利用美国宾夕法尼亚大学的 AMS 寻找自然界中 $Z=110$、$A=294$ 的超重核素。当时有人估算,^{294}110 与铂(Pt)的原始比值在 0.02~0.06 范围内,受到此估算的鼓励,美国宾夕法尼亚大学的串列加速器对天然铂金中 ^{294}110 的含量进行了测量,得到 Pt 中质量数为 294 的超重核素的含量上限为 1×10^{-11}。测量结果远低于预期值,可能的原因是此核素的半衰期小于 1×10^{8} a,或者此核素在铂中的原始含量远小于 0.01。

近年来,随着 AMS 技术的不断发展,目前其探测下限最低为 1×10^{-16}。在此条件下,奥地利维也纳环境研究实验室(VERA)开展了系列测量工作。他们利用 AMS 在自然金中寻找了长寿命的 111 号元素𬬻(Rg),也在自然的铂、铅和铋中寻找了质量数为 288~300 的相应超重核 Ds、Fl 及 115 号元素 Mc 的各种同位素,其探测上限分别为 2×10^{-15}、5×10^{-14} 和 5×10^{-13}。德国慕尼黑工业大学的 P. Ludwig 等在铱矿、粗铂、氟化铅中寻找了质量数为 292~310 的超重核,给出的探测上限为 1×10^{-16}~1×10^{-14}。原子能院的王小明等利用化学富集方法开展了铅矿中超重核素的测量工作,得到在铅中超重核素 ^{298}Fl/Pb 的探测上限为 5.0×10^{-15}。

科学家们迫切希望继续提高 AMS 的丰度灵敏度,这样就能够继续降低探测下限。ECR - AMS 对于重核素测量的丰度灵敏度能够提高 100 倍以上,即探测下限可以降低到原来的1%，这样将大幅度推进在自然界里寻找超重核素的研究工作。

4.7.1.4 核天体物理与太阳中微子

AMS在核天体物理与太阳中微子方面的应用可以解决许多重要的科学问题[33]。

1）天体核合成截面测量方面的应用

利用AMS开展天体核合成截面测量方面的应用在国际上开展了大量的工作。天体中目前仍能观察到的放射性核素为天体中持续的核合成提供了直接证据。例如，^{26}Al和^{44}Ti是目前在天体中仍然可以观察到的放射性核素，说明它们目前仍在不断地合成中。开展天体温度下^{26}Al和^{44}Ti合成截面将为研究天体演化提供关键数据。国际上目前已开展了天体条件下^{26}Al和^{44}Ti合成截面的AMS测量工作[36]。此外，利用AMS开展星际温度下一些关键核素的中子俘获截面测量也对核天体物理研究至关重要，国际上也已开展了大量的研究工作。这些反应在控制慢中子俘获核合成过程形成路径中起着重要作用。如^{58}Ni(n,γ)^{59}Ni、^{62}Ni(n,γ)^{63}Ni、^{78}Se(n,γ)^{79}Se等都是慢中子俘获过程中的重要核反应，开展其在天体温度下的核反应截面测量将对星际核合成与演化提供重要数据。总之，随着AMS技术的不断发展，应用AMS开展天体物理方面的工作会越来越多。

2）太阳中微子探测方面的应用

AMS在太阳中微子探测方面的应用主要是通过测量太阳中微子与地球上的一些物质相互作用产生的长寿命放射性核素的原子数和已知的反应截面，得到太阳中微子的强度信息。目前主要有以下几种反应产生的放射性核素适用于AMS测量：^{41}K（ν，e^-）^{41}Ca、^{98}Mo（ν，e^-）^{98}Tc、^{205}Tl（ν，e^-）^{205}Pb、^{7}Li（ν，e^-）^{7}Be。

此外，AMS对地球表面就地生成的宇宙成因核素^{10}Be、^{26}Al和^{41}Ca等的测量，能够在宇宙射线的研究中发挥重要作用；利用AMS的超高灵敏性，能够在地球上寻找星际间的物质和稀有粒子，如^{244}Pu和^{60}Fe等都是在地球上发现的星际粒子；还可以测量月壤和月岩中的宇宙成因核素与星际粒子。

4.7.1.5 核设施流出物监测

开展核电站、后处理厂等核设施放射性流出物的监测，对于核设施安全运行的监测、核设施事故的早期诊断以及生态环境的研究等都具有十分重要的意义。

核设施流出物包括气态流出物、液态流出物和固态流出物，需要检测的核

素有 ^3H、^{14}C、^{90}Sr、^{129}I、^{41}Ar、^{85}Ke 和 ^{133}Xe 等长寿命核素,采用传统的放射性测量存在取样量大,取样、样品处理和测量时间长等问题,导致测量精度和检测限不能满足要求。AMS 能够实现 ^3H、^{14}C、^{90}Sr 和 ^{129}I 等非惰性气体的测量,但是由于 AMS 需要固体进样,需要取样和制样过程,所以在测量速度上还不能够满足需求,也还需要实现对惰性气体的测量。

启先科技正在研发的 ECR-AMS 是一个气体进样、正离子引出的 AMS 系统,它不仅能够实现包括惰性气体在内的上述所有核素的测量,还能够实现在线和准在线的测量。ECR-AMS 是测量核设施流出物中长寿命核素的理想仪器。

4.7.1.6　环境与核应急检测

通过环境取样,快速测量一些放射性核素,对核事故进行检测和研究,除了利用短寿命放射性核素进行测量外,利用一些长寿命放射性核素如 ^3H、^{14}C、^{36}Cl、^{129}I 等在核事故应急中也能发挥独特作用。

作为 ^{235}U 和 ^{239}Pu 的挥发性裂变产物,^{129}I 因裂变产额高、寿命长,在核事故中会与其他挥发性裂变和活化产物一起释放到环境中,包括 ^{131}I、^{132}I 和 ^{133}I 以及其他挥发性放射性核素如 ^{137}Cs、^{134}Cs。在所有释放的核素中,^{131}I 具有较高的裂变产额(2.83%),并且碘能够在人体内(甲状腺)高度富集,以 ^{131}I 的辐射危害最为显著。而 ^{131}I 的半衰期只有 8 天,很快会衰变殆尽,难以进行完整的跟踪监测。由于 ^{129}I 和 ^{131}I 具有相同的生成路径和环境化学行为,因此可用 ^{129}I 的分析来重建核事故发生时环境中的 ^{131}I 水平以及辐射影响等。

AMS 是环境和环境应急检测理想的测量仪器,2011 年日本福岛核事故后,在北京取样并用 AMS 测量 ^{129}I 的结果和用放射性方法测量 ^{131}I 的结果如图 4-24 所示。

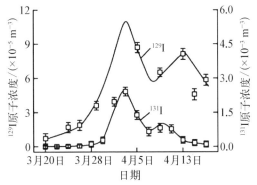

图 4-24　2011 年福岛核事故期间北京地区大气颗粒物 ^{129}I 与 ^{131}I 的浓度变化

图 4-24 显示,2011 年 3 月 26 日,空气中颗粒物中的^{129}I 浓度高于 3 月 20 日的本地水平,证明事故来源的^{129}I 已经传输到北京,随后测得^{129}I 的浓度在 4 月 5 日前达到峰值,并且与大气颗粒物中^{131}I 的数据峰值时间点相吻合。而环境保护部公布的^{131}I 测量结果显示,截至 3 月 28 日,传统的 γ 谱仪仍然没有检测出事故来源的^{131}I。由此可见,AMS 对核事故排放的^{129}I 的预警日期比传统的 γ 谱仪监测的^{131}I 的日期更早,能更好地预警。

4.7.2 在医学中的应用

AMS 在医学中的应用主要包括临床医学、药物研发以及基础医学研究与应用等方面,是未来一个十分重要的发展方向。

4.7.2.1 疾病早期诊断

1) 呼气实验诊断疾病

呼气实验已广泛应用于诊断消化系统疾病,通过直接测定呼气成分或在摄入特定药物后测定呼气中的标志性气体,实现对受试者机体生理、病理状态的非侵入性判断,具有无创、简便及可定量检测的优点。近年来,AMS 仪器小型化使其在疾病诊断中优势凸显,原子能院的 AMS 小组与有关单位合作,用^{14}C 标记开展了"胃排空"实验和"胃幽门螺旋杆菌"诊断方法研究。

2) 其他诊断疾病方法

通过 AMS 和 MS 对同位素指纹进行测量来诊断疾病,也是发展重点。以钙同位素指纹为例,钙在人体中具有非常重要的作用,研究表明,^{48}Ca/^{40}Ca 比值在骨骼等硬组织中和细胞等软组织中的差别很大。利用这一同位素指纹信息就可以诊断骨质疏松症等与钙代谢相关的重要疾病,通过测量血液和尿液中的^{48}Ca/^{40}Ca 比值,如果结果与骨骼中的^{48}Ca/^{40}Ca 接近,表明血液中多数钙来源于骨骼,从而确诊骨质疏松疾病。

4.7.2.2 药物研发

AMS 在药物吸收、分布、代谢和排泄研究中,尤其是在药物预筛选和临床药理研究中具有很大潜力。AMS 对^{14}C 的探测灵敏度比液闪法高 5～6 个数量级。使用 AMS 分析,微剂量的^{14}C 同位素示踪研究无须经过复杂的辐射防护安全机构的审批程序,还减少了放射性废物的处理费用和对昂贵的^{14}C 标记化合物的消耗;另外,AMS 可以对多种候选药物进行快速筛选和人体临床实验,如研究每种药物与 DNA 的加合反应情况,从分子水平和实际使用剂量水平对其基因毒性做出比较和判断,避免传统方法采取长期和高剂量动物实验观察生物学效应终点的缺陷。采用 AMS,在 I 期临床试验中或之前就可以采集人体吸收、分布、代谢和排泄(ADME)数据,这有助于在药物开发早期进行决定性判断,从而大幅减少药物开发风险,并缩短药物进入市场的周期[33]。

4.7.3　在环境科学中的应用

AMS 在环境科学中的应用是 AMS 未来应用的一个重要方向。

4.7.3.1　城市污染监测

$PM_{2.5}$ 污染物来源于化石燃烧或生物质燃烧,一些常规测量手段不能直接区分这两类燃烧。通过 AMS 测量 ^{14}C,能够准确区分 $PM_{2.5}$ 污染物的来源。建立化石源 CO_2 排放的定量监测手段,在科学和服务国家需求层面都具有重要意义。Zhou 等[37]选取西安市作为研究案例,开展了城市大气 CO_2 排放的 ^{14}C 连续监测研究,将大气气体和一年生植物样品结合,进行化石燃料 CO_2 时空分布的示踪研究,并对大气 ^{14}C 进行长期研究,首次获得了西安市不同区域化石源 CO_2 浓度的时空分布特征,揭示了人类活动对西安大气 CO_2 的影响。

青藏高原周边广泛存在大气严重污染区域,这些污染物可通过大气环流进入青藏高原,将对其气候和环境产生深刻影响。Cong 等[38]对该传输机制进行了深入研究,结果表明,珠穆朗玛峰地区大气气溶胶中二元羧酸与有机碳、元素碳的浓度变化显著相关。不同有机酸之间的比值,如丙二酸/丁二酸、马来酸/富马酸均指示珠穆朗玛峰地区的有机气溶胶变化,而其他因素如二次生成、光化学氧化等的贡献并不显著。

4.7.3.2　全球气候变化

温室效应是全球气候变化研究的重要课题之一,其导致的直接影响就是全球气候变暖、冰川消融。大气中甲烷浓度的明显增加是导致这一效应的主要因素之一。大气中甲烷可能的来源有天然气管道泄漏(不含 ^{14}C 的死碳)、家畜或废物填埋、生物体燃烧或其他天然系(如矿石)的释放。由于大气中甲烷含量相对较低,传统方法难以检测其含量,而利用 AMS 能够满足测量灵敏度的需求。Lowe 等对大气中 $^{14}CH_4$ 的 AMS 测量结果表明新西兰南方大约有 25% 的大气甲烷来源于矿石;Eisma 等[39]对欧洲西北部大气甲烷的排放量进行研究,结果表明,除了压水堆和热水堆外,其他核装置也会产生 $^{14}CH_4$。Guo 等开展了大气气溶胶污染物的来源研究,对含有大量环境信息的地质层位样

品进行了 ^{14}C 的 AMS 测量,并给出精细的年代序列,这有助于了解过去数万年来环境变化及其发展趋势。

4.7.3.3 生态环境变化

澳大利亚国立大学与挪威农业大学合作,利用 AMS 方法对取自 Ob 和 Yenisey 两条河河口的水和沉积物样品中 Pu 的浓度和同位素比值进行了测量,结果表明,Ob 河口的 Pu 仅来自 Novaya Zemlya 的大气核测试产生的原子尘,而 Yenisey 河口的 Pu 则具有明显的武器原料特征,由此推测其来自两河交界处的苏联核武器生产和处理厂。

我国的 AMS 实验室在此方面开展了大量工作,如蒋崧生等测量了我国连山关铀矿矿床附近地下水中的 $^{36}Cl/Cl$,并对高放射性环境周边地区的地表水和地面水中的 ^{129}I 进行测量,实验结果表明,高放射性环境周边地区的水中 ^{129}I 原子的含量为 $1 \times 10^{8} \sim 1 \times 10^{9}/L$,这为核污染检测提供了丰富数据;何明等利用 AMS 开展了反应堆废水中 ^{99}Tc 含量的测定工作。此外,1999 年,原子能院 AMS 实验室测量了北京周边及河北等地大气、雨水中的 ^{129}I 含量,结果表明,^{129}I 的含量明显高于正常水平 $2 \sim 3$ 个数量级[40]。

4.7.4 在材料科学中的应用

AMS 在材料科学中的应用主要是瞄准同位素材料、高纯材料、材料表面分析以及深度分布分析等。

1) 同位素材料

AMS 在同位素材料中的应用主要是针对各种同位素材料的分析,如分析同位素材料中的同位素丰度和杂质含量。同位素材料包括气态同位素材料、液态同位素材料和固态同位素材料。主要的固态同位素材料有硼、锂、钙、铁、铀和各类矿物质等;气态同位素材料有氧气、氢气、氦气、氮气、氩气等;液态同位素材料有低氚水、氚水等。需要在测量样品中同位素丰度的同时也给出杂质(或掺杂物)含量的准确测量。传统同位素 MS 对于富集很高(同位素丰度比值低于 1×10^{-4})的同位素材料的测量存在三个问题:一是分子离子的干扰;二是同量异位素离子的干扰;三是沾污和同位素分馏效应。例如,^{40}Ca 同位素材料中有 ^{41}Ca、^{42}Ca、^{46}Ca、^{48}Ca 同位素和杂质 Be、Mg、Ar、K、Sc 等的存在。由于 ^{40}Ca 离子的存在,就无法实现同量异位素杂质 ^{40}Ar 和 ^{40}K 离子的测量,又由于 ^{40}CaH 分子离子的存在,也无法实现 ^{41}Ca 和 ^{41}K 离子的测量。

AMS 能够解决高富集度的同位素材料中的测量问题,能够显著地提高测量灵敏度、测量精度和测量速度。AMS 主要有三个应用课题:一是材料中同位素丰度的测量;二是材料中杂质含量的测量;三是材料中的同位素丰度和杂质含量的同时测量。目前的 AMS 只能够实现固体同位素材料中的同位素丰度测量,而 ECR - AMS 能够实现气态、液态和固态同位素材料中的同位素丰度和杂质含量的同时测量。

2) 高纯材料

高纯材料包括半导体材料、金属材料和试剂等,主要的测量需求是工艺过程和产品检验,测量样品和产品中的杂质含量。杂质的含量一般在 $1 \times 10^{-15} \sim 1 \times 10^{-10}$ 的范围内,要求质谱仪的最低检测线低于 1×10^{-15}。目前,国际上用于高纯材料测量的仪器主要是高分辨的无机质谱,其最低检测线为 1×10^{-13}(0.1 ppt[①]),都是美国、德国和日本的产品。我国半导体行业目前所用的质谱仪全部都是国外的产品。

AMS 可以应用于半导体等高纯材料的分析,但 AMS 不能够同时实现多个元素的杂质含量测量。采用同位素或元素同时测量的 ECR - AMS 和 ECR - MS 就可以实现高纯材料的测量。

4.7.5　其他的重要应用课题

目前在生物医学方面,^{14}C、^{26}Al、^{41}Ca、^{151}Sm 等核素已经成功应用于药理学、毒理学、生物化学等方面的研究。近年来,原子能院与多家研究机构合作,利用 ^{41}Ca 示踪剂针对细胞钙浓度、生物体补钙及钙缺失所致疾病机理、骨质疏松症等进行了多方位、长期的研究,取得了较大的进展[33, 41],为了解骨质疏松症的发生机理和有效治疗奠定了良好基础。在核物理与核天体物理研究领域,AMS 不但可以测量核素的半衰期、核反应极微小的反应截面、长寿命核素的聚变产率,而且可对珍贵的月球陨石样品中半衰期为 5 ka~15 Ma 的核素进行高灵敏测量。Vogt 等[42]通过分析 4 个月球陨石样品中的宇宙成因核素 ^{10}Be、^{26}Al、^{36}Cl、^{41}Ca,分别得到了这几个样品降落到地球之前在月球上的埋藏年龄,从月球降落到地球的时间以及在地球上的存在时间。随着 AMS 技术的发展,其未来的应用领域是锕系,尤其是 U 和 Pu 等同位素的分析,这对于维护现代核安全、监测核活动对全球环境的影响等具有重要意义。

---

① ppt(parts per trillion)为行业惯用的浓度单位,表示万亿分之一。

今天,AMS 已经发展成为一项强有力的、不可缺少的分析技术。经过几代研究者的不懈努力,AMS 仪器和设备的性能、小型化和自动化等方面都将得到前所未有的多元化发展。未来 AMS 发展的目标主要有两个方面:一方面是在灵敏度方面有大幅度的提高,从而解决诸多重大的科学问题;另一方面是在保持 AMS 的性能指标的前提下向传统 MS 看齐,成为易操作、易维护和高注量率的紧凑型系统。

参考文献

[1] Bennett C L, Beuken R P, Clover M R, et al. Radiocarbon dating using electrostatic accelerators: negative ions provide the key[J]. Science, 1977, 198(4316): 508 - 510.

[2] Nelson D E, Korteling R G, Stott W R. Carbon - 14: direct detection at natural concentrations[J]. Science, 1977, 198(4316): 507 - 508.

[3] Stephenson E J, Masta T S, Mullera R A. Radiocarbon dating with a cyclotron[J]. Science, 1977, 196: 489 - 494.

[4] Jiang S, He M, Jiang S S, et al. Development of AMS measurements and applications at the CIAE[J]. Nuclear Instruments and Methods in Physics Research Section B, 2000, 172(1 - 4): 87 - 90.

[5] Tian Y M, Yu J X, Liu Z Y, et al. Progress report on the HI - 13 tandem accelerator[J]. Nuclear Instruments and Methods in Physics Research Section A, 1986, 244(1): 39 - 47.

[6] Fink D. AMS - 11 in Rome, 2008: past achievements, current and future trends[J]. Nuclear Instruments and Methods in Physics Research Section B, 2010, 268(7): 1334 - 1342.

[7] Jones G A, McNichol A P, Von Reden K F, et al. The national ocean sciences AMS facility at Woods Hole Oceanographic Institution[J]. Nuclear Instruments and Methods in Physics Research Section B, 1990, 52(3): 278 - 284.

[8] Garner R C, Long D. Pushing the accelerator-speeding up drug research with accelerator mass spectrometry[J]. Nuclear Instruments and Methods in Physics Research Section B, 2000, 172(1): 892 - 898.

[9] Schroeder J B, Hauser T M, Klody G M. Initial results with low energy single stage AMS[J]. Radiocarbon, 2004, 46(1): 1 - 4.

[10] Synal H A, Döbelia M, Jacobb S, et al. Radiocarbon AMS towards its low-energy limits[J]. Nuclear Instruments and Methods in Physics Research Section B, 2004, 223: 339 - 345.

[11] Purser K H. Ultra-sensitive spectrometer for making mass and elemental analyses: USA, 4037100[P]. 1976.

[12] Zhao X L, Litherland A E, Eliades J, et al. Studies of sputtered anions Ⅰ: survey of

MFn⁻[J]. Nuclear Instruments and Methods in Physics Research Section B, 2009, 268: 807 - 811.

[13] Skipper P L, Hughey B J, Liberman R G, et al. Bringing AMS into the bioanalytical chemistry lab[J]. Nuclear Instruments and Methods in Physics Research Section B, 2004, 223 - 224: 740 - 744.

[14] Roberts M L, Schneider R J, von Reden K F, et al. Progress on a gas-accepting ion source for continuous-flow accelerator mass spectrometry[J]. Nuclear Instruments and Methods in Physics Research Section B, 2007, 259(1): 83 - 87.

[15] Hotchkis M, Wei T. Radiocarbon detection by ion charge exchange mass spectrometry[J]. Nuclear Instruments and Methods in Physics Research Section B, 2007, 259(1): 158 - 164.

[16] Raisbeck G, Yioux F, Peghaire A, et al. Instability of KH_3 and potential implications for detection of ^{41}Ca with a tandem electrostatic accelerator[C]// Proceedings of the Second International Conference on AMS, Chicago, USA, 1981: 426 - 430.

[17] Vockenhuber C, Bergmaier A, Faestermannn T, et al. Development of isobar separation for ^{182}Hf AMS measurements of astrophysical interest[J]. Nuclear Instruments and Methods in Physics Research Section B, 2007, 259(1): 250 - 255.

[18] Zhao X L, Litherland A E, Eliades J, et al. Studies of sputtered anions I: survey of MFn⁻[J]. Nuclear Instruments and Methods in Physics Research Section B, 2009, 268(7 - 8): 807 - 811.

[19] Kieser W, Eliades J, Zhao X, et al. On-line ion chemistry for the AMS analysis of ^{90}Sr and $^{135,137}Cs$[C]//Proceedings of AMS - 12 Conference, Wellington, New Zealand, 2011.

[20] Maden C, Dobeli M, Kubik P W, et al. Measurement of carrier-free ^{10}Be samples with AMS: the method and its potential[J]. Nuclear Instruments and Methods in Physics Research Section B, 2004, 223 - 224: 247 - 252.

[21] Hou X, Zhou W, Chen N, et al. Separation of microgram carrier free iodine from geological and environmental samples for AMS determination of ultra low level ^{129}I [C]//Proceedings of AMS - 12 Conference, Wellington, New Zealand, 2011.

[22] Berkovits D, Boaretto E, Hollos G, et al. Selective suppression of negative ions by lasers[J]. Nuclear Instruments and Methods in Physics Research Section A, 1989, 281: 663 - 666.

[23] Alton G D, Zhang Y. An experimental apparatus proposed for efficient removal of isobaric contaminants in negative ion beams[J]. Nuclear Instruments and Methods in Physics Research Section B, 2008, 266: 4020 - 4026.

[24] Daniel R, Mores M, Kitchen R, et al. Development of a commercial laser-induced combustion interface to a CO_2 ion source for AMS[C]//Proceedings of AMS - 12 Conference, Wellington, New Zealand, 2011.

[25] Pardo R, Kondev F, Kondrashev S, et al. Laser ablation accelerator mass

spectrometry of actinides with an ECRIS and linear acceleration[C]//Proceedings of AMS - 12 Conference, Wellington, New Zealand, 2011.

[26] Verkouteren R M, Klouda G A, Currie L A, et al. Preparation of microgram samples on iron wool for radiocarbon analysis via accelerator mass spectrometry: a closed-system approach[J]. Nuclear Instruments and Methods in Physics Research Section B, 1987, 29(1 - 2): 41 - 44.

[27] Paul D, Been H A, Aertsbijma A T, et al. Contamination on AMS sample targets by modern carbon is inevitable[J]. Radiocarbon, 2016, 58(2): 407 - 418.

[28] Schroeder J B, Hauser T M, Klody G M. Initial results with low energy single stage AMS[J]. Norton Radiocarbon, 2004, 46(1): 1 - 47.

[29] He M, Bao Y, Pang Y, et al. A home-made ^{14}C AMS system at CIAE[J]. Nuclear Instruments and Methods in Physics Research Section B, 2019, 438: 214 - 217.

[30] Filield L K, Synal H A, Suter M. Accerlerator mass spectrometry of plutonium at 300 kV[J]. Nuclear Instruments and Methods in Physics Research Section B, 2004, 802: 223 - 224.

[31] Jiang S, He M, Dong K, et al. The limitations of AMS measurement for heavy nuclides[C]//The 5th East Asia AMS Symposium, Daejeon, Korea, 2013.

[32] 姜山.一种加速器质谱测量方法和系统：中国,201810201635.6[P].2018 - 03 - 12.

[33] 姜山,何明.加速器质谱技术及其应用[M].上海：上海交通大学出版社,2020.

[34] 王祥高.AMS测量 14 MeV 中子^{238}U(n, 3n)^{236}U 反应截面研究[D].北京：中国原子能科学研究院,2010.

[35] Knie K, Faestermann T, Korschinek G, et al. High-sensitivity AMS for heavy nuclides at the Munich Tandem accelerator[J]. Nuclear Instruments and Methods in Physics Research Section B, 2000, 172(1 - 4): 717 - 720.

[36] Fink D. AMS - 11 in Rome, 2008: past achievements, current and future trends[J]. Nuclear Instruments and Methods in Physics Research Section B, 2010, 268(7 - 8): 1334 - 1342.

[37] Zhou W J, Wu S G, Huo W W, et al. Tracing fossil fuel CO_2 using D^{14}C in Xi'an City, China[J]. Atmospheric Environment, 2014, 94: 538 - 545.

[38] Cong Z, Kawamura K, Kang S C, et al. Penetration of biomass-burning emissions from South Asia through the Himalayas: new insights from atmospheric organic acids[J]. Scientific Reports, 2015, 5: 9 580.

[39] Eisma R, van der Borg K, de Jong A F M, et al. Measurements of the ^{14}C content of atmospheric methane in the Netherlands to determine the regional emissions of ^{14}CH$_4$[J]. Nuclear Instruments and Methods in Physics Research Section B, 1994, 92(1 - 4): 410 - 412.

[40] Jiang S S, He M, Xie Y M, et al. AMS analysis of ^{129}I in the environmental samples [J]. Journal of Chinese Mass Spectrometry Society, 1999, 20(3 - 4): 127 - 128.

[41] Jiang S, He M, Dong K J, et al. The measurement of ^{41}Ca and its application for the cellular Ca^{2+} concentration fluctuation caused by carcinogenic substances [J].

Nuclear Instruments and Methods in Physics Research Section B，2004，223 - 224：750 - 753.

[42]　Vogt S，Fink D，Klein J，et al. Exposure histories of the lunar meteorites：MAC88104，MAC88105，Y791197，and Y86032［J］. The Macalpine Hills Lunar Meteorite Consortium，1991，55(11)：3157 - 3165.

第 5 章
离子束分析技术

离子束分析(ion beam analysis,IBA)是采用离子束对材料进行表征的一类重要的材料分析方法[1-2]。这类分析方法通常采用高压型加速器,如串列加速器或单端静电加速器,产生的兆电子伏量级离子束轰击材料表面,利用离子束与材料中原子的原子核或核外电子相互作用,通过探测离子和原子核碰撞过程中散射出的离子、反冲的靶原子核,或离子与靶核发生核反应产生的次级离子、γ 射线,或离子与核外电子相互作用产生的特征 X 射线或发光,对样品中的元素成分及深度分布或晶体结构进行表征。根据探测粒子的不同,常见的离子束分析方法有卢瑟福离子背散射谱法(Rutherford backscattering spectrometry,RBS,也称为卢瑟福背散射分析,即 RBS 分析)、弹性反冲分析(elastic recoil detection analysis,ERDA)、核反应分析(nuclear reaction analysis,NRA)、粒子诱发 X 射线发射(particle induced X - ray emission,PIXE,因通常采用质子束激发,也常称为质子激发 X 射线荧光分析)和离子激发发光(ion beam induced luminescence,IBIL)。利用沟道技术对晶体结构进行分析的离子束分析方法称为离子沟道(ion channeling,IC)。

下面对上述离子束分析方法的基本原理、装置分别进行介绍,并举例介绍各种分析方法的应用。

5.1 卢瑟福背散射分析

1909 年,著名科学家卢瑟福及其合作者利用放射源产生的 α 粒子轰击金箔,由此观测到了离子的背散射现象,并基于这种离子散射实验在 1911 年建立了原子的核式模型。1967 年,美国测量员 5 号空间飞船利用携带的 α 放射源首次对月球表面土壤进行了 RBS 分析。之后,RBS 分析技术逐渐完善,且发展迅速,并广泛应用于材料近表面和薄膜样品中元素化学配比、薄膜厚度、杂质含量以及元素深度分布分析等[1]。目前,除地外在线探测外,常规卢瑟福背散射均采用兆电子伏量级的高压型加速器产生离子束[1-2]。

5.1.1 卢瑟福背散射分析的基本原理

卢瑟福背散射分析通常采用 $1 \sim 2.5$ MeV 的 He^+ 束[1],也有实验室采用 $0.5 \sim 1.0$ MeV 的质子束或 $2.0 \sim 5.0$ MeV 的锂离子束,探测器与束流方向的夹角通常为 $160°$ 左右。在此实验条件下,RBS 分析中离子与靶的相互作用可用如下三个理想的物理过程描述:① 在入射过程中,离子主要与靶原子的核外电子相互作用而损失能量,因离子质量远大于电子质量,此过程离子沿直线运动。② 入射离子在某一深度 x 与靶原子的原子核发生碰撞,被散射,此过程为弹性库仑散射。③ 散射后的离子到靶表面的出射过程与入射过程一样,也沿直线运动。

散射过程中,两体发生弹性碰撞,假定散射前离子能量为 E_0,则散射后离子能量 E_1 可由运动学因子 K 和 E_0 表示:

$$E_1 = KE_0 \tag{5-1}$$

在入射离子质量为 M_1,散射前速度为 v_0,散射后速度为 v_1,散射角(散射后离子与入射离子的夹角)为 θ,靶核质量为 M_2,碰撞后靶核反冲速度为 v_2 的情况下,根据弹性碰撞动能和动量守恒定理可以得到[3]

$$K = \frac{E_1}{E_0} = \frac{\frac{1}{2}M_1 v_1^2}{\frac{1}{2}M_1 v_0^2} = \left\{ \frac{\left[1 - \left(\frac{M_1 \sin\theta}{M_2} \right)^2 \right]^{\frac{1}{2}} + \frac{M_1 \cos\theta}{M_2}}{1 + \frac{M_1}{M_2}} \right\}^2 \tag{5-2}$$

由运动学因子公式可以看出:当入射离子质量 M_1、能量 E_0 和散射角 θ 一定时,E_1 与 M_2 成单值函数关系。当散射发生在样品表面时,只有散射过程。所以,在给定实验条件(给定 M_1、E_0、θ)的情况下,通过测量表面背散射离子能量 E_1,就可以由式(5-2)计算运动学因子 K,从而得到靶原子核的质量数 M_2,以确定靶元素种类。这就是背散射定性分析(确定靶元素质量 M_2)的原理。

图 5-1 所示是不同靶核对 He 离子的运动学因子随散射角的变化情况,可以看出:① 散射角越接近 180°,两种不同靶核之间 K 因子的差别越大,样品表面两种不同靶核背散射出的离子能量的差别越大。这表明散射角越接近 180°,RBS 分析对靶核的质量分辨率越好。② 在散射角一定时,靶核质量越大,具有相同质量差的两种靶核的 K 因子差别越小,即 RBS 质量分辨率随 M_2 增大而变差。③ 在散

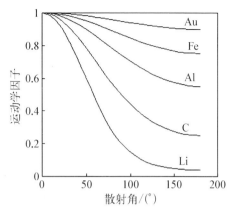

图 5-1　不同靶核对 He 离子的运动学因子随散射角的变化

射角相同时,靶核质量 M_2 越大,K 因子越大,背散射离子能量越高。

原子序数为 Z_1、能量为 E 的离子,与原子序数为 Z_2 的靶核发生库仑弹性碰撞,在散射角 θ 方向的散射截面可用卢瑟福背散射公式表示为

$$\sigma(E, \theta) = \left(\frac{Z_1 Z_2 e^2}{2E \sin^2 \theta}\right)^2 \frac{\left\{\cos \theta + \left[1 - \left(\frac{M_1}{M_2} \sin \theta\right)^2\right]^{\frac{1}{2}}\right\}^2}{\left[1 - \left(\frac{M_1}{M_2} \sin \theta\right)^2\right]^{\frac{1}{2}}} \tag{5-3}$$

根据散射截面定义,对面密度为 Nt 的薄靶,入射离子能量为 E_0,入射离子与样品法线的夹角为 θ_1,分析过程中打到靶上的总离子个数为 Q 时,在散射角 θ 处,立体角为 Ω 的探测器收集到的背散射离子数(产额)为

$$A = Nt Q \sigma(E_0, \theta) \Omega / \cos \theta_1 \tag{5-4}$$

式中,散射截面 $\sigma(E_0, \theta)$ 可由式(5-3)计算得到,在给定实验条件下,通过测量背散射离子产额 A、入射离子数 Q,由式(5-4)可以获得靶原子的面密度 Nt。这是 RBS 进行元素含量分析的原理。

对于厚靶深度 x 处发生的背散射,需要考虑离子的入射和出射过程。离子在靶中运动时,其能量会沿路径不断降低。RBS 分析中离子入射和出射路径上的能量损失用能量损失率 $\mathrm{d}E/\mathrm{d}x(E)$ 描述。采用表面能量近似、平均能量近似或对称能量近似等方法,可用常数 $\left(\dfrac{\mathrm{d}E}{\mathrm{d}x}\right)_{\mathrm{in}}$ 和 $\left(\dfrac{\mathrm{d}E}{\mathrm{d}x}\right)_{\mathrm{out}}$ 来分别代替入射

和出射路径上的离子能量损失率。对某一单质材料,可以用阻止截面 $\varepsilon = \dfrac{1}{N}\left(\dfrac{\mathrm{d}E}{\mathrm{d}x}\right)_{(E)}$ 来描述一定能量 E 的特定离子在此材料中的能量损失。对化合物样品,阻止截面满足布拉格法则:

$$\varepsilon^{A_m B_n} = m\varepsilon^{A} + n\varepsilon^{B} \tag{5-5}$$

式中,$\varepsilon^{A_m B_n}$、ε^{A} 和 ε^{B} 分别为化合物 $A_m B_n$、单质 A 和单质 B 的阻止截面;m 和 n 为化合物中 A、B 两种元素的原子比。

在厚样品 RBS 分析中,由离子入射、被靶核散射和出射三个物理过程的能量损失,可以推导得到如图 5-2 所示的离子从单质厚样品表面和深度 x 处散射后进入探测器的散射离子的能量差 ΔE[4]:

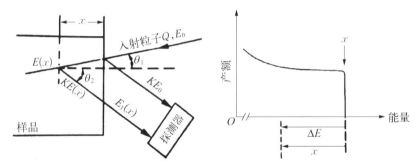

图 5-2　单质厚样品 RBS 及能谱示意图

$$\Delta E = KE_0 - E_1(x) = [S] \cdot x = [\varepsilon] \cdot Nx \tag{5-6}$$

式中,

$$[S] = \frac{K}{\cos\theta_1}\left(\frac{\mathrm{d}E}{\mathrm{d}x}\right)_{\mathrm{in}} + \frac{1}{\cos\theta_2}\left(\frac{\mathrm{d}E}{\mathrm{d}x}\right)_{\mathrm{out}} \tag{5-7}$$

$$[\varepsilon] = \frac{1}{N}\left[\frac{K}{\cos\theta_1}\left(\frac{\mathrm{d}E}{\mathrm{d}x}\right)_{\mathrm{in}} + \frac{1}{\cos\theta_2}\left(\frac{\mathrm{d}E}{\mathrm{d}x}\right)_{\mathrm{out}}\right] \tag{5-8}$$

式(5-6)～式(5-8)中,$[S]$ 和 $[\varepsilon]$ 分别称为 RBS 分析的能量损失因子和阻止截面;E_0 为入射离子能量;$E_1(x)$ 为从深度 x 处散射出的离子到达探测器的能量;N 为材料的原子密度;θ_1 和 θ_2 分别为入射离子和出射离子轨迹与样品法线的夹角,称为入射角和出射角。其他物理量的意义如前文所述。由式(5-

6),可以将背散射能谱的横坐标由到达探测器背散射离子的能量 $E_1(x)$ 转化为发生散射的深度 x。

单质厚样品理想 RBS 能谱能量为 E_1 的道计数(谱高度)可由下式计算:

$$H(E_1) = Q\sigma(E) \frac{\Omega}{\cos\theta_1} \frac{\varepsilon(KE)}{\varepsilon(E_1)} \frac{\delta E_1}{[\varepsilon(E)]} \qquad (5-9)$$

式中,δE_1 为能谱采集系统的道宽;E 为深度 x 处离子与靶核发生库仑弹性碰撞前的能量。当 $E_1 = KE_0$,$E = E_0$ 时,式(5-9)即为样品表面谱高度的计算式。

对于化合物样品,可给出类似的靶中各元素能谱背散射离子能量与散射深度关系式和能谱高度公式[3-4]。

实际上,由于存在入射离子束能散和离子在样品中运动产生的能量歧离,在深度 x 处背散射后到达探测器的离子能量会围绕能量 $E_1(x)$ 有一个分散。另外,由于 RBS 探测系统存在能量分辨率,所以对应深度 x 处背散射离子计数在 RBS 能谱上是以 E_1 为中心的一个近似高斯分布。而实际的 RBS 能谱高度并非式(5-9)给出的理想值,而是一系列高斯分布叠加后的结果。这使得直接将背散射能谱中某靶元素的背散射离子能量转化为深度,对应的能谱高度转化为该深度处此元素的含量而得到的该元素深度分布误差较大。目前 RBS 能谱的处理通常都采用 RUMP、SIMNRA、WinNDF 等离子束分析数据处理软件来拟合[1]。对于元素深度分布分析,可先将样品离散为一组薄层,每薄层中待测元素面密度预置一个初值,从而给出一个初始的元素深度分布;在考虑入射离子束能散、离子在路径上产生的能量歧离和 RBS 探测系统能量分辨率的情况下,依据式(5-4)和式(5-6)模拟出样品的 RBS 能谱;根据模拟出的能谱与实验能谱的差别,自动优化待测靶元素深度分布,直到模拟能谱与实验能谱之间的差别满足截断要求;最终给出拟合得到的元素深度分布。

5.1.2 卢瑟福背散射分析的实验装置

卢瑟福背散射分析的实验装置除提供分析离子束的高压型加速器外,主要由 RBS 束流管道及靶室和背散射离子能谱探测系统两部分组成。

图 5-3 为 RBS 束流管道及靶室示意图。为降低 RBS 分析的几何能量歧离,提高 RBS 分析质量和深度分辨率,同时为开展沟道背散射(RBS/IC)分析,RBS 束流管道中装有准直器对分析束进行准直。样品一般固定在靶室中由定角器控制的样品架上,以方便开展 RBS 分析和 RBS/IC 分析。探测器通常采

用金硅面垒探测器或离子注入半导体探测器,并安装在方便调节散射角的圆盘上。散射角越接近180°,RBS的质量分辨率就越好,但探测灵敏度随散射角的减小而明显提高,需要根据样品分析的实际需要调整散射角。大的入射角和出射角(见图5-2中的θ_1和θ_2)有助于明显提高RBS分析的深度分辨率。

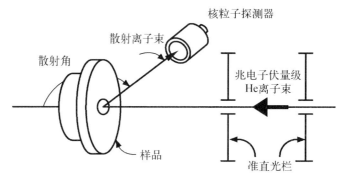

图 5-3　RBS 束流管道及靶室示意图[1]

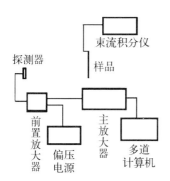

图 5-4　RBS 分析探测系统示意图

RBS探测系统由探测器、前置放大器、偏压电源、主放大器、多道计算机和束流积分仪组成,如图 5-4 所示。

图 5-5 为 RBS 分析常用的金硅面垒探测器示意图,N 型硅表面蒸镀一层 $100 \sim 200$ Å 的金,在靠近金-硅界面形成 PN 结。偏压电源通过前置放大器给探测器 PN 结加反向偏压,形成的耗尽层作为探测离子的灵敏区。在 RBS 分析中样品背散射的离子进入探测器,离子在探测器耗尽层形成的空穴电子对数量与背散射离子能量呈线性关系。电荷灵敏前置放大器收集探测器灵敏区产生的电子空穴的电量,并将其转换

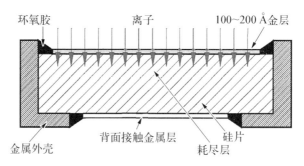

图 5-5　金硅面垒探测器示意图

为脉冲信号,脉冲高度与空穴电子对数量以及进入探测器的背散射离子能量保持线性关系。前置放大器产生的脉冲信号经主放大器线性放大后到达工作于脉冲高度分析(pulse height analysis,PHA)状态的多道计算机,被记录为RBS能谱。

5.1.3　卢瑟福背散射分析应用

卢瑟福背散射分析具有如下特点:① 可以分析样品中不同元素的含量及其深度分布;② 不需要标准样品就可以进行定量分析;③ 属于无损分析;④ He$^+$束分析深度约为 2 μm,质子束分析深度约为 20 μm;⑤ 对轻基体上重元素的分析具有较高灵敏度,但对重基体上轻元素的分析不灵敏。由于以上特点,RBS 广泛应用于固体样品表面、近表面和薄膜的元素组分、杂质含量及其深度分布分析。这里举几个有代表性的应用例子。

1) 离子注入杂质的深度分布

离子注入技术在大规模集成电路、材料改性等领域得到了广泛应用。背散射分析可用于离子注入技术特别关心的样品中注入元素杂质注量和深度分布的分析。

图 5-6 所示是 200 keV 砷离子注入硅样品退火前的卢瑟福背散射能谱。RBS 分析采用 2 MeV 的 He$^+$束,散射角为 170°。As 在 Si 中的射程可以根据图 5-6 中 As 背散射出He 离子的中心能量位置到 As 在样品表面时应出现的位置 $K_{As}E_0$ 之间的能量位移 δE_{As},由式(5-6)计算。As 的注量可以根据 As 背散射能谱的积分面积,由式(5-4)计算。利用

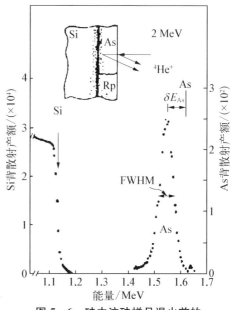

图 5-6　硅中注砷样品退火前的卢瑟福背散射能谱[5]

能量歧离平方相加特性,从 As 背散射能谱的半高宽(full width at half maximum,FWHM)扣除 RBS 分析系统能量分辨率(包括入射离子束能散)和 α 粒子在 Si 中的能量歧离的影响后,可以计算得到注入 As 离子分布的半高宽,从而得到描述其深度分布的高斯函数。

图 5-7(a)所示是上述样品经热退火后的 RBS 能谱,将 As 背散射谱的每道能量坐标换成深度坐标,将 As 背散射能谱的每道计数换成浓度后就可以得到如图 5-7(b)所示的 As 的深度分布[5]。

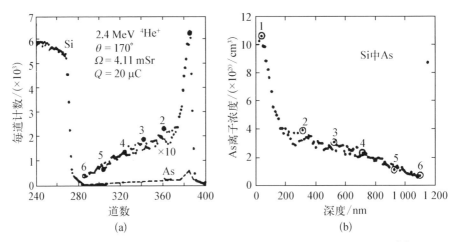

(a)

(b)

图 5-7 热退火后 Si 中注入 As 样品的 RBS 能谱及 As 的深度分布[5]

(a) 热退火后的 RBS 能谱;(b) 对应的 As 的深度分布

2) 金属硅化物生长动力学研究

硅衬底和金属薄膜在退火过程中会逐渐生成金属硅化物。金属硅化物生长动力学关注的是单元金属硅化物相和二元金属硅化物相开始形成和完全转化为二元金属硅化物相的退火温度。采用实时 RBS(live-time RBS),可在退火过程中实时研究金属硅化相变的全过程。图 5-8 所示是 Si 衬底上沉积

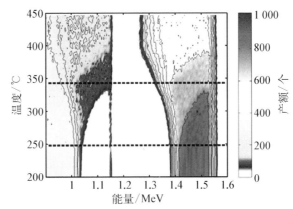

图 5-8 Si 衬底上沉积 80 nm 的 Ni 膜和 7 nm 的 Si 薄膜样品退火过程的实时 RBS 分析结果(彩图见附录)[6]

80 nm 的 Ni 膜和 7 nm 的 Si 薄膜样品,在以 2 ℃/min 的退火过程中每 30 s 采集一个 RBS 谱,从而得到的实时 RBS 分析结果。横坐标为背散射离子能量,纵坐标为退火温度,颜色从深至浅代表背散射产额从高到低。RBS 分析采用 2 MeV 的 He⁺ 束,散射角为 165°,入射角为 35°。

　　图 5-9 所示是室温下的 RBS 能谱和从图 5-8 抽取的退火温度分别为 311℃ 和 384℃ 时的 RBS 能谱及其解谱结果。图 5-10 所示是由退火过程的

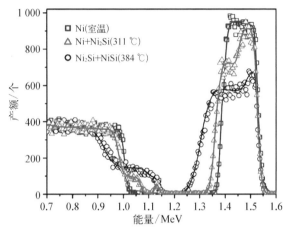

图 5-9　室温下的 RBS 能谱和从图 5-8 的实时 RBS 图得到的退火温度为 311℃ 和 384℃ 时的 RBS 能谱及其解谱结果[6]

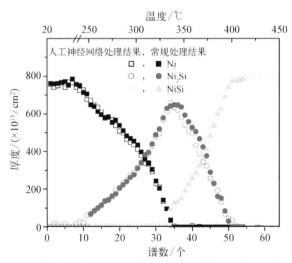

图 5-10　由退火过程的实时 RBS 能谱经人工神经网络方法和常规谱处理方法解谱得到的不同硅化镍相厚度随退火温度的实时变化(厚度以每平方厘米的镍原子个数计数)[6]

实时 RBS 能谱经人工神经网络方法和常规谱处理方法解谱得到的不同硅化镍相厚度随退火温度的实时变化情况,从图中可以清楚看到样品在退火过程中各相出现的起始温度及其随温度的实时变化[1,6]。

5.2 弹性反冲分析

在入射离子和靶核发生两体弹性碰撞过程中,在入射离子被靶核散射的同时,靶核获得动能,发生前向的反冲。探测背向散射离子能谱即 5.1 节的卢瑟福背散射分析,而通过探测前向反冲的靶核能谱来对样品中轻元素含量及其深度分布进行分析的离子束分析方法就称为弹性反冲分析(elastic recoil detection analysis, ERDA)。RBS 适合于轻基体上的重元素分析,而 ERDA 特别适用于重基体上的轻元素分析。常规 ERDA 采用 1~4 MeV 的 $He^{+[1]}$,主要用于样品中氢及其同位素含量和深度分布分析。另外,可以采用几十到几百兆电子伏的 Cl、Cu、Br、I 和 Au 等重离子进行重离子弹性反冲分析(heavy ion elastic recoil detection analysis, HIERDA),结合飞行时间(TOF)谱仪的 TOF-HIERDA 几乎可以分析样品中所有元素,深度分辨率可达 5 nm。

5.2.1 弹性反冲分析的基本原理与装置

根据两体弹性碰撞过程中动能和动量守恒,由入射离子质量 M_1、发生碰撞前动能 E_0、靶核质量 M_2 和反冲角(靶核反冲方向与入射离子方向夹角) ψ,可以得到 ERDA 的运动学因子 K_R 和靶核的反冲动能 E_2[6]:

$$E_2 = K_R E_0 = \frac{4M_1 M_2 \cos^2 \psi}{(M_1 + M_2)^2} E_0 \qquad (5-10)$$

弹性反冲截面可由下式计算[6]:

$$\sigma(E) = \frac{[Z_1 Z_2 e^2 (M_1 + M_2)]^2}{(2M_2 E)^2 \cos^3 \psi} \qquad (5-11)$$

式中各物理量的意义与式(5-3)相同。

对于面密度为 Nt 的单质薄靶,入射离子总量为 Q 时,在反冲角 ψ 处,立体角为 Ω 的探测器采集到的能量为 E_2 的反冲靶核的产额为

$$A = Nt Q \Omega \sigma_E / \cos \theta_1 \qquad (5-12)$$

式中,θ_1 为离子束入射方向与样品法线的夹角。

由式(5-12)可通过测量反冲靶核产额获得靶核面密度信息。

ERDA 实验几何有透射和掠角入射两种,如图 5-11 和图 5-12 所示[7]。透射 ERDA 实验几何适用于薄样品分析,加速器产生的分析用离子束和探测器分置样品两侧。掠角入射 ERDA 实验几何适用于不同厚度样品的分析,离子束和探测器处于样品同一侧。

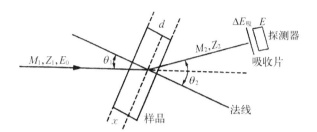

图 5-11 透射 ERDA 实验几何示意图

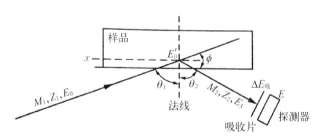

图 5-12 掠角入射 ERDA 实验几何示意图

在 ERDA 中,离子入射及其与靶核的库仑弹性碰撞过程与 RBS 是相同的,不同的是出射过程 RBS 关注的是被靶核散射的入射离子,而 ERDA 关注的是反冲靶核。利用合适的方法做近似后,可用一常数 $\left(\dfrac{\mathrm{d}E}{\mathrm{d}x}\right)_{\text{in}}^{M_1}$ 代替能量损失率,近似计算入射路径上离子的能量损失;用弹性反冲运动学因子 K_R 计算反冲靶核碰撞过程中从入射离子获得的动能;也可用一常数 $\left(\dfrac{\mathrm{d}E}{\mathrm{d}x}\right)_{\text{out}}^{M_2}$ 代替能量损失率计算出射路径上反冲靶核的能量损失,并考虑反冲靶核通过吸收片的能量损失 ΔE_{ab}。 可以分别得到使用如图 5-11 所示的透射 ERDA 实验几何和使用如图 5-12 所示的掠角入射 ERDA 实验几何时,到达探测器的反冲靶核的能量为

$$E_{\text{透射}} = K_R\left[E_0 - \left(\frac{\mathrm{d}E}{\mathrm{d}x}\right)_{\text{in}}^{M_1}\frac{x}{\cos\theta_1}\right] - \left(\frac{\mathrm{d}E}{\mathrm{d}x}\right)_{\text{out}}^{M_2}\frac{d-x}{\cos\theta_2} - \Delta E_{\text{ab}} \quad (5-13)$$

$$E_{掠角} = K_R\left[E_0 - \left(\frac{\mathrm{d}E}{\mathrm{d}x}\right)_{in}^{M_1}\frac{x}{\cos\theta_1}\right] - \left(\frac{\mathrm{d}E}{\mathrm{d}x}\right)_{out}^{M_2}\frac{x}{\cos\theta_2} - \Delta E_{ab} \quad (5-14)$$

这样可以将 ERDA 能谱上反冲靶核能量转化为深度 x,而对应深度 x 处的靶核密度原则上可以由对应的反冲靶核产额与靶密度之间的关系计算得到,这就是 ERDA 深度分布分析原理。与 RBS 相同,目前 ERDA 能谱的处理也都采用 RUMP、SIMNRA、WinNDF 等离子束分析数据处理软件来拟合,从而得到样品待分析信息[1]。

弹性反冲的装置与 RBS 类似,不同之处在于 RBS 在背向探测背散射离子,而 ERDA 在前角探测反冲靶核。常规的 ERDA 采用在前角放置的金硅面垒探测器或离子注入半导体探测器来探测反冲靶核能谱。但在前角区存在大量的散射离子,为避免其对 ERDA 反冲靶核能谱测量的干扰,需要用吸收片将较重的散射离子吸收掉,而仅让较轻的反冲靶核到达探测器。国际上也有一些离子束分析实验室采用 $E+\Delta E$ 探测器、飞行时间探测器或磁谱仪等开展 ERDA 应用研究[1]。

图 5-13 为采用 $E+\Delta E$ 探测器的常规 α 粒子弹性散射分析装置的示意图[1],图中 ERDA 为掠角入射实验几何,将薄样品放置方向调整为与图中样品垂直即为透射实验几何。吸收片可吸收掉散射的 α 粒子,$E+\Delta E$ 探测器可以根据不同的反冲靶核在 ΔE 探测器中的能量损失不同而将其分辨开来,并由 $E+\Delta E$ 探测器获得不同反冲靶核的能谱,从而得到样品中对应元素含量及其深度分布。

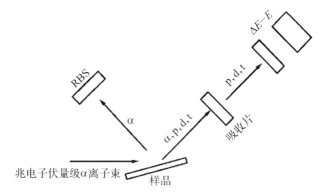

图 5-13 采用 $E+\Delta E$ 探测器的常规 α 粒子 ERDA 装置示意图

TOF-HIERDA 探测系统一般由放置在反冲靶核飞行路线上距离为 l 的两个时间探测器和之后的一个半导体能量探测器组成,如图 5-14 所示。时间探测器由超薄(2~5 $\mu g/cm^2$)碳箔[1]、次级电子加速及电子反射镜和微通道板组成。反冲靶核通过碳箔产生的次级电子经加速和电子反射镜反射后被微通道板采集,作为反冲靶核通过碳箔的时间信号。两个时间探测器得到的时间信号通过恒比鉴相器(constant fraction discriminator, CFD)后分别作为时间-数字转换器(time-to-digital converter, TDC)的开始和停止信号,从而确定反冲靶核通过距离 l 的飞行时间 t,以及靶核速度 $v = \dfrac{l}{t}$。 TOF－HIERDA 利用半导体能量探测器来获得通过飞行谱仪反冲靶核的能量 E,这样就可以得到反冲靶核的质量数 $m = \dfrac{2E}{v^2} = \dfrac{2Et^2}{l^2}$,以实现反冲靶核的甄别,并对不同靶核的能谱进行测量。利用软件对不同靶核的能谱进行解谱就可以得到该靶元素的深度分布。

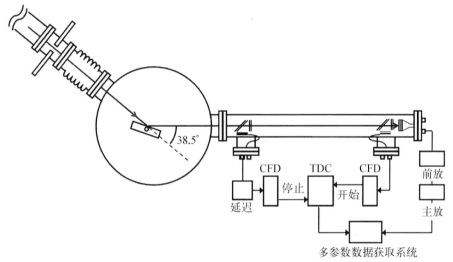

图 5－14　TOF－HIERDA 装置示意图[8]

5.2.2　弹性反冲分析的应用

常规的 He^+ 弹性反冲分析主要用来分析材料中的 H 及其同位素含量和深度分布,而采用重离子的 TOF－ERDA 可用来分析样品表层或薄膜中几乎所有元素的含量及其深度分布。

1) 有机膜中 H 的 ERDA

图 5－15 是利用 2.8 MeV 的 He^+ 束,对 400 nm 聚氯乙烯[PVC,$(C_2H_3Cl)_n$]上很薄的氘化聚苯乙烯-聚甲基丙烯酸甲酯嵌段共聚物[D－(PS－PMMA)]和 400 nm 的聚苯乙烯[PS,$(C_8H_8)_n$]有机膜进行弹性反冲分析的掠角入射实验几

何示意图及能谱图。He$^+$ 束入射角为 $75°$，反冲角为 $30°$，金硅面垒探测器前加 $12.1~\mu\mathrm{m}$ 的镀铝 Mylar 膜作吸收片，探测器立体角为 $3.6~\mathrm{msr}$，总束流积分为 $3~\mu\mathrm{C}$。实验获得的 ERDA 能谱几乎没有本底，H 和 D 峰也很好地分开，说明选用的吸收片已很好地将散射的 He 离子吸收，并且 ERDA 质量分辨率满足分析要求[1,7]。

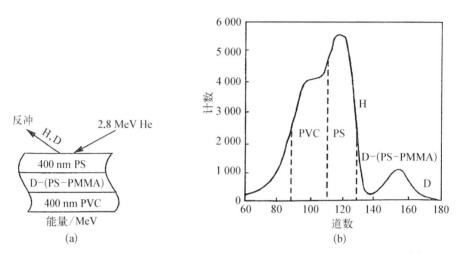

图 5 - 15 有机膜进行弹性反冲分析的掠角入射实验几何示意图及能谱图[7]

（a）掠角入射实验几何示意图；（b）能谱图

图 5 - 16 所示是由图 5 - 15 的谱图得到的这种有机膜中 H 和 D 的深度分布。

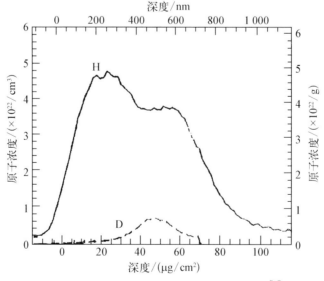

图 5 - 16 ERDA 得到的有机膜中 H、D 分布[7]

2) Ti 中 H 及其同位素分析

图 5 - 17 所示是采用 4 MeV He^+ 束的 $E+\Delta E$ 弹性散射分析氢化钛中 H 及其同位素含量的三维和二维谱图,纵坐标为反冲离子计数。实验采用掠角入射 ERDA 实验几何,反冲角为 $30°$,入射离子束及反冲靶核与样品表面夹角均为 $15°$。$E+\Delta E$ 探测器前加 6.25 μm 的 Ni 吸收片,以防止散射的 He^+ 到达 ΔE 探测器。从图 5 - 17 可以看出 H 及其同位素的峰能很好地分开。通过对各元素能谱的拟合,可以得到 H 及其同位素在样品近表面的深度分布情况[1]。

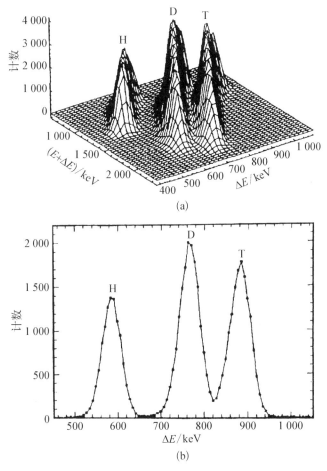

(a)

(b)

图 5 - 17　用 4 MeV He^+ 束 $E+\Delta E$ 弹性散射分析氢化钛中 H 及其同位素含量的三维和二维谱图[1]

（a）三维谱图；（b）二维谱图

3) TOF - ERDA 分析 Si 表面 LiLaO 元素深度分布

2008 年,比利时 Giangrandi 等[8]利用 16 MeV 的 63Cu 离子束对 Si 衬底上沉积 144 nm 厚的 LiLaO 样品进行了 TOF - ERDA,得到的飞行时间能谱如图 5 - 18(a)所示。飞行时间能谱中不同反冲靶核分布在不同的区域;同一种反冲靶核因出射深度不同而具有不同的飞行时间和能量;灰度深浅代表反冲靶核产额的多少,因此可对样品中各元素进行单独分析。在深度分布分析中,因不知道计算能量损失所需的薄膜中元素的化学配比及其随深度的变化,需要采用迭代方法。最后得到薄膜中各元素的深度分布如图 5 - 18(b)所示。

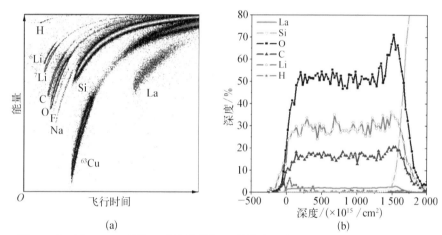

(a)   (b)

图 5 - 18 用 16 MeV 的 63Cu 离子束分析 Si 衬底上沉积 144 nm 厚 LiLaO 样品的飞行时间能谱和分析得到的各元素的深度分布[8]

(a) 飞行时间能谱;(b) 各元素的深度分布

5.3 质子激发 X 射线荧光分析

粒子激发的 X 射线分析在离子束分析中基本上都采用单端或串列高压型加速器产生的 2~4 MeV 质子束进行激发[1],因此常称为质子激发 X 射线荧光分析(proton-induced X-ray emission,PIXE)。

5.3.1 质子激发 X 射线荧光分析原理

离子束轰击样品时,会有不同的概率使原子不同壳层的电子电离,从而在相应的壳层形成空穴。原子内壳层电子的电离电势较低,所以离子轰击时靶原子发生内壳层电离的截面很大。被电离后的原子处于能量较高的不稳定激发态，当外层电子填补内层空穴时，多余的能量将通过发射特征 X 射线或俄歇电子来释放。

当不同外层的电子(如 L 层、M 层、N 层)填补 K 层空穴时，放出一系列能量各不相同的 K 线系特征 X 射线。同样，L 壳层电子电离时会产生一系列 L 线系特征 X 射线，依次类推。特征 X 射线能量与原子能级差有关，是由原子结构决定的，因此反映了原子的结构特点。如图 5 - 19[1] 所示，不同元素的特征 X 射线能量和 K 线系内不同能量 X 射线的强度比不同，可以作为"指纹"来鉴别元素。

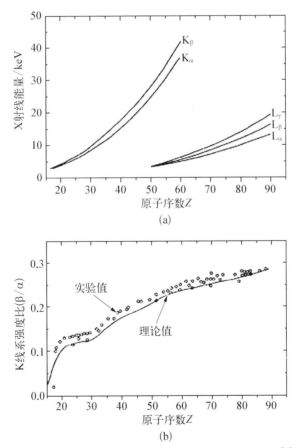

(a)

(b)

图 5 - 19　不同元素特征 X 射线能量与 K 线系强度比[1]

(a) X 射线能量；(b) K 线系强度比

质子激发的特征 X 射线产额与入射质子的束流积分、能量，元素种类与含量,该元素对这一能量质子束的特征 X 射线激发截面,X 射线从激发到探测器的透射率以及探测器效率等因素有关。PIXE 一般都采用激发截面较高的 K 或 L 线系特征 X 射线产额来对样品中的元素含量进行分析。

对均匀薄样品,PIXE 分析特征 X 射线产额为[3]

$$N_Z = Q \cdot N_A \cdot W_Z \cdot \sigma_{XZ} \cdot \frac{\Omega}{4\pi} \cdot T \cdot \varepsilon_Z / A_Z \qquad (5-15)$$

式中,Q 是样品单位面积(cm^2)上受到轰击的质子个数;N_A 是阿伏伽德罗常量;W_Z 是 Z 元素的含量(g);σ_{XZ} 是 Z 元素特征 X 射线的激发截面(b);Ω 是探测器晶体对样品所张立体角(sr);T 是 Z 元素的特征 X 射线穿出样品到达探测器的透射率;ε_Z 是探测器的效率;A_Z 是 Z 元素的原子量。利用此式,通过测量 Q、ε_Z 与 Ω 等就可以实现 PIXE 对薄样品中元素含量的分析。

5.3.2　质子激发 X 射线荧光分析装置

PIXE 采用高压型加速器产生的 $2 \sim 4$ MeV 的质子束来轰击样品。分析可以在真空靶室中,也可以让质子通过外束窗口,在大气或氦气中进行;可以采用毫米束,也可以采用微米束。

图 5‐20 是毫米束真空 PIXE 装置示意图[7]。为保证 PIXE 的准确性,要求覆盖样品的质子束有较好的均匀性,因此在毫米束 PIXE 束流线上有散焦

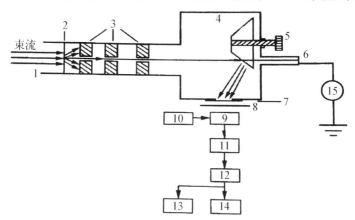

1—高压型加速器质子束;2—散焦膜;3—高纯石墨准直光栏;4—真空靶室;5—可装载多样品的样品架;6—法拉第筒;7—真空密封窗;8—吸收片;9—Si(Li)探测器;10—高压电源;11—电荷灵敏前置放大器;12—主放大器;13—率表;14—多道脉冲幅度分析器;15—束流积分仪。

图 5‐20　毫米束真空 PIXE 装置示意图[7]

膜和准直光栏组成的束流均匀化系统。质子穿过样品后被法拉第筒收集,由束流积分仪测量入射质子总计数。样品架上可以装载多个样品,在不破坏真空的情况下可以通过旋转或移动依次将样品移到测量位置进行分析。轰击样品产生的特征 X 射线穿过靶室外壁的真空密封窗进入探测器。真空密封窗采用只有轻元素的铍膜、Mylar 膜或 Teflon 膜,以避免产生干扰 PIXE 的 X 射线。探测器前或真空密封窗之前放置厚度为 1 mm、中心有直径为 0.5～1.0 mm 小孔的吸收片,以抑制轫致辐射本底和低能 X 射线,提高中重元素特征 X 射线的计数率及其探测灵敏度。所用的探测器原来主要是 Si(Li)探测器,但目前已逐渐被硅漂移探测器(SDD)替代。

图 5 - 21 和图 5 - 22 是外束 PIXE 系统照片及装置示意图[9]。外束 PIXE 系统通过 7.5 μm 的 Kapton 膜($C_{22}H_{10}O_5N_2$)将质子束从真空引入大气。一个由计算机控制的可旋转并可沿束流方向平移的样品架可装载多个样品,样品表面与束流垂直。两个碳光栏对束流进行准直并改善束流的均匀性。样品后可与样品架一块平移的法拉第杯用于调束时监测束流强度。系统在与束流方向成 140° 方向配置了两台 SDD:一台距离样品 7.5 cm 不加吸收片的探测器用来探测 Mg 到 Ca 的特征 X 射线,为避免散射质子对探测器产生影响,在样品与该探测器之间安装了强磁钕铁硼磁铁;另一台距离样品 2.5 cm 加 200 μm 厚 Mylar 膜吸收片的探测器用来探测 Ca 以上元素的特征 X 射线。为了排除空气中 Ar 对外束 PIXE 的干扰,在 2 个碳光栏之间,样品前和样品后均设置了氦

软橡胶

图 5 - 21　外束 PIXE 系统[9]

气进气孔,连接处用软橡胶(soft rubber)过渡,保证密闭。不同样品后的法拉第筒对质子束的收集效率有差别,为解决外束 PIXE 的束流积分测量问题,在真空中放置的金硅面垒探测器用来测量外束窗口 Kapton 膜的背散射能谱,RBS 产额用来间接测量束流积分。由于采用双 SDD 系统,特征 X 射线计数率大幅提高,该外束 PIXE 系统较单探测器的真空和外束 PIXE 装置的元素探测限有很大的改善。

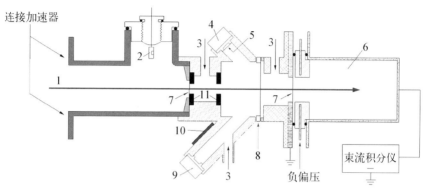

1—质子束;2—金硅面垒探测器;3—氦气进气孔;4—探测中高能 X 射线 SDD;5—Mylar 膜吸收片;6—法拉第杯;7—外束窗口 Kapton 膜;8—样品架;9—用于探测低能 X 射线的 SDD;10—高强度钕铁硼磁铁;11—碳光栏。

图 5-22 外束 PIXE 装置示意图[9]

图 5-23 是微束 PIXE 装置示意图[10]。通过横向 x、y 两个方向扫描与聚焦可以将质子微束在待分析样品表面进行扫描,并采集同位置元素特征 X 射线强度,这样就可以获得元素横向空间分布。

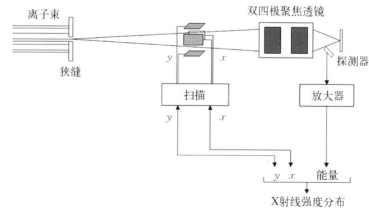

图 5-23 微束 PIXE 装置示意图[10]

5.3.3 质子激发 X 射线荧光分析应用

质子激发 X 射线荧光分析具有分析速度快、分析灵敏度高、多元素同时分析能力强和对样品无损等优点,在环境领域大气颗粒物元素分析和来源解析、考古研究中文物鉴定和制作工艺研究、生物医药领域微量元素分析、头发和物证中痕量元素分析、材料科学中元素分析等方面有着广泛的应用。

1) 大气颗粒物元素分析

不同来源的颗粒物具有不同的化学成分,通过精确测定颗粒物的化学成分,利用统计技术与数学模型,就可以推出颗粒物的来源及其贡献率。因此,化学成分分析在可吸入颗粒物研究及其控制中占有重要地位。采用 PIXE 分析大气颗粒物样品时不需要化学预处理,避免了预处理中可能的元素污染或丢失;分析快,2~3 min 可分析一个样品;能够一次给出大气颗粒物样品中 20 多种化学元素固有的成分谱,特别适用于大批量大气颗粒物的元素分析和来源解析[11]。图 5-24 所示是一个典型的大气颗粒物样品 PIXE 能谱,利用 Gupixwin 进行解谱就可以得到大气颗粒物中各元素的含量。

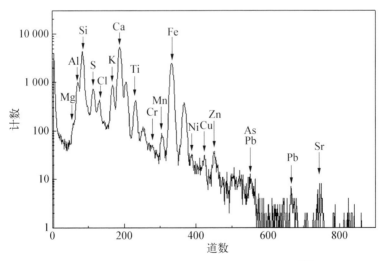

图 5-24 典型的大气颗粒物样品 PIXE 能谱[11]

图 5-25 所示是采用 PIXE 对北京城区某一采样点 2010 年大气颗粒物样品进行分析得到的几个代表性元素的浓度日变化情况。Si、Al 和 Ca 均是沙

尘的指示元素,在 2010 年 3 月 19 日至 23 日两次外来沙尘侵扰期间含量最高;烟花爆竹中有氯酸钾、高氯酸钾和镁铝合金粉,因此 K 和 Al 在农历正月初一、初五和十五测得较高值;K 同时也是生物质燃烧的指示元素,在夏收和秋收后因北京周边地区燃烧秸秆出现明显上升;Cl 作为煤炭燃烧的示踪元素,明显在冬季采暖季节较高。将 PIXE 分析得到的 20 多种元素含量全年日变化用多元统计分析进行来源解析,可以很好地获得大气颗粒物来源及其全年的变化情况。

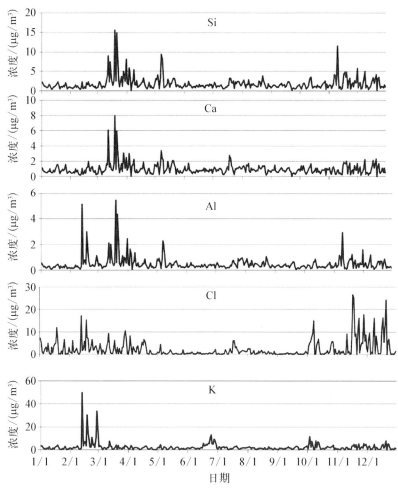

图 5-25　采用 PIXE 得到的大气颗粒物中几个代表性
元素 2010 年的浓度日变化情况[11]

2）在艺术和考古领域的应用

外束 PIXE 因分析速度快、对样品无损,且可以在大气环境中对样品进行分析,对样品的形状、大小等均没有限制,特别适用于文物和艺术品的分析和鉴定。

图 5 - 26 所示是不同玉石样品的 PIXE 能谱。新疆和田玉石样品 HT - 1、HT - 8 和玛纳斯玉石样品 MNS - 1 的主要元素为 Mg、Si 和 Ca,显示出透闪石-阳起石的特征峰。辽宁岫岩玉石样品 LNI - a 的主要元素为 Mg 和 Si,Ca 含量低于探测限,显示出蛇纹石的特征峰。

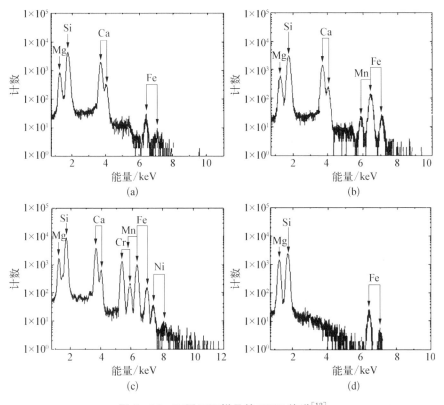

图 5 - 26　不同玉石样品的 PIXE 能谱[12]
（a）新疆和田玉样品 HT - 1;（b）新疆和田玉样品 HT - 8;
（c）玛纳斯玉石样品 MNS - 1;（d）辽宁岫岩玉石样品 LNI - a

通过加吸收片可以对玉石样品中的次量元素进行分析,结果如图 5 - 27 所示。其中,PIXE 能谱有次量元素 Mn 和 Fe 的特征峰,在玛纳斯玉石样品 MNS - 1 中还可看到微量元素 Cr、Ni、Zn 的存在,在小梅岭玉石样品 XML - 1 中微量元素 Sr 的特征峰特别明显[12]。

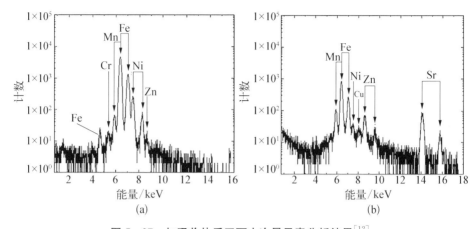

图 5 - 27 加吸收片后玉石中次量元素分析结果[12]

(a) 玛纳斯玉石样品 MNS - 1；(b) 小梅岭玉石样品 XML - 1

5.4 带电粒子核反应分析

用高压型加速器产生的兆电子伏量级的带电粒子与靶原子核发生核反应，通过探测核反应产生的瞬发次级粒子来分析样品中元素含量或元素深度分布的离子束分析方法称为带电粒子核反应分析。带电粒子核反应分析主要用于样品中的轻元素分析。

带电粒子核反应分析可分为非共振核反应分析和共振核反应分析两种。核反应分析的装置和非共振核反应分析的基本原理与核反应截面激发曲线测量时基本相同，不同的是核反应截面测量是在已知样品含量的情况下测量核反应截面，而核反应分析是在已知截面(或与标准样品比较)的情况下测量样品元素含量。以上内容可参考本书的相关章节。本节仅介绍共振核反应分析的基本原理及应用。

5.4.1 共振核反应分析测量核素浓度和深度分布

不同厚度样品的共振核反应激发曲线如图 5 - 28 所示。图中 E_R 和 Γ 分别为共振核反应的共振能量和共振宽度，E_0 和 ΔE 分别为入射离子能量和离子穿过样品的能量损失。

对于薄样品 $(\Delta E \leqslant 5\Gamma)$，由图 5 - 28 可以看出，其共振核反应产额随入射离子能量和样品厚度而变化，不宜用单一能量的入射离子进行定量分析，但可以利用下式由激发曲线面积得到样品中核素的面密度：

$$Nt = \frac{2S}{Q\Omega\varepsilon\sigma_{\mathrm{R}}\Gamma} \qquad (5-16)$$

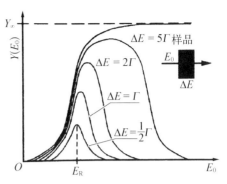

图 5 - 28 不同厚度样品共振核反应激发曲线

式中，S 为激发曲线积分计数（面积）；Q、Ω、ε、σ_{R} 和 Γ 分别为入射离子数（个）、探测器立体角（sr）、探测器探测效率（%）、共振核反应的截面（b）和共振宽度（keV）。

对于厚样品（$\Delta E \gg 5\Gamma$），当 $E_0 \gg E_{\mathrm{R}} + \Gamma$ 时，激发曲线出现平顶，若 $E_{\mathrm{R}} \gg \dfrac{\Gamma}{2}$，利用此时的核反应产额 Y_∞ 公式可求厚样品中待测核素浓度 N：

$$Y_\infty = \frac{1}{2}\pi NQ\Omega\varepsilon\sigma_{\mathrm{R}}\Gamma\left[\frac{\mathrm{d}E}{\mathrm{d}x}(E_{\mathrm{R}})\right]^{-1} \qquad (5-17)$$

式中各物理量意义与前文相同，$\dfrac{\mathrm{d}E}{\mathrm{d}x}$ 为样品对入射离子的能量损失率。

利用孤立共振核反应，通过在非均匀厚样品的激发曲线，可以分析核素的深度分布。

入射离子能量为 $E_0(E_0 > E_{\mathrm{R}})$ 时，发生共振的深度为

$$x = (E_0 - E_{\mathrm{R}})\left[\frac{\mathrm{d}E}{\mathrm{d}x}(E)\right]^{-1}, \quad E = \frac{E_0 + E_{\mathrm{R}}}{2} \qquad (5-18)$$

式中，$\dfrac{\mathrm{d}E}{\mathrm{d}x}(E)$ 为入射离子在发生共振核反应前路径上的能量损失率，这里采用了平均能量近似。

对应孤立共振核反应的产额为[4]

$$Y(E_0)$$

$$= Q\Omega\varepsilon\int_{x=0}^{\infty}\int_{E=0}^{\infty}\int_{E_1=0}^{\infty} c(x)G(E_0, E)F(E, E_1, x)\sigma(\theta, E_1, E_{\mathrm{R}})\mathrm{e}^{-\frac{\mu x}{\cos\theta}}\mathrm{d}E\mathrm{d}E_1\mathrm{d}x \qquad (5-19)$$

式中，$c(x)$、$G(E_0, E)$、$F(E, E_1, x)$ 和 $\sigma(\theta, E_1, E_{\mathrm{R}})$ 分别为待测核素深度分布函数、考虑加速器能散后入射离子标称能量为 E_0 时的能量分布函数、

入射离子能量为 E 时因能量歧离造成深度 x 处以 E_1 为变量的离子能量分布函数和在探测器所在角度 θ 处离子能量为 E_1 时的微分核反应截面；μ 为样品对所探测粒子的吸收系数。其余物理量意义同上文。如图 5-29 所示[1]，利用式(5-19)对图中的孤立窄共振核反应激发曲线做退卷积处理，就可以得到待测核素的深度分布函数 $c(x)$。

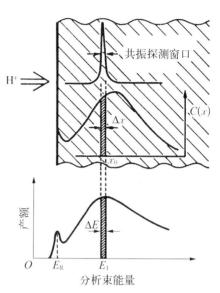

图 5-29　用孤立窄共振核反应作核素深度分布分析示意图[1]

5.4.2　核反应分析应用

核反应分析适用于重基体上轻核素的含量和深度分布分析，与卢瑟福背散射分析具有很强的互补性。

1) 利用 $^1H(^{15}N,\alpha\gamma)^{12}C$ 共振核反应测量 H 的分布

金属材料中含过量 H 会造成氢脆，半导体材料中含过量 H 会影响器件性能。因此，研究 H 在材料中的行为是材料科学的一个重要课题。

$^1H(^{15}N,\alpha\gamma)^{12}C$ 核反应在 6.385 MeV 存在一共振宽度为 1.8 keV 的孤立窄共振，发射的 γ 射线能量为 4.43 MeV。通过测量共振能量附近上述反应的激发曲线，可以得到材料中的 H 分布。

图 5-30 所示是 40 keV 的 H 注入 Si 样品中 H 分布的测量结果，H 原子的注量为 $1\times10^{16}/cm^2$。共振能量处的窄峰为样品表面吸附 H 所造成，高能段的宽峰代表注入 H 在 Si 中的分布[1,7]。

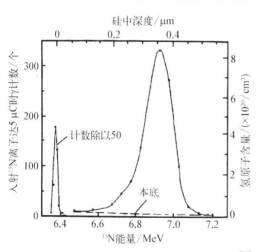

图 5-30　共振核反应测量 Si 中注入 H 的分布[7]

2) PIXE/PIGE 同时分析

质子诱发 γ 射线发射(proton induced γ-ray emission，PIGE)通过探测

质子与靶核相互作用产生的 γ 射线进行样品分析,属于核反应分析的一个重要分支。大多数轻核对 2 MeV 以下的质子都存在(p, γ)或(p, αγ)共振核反应,因此 PIGE 广泛应用于材料中轻元素的含量和深度分布分析。

PIGE 和 PIXE 均采用质子束,且前者适合轻元素探测,后者只能探测 Mg 以上中重元素,具有很强的互补性。在质子轰击样品时分别采集特征 X 射线和 γ 射线能谱就可以实现两者的同时分析,技术上很容易实现[13]。PIXE/PIGE 同时分析技术可以弥补 PIXE 无法探测轻元素的不足,从而获得广泛应用[14]。

3) $^{18}O(p, \alpha\gamma)^{14}N$ 共振核反应分析^{18}O 示踪研究氧化机理

$^{18}O(p, \alpha\gamma)^{14}N$ 共振核反应在 152 keV 处有一共振宽度仅为 100 eV 的孤立窄共振峰。利用共振核反应开展^{18}O 示踪研究具有本底很低、深度分辨率高等优点,广泛应用于各种有氧参与的化学或输运过程的微观机理研究中[15-16]。

图 5 - 31 所示是 6H SiC - C 和 6H SiC - Si 表面热氧化 SiO_2 样品的

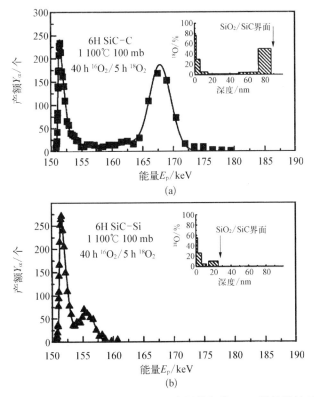

图 5 - 31　6H SiC - C 和 6H SiC - Si 表面热氧化 SiO_2 样品的核反应激发曲线及深度分布[17]

(a) 6H SiC - C; (b) 6H SiC - Si

$^{18}O(p，\alpha\gamma)^{14}N$ 核反应在 152 keV 共振能量附近的产额曲线及由激发曲线得到的 ^{18}O 深度分布[17]。两个样品于 1 100 ℃、100 mb 下，分别在 6H SiC - C 和 6H SiC - Si 表面首先用 $^{16}O_2$ 热氧化 40 h 后生成 $^{16}SiO_2$，再用 ^{18}O 热氧化 5 h 后生成 $^{18}SiO_2$。从图中可以看出，两种 SiC 样品在同样热氧化条件下，SiO_2 生长模式有明显的差别。

5.5　离子沟道效应分析

离子沟道效应分析利用离子束入射到晶体时到达探测器的粒子产额明显与入射离子方向有关的特性，并利用晶体定向谱和围绕晶轴对离子入射方向进行扫描的产额曲线来对晶体材料进行分析。

5.5.1　离子沟道效应基本原理

晶体的结构是各向异性的，当一束准直带电粒子与其相互作用时，往往表现出强烈的方向效应，即当入射方向接近某一主晶轴或主晶面时，由于受到原子列"壁"的周期性静电力的作用，其与晶格原子的近距相互作用（如卢瑟福背散射、弹性反冲、核反应、内壳层电离导致的特征 X 射线）产额剧烈下降，晶体的阻止本领变小，粒子射程明显增加，这就是沟道效应。

当晶体存在缺陷，如晶格位置原子离开晶格位置时，沿沟道入射的离子与这种隙位原子作用的概率明显增大，对应的离子束分析产额明显升高，而与完美晶体产额相比升高的量就可以用来定量分析位移原子的数量。所以沿沟道测量晶体定向谱可以分析晶体损伤情况。

在晶轴或晶面方向附近，改变离子入射方向时，背散射产额会随角度改变发生剧烈变化。测得的归一化产额随入射束偏离晶轴或晶面角度的变化曲线称为 dip 曲线，完美晶体 dip 曲线如图 5 - 32 所示。当沿晶轴入射时，得到的最小产额 χ_{min} 可由下式计算[4]：

$$\chi_{min} = 18.8 N d \rho^2 \left[1 + \left(\frac{\psi_{\frac{1}{2}} d}{126 \rho} \right)^2 \right]^{\frac{1}{2}} \tag{5-20}$$

式中，d 为沿晶轴方向的晶格原子间距；N 为单位体积内晶格原子数；ρ 为晶格原子热振动振幅；$\psi_{1/2}$ 为图 5 - 32 中 dip 曲线半高处的半宽度[1]。对完美晶

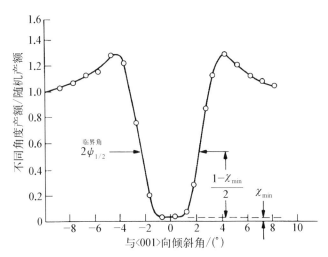

图 5 - 32　完美晶体 dip 曲线

体,沿晶轴入射,χ_{min} 一般为 $1\%\sim3\%$。

$$\psi_{\frac{1}{2}}=\left[\frac{1}{2}\ln\left(\frac{3a^2}{r_{min}^2}+1\right)\right]^{\frac{1}{2}}\left(\frac{2Z_1Z_2e^2}{dE}\right)^{\frac{1}{2}} \qquad (5-21)$$

式中,

$$r_{min}=(\rho^2\ln 2+u^2)^{\frac{1}{2}},\ a=0.885\,3a_0\,(Z_1^{\frac{1}{2}}+Z_2^{\frac{1}{2}})^{\frac{-2}{3}} \qquad (5-22)$$

式中,Z_1 和 Z_2 分别为入射离子和靶原子的原子序数;E 为入射离子能量;a_0($=0.052\,8$ nm)为玻尔半径;u 为沿此沟道(晶轴)观察到的原子离开晶格的投影位移(当原子处于晶格位置时,$u=0$)。d、N 和 ρ 意义同式(5-20)。实验上,$\psi_{1/2}$ 称为临界角,能量为 MeV 量级的 He 离子沿主晶轴入射扫描时,其值一般在 $0.4°\sim1.2°$ 范围内。

　　杂质原子离开晶格的距离可以由杂质原子 dip 曲线来判断[2]:① 当杂质原子处于替位时,沿任一晶轴得到的杂质原子与主原子的 dip 曲线是完全相同的(假定杂质原子与主原子的振幅相同);② 当沿晶轴观察到的杂质原子相对晶格的投影位移很小(百分之几纳米)时,杂质原子 dip 曲线比主原子的 dip 曲线变窄、变浅;③ 沿晶轴投影位移较大时(约 0.1 nm),杂质原子 dip 曲线在中间出现一个或两个小的峰;④ 当杂质原子处于沟道中心时,用于注量率峰效应,杂质原子 dip 曲线中心会出现一个窄的高峰;⑤ 当杂质均匀分布时,不存在沟道效应,杂质原子 dip 曲线变为一条平的直线。

　　沿不同晶轴测量 dip 曲线得到 $\psi_{1/2}$,就可以由式(5-21)计算得到沿此沟道(晶轴)观察到的杂质原子离开晶格的投影位移 u[1]，从而对杂质原子进行精确定位。

杂质定位时，需要将杂质原子的信号与基体原子的信号分开。对轻基体上重元素杂质的分析，一般采用 RBS/IC。对于重基体上的轻元素杂质，RBS 的杂质信号会叠加在较强的重基体元素信号之上，分析较为困难。所以，对重元素晶体上的轻元素(H 到 S)，一般采用核反应沟道效应分析，对中重元素采用质子激发 X 射线荧光沟道效应分析[2]。

5.5.2　离子沟道效应装置

沟道效应需要与卢瑟福背散射分析、核反应分析和质子激发 X 射线荧光分析等离子束分析方法结合起来进行晶体材料的分析。因此，其装置的主要组成部分与和沟道计数结合使用的离子束分析方法的装置基本相同。但对于离子沟道效应分析，在实验装置上有一些特别的要求。

（1）主晶轴 dip 曲线临界角一般为 $0.4°\sim1.2°$，要求入射离子束要有很好的准直，一般要求发散角小于 $0.1°$。因此，进行沟道分析的高压型加速器束流线需要有两个相距 $1\sim2\ m$、直径为 $1\sim2\ mm$ 的准直光阑。

（2）找沟道和测量 dip 曲线时，需要对晶体样品进行倾斜和旋转，因此晶体需要安装在一个二维或三维定角器上。为准确找到并对准沟道，定角器的角度变化量不能大于 $0.05°$。

图 5-33 是采用二维定角器的 RBS/IC 装置示意图[2]，θ 和 ϕ 分别为倾角和旋转角。

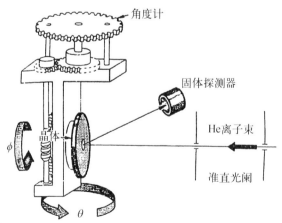

图 5-33　采用二维定角器的 RBS/IC 装置示意图[2]

5.5.3　离子沟道效应应用

沟道效应与卢瑟福背散射分析、核反应分析或质子激发 X 射线荧光分析等离子束分析方法相结合,能在不破坏晶体结构的情况下,分析晶体的结构和缺陷、位移原子及其深度分布以及杂质原子位置等。

1) 晶体缺陷分析

图 5 - 34 分别是完美晶体、点缺陷晶体和表面有非晶薄层的晶体的离子束沿晶轴入射的示意图及相应的 RBS/IC 定向谱。完美晶体入射离子与处于晶格位置的原子作用概率最低,RBS/IC 产额最低;点缺陷晶体中位移原子与入射离子作用概率大,但位移原子数量比表面有非晶薄层的晶体少,所以定向产额介于完美晶体和表面有非晶薄层的晶体样品产额之间;具有非晶表面层的晶体表面产额最高,穿过非晶层后,因沟道效应产额降低,但由于与非晶层原子碰撞造成的退道离子增加,其产额比完美晶体产额高。通过晶体和完美晶体定向谱的比较,就可以对位移原子数量及其深度分布进行分析[7]。

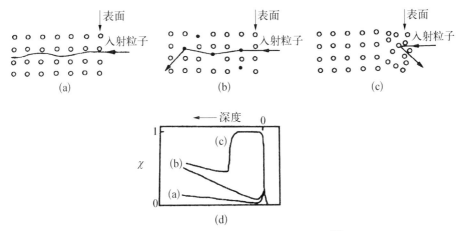

图 5 - 34　不同样品及其 RBS/IC 定向谱[7]

(a) 完美晶体;(b) 点缺陷晶体;(c) 表面有非晶薄层的晶体;(d) 三种晶体相应的 RBS/IC 定向谱

2) 杂质原子的定位

Si(110)面的原子排列如图 5 - 35[4]所示。○、●、×和▲分别代表 Si 的晶格原子以及处于替位、间隙位和四面体中间位置的杂质原子。由图 5 - 35 可以看出,替位杂质原子,入射束沿⟨100⟩、⟨110⟩或⟨111⟩的定向入射,都存在沟道效应。对处于间隙位的杂质原子×,无论从哪个晶轴入射都不存在沟道效

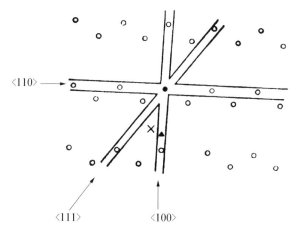

图 5 - 35   沟道效应进行单晶硅中杂质原子定位示意图[4]

应。而处于四面体中心的杂质原子,只有从〈110〉定向入射才会发现它。

图 5 - 36 所示是退火前与 700 ℃ 和 900 ℃ 退火后 Sb 掺杂 Si 样品〈110〉晶轴的 RBS 归一化产额 dip 曲线[1]。根据图中测到的 $\psi_{1/2}$,可以由式(5 - 21)计算得到沿〈110〉晶轴观察到的 Sb 原子离开晶格的投影位置,在退火前与 700 ℃ 和 900 ℃ 退火后分别为 0.25Å、0.29Å 和 0.33Å[1]。

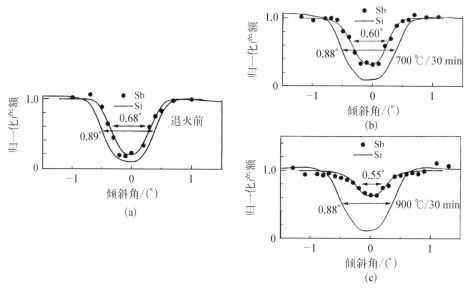

图 5 - 36   退火前与 700 ℃ 和 900 ℃ 退火后 Sb 掺杂 Si 样品〈110〉
晶轴的 RBS 归一化产额 dip 曲线[1]

(a) 退火前;(b) 700 ℃ 退火后;(c) 900 ℃ 退火后

5.6　离子激发发光分析

在离子束轰击材料过程中,会产生各种类型的次级粒子(离子、电子以及光子等),其中产生紫外、可见及近红外波段的发光现象称为离子激发发光(ion beam induced luminescence,IBIL)[18]。这一现象在加速器技术发展过程中很早就被观察和利用到,最常见的就是在各类型加速器引出离子束过程中,常常会引出离子束轰击石英玻璃,通过观察荧光斑的尺寸和形状(见图 5-37)判断出束情况[19],这里的荧光斑就来源于离子轰击绝缘体或者半导体时最外层电子激发跃迁产生的光子。

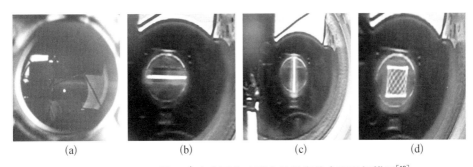

(a)　　　　　　(b)　　　　　　(c)　　　　　　(d)

图 5-37　2 MeV 的 He⁺ 束在石英玻璃上呈现出的束斑及扫描图[19]

(a) 原束斑直径 2 mm;(b) x 扫描 30 mm;(c) y 扫描 30 mm;(d) 二维扫描 30 mm×30 mm

最早观察到离子激发发光现象的报道可以追溯到 20 世纪 20—30 年代,当时,人们发现放射性元素镭(^{226}Ra)和硫锌化合物接触在一起会产生荧光,并将其应用在手表的夜光表盘上[20]。其原理就是利用镭元素衰减产生的 α 粒子作为激发源产生荧光现象。而将离子激发发光技术作为一种分析技术进行靶材料结构分析则要从 20 世纪 70 年代开始。随着加速器技术的发展,英国 Sussex 大学的 Townsend 等利用加速器产生的离子束开展 IBIL 研究,观察氯化钠晶体、铌酸锂等材料的发光现象并讨论其可能来源[21-22]。随后,考虑到 IBIL 技术极高的探测灵敏度(探测限可达十亿分之一量级,ppb)和原位测量这两大特点,国内外离子束分析实验室陆续开展了离子激发发光技术在痕量稀土元素分析[18]、宝石/矿物成分鉴定[23]、材料辐照损伤/抗辐照性能原位表征[24]等领域的研究。

本节将从离子激发发光分析的基本原理、装置及技术应用三部分展开介绍。

5.6.1 离子激发发光分析基本原理

离子激发发光分析的基本原理是离子辐照绝缘体或者半导体材料时,在与材料中原子核和电子发生弹性/非弹性碰撞等相互作用过程中,将动能传递给原子核或电子,使得离子能量最终沉积在样品中。过程中激发出来的高密度电子空穴会通过辐射复合方式释放出光子,大致过程[25]如下:

(1) 入射离子能量沉积在样品中引起电离。

(2) 电子与电离原子的复合:① 晶格吸收释放的电离能;② 光学系统的激发。

(3) 激发态电子退激跃迁产生发光。由于激发出的最外层电子携带靶核形成的化学键及其周围配位信息,因此离子激发发光光谱可以提供与杂质和缺陷能级相关的信息,可从光谱的波长/能量判断特定发光中心的种类和结构,由光谱强度的变化可以原位观察对应发光中心浓度的动力学变化。

需要指出的是,发光过程中电子阻止和核阻止两种能量耗散机制起着不同的作用,其中电子阻止主要起电离激发作用,核阻止则会产生晶格损伤缺陷;样品的温度也会影响材料中空位的迁徙、电子空穴对的状态以及非辐射复合的竞争,进而影响 IBIL 光谱及其演变[26]。因此,在开展 IBIL 装置的设计及具体的实验研究中需要关注离子种类、离子能量以及温度等多种因素。

5.6.2 离子激发发光分析装置

常见的离子激发发光分析装置采用高压型加速器产生的兆电子伏离子轰击半导体或者绝缘体样品,光谱探测系统可选用光电倍增管(PMT)[27]或者电子耦合器件 CCD 光谱仪[24, 28],其中 CCD 光谱仪随着技术更新,逐渐实现小型化、便携化以及高灵敏度。现阶段大多数离子激发发光装置采用 CCD 光谱仪进行测量,本书以北京师范大学串列加速器实验室的离子激发发光装置为例[29]加以介绍。

兆电子伏正离子高/低温 IBIL 测量系统(见图 5-38)配有定制的冷热样品台,通过温度控制器控制样品台背后的加热模块和液氮回路(外置液氮泵调整液氮流速),可实现在液氮温度(-196 ℃)到 600 ℃ 温度范围内的精确控温。光学测量系统通过装有真空光纤通管的法兰连接光纤(光纤直径均为 600 μm)将光信号输入 CCD 光谱仪进行 IBIL 光谱采集,在真空光纤通管真空内端添加 74 - UV 准直透镜以增加光采集能力。CCD 光谱仪可采集的波长范围为

200～1 000 nm,入射狭缝可调,可选择不同的狭缝来改变进光量,但光谱分辨率也会随之改变。如若选择 100 μm 的狭缝,对应的光谱分辨率约为 3.67 nm[计算方法：800 nm(光谱范围)/1 024(探测器像元数)×4.7 pixel(像素分辨率)≈3.67 nm]。光谱采集的积分时间可根据材料的发光效果进行适当调整。

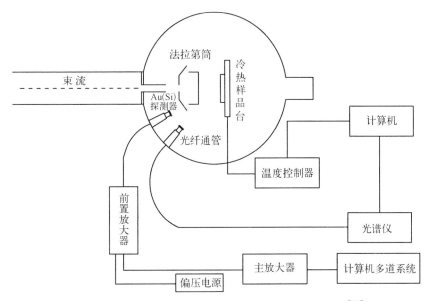

图 5-38　兆电子伏正离子高/低温 IBIL 分析装置简图[29]

　　在 IBIL 分析中,由于束流的波动将十分显著地影响发光强度及其演变趋势,同时,由于样品为绝缘体或者半导体材料,难以直接进行束流积分的测量工作,因此会影响辐照注量的准确性。为解决这一问题,考虑到背散射离子产额同样与束流成正比,在 IBIL 靶室内添加了背散射离子同步计数系统来监测 IBIL 光谱测量过程中的束流波动情况。在开始 IBIL 光谱测量前,通过样品台前方气缸控制的法拉第筒伸缩进行束流测量。通过在散射角 157.5°、距离样品台表面约 8 cm 处安装一个金硅面垒探测器,采集 IBIL 光谱时背散射离子计数信号经由前置放大器(通过偏压电源加偏压抑制低能噪声)、主放大器到达计算机多道系统。多道分析器选用的是多度定标(multi-channel scaler,MCS)工作模式,通过设定与 IBIL 光谱测量相同的积分时间进行背散射离子的同步计数,实现辐照过程中的束流在线监测;在后续的数据处理过程中,再利用归一化的背散射离子计数进行光谱强度的校正和辐照注量的准确计算。

　　该套兆电子伏正离子高/低温 IBIL 分析装置完成后,可实现－196～

600 ℃温度范围内多种 MeV 正离子辐照条件下的 IBIL 光谱准确测量,从而开展材料离子辐照损伤等相关应用研究[30],如图 5‐39~图 5‐41 所示。

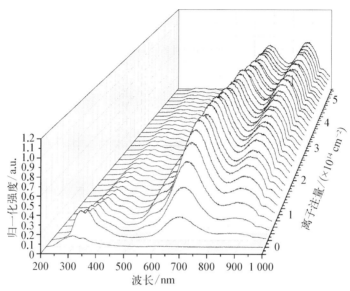

图 5‐39 290 K 时,2 MeV 质子轰击氟化锂材料的 IBIL 光谱随离子注量演变情况[30]

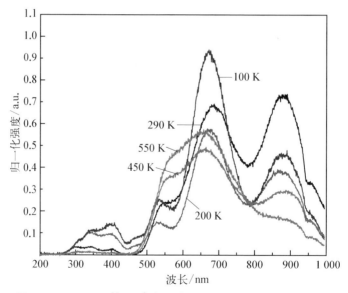

图 5‐40 5.5×10¹⁴ cm⁻² 离子注量时,不同温度条件下 2 MeV 质子轰击氟化锂材料的 IBIL 光谱[30]

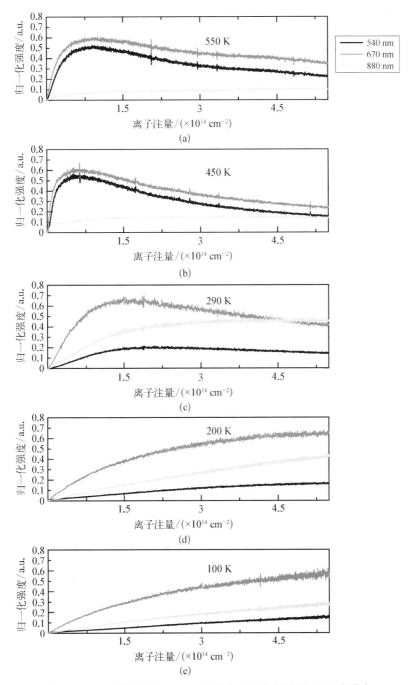

图 5 - 41　不同温度下,2 MeV 质子轰击氟化锂材料 IBIL 光谱中
发光峰强度随离子注量的演变情况[30]

(a) 550 K;(b) 450 K;(c) 290 K;(d) 200 K;(e) 100 K

5.6.3 离子激发发光分析技术应用

考虑到 IBIL 技术可达 10^{-9}（ppb）量级的探测灵敏度以及原位测量的优势,国内外许多离子束分析实验室利用 IBIL 技术开展了痕量杂质元素的探测分析以及原位光谱测量工作。

1) 痕量杂质元素的探测分析

例如,德国的 Spemann 等[31]利用微束 IBIL 发光研究了古代人类骨骼的股骨横截面的金属元素浓度。通过测量距离骨膜表面不同深度处的 IBIL 光谱可知,590 nm 处的峰来源于微量的 Mn 元素,骨骼在土壤中可能会通过 Ca^{2+} - Mn^{2+} 渗透的方式进行离子交换,因而可以通过 IBIL 光谱中 Mn 元素在距离骨膜表面不同深度处的含量变化来研究骨骼上成岩变化的相关信息,如图 5-42 所示。

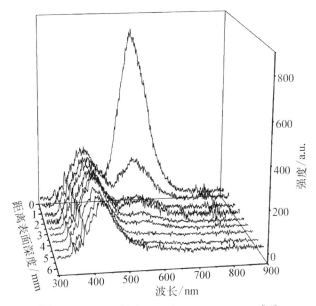

图 5-42　IBIL 技术研究古代骨骼成岩信息[31]

西班牙的 Castillo 等[23]报道了利用 IBIL 技术对红宝石以及人造尖晶石中的杂质离子进行 IBIL 光谱测量的结果(见图 5-43),用以鉴别天然和人造晶体。可以发现,红宝石中测到了位于 700 nm 附近的 Cr^{3+} 的发光峰,在人造尖晶石中同样测到了位于 700 nm 附近的 Cr^{3+} 的发光峰,并且测到了 525 nm 处的 Mn^{2+} 的发光峰。可以发现,同为 Cr^{3+} 的发光峰,由于所在基体中的晶体结构差异,发光峰的峰位、峰形十分接近却并不完全相同。

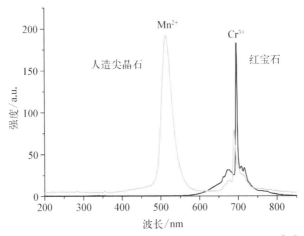

图 5 - 43　红宝石和人造尖晶石的 IBIL 光谱结果对比[23]

中国科学院高能物理研究所的沙因等[27]利用 IBIL 技术开展了地质样品斜长石中微量铁元素的测量(见图 5 - 44)。可以发现,IBIL 技术可以灵敏地探测到不同价态的铁元素,这是由于 IBIL 光谱可以有效地反映靶核形成的化学键信息。图 5 - 44 中 553 nm 和 682 nm 两个峰分别对应 Fe^{2+} 和 Fe^{3+} 的光谱峰。

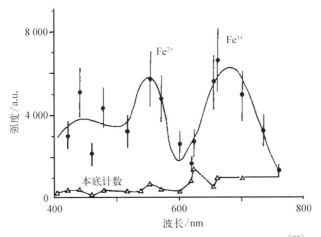

图 5 - 44　斜长石样品的不同价态铁元素的 IBIL 光谱[27]

2) 原位光谱测量

西班牙的 Rodríguez - Ramos 等[32]报道了室温至 500 ℃ 范围内几种闪烁体材料的 IBIL 光谱及其随注量演变情况,从而判定闪烁体耐辐照性能受温度的影响情况(见图 5 - 45 和图 5 - 46),IBIL 分析技术对闪烁体耐辐照性能的评估结果可作为聚变堆装置中材料选用的重要参考依据。

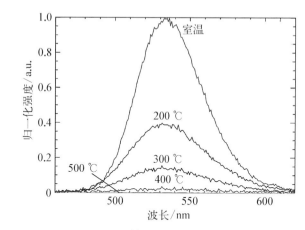

图 5 - 45 SrGa₂S₄：Eu²⁺闪烁体在室温至 500 ℃ 范围内的
IBIL 光谱(500 ℃ 时发光强度几乎为 0)[32]

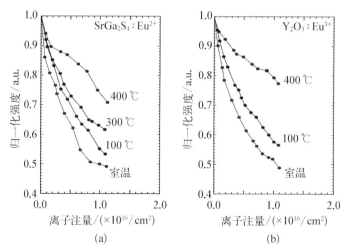

图 5 - 46 SrGa₂S₄：Eu²⁺ 和 Eu 掺杂的 Y₂O₃：Eu³⁺ 两种闪烁体的
IBIL 光谱强度在不同温度下随注量的演变情况对比[32]

(a) SrGa₂S₄：Eu²⁺;(b) Y₂O₃：Eu³⁺

Qiu 等[33]报道了第三代半导体材料碳化硅在低温条件下的 IBIL 光谱及
其随温度的演变情况,获得了 D1 缺陷、深能级缺陷及钛杂质的发光行为及
其随温度的变化情况(见图 5 - 47 和图 5 - 48),相关结果可为碳化硅材料辐
照损伤研究以及碳化硅半导体器件的研发提供基础实验数据支持。

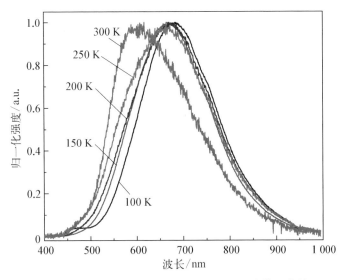

图 5－47　6H－SiC 材料在 100～300 K 温度范围内的
　　　　　IBIL 光谱对比[33]

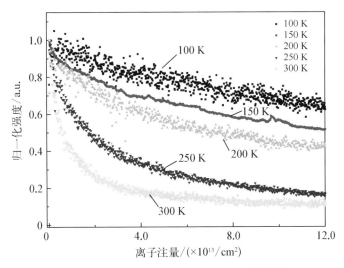

图 5－48　6H－SiC 材料在 100～300 K 温度范围内的 IBIL
　　　　　光谱对比(归一化强度随离子注量的演变情况)

参考文献

[1] Nastasi M，Mayer J W，Wang Y. Ion beam analysis：fundamentals and applications [M]. Boca Raton：CRC Press，2014.

[2] Wang Y，Nastasi M. Handbook of modern ion beam materials analysis[M]. Warrendale：Materials Research Society，2009.

[3] 王广厚.粒子同固体相互作用物理学（上册）[M].北京：科学出版社,1991.

[4] 赵国庆,任炽刚.核分析技术[M].北京：中国原子能出版社,1982.

[5] Chu W，Mayer J W，Nicolet M A. Backscattering spectrometry[M]. New York：Academic Press，1978.

[6] Demeulemeeste J，Smeets D，Barradas N P，et al. Artificial neural networks for instantaneous analysis of real-time RBS spectra [J]. Nuclear Instruments and Methods in Physics Research B，2010，268：1676 - 1681.

[7] 丁富荣,班勇,夏宗璜.辐射物理[M].北京：北京大学出版社,2004.

[8] Giangrandi S，Sajavaara T，Brijs B，et al. Low-energy heavy-ion TOF - ERDA setup for quantitative depth profiling of thin films[J]. Nuclear Instruments and Methods in Physics Research B，2008，266：5144 - 5150.

[9] Xu M，Chu Y，Wang G，et al. An upgraded external beam PIXE setup for multi-elemental analysis of atmospheric aerosol samples[J]. X-Ray Spectrometry，2018，47：79 - 85.

[10] International Atomic Energy Agency (IAEA). Instrumentation for PIXE and RBS [R]. Vienna：IAEA，2000.

[11] Yu L，Wang G，Zhang R，et al. Characterization and source apportionment of $PM_{2.5}$ in an urban environment in Beijing[J]. Aerosol and Air Quality Research，2013，13：574 - 583.

[12] 张朱武,承焕生,干福熹.玉石及中国古代玉器的 PIXE 分析[J].核技术,2009，32(11)：833 - 838.

[13] 王广甫,李旭芳,初钧晗,等. GIC4117 串列加速器外束 PIXE/PIGE 分析系统[J].原子能科学技术,2014(7)：1290 - 1295.

[14] 吴士明,李民乾. 用 PIXE - PIGE 方法作多元素同时分析[J]. 核技术,1990，13(10)：607 - 611.

[15] 贺非,白新德,徐健,等.^{18}O 核共振反应技术在研究氧化机理方面的应用[J]. 清华大学学报（自然科学版）,1999，39(10)：21 - 24.

[16] Battistig G，Amsel G，Dartemare E，et al. A very narrow resonance in ^{18}O（p，α）^{15}N near 150 keV：application to isotopic tracing Ⅰ. resonance width measurement[J]. Nuclear Instruments and Methods in Physics Research Section B，1991，61(4)：369 - 376.

[17] Vickridge I C，Tromson D，Trimaille I，et al. Oxygen isotopic exchange occurring during dry thermal oxidation of 6H SiC[J]. Nuclear Instruments and Methods in Physics Research Section B，2002，190(1 - 4)：574 - 578.

[18] Yang C，Malmqvist K G，Elfman M，et al. Ionoluminescence and PIXE study of

inorganic materials[J]. Nuclear Instruments and Methods in Physics Research B, 1997, 130(1): 746 - 750.

[19]　雷前涛,包良满,李健健,等. 基于 4 MV 静电加速器的高温辐照装置研制及离子辐照初步实验[J]. 原子核物理评论,2015,32(S1): 19 - 23.

[20]　Murthy K V R, Virk H S. Luminescence phenomena: an introduction[J]. Defect and Diffusion Forum, 2013, 347: 1 - 34.

[21]　Townsend P D, Mahjoobi A, Michael A J, et al. Exciton luminescence from NaCl [J]. Journal of Physics C Solid State Physics, 1976, 9(22): 4203.

[22]　Haycock P W, Townsend P D. Ion beam induced luminescence spectra of $LiNbO_3$ [J]. Radiation Effects, 1986, 98(1 - 4): 243 - 248.

[23]　Castillo H C D, Ruvalcaba J L, Calderón T. Some new trends in the ionoluminescence of minerals[J]. Analytical & Bioanalytical Chemistry, 2007, 387 (3): 869.

[24]　Quaranta A, Vomiero A, Carturan S, et al. Polymer film degradation under ion irradiation studied by ion beam induced luminescence (IBIL) and optical analyses[J]. Nuclear Instruments and Methods in Physics Research Section B, 2002, 191(1 - 4): 680 - 684.

[25]　Veligura V, Hlawacek G. Ionoluminescence[M]//Hlawacek G, Gölzhäuser A. Helium ion microscopy. Cham: Springer International Publishing, 2016: 325 - 351.

[26]　Townsend P D, Crespillo M L. An ideal system for analysis and interpretation of ion beam induced luminescence[J]. Physics Procedia, 2015, 66: 345 - 351.

[27]　沙因,刘柱华,王观明,等.外束离子感生发光法及其应用研究初探[J].岩矿测试,1996(4): 274 - 278.

[28]　褚莹洁. 低能离子激发发光在石英玻璃中的应用[D]. 北京:北京师范大学,2017.

[29]　仇猛淋. 离子激发发光方法及其在离子辐照效应中应用的研究[D].北京:北京师范大学,2018.

[30]　仇猛淋,王广甫,褚莹洁,等. 高低温条件下氟化锂材料的离子激发发光光谱分析 [J]. 物理学报,2017,66(20): 21521.

[31]　Spemann D, Jankuhn S, Vogt J, et al. Ionoluminescence investigations of ancient human bone with an external ion beam[J]. Nuclear Instruments and Methods in Physics Research B, 2000, 161 - 163: 867 - 871.

[32]　Rodríguez-Ramos M, Jiménez-Ramos M C, García-Muñoz M, et al. Temperature response of several scintillator materials to light ions[J]. Nuclear Instruments and Methods in Physics Research B, 2017, 403: 7 - 12.

[33]　Qiu M L, Yin P, Wang G F, et al. In situ luminescence measurement of 6H - SiC at low temperature[J]. Chinese Physics B, 2020, 29(4): 88 - 92.

第 6 章

高压型加速器在辐射物理与
辐射生物中的应用

抗辐照应用技术是指利用加速器、反应堆、钴源等辐射源模拟辐射环境和辐照效应,研究辐照损伤物理机制,评估其抗辐照能力,提出抗辐照防护设计方案,以降低或避免辐照损伤风险,推动抗辐照装备发展,保障人员安全的技术。抗辐照应用技术面向航天、航空和核工业三大领域,涵盖器件、材料和生物三大对象,涉及单粒子、位移损伤和总剂量三大辐照效应。高压型加速器作为粒子加速器的主要种类之一,在抗辐照领域有着广泛的应用场景。下面将简要介绍高压型加速器在辐射物理与辐射生物中的应用。

6.1 抗辐照器件应用

抗辐照器件是国家战略威慑的重要支撑,关系到我国装备安全、国防安全。核心电子元器件和高端芯片完全自主可控是我国信息产业的战略目标与要求,事关国防军队信息安全,也是军用、民用领域面临的共同挑战。由于抗辐照集成电路应用领域的敏感性,自主研制高性能抗辐照集成电路对于支撑我国太空战略、提升空天军队核心战斗力、解决军民芯片"卡脖子"问题都具有重要意义。有些应用到辐射相关特殊环境中(如卫星等面临空间辐射环境,反应堆控制及周边监测组件也会长期处于辐射环境中)的电子器件,还需要额外考虑抗辐照加固方面的特殊要求。人造卫星或宇航器等主要会受到高能质子、高能电子、中子、γ射线等的影响,这些射线会对其中的固体电子器件造成较为严重的辐照损伤,因此需要研制专门的抗辐照加固元器件。

6.1.1 研究背景

随着核、航天、微电子、人工智能等先进技术的快速发展,以及空间核动力、太空粒子束、智能机器人等新式装备的出现,未来战争将呈现"陆海空天电"多维一体化、人机混编智能非对称化等新形态。无论空间核动力、空间飞行器、智能机器人、战略导弹、地面核设施等如何发展,其综合性能的提高依赖于高性能集成电路。高能粒子与器件及其系统相互作用产生的辐照效应将会导致器件逻辑状态翻转、功能故障甚至烧毁损坏,威胁着空间飞行器、临近空间飞行器、地面核设施等的安全运行和任务达成,可见,辐照效应不仅会缩短它们的工作寿命,严重时甚至会造成灾难性的后果。1975 年,Binder 等发现人造通信卫星上的数字电路经常发生错误,他们敏锐地捕捉了这一异常现象,并认为是由于宇宙射线粒子的能量在电路中发生了沉积,自此揭开了科学家们研究器件空间辐照效应的序幕。

6.1.1.1 单粒子效应及其危害

宇宙空间中存在大量不同种类的粒子和射线,常见的有各类重离子、质子、中子、α 粒子、电子、γ 射线等。这些粒子可能来源于超新星爆发、遥远星系及太阳的活动等,其能量可高达 1×10^{20} eV,远超地球上加速器可以达到的能量范围。空间辐射环境中的高能粒子与航天器上的半导体器件相互作用,导致空间辐照效应的发生。空间辐照效应主要分为以下三类:单粒子效应(single event effect,SEE)、总剂量效应(total ionizing dose effect,TID)和位移损伤效应(displacement damage effect,DD)。目前航天器所发生的空间辐照效应主要是单粒子效应。

单粒子效应最早由 Wallmark 和 Marcus[1] 在 1962 年提出。单粒子效应是指单个粒子入射到微电子器件中后产生电子-空穴对,这些电子-空穴对被收集后将导致微电子器件原有的工作状态发生改变的现象。1976 年,Binder 等[2] 首次报道了由宇宙射线导致的卫星载微电子器件出现逻辑状态改变,证实了该现象广泛存在于空间飞行器中。自此,关于单粒子效应的研究开始受到研究者们的关注。

由于卫星所搭载的各类微电子设备种类越来越多,单粒子效应的危害愈发突出。1990 年,我国发射的"风云一号"气象卫星在轨运行期间遇到了强烈的太阳活动,导致卫星主控计算机出现单粒子翻转事件,使得卫星姿态失控,仅仅在轨工作了 39 天就因故障报废。2000 年,宇宙空间中出现的特大质子事件,导致日本 AKEBONO 卫星发生单粒子事件,造成卫星出现故障。2003 年出现的强太阳风暴导致世界各国诸多卫星由于单粒子效应而出现故障,如地球同步轨道卫星 Immarsar 卫星中的一颗由于星载 CPU 出现故障而失效。

随着单粒子效应研究的深入,研究者们发现不但空间单粒子效应危害较大,大气空间的单粒子效应也应受到关注。宇宙射线与地球大气层中的氮、氧等原子发生核反应产生中子构成了大气空间中的辐射环境。这类空间中的飞行器、反应堆、超级计算机、高铁控制系统等都有可能遭受大气单粒子效应的影响。

2003 年在比利时举行的一次选举中,电子投票计数器遭受了大气中子的轰击,出现了单粒子翻转现象,导致一位候选人的得票数目增加了 4 096 张。

美国 Los Alamos 国家实验室组建的名为 Q 的超级计算机自工作之日开始就遭受了远超工程师估计的系统崩溃,科学家们发现这与 Los Alamos 所处的高海拔有直接关系,高海拔位置有着比海平面更高注量的大气中子辐射环境,大量的中子入射到超级计算机中,导致了系统的频繁崩溃。

6.1.1.2　单粒子效应分类及表征

单粒子效应根据引发的微电子器件错误是否可恢复,可分为软错误和硬错误两类,如表 6-1 所示。

表 6-1　常见单粒子效应分类

效应类别	效应名称及英文简称	效应描述
软错误	单粒子翻转(SEU)	器件逻辑状态改变
	单粒子瞬态(SET)	电路节点产生瞬态电流
	单粒子功能中断(SEFI)	器件功能异常
	单粒子锁定(SEL)	器件锁定在大电流状态
硬错误	单粒子栅穿(SEGR)	器件栅极绝缘击穿
	单粒子烧毁(SEB)	大电流导致器件烧毁

单粒子效应软错误主要由单粒子翻转(single event upset,SEU)、单粒子瞬态(single event transient,SET)、单粒子功能中断(single event functional interrupt,SEFI)、单粒子锁定(single event latch,SEL)构成。单粒子硬错误

主要由单粒子栅穿(single event gate rupture，SEGR)和单粒子烧毁(single event burn，SEB)构成。

SEU 是指当单个粒子入射到微电子器件敏感区后,产生的电子空穴对被收集,引发器件逻辑状态的改变。SEU 常发生于存储类器件和指令类器件中,是最为常见的单粒子效应之一。SEU 可以通过软件对数据进行刷新或者重新上电等进行纠正。

SET 是指当单个粒子入射到微电子器件灵敏区后,入射轨迹上产生电子空穴对,而电子空穴对被电极收集后,将会引发器件电压和电流的瞬时扰动,其可以用一个瞬态脉冲进行表征,因此称为单粒子瞬态脉冲。该现象常发生于电路内部敏感节点,若脉冲幅度较大,则将会沿着电路向下一级传播,造成电路的中断甚至损毁。

SEFI 是指当单个粒子入射到微电子器件敏感区后,产生的电子空穴对被电极收集造成微电子器件原有功能中断的一种现象,该现象可以通过断电后重新上电进行恢复。

SEL 是指当单个粒子入射到微电子器件中后导致器件的工作电流突然剧烈增加的一种现象。该现象主要存在于互补金属氧化物半导体(CMOS)工艺类器件中,CMOS 工艺类器件中存在的 PNPN 四层结构形成了寄生可控硅结构,正常情况下该结构是阻断状态的,然而粒子的入射导致其导通,通过该结构固有的正反馈特性使得电流不断增大。一般情况下,SEL 现象可以通过断电后重新上电进行恢复,但如果锁定电流足够大,SEL 也可能转化为硬错误而无法恢复。

SEGR 是指在适当的偏压下,当入射粒子产生的电子空穴对在栅漏重叠区域的 Si - SiO$_2$ 界面处聚集时,在栅氧化物内产生强电场导致栅被击穿,栅极和漏极两端短路,器件烧毁,是一种不可逆的现象。其常出现在功率 MOSFET(功率-氧化物-半导体场效应晶体管)及非挥发性 SRAM(静态随机存储器)的写入擦除过程中。

SEB 是指由于入射粒子产生的瞬态电流,寄生晶体管导通结合正反馈机制,导致二次击穿发生、源级和漏极两端短路、器件损坏,是一种不可逆现象。该现象常发生于功率 MOSFET 和双极功率晶体管中。

6.1.1.3　地面模拟试验要求

单粒子效应的危害性和严重性使得微电子器件应用于宇航任务、重要工作场景前必须经过系列化的评估以了解其抗辐照的性能。微电子器件的抗辐照性能评估主要分为三类：第一类是通过地面模拟试验对器件进行评估；第二类是通过理论模拟计算对器件进行评估；第三类是将微电子器件直接搭载于航天器上发射在轨对其进行评估。空间在轨试验评估由于费用昂贵、周期长、测试参数不易调节且实验规模受到极大限制，只能测试少数器件。理论试验评估由于严重依赖于模型的构建和以往的经验，常会出现计算结果与实际结果相比偏差较大的情况。因此，最为常用的属地面模拟试验。

地面模拟试验，顾名思义，是指微电子器件在地面进行相应的模拟试验。同样，微电子器件辐照效应的地面模拟试验主要分为三种：单粒子效应地面模拟试验、总剂量效应地面模拟试验以及位移损伤效应地面模拟试验。单粒子效应地面模拟试验和位移损伤效应地面模拟试验最常用的手段是利用加速器或者反应堆产生的一定能量的质子、中子、重离子或者是放射源产生的中子等对器件进行辐照实验，以模拟器件在空间辐射环境下的情况。总剂量效应地面模拟试验最常用的手段是利用系列化的放射源产生 γ 射线对器件进行辐照，以评估其性能。

目前用加速器产生一定能量的重离子进行单粒子效应试验，实验设备、实验技术较为成熟，可以选择不同能量、不同种类的离子，而且辐照效率高，一轮次实验就可以满足多家单位、多款器件的实验需求。故而用加速器重离子进行辐照实验成为国内外研究人员重要的研究手段。

地面模拟试验装置进行建设及升级前常从如下几个方面进行考虑：

（1）模拟试验装置产生的束流尺寸应该足够大且可调节。足够大的束斑能为辐照大体积的电子学设备或整机提供方便，束流可调意味着束斑能够降到合适的大小对单个小芯片进行辐照，以便细致研究。

（2）束流注量率应连续可调。由于地面模拟试验本质上是一种加速试验，束流注量率远高于空间环境中的实际注量率，因此可调的注量率意味着研究人员能够高效率地对器件及设备进行研究。

（3）模拟试验装置产生的束流能量应该足够高，由于空间中的高能重离子能量在十几 MeV/n～上百 GeV/n，因此，想要更为准确地模拟实际空间的辐照效应，就应提高加速器的束流能量。但是加速器束流能量的提高将会带来投资成本几何量级的增长，因此需要投资者在两者之间做合适的权衡。

（4）单粒子效应重离子加速器产生的束流种类应足够丰富且更换效率较高，其原因在于丰富的束流种类能够提高粒子线性能量沉积值的范围，有助于研究者们选择合适的粒子进行试验。

6.1.1.4 国内外研究情况

1975 年，Binder 等[2]发现通信卫星上的数字电路由于单个粒子的作用出现异常翻转，从此人们开始关注并研究单粒子效应。

历史上第一篇提及单粒子效应的文章是 Wallmark 和 Marcus[1]于 1962 年发表的一篇评估半导体器件特征尺寸发展趋势的文章。在这篇文章中，J. T. Wallmark 等指出宇宙射线引起的失效是影响器件特征尺寸绝对下限和封装密度绝对上限的基本物理现象之一。1975 年，Binder 等发表在电气与电子工程师协会核物理和空间辐照效应会议上的文章第一次证实了宇宙射线引起的翻转——在一个通信卫星中运行的双极 J-K 触发器在卫星运行的 17 年中发生了 4 次翻转，Binder 等认为事件的机理是宇宙射线粒子电离沉积电荷使得敏感晶体管的基极-发射极电容被充电达到其开启电压。为了预估错误率，需要确定晶体管参数、电荷收集系数和敏感晶体管的数量。Binder 等使用扫描电镜确定敏感晶体管数量，同时使用一个扩散模型计算并预估翻转率。可能因为当时测得的错误数太少，人们尚未认识到单粒子翻转的重要性，大量关于单粒子翻转的文章直到 1978—1979 年才出现在 NSREC。经过 40 余年的发展，以美国、欧洲等国家和地区为代表的发达国家已经形成了成熟的单粒子效应研究方法和体系，涵盖了单粒子效应理论研究、单粒子效应试验方法和标准研究、单粒子效应试验硬件研究等内容。在单粒子效应理论研究领域，美国和欧洲国家利用在已有的粒子物理和核物理研究领域的优势，开发了大量世界通用的软件和工具，如用于粒子与物质相互作用的计算软件 Gent 4，用于单粒子效应空间错误率计算的软件 SpaceRadiation，用于微电子器件半导体性能模拟的软件 TCAD 等，还提出单粒子效应理论计算的常用模型如 RPP 模型、IRPP 模型等。在单粒子效应试验方法和标准研究领域，美国已经形成 MIL-STD-750 方法（单粒子烧毁和单粒子栅穿测试程序），《半导体器件重离子辐照引起的单粒子现象（SEP）测量的标准指南》（ASTM-F1192）；欧洲航天局已经形成《单粒子效应测试方法和指南》（ESA/SCC No. 25100）等标准。在单粒子效应试验硬件研究领域，美国和欧洲建设了大量的专用/兼用于单粒子效应试验的加速器装置，如美国布鲁克海文国家实验室单粒子翻转试验装置（重离子串列式静电加速器）、美国印第安纳大学回旋加速器装置（质子回旋加速器）、加拿大粒子与核物理及加速器科学国家实验室（TRIUMF）质子辐照装置（质子回旋加速器）等，它们可以提供粒子种类丰富（质子、中子、重离子）、能量范围宽广(1～500 MeV 质子及中子、1～1 000 MeV/u 的重离子)的束流用于单粒子效应研究。

我国关于单粒子效应的研究起步较晚,与欧美等发达国家和地区在试验方法、试验技术、试验理论方法方面均存在较大差距,但是在部分研究方向还是存在突破和亮点的。在单粒子效应试验方法和试验标准方面,目前提出了诸如《大气辐射影响 航空电子设备单粒子效应防护设计指南》(GB/T 34956—2017)、《单粒子效应试验方法和程序》(GJB 7242—2011)等标准。在单粒子效应理论研究领域开发了具有我国特色的单粒子效应空间错误率预估软件 ForeCAST 等。在单粒子效应硬件建设方面,原子能院利用 HI-13 大型串列加速器建设的重离子单粒子翻转试验装置以及重离子微束试验装置,为我国抗辐照微电子器件的研制和考核提供了大量的束流机时保证。原子能院建设的 100 MeV 质子回旋加速器能提供中高能区的质子和中子束流,填补了我国质子/中子单粒子效应研究领域长期的空白。中科院兰州近代物理研究所利用兰州重离子加速器(HIRFL)建设的重离子单粒子锁定试验装置也为我国抗辐照微电子器件的研制和考核提供了大量的束流机时保证。

目前单粒子效应研究领域的主要热点在于研究深亚微米量级微电子器件单粒子效应的特点及测量方法、评估技术,新结构、新工艺特点下的微电子器件单粒子效应特征,新材料下的微电子器件单粒子效应特征及测量方法,单粒子效应在轨错误率,地面模拟试验与空间实际错误率等效性关系等。

6.1.2 重离子单粒子效应

重离子直接电离作用是引发单粒子效应的基础,重离子辐照设备是单粒子效应研究领域最复杂的辐照设备之一,也是单粒子效应研究领域最基础的设备之一。重离子单粒子设备必须具有如下特性:可提供的离子种类多,具有宽广的线性能量传输(linear energy transfer, LET)值范围和较大的射程,辐照均匀性要求高。

6.1.2.1 重离子单粒子效应原理

处于特定辐射环境下的电子学系统会由于辐射环境中入射粒子的轰击而发生性能退化甚至失效,其根本原因是入射粒子与构成电子学系统的材料和器件相互作用,引起一系列的辐照效应,导致材料和器件中各种辐照损伤,进而造成电子系统失效。

入射粒子本身性质决定了其与晶体材料内部原子相互作用的方式,其造成的辐照损伤也因此不同。辐射环境中根据损伤模式可分为电离损伤和非电离损伤,电离损伤主要由单粒子效应和总剂量效应引起,非电离损伤主要由位移损伤引起。

SEE是指单个高能粒子撞击微电子器件的敏感区及附近区域,通过直接或间接的电离作用,在粒子穿过器件灵敏区的径迹上生成大量的电子空穴对并被电路敏感节点收集,当收集到的电荷超过某一临界电荷时,导致器件的逻辑状态、输出波形、功能、性能等异常或者器件被毁坏的现象。对于重离子,一般通过直接电离作用引发SEE,其LET值与器件的SEE截面σ紧密相关,故一般用LET-σ曲线来表征器件对重离子的敏感度。

6.1.2.2　重离子辐照加速器

重离子辐照加速器一般包括束流系统(如传输束流线和单粒子辐照束流线、加速器传输束流管道、单粒子辐照束流线)、实验大厅(真空样品室、样品架、各种移动平台系统和插件、束流诊断系统、电子学和数据获取系统、高低温系统、电源和高频发生器以及真空系统等)和测量厅部分(包括控制系统和数据获取)等。

1) 高压串列加速器

串列加速器包括低压串列加速器和高压串列加速器,只有高压串列加速器可以用于单粒子试验。其离子种类丰富、能量覆盖范围宽广而且换束时间短。

(1) HI-13串列加速器。原子能院的HI-13串列加速器是我国在20世纪80年代从美国引进的大型静电高压带电粒子加速器。1983年底开始安装调试,1987年通过国家验收并投入正式运行。

HI-13串列加速器前端配有离子注入器,用于产生负离子并将其加速到150 keV左右的能量,再注入串列加速器主题钢筒。该注入器目前配备多种离子源,原则上可以产生元素周期表上从质子到铀-235的各种元素的负离子。

HI-13串列加速器的主体安装在一个长为25 m、中间最大直径为5.5 m的大钢筒中。钢筒沿束流轴线分为三个区域:中间近2 m长的区域为加速器高压头部,最高电压可达13 MeV;靠近注入器的一端为低能端,另一端为高能端。从注入器送出的带有150 keV能量的负离子进入低能端加速管后,受串列加速器头部正高压的吸引,经加速管不断加速,进入高压头部时与设置在头部的由碳薄膜做成的剥离器发生碰撞,这样,负离子的核外电子或部分或全部被剥离,负离子变成了正离子。受头部正高压的排斥作用,经高能端加速管,这些带上正电荷的粒子被再次加速。目前串列加速器有 13 条束流管道分布在三个实验大厅,其中 3 条管道可开展单粒子相关试验工作,相应的试验管道及其终端装置分布在 R20°北京 Q3D 磁谱仪、R20°支线管道的重离子单粒子效应辐照专用装置和 L30°的重离子微束辐照装置。在二厅外距待辐照器件靶室约 50 m 有一测量室,可供测试人员远距离对试验器件进行测试。

　　图 6-1 是原子能院核物理所的 HI-13 串列加速器示意图[3]。加速器由负离子源(−150 kV)、注入器、头部(包括高压和 C 剥离膜)、输电梯、分析磁铁、法拉第筒(测量各加速阶段离子束流强)和束流传输管道等组成。从离子源产生的带有 150 keV 能量的一价负离子进入注入器后,受串列加速器中间(即头部)正高压的吸引,在负离子加速管不断加速,到达头部时已经增加了 13 MeV 能量,总能量为(13+0.15)MeV,在穿过头部的由碳薄膜做成的剥离器(或气体剥离器),负离子的核外电子部分或全部被剥离,形成带有电荷 Q 的正离子。正离子在正离子加速段加速,到达加速器出口时,又增加了$(Q \times 13)$MeV 的能量。

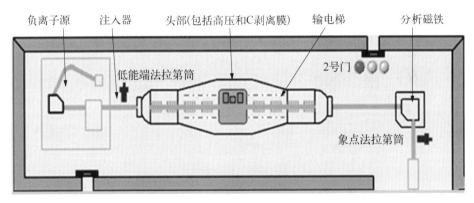

图 6-1　HI-13 串列加速器示意图

　　在串列加速器的末端,离子的能量为 $E = (1+Q)\mathrm{HV} + 150\,\mathrm{keV}$,这些离子流经过分析磁铁的磁刚度选择,想要的束流通过分析磁铁,其他能量的束流被磁铁挡掉。图 6-2 为 HI-13 串列加速器大厅图片。目前串列加速器有 13 条束流管道分布在三个实验大厅(见图 6-3)。其中 R20°支线管道的重离子单粒子效应辐照专用装置用于重离子宽束单粒子效应研究。HI-13 单粒子试验常用的离子束如表 6-2 所示。

图 6－2　HI－13 串列加速器大厅

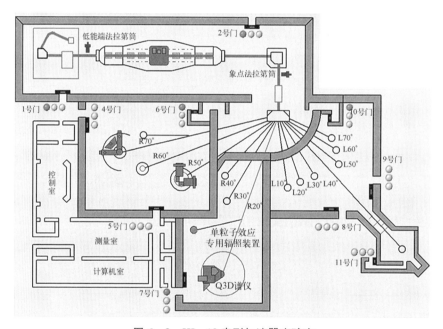

图 6－3　HI－13 串列加速器实验室

表 6－2　HI－13 串列加速器单粒子效应试验中常用离子种类

离子种类	端电压/MV	剥离概率/%	能量/MeV	表面 LET 值/（MeV·cm²/mg）	硅中射程/μm	备注（产生离子的化合物）
$^1H^+$	11.5	100	23	0.02	3.1	—
$^7Li^{3+}$	11.471	88.8	46	0.44	269	—

（续表）

离子种类	端电压/MV	剥离概率/%	能量/MeV	表面 LET 值/（MeV·cm²/mg)	硅中射程/μm	备注（产生离子的化合物）
$^{11}B^{5+}$	11.648	27.2	70	1.26	149	—
$^{12}C^{6+}$	11.412	12.5	80	1.73	127	—
$^{16}O^{8+}$	11.432	1.0	103	3.05	99.4	—
$^{19}F^{9+}$	11.488	0.2	115	4.06	87.9	—
$^{27}Al^{8+}$ $^{27}Al^{11+}$	11.468	2.8	132	8.19	56.1	—
$^{28}Si^{10+}$ $^{28}Si^{12+}$	11.431	0.7	143	9.01	54.5	—
$^{32}S^{10+}$ $^{32}S^{13+}$	11.463	1.6	152	11.8	46.9	—
$^{35}Cl^{11+}$ $^{35}Cl^{14+}$	11.501	0.2	164	12.9	47.4	—
$^{40}Ca^{9+}$ $^{40}Ca^{13+}$	11.477	3.4	146	18.7	33.0	CaO
$^{48}Ti^{10+}$ $^{48}Ti^{15+}$	11.466	3.0	169	21.8	34.7	TiH
$^{56}Fe^{10+}$ $^{56}Fe^{15+}$	11.415	0.1	170	27.9	30.0	FeS
$^{63}Cu^{13+}$ $^{63}Cu^{19+}$	11.453	0.2	212	32.2	33.1	—
$^{74}Ge^{11+}$ $^{74}Ge^{20+}$	11.453	0.1	212	37.2	30.8	—
$^{79}Br^{13+}$ $^{79}Br^{21+}$	11.468	0.7	218	42.0	30.2	—
$^{107}Ag^{13+}$ $^{107}Ag^{25+}$	11.995	0.076	279	58.6	30.0	—
$^{127}I^{15+}$ $^{127}I^{25+}$	12.038	0.1	283	65.6	30.0	—
$^{197}Au^{16+}$ $^{197}Au^{29+}$	11.646	0.1	300	81.3	27.3	—

（2）布鲁克海文国家实验室。美国的布鲁克海文国家实验室是重离子单粒子辐照设备最好的实验室，很多技术都被视为标准而在各国通用[4]。图 6 - 4 是实验室整体布局图。

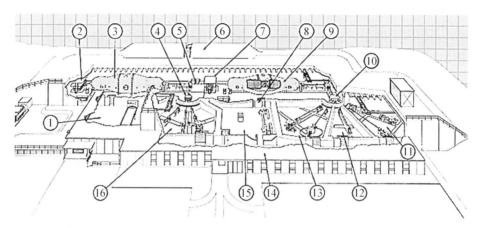

1—机械设备室；2、7—离子源；3、9—范德格拉夫静电加速器；4、10—开关磁铁；5—加速器连接链；6—储气罐；8—屏蔽门；11、12、13、16—辐照室；14—实验室和办公空间；15—中央控制室。

图 6 - 4　布鲁克海文国家实验室整体布局图

布鲁克海文国家实验室用于单粒子器件效应测试的加速器是串列范德格拉夫加速器，加速的粒子是重离子，最高加速电压为 15 MV。负离子由溅射型离子源产生，工作电压约为 −150 kV，第一次质量选择是由弯转磁铁实现的，该磁铁的质量分辨率为 1/40，工作电压为 −120 kV。然后，约为 150 keV 的负离子被注入包含在压力容器中的加速器中，压力容器中充有绝缘气体，包含约 50% 的 SF_6、约 40% 的 N_2 和约 10% 的 CO_2，压强约为 10 atm。负离子在真空加速管中被加速到 1～15 MV 的最终高压。在高压终端，负离子通过碳箔被转换成正离子，碳箔将几个电子从离子中剥离，但是足够薄（通常为 5 $\mu g/cm^2$），带来的能量损失几乎可以忽略不计。第二个剥离箔位于 75% 电压点，可以选择用于实现更高电荷态，因此在最终的加速段可以获得更高的能量。

一个位于压力容器壁上的束流校准电压表用于测量终端电压，精确度为 0.1%～0.2%。加速器中不同电荷态成分的能量形成也可以从这个精确度中确定。高精度的双聚焦磁铁和用在注入处的狭缝用于选择其中一个成分并确定更精确的能量。

首先执行计算机程序来识别可能的已知束流污染物。如果对束流调试有丰富的经验，这个流程可以跳过。其次是通过改变终端电压，选择至少三个不同的电荷状态。最后将测量电压和束流强度与计算机预测比较,能量由硅探测器来验证。到达被测试部分的离子注量率可以用离子源控制、加速器入口处的一个可变孔和狭缝设置、散射箔厚度选择、束流扫描和幅度变化来调整。一个用于降低注量率的有效方法是使用碳剥离箔来产生一个电荷态的分布,然后用转换磁铁选择一个分布中的弱成分。这样做可以在足够稳定的加速器操作下轻松调节狭缝处的束流强度。

在长期测量时,中央探测器定期自动旋转到束流上,更新校正系数,如果它变得太大,用户和负责加速器运行的工作人员会收到警报。注量率和均匀性一直在诊断室被监测,并用数值和图形显示在一个特别设计的计算机系统上,这个系统位于控制室里,并且也会在注量率或者其他参数超出选定的限制后发出警报。类似的系统先前被美国宇航局喷气推进实验室(JPL)的团队在布鲁克海文国家实验室开发过了。

束流可以用法拉第筒和快门来拦截。束流由一个可变的旋转快门来准直,这个快门被调整过,以免轰击研究中的相邻的一个部分。通过保持快门平面与测试板平行,测试板上的照明区域在两个平面旋转时保持不变。对于一些测试,要选择非正常事件来改变有效 LET 值。

整个靶室系统由计算机控制并用用户友好的菜单驱动软件来实现部分自动化。该系统能"记住"并再次定位测试板上器件的位置,在操纵杆和按钮的帮助下,可以对每个设备进行定位并输入系统。为了帮助设备定位,用激光器产生一个几乎与离子束平行的光束并用镜子反射,然后用连接到电视摄像机上的监视器观察准直光束在设备上的位置。一旦输入测试板信息,可以通过选择所需的注量和有效 LET 值来设置一个测试序列。输入不同 LET 值对应的翻转数量后,系统在线显示单粒子翻转的截面曲线并用点、打印表和信息的形式形成文件记录在软盘里。如果真空室需要打开,则总周期时间小于5 min。大量的芯片可以同时安装,快速、完全自动化,真空系统使用这个系统前所未有地提高了测试效率。

2) 回旋加速器

回旋加速器的磁场中有两个 D 形盒,两个盒之间的缝隙有高频电场,用于给离子加速。重离子回旋加速器所得的离子能量为

$$E/M = K(Q/M)^2 \qquad (6-1)$$

式中,E 为加速器加速的离子能量;M 为被加速的离子质量;Q 为进入加速器

的离子的电荷数；K 为描写加速器的加速能力的数值，K 值是衡量加速器的最重要的参数，即最大能加速的重离子能量的限制。

回旋加速器的对于单粒子辐照最有价值的重大进步是鸡尾酒注入法，使单粒子的换束时间从几小时缩短到几分钟，解决了快速束流切换问题。原理是将 Q/M 相近的束流在 ECR 源中混合，出来就是混合束流。然后将混合束流沿加速器轴向注入回旋加速器。它们同时被加速，只要磁场或电场稍有变化，就能选出所需要的束流来。

（1）芬兰辐照效应设施实验室重离子加速器。芬兰辐照效应设施（radiation effect facility，RADEF）实验室位于于韦斯屈莱大学（University of Jyväskylä），是欧洲航天局（ESA）委托该大学的 JYFL 加速器实验室建造的辐射测试站。该实验室使用的是 JYFL 的 K-130 回旋加速器，此加速器是一台扇形聚焦回旋加速器，$K=130$ 描述了回旋加速器主磁铁的弯转极限。束流的能量可以由 $E=Kq^2/A$ 给出，其中 q 是离子的电荷态，A 是其质量数。

（2）美国劳伦斯伯克利国家实验室（LBNL）88 英寸[①]回旋加速器。此加速器的多种离子具有几乎相同的 Q/M 值，离子进入加速器共同加速，加速电场频率 f 与偏转磁铁磁感应强度 B 满足 $f=QB/(2\pi M)=(Q/M)\times(B/2\pi)$，然后通过微调频率 f 选出所需离子。LBNL 88 英寸回旋加速器的加速器频率（等于加速电场频率）为 5~14 MHz，分辨率达到 2 kHz，其结构如图 6-5 所示。

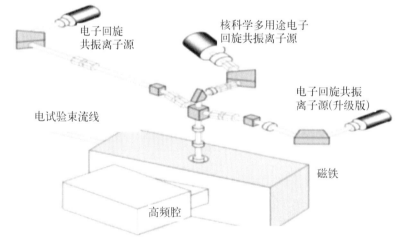

图 6-5　LBNL 88 英寸回旋加速器结构示意图

① 　1 英寸（in）=25.4 mm。

图6-6是其实验室分布图,左下角的辐照室4B是重离子单粒子束流线,辐照室4A是质子单粒子束流线。表6-3是它的束流表,以质荷比M/Q进行分组。

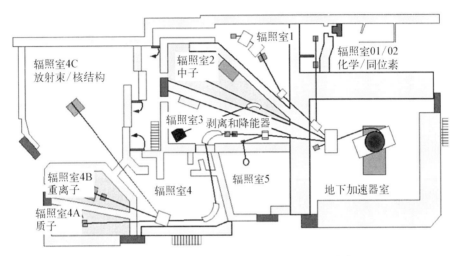

图6-6 LBNL 88英寸回旋加速器的试验终端分布图

表6-3 LBNL 88英寸回旋加速器按M/Q分组的束流表

M/Q	标准粒子	其他粒子	线性能量传输/ ($MeV \cdot cm^2/mg$)	硅中射程/μm
4.5	^{15}N、^{20}Ne、^{40}Ar、 ^{59}Co、^{63}Cu、 ^{86}Kr、^{136}Xe	He、H、^{10}B、 ^{78}Kr、^{209}Bi	3.1~68.8	43~67
10	^{18}O、^{22}Ne、^{40}Ar、 ^{65}Cu、^{86}Kr、^{136}Xe	^{10}B、^{27}Al、 ^{51}V、^{73}Ge、^{98}Mo	2.2~59.1	97~227
16	^{12}C、^{14}N、^{17}O、 ^{20}Ne、^{40}Ar、 ^{63}Cu、^{78}Kr	^{28}Si、^{35}Cl、^{55}Mn	0.93~25.7	171~467
32.5	^{4}He、^{12}C、^{14}N、 ^{16}O、^{20}Ne、$^{36}Ar^{18+}$	^{2}H、H_2、^{28}Si、 ^{32}S、^{40}Ca	0.022~8.01	290~4 290
轻离子引出		^{1}H、^{4}He	0.009~0.342	93.4~14 430

(3) 兰州重离子辐照装置。图6-7所示为兰州重离子加速器研究装置总体布局图[5]。兰州重离子加速器研究装置主要由以下几个部分构成:离子源、扇聚焦回旋加速器(sector focused cyclotron,SFC)、分离扇回旋加速器

(separated sector cyclotron，SSC)、重离子加速储存环(cooling storage ring，CSR)以及各束流阶段的重离子束流传输段。其中,离子源分为超导离子源和电子回旋共振离子源。重离子从离子源引出后,先经过 SFC 获得初步加速,每原子质量单位的离子能量达到兆电子伏量级,再经过束流传输段注入 SSC,得到主加速,每原子质量单位的离子能量达到几十兆电子伏,然后到达后束流传输段。此外,经过 SFC 加速的离子也可以不经过 SSC 加速直接到达后束流传输段。到达后束流传输段的离子在传输段内运行,调整束流参数,然后被引入实验大厅里的各实验终端,如 TR2、TR5 等,进行核物理、材料物理等各研究领域的实验。经过 SSC 加速的离子也可以输入 CSR 中进一步加速,每原子质量单位的离子能量可以达到几百兆电子伏。这样,高能的离子束被引出后可用于 CSR 引出线上各终端的实验,例如到达深层治癌终端进行实验。中国科学院兰州近代物理研究所的高能重离子单粒子效应终端即建在 CSR 加速环之后,可以使用未开帽或未减薄的器件进行单粒子效应实验。

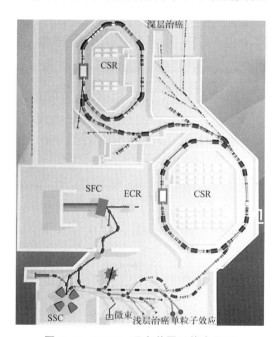

图 6-7　HIRFL 研究装置总体布局图

(4) 美国得克萨斯农工大学的 K600 超导重离子加速器。K600 超导重离子加速器如图 6-8 所示。它可以加速质子至 8~70 MeV,也可以加速重离子U 至 500 MeV~3.5 GeV。

图 6 - 8　得克萨斯农工大学的 K600 超导重离子加速器

6.1.2.3　重离子单粒子效应辐照装置

束流从加速器中出来,经过传输束流线,才到达专用的单粒子试验束流线。传输束流线管道只负责传输,传输束流线必须先调好,否则后面的调节很难。单粒子束流线分为两段,即降束段和扩束段,最后才是辐照终端。

1) 芬兰 RADEF 实验室

重离子束流线上的扩束及均匀化方案包括散射靶法和扫描法:散射靶是钽制的,厚度约为 $2\ \mu m$;扫描法使用的是 x - y 两个方向的异步扫描。这两种方法都可以满足均匀化束流的要求,但是由于束流经过散射靶时会有能量损失,所以一般尽量避免使用散射靶,尤其是在使用重离子束流的时候。这条束流线的调束工具主要是一系列准直器、法拉第筒和装备了 CCD 相机的束流监督器(beam viewer),主要用于调制强束流。从图 6 - 9 中也可以看到质子束流线位于重离子束流线的旁边。

图 6 - 9　RADEF 的重离子束流线

RADEF 剂量计系统如图 6-10 所示。该系统包括四个装备有光电倍增管的闪烁晶体。探测器固定在铝盘后方,盘上的固定孔径准直光栅将辐照到每个闪烁体探测器上的束流限制到 0.5 cm^2。在辐照过程中,探测器用作计数器。它们还在辐照前收集束流的能量和纯度。一个位置灵敏的雪崩计数器放在探测器前,它可以画出一个精确的束流剖面,也能像绝对束流注量率计数器一样工作。

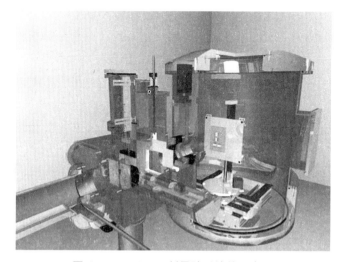

图 6-10 RADEF 剂量计系统的示意图

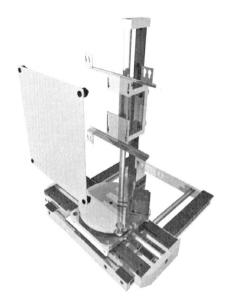

图 6-11 带有标准尺寸并在角落里装有夹子的 DUT 板的直线运动设备

如图 6-11 所示,待辐照器件(device under test,DUT)附加在将被安装在腔内做直线运动的标准板上。x、y、z 坐标系可以倾斜。板也是水冷的(软管没有在图 6-11 中显示出来)。DUT 的位置由装有望远镜的 CCD 相机确定,并且位于上游的束流线末端。坐标被写入计算机内存里。装有连接器的标准电缆和与腔外以及使用者的站点连接的腔内槽的控制板让使用变得容易。

2) 兰州重离子辐照装置

兰州重离子加速器单粒子效应试验终端(TR5)是 2012 年建成的,是用于地面单粒子效应模拟实验的专用终端(见图 6-12)[5]。该终端拥有超大真空容积主靶室,靶室内安装了四维样品旋转台,可实现辐照样品的四维定位。主靶室配有两个副靶室,可实现真空预抽换样,节省了抽真空时间。对于能量高、射程长的离子,在真空外亦安装了四维样品台,可用于大气中单粒子效应实验。

图 6-12　TR5 终端实物图

高真空辐照靶室是单粒子效应实验终端的主体,它具有多种功能,内有多种可移动支架、多个接口,配接不同需求的设备和仪器。主靶室为圆柱形,直径为 1 m,高为 1.1 m,容积为 800 L。可移动部件均实现机械自动化,通过编程可远程遥控操作。靶室的真空系统采用大抽速的无油涡轮分子泵,有相应的高、低真空测量系统。整个系统真空度好于 1×10^{-5} Pa,另配有防止真空窗破裂的快速反应阀门。

主靶室内有四维样品定位台,试验电路板放置在定位台上,可以随意移动。靶室内在入口前端和后端各安装了垂直于束流方向、能水平移动的滑轨,可用于各种探测器的安装。真空室有多芯密封插座及各真空转接头,电缆可通过密封插座或真空转接头与外部试验系统连接。靶室有多个观察窗,装有 CCD 摄像系统,使工作人员在测试室能观察到辐射区内和靶室内各部件的实时状态。靶室前端装有两组准直光阑,可以在不破坏真空的情况下改变狭缝的大小,进而改变束流辐照面积。

该终端的最大亮点是具有两个副靶室,可进行器件的真空预抽,并能通过交替换样,将线路板从副靶室交付到主靶室的样品台上,极大地提高了试验效率,节省了抽真空换样时间。具体换样步骤如下:当一个测试器件在主靶室进行单粒子辐照试验时,另一个待测电路板处于第二个副靶室中预抽真空;第一个测试板试验完成后,退回第一副靶室;第二副靶室中的待测线路板抽好真空后,打开该副室与主靶室之间的阀门,将电路板传输到主靶室样品定位台上,进而进行单粒子效应辐照试验;而第一副靶室则可关闭与主靶室的真空阀门,单独放真空,进行大气下的电路板换样操作。两个副靶室交替换样,整个过程不破坏主靶室真空。换样过程由软件自动化控制实现线路板的交接,可通过摄像头远程监视各部件交接状态。

实验终端配有束流扫描系统,可实现 5 cm×5 cm 范围内均匀扫描。扫描磁铁工作电流大小为 x 方向 80 A、y 方向 80 A;扫描频率为 x 方向 200 Hz、y 方向 77 Hz。配有弱束流的探测系统,要实现对束流大小的调节,首先要知道离子束流的大小,即实现对束流大小的测量。离子束流在 $0\sim1\times10^{5}/$(cm^2·s)注量率的情况下,使用的是塑料薄膜闪烁体探测器,如果离子注量率大于 $1\times10^{5}/$(cm^2·s),超过塑料薄膜闪烁体探测器的探测上限,则需改用铝箔三明治探测器。

3) 原子能院重离子单粒子效应专用辐照装置

原子能院目前一共有两条用于单粒子效应地面模拟实验的辐照管道:一条是重离子束流线,另一条是质子束流线。重离子束流线位于串列加速器核物理国家实验室实验二厅 R20°支线上,主要用于微电子器件单粒子效应、位移损伤效应地面模拟试验以及轻粒子引起的辐射生物学效应实验[3]。目前可以达到的指标是束斑面积为 5 cm×5 cm,均匀性好于 90%,离子注量率为 $1\sim1\times10^{9}/$(cm^2·s)可调。

重离子束流线主要由束流调节系统(包括偏转磁铁、导向器、四极透镜、扫描磁铁、狭缝仪等)、束流诊断及控制系统(包括法拉第筒,T1、T2、T3 靶室等)、大体积样品辐照靶室(T4)、真空系统等设备组成,其平面布局如图 6-13所示。

该装置与原有的 Q3D 磁谱仪装置共用加速器 R20°管道前段,在 R20°管道中部通过偏转磁铁(DM)将加速器束流偏转 41°至支线管道,再利用扫描

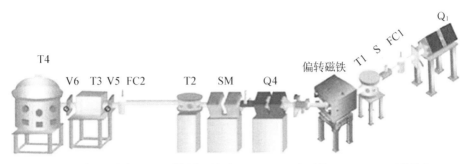

T1、T2、T3—束流诊断靶室;T4—样品辐照靶室;Q₁、Q4—四极透镜;FC1、FC2—法拉第筒;S—狭缝仪;SM—扫描磁铁。

图 6‑13　重离子单粒子效应专用辐照装置(R20°支线)设备布局示意图

磁铁(SM)对束流进行扩束及均匀化,最终在辐照样品靶室(T4)获得大尺寸均匀重离子束斑。再通过激光准直系统和束流注量实时监督系统实现样品的准确定位以及获得样品辐照注量,从而完成单粒子效应测试样品的辐照,装置实物图如图 6‑14 所示。这套装置可在测量室实现样品辐照的远程控制。

图 6‑14　重离子单粒子效应专用辐照装置实物图

其中,偏转磁铁主要用于将加速器束流从原有的 R20°管道偏转至新的支线管道。导向器则是主要用于加速器束流 y 方向的调节。四极透镜主要用于束流的散焦或聚焦。扫描磁铁主要用于扩大束斑尺寸及束流均匀化,其主要由 x 方向和 y 方向的两组扫描磁铁和配套三角波控制放大器及电源构成,两组扫描磁铁分别由固定且振幅相同、频率不同的三角波函数激励电流驱动,并采用适当的技术以克服磁滞的影响。狭缝仪主要用于限制通过的束流束径,通过与其他调束元件的配合,可以实现束流强度的调节。而法拉第筒主要用于测试束流强度,便于束流传输效率的调节。T1 靶室主要包括一些束流诊断工具及束流快门,通过对束流快门的控制,可以实现对辐照样品的注量控制。T2 靶室安装有激光器,主要用于样品与离子注量探测器的定位。T3 靶室用于束流诊断及辐照注量实时监督。T4 靶室为样品辐照靶室,待辐照样品、离子注量探测器、样品运动控制系统都安装于此靶室内。

样品辐照靶室位于重离子单粒子效应专用辐照装置的终端,用于辐照样品的安装,试验期间整个辐照靶室处于真空状态。靶室直径为 110 cm,高度为 110 cm。

靶室外围有 7 个对称分布的圆形有机玻璃观察窗,下部有 8 个对称分布的长方形不锈钢法兰。靶室内部主要由安装样品的标准样品支架和控制标准样品支架移动的三维移动平台组成。

在单粒子效应实验中,为了精确计算截面并在发生锁定时保护器件,需要准确、及时地通断束流,而且能够进行计算机控制,以便与其他程序一起构成自动测量系统。为此,T1 靶室内有两个束流快门,如图 6 - 15 所示。

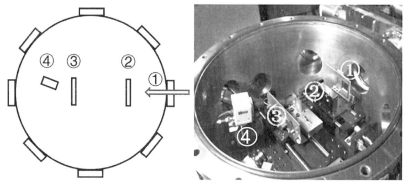

①—束流入口;②—移动平台;③—束流快门;④—监视器。

图 6 - 15　束流快门示意图及实物照片

同时,为了实现重离子束流对样品辐照位置的准确定位,在 T2、T4 靶室建立了激光对中定位系统,精度可达 1 mm。激光对中定位系统主要由激光器、激光器亮度调节系统和 CCD 监视系统组成。

6.1.3　质子单粒子效应

空间天然辐射环境由银河宇宙射线、太阳粒子以及地球捕获带粒子所组成。粒子的主要成分为质子,如地球捕获带的粒子 95% 以上是质子,银河宇宙射线中质子含量为 85%,太阳粒子中质子含量约为 90%。空间质子分布的特点是能量覆盖范围广、注量率较低。空间质子入射到微电子器件或集成电路中主要引起单粒子效应,可严重影响航天器的在轨安全性和可靠性。随着半导体工艺的发展,器件向着小特征尺寸、高工作频率和高集成度等方向发展,其辐射敏感性越来越高,从而使得质子单粒子效应影响器件可靠性的风险也越来越显著。器件抗质子单粒子效应性能评估,必须要基于地面加速器进行束流辐照试验,测量质子单粒子效应截面与粒子能量之间的关系曲线,从而获得发生单粒子效应的能量阈值和饱和截面,结合器件应用辐射环境,可计算出器件在辐射应用环境下发生错误的概率或者平均失效时间。

6.1.3.1　质子单粒子效应的原理

质子进入半导体材料时,可以直接发生电离引起单粒子效应,质子本身虽然具有电离能力,但其电离能力很小。质子也可能会与材料发生核反应,产生质子、α 粒子以及反冲核等重离子,每一种离子产物都可以沿其路径电离出电子空穴对,从而可间接地像重离子一样引起单粒子效应,这种引发单粒子效应的机制称为间接电离机制。一般只有通过核反应这种间接电离机制才能引起单粒子效应,这与中子引起单粒子效应的机制类似。质子、中子引发单粒子效应则取决于其在器件中发生核反应的概率、产物种类及能量等,这与质子、中子的能量紧密相关,故质子、中子单粒子效应实验一般确定的是单粒子效应截面与入射能量之间的关系。单个光子一般难以引发单粒子效应。

6.1.3.2　质子加速器

空间质子能量范围覆盖广(一般为千电子伏至吉电子伏量级),注量率大,用于质子单粒子效应的加速器一般以回旋加速器为主。

1) 加拿大 TRIUMF 加速器

加拿大粒子与核物理国家实验室(TRIUMF)的质子辐照装置(PIF)利用

回旋加速器将氢负离子(H⁻)加速到 500 MeV,然后在出口处用碳剥离膜剥离掉两个电子,将其变成质子(见图 6-16)。加速器引出的束流能量范围为 65~500 MeV,能量的变换时间不超过 30 min,1A 束流线质子流强为 200 μA,2C 束流线质子流强为 0~10 nA。而对于 65 MeV 以下的能量,可以用降能器来调节,最低可以调节到 20 MeV。

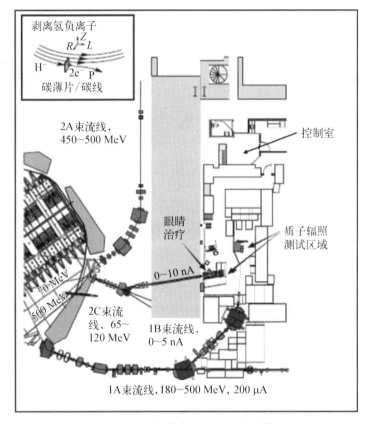

图 6-16 加拿大 TRIUMF 加速器

2) 原子能院中能质子加速器

原子能院的中能质子辐照装置建在 100 MeV 强流质子回旋加速器上,该加速器由原子能院自行研制,2014 年 7 月首次出束,质子能量范围为 75~100 MeV,最高流强可达 200 μA。此辐照束流线于 2016 年建成,并于 2016 年 11 月进行了国内首次中能质子单粒子效应实验,加速器如图 6-17 所示。该加速器最大的特点是能够双向同时引出,极大地提高了试验效率。

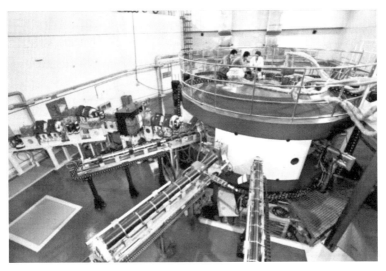

图 6‑17　原子能院中能质子加速器

3) 瑞士保罗谢勒研究所质子加速器

如图 6‑18 所示,瑞士保罗谢勒研究所(PSI)和欧洲航天局共同建成的质子辐照专用装置广泛应用于空间辐照以及其他学科的研究中,其质子束线管道结构布局包括降束及扩束阶段。初始质子束流经过磁铁散焦成为扩散束,束流继续经过可调狭缝仪,通过调节狭缝可得到合适的束流强度,绝大部分质子束流被狭缝完全阻挡,被阻挡的质子与狭缝及管道材料发生核反应产生大量白光中子,大量中子与透过狭缝的质子一起沿管道继续前行。随后的多个偏转磁铁将质子和中子束流分离,中子被屏蔽墙吸收,剩余单能高品质的质子束流。其束流测量工具包括法拉第筒、次级电子发射监督器、剂量胶片等。

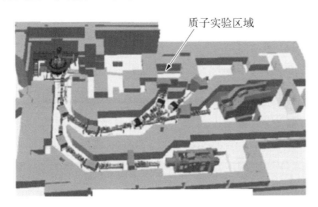

质子实验区域

图 6‑18　PSI 的质子加速器扫描区域布局图

6.1.3.3　质子单粒子效应辐照装置

质子单粒子效应辐照装置一般包括降能、降束、束流诊断、辐照样品架、束流收集部分、真空系统和辐照监测系统等。

1) LBNL 质子辐照装置及束流测量

开展电子器件的地面模拟试验时,通常会对束流参数提出一定的要求,比如质子注量率在 $1 \times 10^{2} \sim 1 \times 10^{11}/(cm^{2} \cdot s)$ 范围内连续可调,注量测量不确定度好于 5% ;束流能量是准单能的,能量分辨率低于 5% ;束流密度非均匀性在 $5\% \sim 10\%$ 范围内。因此,需要根据加速器类型、质子能量和束流大小等试验条件,开展束流注量或剂量、能量和能量展宽、束斑均匀性的测量技术研究。

(1) 剂量或注量的监测。一般情况下,采用尺寸大于准直器和 DUT 尺寸的透过式探测器对注量进行在线监测,探测器材料应尽量薄,以减小散射和能量损失。根据质子能量和束线布局,一般采用透过式电离室(TIC)(应用于大气中)或次级电子发射监督器(应用于真空中)。图 6 - 19 所示为大气中应用的 TIC 布局。若采用次级电子发射监督器,则唯一不同的是真空窗所在的位置。透过式电离室探测器还能给出束流分布均匀性信息。

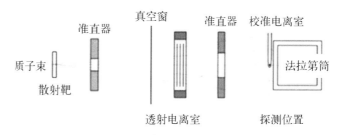

图 6 - 19　大气中应用的 TIC 布局

平行板或透过式电离室可以准确测量质子剂量率或总剂量,进而给出质子注量率或总注量。一般电离室的结构为中间的平行板加高压,两边的信号平行板接地;或者相反,中间的信号平行板接地,两边的平行板加高压。板间充满某个压强下的空气或惰性气体。当粒子穿过平行板后电离气体,电子或离子被收集板收集产生信号。一般采用物理量 W 来表征电离室的性能,定义为气体中电离出一对离子对所需的能量,与探测粒子和气体有关。对于质子,对所有常用气体,W 在 $30 \sim 35\ eV$ 范围内。空气电离室是最简单的一种电离室,但压强和温度变化时需要进行一定的修正。

TIC 一般需要在足够高的电压下工作以减小离子对的复合,电压逐渐升高直到输出电流达到饱和区域,此时,输出电流与质子注量率成正比关系。电压一般在 $100\sim2\,000$ V 范围内,取决于板间的距离和质子峰值流强。

电离室输出的小电流一般由积分仪读出,每输入 $1\times10^{-11}\sim1\times10^{-6}$ C 电荷,就相应地输出一个脉冲信号,积分仪脉冲信号再由定标器读出。定标器计数正比于束流注量率和气体中能损的乘积。转换成 DUT 的剂量,则需要把气体中的 LET 转化成 DUT 的 LET。

另外,通过将平行板划分成网格,电离室还能给出束流的分布信息。比如,将其中的一个信号平行板划分成同心环的形式可以给出束斑直径和均匀性,另一个平行板划分成象限则可以给出束流中心的位置。

TIC 的测量下限与积分仪的灵敏度有关,而测量上限与气体电离的饱和程度有关。

次级电子发射监督器(secondary-electron emission monitor,SEEM)同样可用于监测质子束流强度。SEEM 一般由奇数片的铜片或铝片堆叠而成,然后在奇数片上加正偏压而在偶数片上接静电计。偏压随金属片的间距变大而增加。次级电子电流与质子能量、金属片数目有关。质子能量越高,产生的电子数目越少,则需要更多的金属片数目。一般 SEEM 可测量约 10 pA 的弱束流〔若用质子注量率表示,则约为 $6.2\times10^{7}/(cm^{2}\cdot s)$〕。通常需要在 SEEM 前端加一个准直器以知道精确的束斑直径。

一般采用 TIC 作为剂量工具,需要在低注量率下换用其他探测器。在通常情况下,采用闪烁探测器,有机闪烁体比如塑闪可以测量约 $1\times10^{6}/(cm^{2}\cdot s)$ 的低质子注量率。

(2) 剂量工具的校准。剂量工具的校准方式与其测量的是注量还是剂量有关。对于注量,校准应为直接测量电荷或电流,比如用法拉第筒;而对于剂量,一般采用标准参考电离室进行校准。两种情况下,校准都需要在 DUT 的位置。如果不是,比如法拉第筒位于束流线上,则需要保证束流强度在校准工具和监督工具间保持不变。

法拉第筒(FC)直接测量是进行注量校准的一个好办法。由于其完全阻止了质子束流,在测试过程中无法使用。FC 一般需要一个与接地绝缘的石墨或重金属束流吸收体。从辐射安全的角度看,石墨的优点是辐射放射性较小,缺点是在高流强下会发生散射,导致周边放射性或污染增加。另外,由于密度小,在质子能量大于 200 MeV 时并不实用。一般需要加保护环以减小高电压下的漏电,以及加抑制环或磁场以消除质子核反应产生的次级电子的影响。

FC一般需要在高真空环境下使用,或者位于束流线中,或者加薄窗和真空系统。另外,简易的非真空FC外面一般会包裹一层厚的绝缘体,比如Kapton膜和屏蔽层。其与真空FC的偏差为$1\%\sim2\%$。

电离室校准一般用于测量DUT处的剂量,有效面积应小于束斑尺寸。医用的有Exradin或Farmer系列的嵌环电离室。对于小电离室,一般校准值为$60\ \text{rad/nC}$,横截面积约为$3\ \text{mm}^2$。若该电离室为空气电离室,则需要对压强和温度进行一定的修正。一般供应商会提供一个标准的^{60}Co校准因子,可以转换成质子的校准因子。

(3)束流均匀性的测量。开展质子束流测试时,一般需要一个较大的束斑面积以能够同时辐照多个样品或保证束流中心部分是均匀的。这就要求剂量监测工具的面积与束斑大小相当或稍大。一般加速器上使用的聚焦磁铁会使束流呈高斯分布。通过使用散射片,再由四极磁铁散焦,可以改善束流的均匀性。在一般情况下,束斑尺寸足够大,则截取中心10%的束流就能获得最好的均匀性,一般为$5\%\sim10\%$。

为了获得更大的利用率(对高剂量实验),则需要采用其他的技术。其中就包括采用第二个散射片以将束流中心部分向边缘区域散射,从而获得一个顶部平坦的束流分布。

初始的剂量工具比如TIC或SEM可以做成位置灵敏型的,这样在束流调试时就可以调节束斑均匀性。另外,在调试后可以采用一组小探测器比如硅二极管阵列来检测束斑的均匀性,或者使用一个探测器在束流范围进行扫描测量。

束斑均匀性也可以使用剂量胶片来测量,根据胶片灵敏度和质子能量,通常辐照剂量为$2\sim100\ \text{krad}(20\sim1\ 000\ \text{Gy})$。

(4)能量和能量歧离。加速粒子的能量不确定度与加速器类型有关,一般好于1%。这与质子束流穿过散射片、真空窗、大气段、监督器和降能片相比可以忽略不计。质子在这些材料中的能量损失可以由SRIM程序来计算。SRIM可以给出LET值下的平均不确定度,比如质子能量小于$10\ \text{MeV}$时,约为8.5%;质子能量大于$10\ \text{MeV}$时,约为4%。对于厚的吸收材料比如降能片,能量损失需要在整个材料厚度范围进行积分。

一般可以直接或间接测量DUT处的质子能量。对于低能质子,可以采用硅探测器,其具有很好的线性响应和能量分辨率。闪烁探测器也可用于直接测量能量,其厚度能阻止绝大部分质子能量,但并非是线性响应。对于常用的有机和无机闪烁体,质子能量响应已有很好的研究。更复杂的技术比如使用多页法拉第筒可以测量束流穿过降能片后的能量歧离。

（5）次级中子污染。质子束流与物质反应时不可避免会产生次级中子,导致束流线和测试区域存在一定注量的次级中子。一般来源为用于限制束斑大小的准直器、降能片和束流收集器等。次级中子同样可能来自待测器件本身。尽管次级中子注量率比质子的低很多,但也可能会在 DUT 或同一测试板上的其他器件中产生 SEE,或是对附近的辅助仪器比如测试计算机产生影响。通过优化束流线布局,比如将降能片置于偏转磁铁之前、将收集器置于远离 DUT 的位置等,可以将次级中子数目降低至最少。热中子可以利用镉片进行屏蔽。

2）加拿大 TRIUMF 实验室辐照装置

TRIUMF 上有两条质子束流线,分别是 BL1B 和 BL2C。这两条束流线的参数列于表 6 - 4 中,布局如图 6 - 20 所示。

表 6 - 4　TRIUMF 质子辐照装置参数

参　　　数	BL1B	BL2C
能量/MeV	180~500; 使用降能器时为 120~180	65~120; 使用降能器时为 20~65
剂量率/(Gy/min)	0.5~2.0	10~20
束斑尺寸/(cm×cm)	7.5×7.5	5×5
质子注量率/(cm^{-2} • s^{-1})	最大值为 $4×10^7$ 最小值为 10^5	最大值为 10^8 最小值为 10^5
剂量均匀性/%	±10	±5
初始流强/nA	0.1~5	0.1~10

从图 6 - 20 中可以看出,这两条束流线在扩束、准直和剂量监测方面使用的技术是相似的。在扩束方案上,两条束流线都选择了双散射法。质子先在一个放在准直器里的薄铅箔上散射,散射后的质子用第二个准直器挡掉多余的束流,这个准直器里还放置着一个散射靶,用于第二次散射束流,将束流均匀化。另外,两条束流线也都采用了降能器或射程转换器进行能量调节(BL1B 和 BL2C 的降能器是手动插入的,所以没有在图 6 - 20 中标出来)。在剂量监测方面,两条束流线都采用了电离室来探测束流的注量率,再将注量率转化成剂量。

TRIUMF 上的实验都是在大气环境下进行的,待测器件放置在样品架上,样品架是用 x - y 坐标来控制的,同时还用激光来辅助定位。实验者可以在控制大厅里通过操作控制系统对加速器和束流线进行控制,这样可以尽量

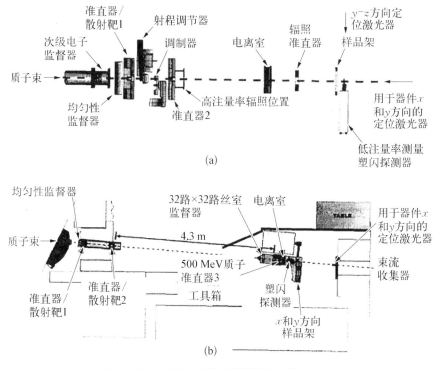

图 6-20 TRIUMF 质子辐照装置布局示意图

(a) BL2C 质子辐照设施；(b) BL1B 质子辐照设施

少地进入实验区域，有利于实验人员的辐射防护。

3）瑞士 PSI 辐照装置

PSI 的质子辐照装置按照束流能量分成了高能和低能两条束流线。这两条束流线在设计和操作方面(比如束流剂量监测、注量率标定、降能、样品架、运行控制和数据获取)的技术都是非常相似的。该辐照装置的参数列于表 6-5中，布局如图 6-21 所示。

表 6-5 PSI 质子辐照装置参数

参　　数	低能束流线 NEB	高能束流线 NA3
能量/MeV	6~71	30~254
质子注量率/($cm^{-2} \cdot s^{-1}$)	$<5 \times 10^8$	2.5×10^8（对应 254 MeV 的束流）
束斑直径/cm	5	最大为 9
剂量均匀性/%	>90	>90

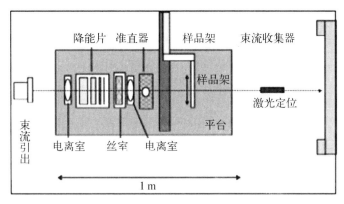

图 6 - 21　PSI 质子辐照装置布局示意图

高能束流线的初始束流能量为 590 MeV,通过铜-石墨降能片将能量降低到 254 MeV 或更低的值,最大流强约为 1 nA。图中没有标注出的是扩束及均匀化方案,高能束流线使用的是双散射法,而低能束流线则采取了光阑法。光阑法的基本原理是先用四极磁铁散焦,然后用光阑挡掉多余的束流,留下中间较为均匀的部分。这种方法非常简单,但是束流利用率很低,所以在对流强和束流利用率有较高要求的时候,一般很少采用这种方法。

PSI 的这套实验装置在控制上是高度自动化的,计算机控制的操作系统可以控制降能片、样品架、束流检测设备、运行控制和数据获取系统、激光定位工具等。如果在实验中要调节束流能量,则可以通过安装在束流线上的降能片来实现。降能片由 8 片厚度不同的铝片组成,可通过插入不同的降能片调节束流的能量,最小调节精度可以达到 2.5 MeV。插入降能片的操作是由计算机控制完成的,调节束流能量的时间可以小于 1 s。样品架是用于放置实验器件的,x、y 两个方向的运动由步进电机来控制,这与布鲁克海文国家实验室的辐照装置上使用的样品架是一样的。对器件的精确定位还需要安装在束流线末端的激光定位工具来辅助。如果要承载比较重的器件,则需要把样品架换成支撑台。注量率测量和标注是通过电离室探测器来实现的,探测器的灵敏体积内填充空气,并且做成圆柱形。质子的注量率是通过中子的剂量率来测量标定的,对实验需要的每一个能量都需要测量转换因子。如果质子注量率很低,则需要使用塑料闪烁体探测器来代替气体电离室,这时塑料闪烁体探测器记录的是质子的计数,而不是中子的剂量率。整个实验过程都是在计算机的控制之下完成的,所以是高度自动化的。从待测器件的定位到质子能量的调整,都可以通过运行控制系统来完成,实验人员只需在测量室里操作即可完成实验,而且这一运行控制系统操作起来也很简单,对用户非常友好。

4) 美国 IUCF 质子辐照装置

印第安纳州立大学的辐照装置 IUCF 也使用回旋加速器,初始束流能量为 205 MeV。辐照装置有两条束流线 RERS1 和 RERS2,两条束流线的布局是基本一致的,可以提供的能量最高为 205 MeV,最低约为 52 MeV(加降能片之后可以更低,大约可以低至 30 MeV)。这两条束流线的参数列于表 6-6 中,布局如图 6-22 所示。

表 6-6 IUCF 质子辐照装置参数

参 数	数 值
质子注量率/$(cm^{-2} \cdot s^{-1})$	$1 \times 10^2 \sim 1 \times 10^{11}$
束斑直径/cm	$2 \sim 30$
剂量均匀性/%	> 60
能量/MeV	$30 \sim 205$

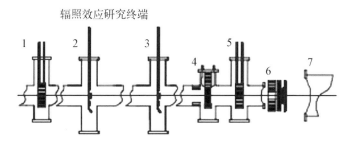

辐照效应研究终端

1—法拉第筒;2—铜靶;3—钽靶;4—次级电子监视器;5—束流终止器或法拉第筒;6—待测器件;7—束流收集器。

图 6-22 IUCF 质子辐照装置布局示意图

束流线前端的法拉第筒用于在实验前调整需要的流强。扩束方案采取的仍然是双散射法,位置 2、3 处的铜靶、钽靶通过多次散射来实现扩束的要求,位置 3 处的钽靶甚至可以产生直径为 30 cm 的束斑。位置 4 是一个次级电子监视器,用于剂量监测,这个次级电子监视器由 15 个 0.5 mm 厚的铜箔组成,用于收集质子通过时产生的次级电子。位置 5 是一个可移动的束流终止器或法拉第筒,用于测量流强。通过测量每个位置的流强,并与次级电子监视器的测量结果比较,对流强进行标定。待测器件放在位置 6,在位置 5 和位置 6 之间是空气间隙,并且有准直器,用于辅助定位。

这两条束流线在前端都有降能片,可以用于能量调节。在 RERS1 中,最多可以放置 4 个降能片,变换能量的时间可以小于 1 min。需要注意的是,使用降能片来变换能量虽然很方便,但是也带来了不确定的能散和角度歧离,这些能散和角度歧离需要后端的束流光学元件来修正。同时,使用降能片调节能量的时候,由于角度歧离的原因,束流的最大注量率也会有损失,在 RERS1 中,这种损失可以忽略不计,但是在 RERS2 中,能量为 52 MeV 时的最大注量率约比能量为 205 MeV 时低两个数量级。在 RERS2 中使用的降能片是铍,可以将能量降到 52 MeV、72 MeV、102 MeV 或 149 MeV,如果要将能量降到 52 MeV,铍的厚度为 16.5 cm。由于铍的散射角比较小,所以铍是比较理想的降能片材料。完成能量调节之后,需要在降能片后使用二极磁铁和狭缝进行动量分析,选出需要的能量。能量标定使用的是多叶法拉第筒,它由 30 片 0.5 mm 厚的铝叶组成,每片铝叶前后都有一层 80 μm 厚的聚酰亚胺薄膜。质子停留在铝叶中,就可以读出相应的能量值。能量刻度是按照 50 MeV 的质子停留在中间层的铝叶上标定的,对于能量比较高的质子,需要在多叶法拉第筒前面放一个铜制的降能片。

5) 原子能院中能质子辐照装置

原子能院的中能质子辐照装置束流线布局图如图 6-23 所示。参考国外质子辐照装置,要求质子能量可调、束斑尺寸大于 5 cm、束流均匀性好于 75%。束流从回旋加速器引出后,经过开关磁铁引到此束流线上。束流线前端布置了一个可调狭缝用于调节注量率。扩束及均匀化方案选择的是双散射法,使用两块散射靶,并合理地调整散射靶的材料、厚度、间距等参数,最终可以在靶上获得一个 10 cm×10 cm 以上的均匀分布的束斑,再根据实际需要用准直器将多余束流挡掉,可实现大束斑尺寸、高均匀性束流的引出。基于该装置开展了双环双散射靶扩束及均匀化、宽能量范围束流快速切换、大注量率范围束流快速调节及诊断等多项关键技术研究,初步研制了可用于单粒子效应等空间辐照效应研究的中能质子辐照装置。我国首个中能质子单粒子效应实验平台的成功建设为器件和芯片的质子单粒子效应测试提供了硬件和技术保障。

图 6-23 左上角的方框为碉堡区,碉堡区内布置有导向器、四极透镜和可调狭缝+法拉第筒,可以用于调节束流强度。碉堡区后布置有两块散射靶,用于将束流均匀化。在管道末端布置有透射电离室和次级电子发射监督器(SEEM),可以用于测量束流注量。电离室后为 Al 制的二进制降能片

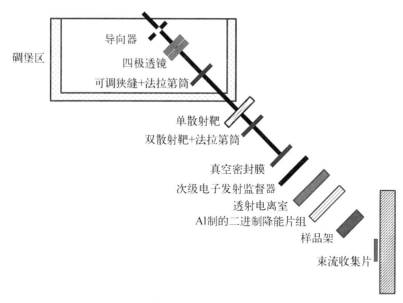

图 6 - 23　中能质子辐照装置束流线布局图

组,用于调节质子束流能量,能量调节范围为 $30 \sim 90$ MeV。在样品架上安装有塑料闪烁体探测器和法拉第筒,用于测量束流强度。通过计算法拉第筒和 SEEM 测量的数据的比例,可以使用 SEEM 对实验中的束流强度进行监督。

在实验中,质子的引出能量为 100 MeV,经过两个散射靶之后,能量降为 90 MeV。此处质子束流会有一部分损失。再加上第二块散射靶后的管道直径较小,一部分扩散开的束流会打在管道上,使样品架位置的质子平均能量降低,能散增大,同时还会带来比较大的中子本底和 γ 本底,对实验结果会造成一定的影响。因此,在二期管道的设计中,希望对样品架位置的束流能散、中子本底等干扰实验的因素进行控制。

辐照终端主要由辐照管道、样品架、运动控制系统等组成。样品架设计尺寸为 50 cm×50 cm,可以进行多维度旋转,束流注量率测量工具 FC 和 SC 放置在样品架上,与待测器件处于同一测量平面。束流注量测量工具 SEM 和 TIC 放置在束流管道出口处的样品架上,可以间接实时监测束流稳定性。所有探测器均直接或间接安装固定在可以多维度运动的导轨上,导轨通过运动控制箱控制运动速度、行程等参数,运动控制箱通过网线与串口服务器相连接,串口服务器与终端计算机通过网线连接,在计算机上安装控制箱专用驱动和控制程序可以通过串口控制不同轴进行移位运动。图 6 - 24 为基于

100 MeV 质子回旋加速器建立的中能质子专用单粒子效应抗辐照装置的实物图。

图 6‑24　基于 100 MeV 质子回旋加速器建立的中能质子专用单粒子效应抗辐照装置实物图

此装置与国外同类质子辐照装置的对比如表 6‑7 所示。

表 6‑7　中能质子辐照装置与国外质子辐照装置的比较

参　数	PSI(NA3)	TRIUMF(BL1B)	IUCF	原子能院
能量/MeV	$30\sim254$	$120\sim180$	$30\sim200$	$10\sim100$
质子注量率/(cm^{-2}·s^{-1})	2.5×10^{8}	$<4\times10^{7}$	$<10^{11}$	$1\times10^{6}\sim1\times10^{12}$
注量误差/%	5	—	10	10
均匀化方案	多极场	多极场	散射靶	散射靶
束斑均匀性/%	90	90	70	75
中子‑质子比	—	<0.0001		<0.001

6.1.4　中子单粒子效应

高能粒子与微电子器件相互作用会引发单粒子效应,导致器件材料性能退化、电子器件功能失效、电子系统故障等。在地球大气环境中,中子是主要的辐射粒子,也是诱发航空飞行器电子系统发生单粒子效应的最主要原因[6]。

早在 1984 年,Silberberg 等就预言大气中的中子和带电粒子能够引起微电子器件发生单粒子效应[7]。但是直到 1992 年,IBM 和 Boeing 的多次联合飞行实验才证实了大气中子会引起微电子器件发生单粒子效应[8]。自此,大气中子单粒子效应对航电系统的危害开始引起业内的广泛重视[9-10]。

6.1.4.1 中子辐射环境

中子辐射环境可分为两大类:一是大气中子辐射环境;二是反应堆、加速器等核设施产生的人工中子辐射环境。

自由中子半衰期为 10.6 min,太阳系以外任何天体发出的中子到达地球大气的可能性极低。地球大气中的中子几乎全部来源于银河宇宙射线和太阳宇宙射线组成的原初宇宙射线与大气原子(主要是氮和氧)相互作用而产生的次级粒子。原初宇宙射线包含质子(约占 92%)、少量 α 粒子和重离子,质子能量可高达 $1×10^{19}$ eV。到达地球表面之前与大气反应(包括多级反应)产生的次级射线由中子、质子、π 介子、μ 子、电子和光子等组成。由于地磁和太阳磁场的屏蔽效应,带电粒子会在较短距离内停止运动,但是中子不带电,会继续与大气发生级联散裂反应(空气簇射),形成大气中子。研究表明,在地球大气中,中子占比为 96%,能量可高达 $1×10^{11}$ eV[11]。海平面上不同粒子的能谱如图 6-25 所示,其中中子和 μ 子占比最大,由于 μ 子与器件原子的相互作用截面极小,因此中子单粒子效应在大气辐照效应中占据主导地位。

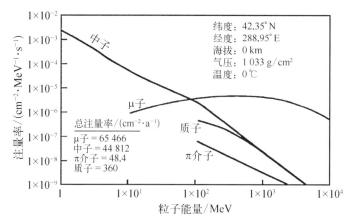

图 6-25 地球海平面上(42.35°N, 288.95°E)的粒子能谱

中子注量率强度随高度和纬度变化很大,赤道小、两极大,峰值注量率位于海拔约 18.3 km,纬度 90°处。海平面中子注量率为 0.007 5~0.01/($cm^2 \cdot s$),约为峰值的 1/300。中子能谱形状相当恒定,大致表现为 1~300 MeV 的 $1/E$ 函数关系和 300 MeV 至几十吉电子伏的 $1/E^2$ 函数关系。由于商业飞行经常出现在海拔 12.2 km 和纬度 45°的区域,因此通常将该区域用作器件辐照的参考辐射场。在此高度和纬度下,10 MeV 以上和 1 MeV 以上的中子注量率分别为 1.55/($cm^2 \cdot s$)和 2.44/($cm^2 \cdot s$),约等于峰值注量率的一半。

反应堆辐射主要由中子和 γ 组成,中子的来源主要是裂变反应产生的瞬发中子,γ 的来源主要是裂变反应的瞬发 γ 和裂变产物放出的缓发 γ。裂变中子的能量范围从电子伏量级到 18 MeV,其中 10 MeV 以上中子极少,平均中子能量为 2 MeV,经过反应堆慢化体等的作用,大部分中子能量都在热中子区。

6.1.4.2　中子单粒子效应的危害

中子通过与器件材料原子核相互作用将能量转移给带电的次级粒子和反冲核,再通过电离沉积能量在其运动径迹周围产生电子-空穴对,当灵敏电极收集的电荷超过电路的临界电荷时,电子器件就会出现逻辑功能翻转或器件损坏。中子引发的单粒子效应也可分为单粒子翻转(SEU)、单粒子瞬态(SET)、单粒子锁定(SEL)、单粒子功能中断(SEFI)等软错误,以及单粒子栅穿(SEGR)、单粒子烧毁(SEB)等硬错误。

对于航空飞行器,中子单粒子效应严重威胁其电子设备的可靠性。对于包含 4 块航电板的民用航电系统,如每块航电板包含 4 个 1 百万门 0.13 μm 的静态随机存取存储器(static random-access memory,SRAM)型现场可编程门阵列(FPGA),则平均出现一次错误的时间(mean time between failure,MTBF)为 324 h;而如果是军用航电系统(航线海拔更好,中子注量率更大),0.09 μm 的 FPGA,则 MTBF 为 9 h。对于地面微电子系统,比如 Fermi Lab 的大型计算机系统,包含 160 GB 的动态随机存取存储器(dynamic random-access memory,DRAM),当被全面监测时,每天大约观察到 2.5 次翻转,相当于 7×10^{-13}/(bit · h)[1]。2008 年 10 月,澳洲航空公司一架空客 A330 - 303 飞行在 37 000 ft[2] 高度,由于飞机上的大气数据惯性基准组件输出时断时续,飞行控制系统发生误动作,导致飞机连续两次急速向下倾斜,第一次下降 650 ft,

---

① 　7×10^{-13}/(bit · h)表示芯片每位每小时发生 7×10^{-13} 次翻转。

② 　ft 为长度单位英尺,1 ft≈0.304 8 m。

第二次下降 400 ft,造成至少 119 名人员受伤,其中 1 位飞机服务员和 11 位乘客受到严重伤害。TRIUMF 辐照试验表明,飞机故障原因很可能就是中子单粒子效应。中子单粒子效应对航电系统的危害已引起业内广泛重视,依据国际航电系统故障经验,商用航电系统不能复现的故障中约 20% 归因于单粒子效应[12]。

随着半导体技术的不断发展和微电子器件加工工艺的不断进步,器件特征尺寸不断缩小,集成度不断提高,工作电压不断降低,使得器件抗单粒子效应的能力不断降低。因此,为了提高航空飞行器的安全性和可靠性,需要对其航电系统所选用的电子器件及其系统做中子辐照测试以评估其抗中子单粒子效应的能力。

中子单粒子效应不仅发生在大气空间,严重威胁航天器、近地空间飞行器的安全可靠运行,还会对地面设备如核电站控制系统、大型超级计算机,甚至现代汽车中的精密电子仪器等的运行可靠性造成影响。例如 2010 年初,美国某公司在日本的网络路由器不定期发生重启故障,严重影响网络工作可靠性,经联合研究团队在美国及加拿大使用白光中子进行辐照实验研究,确认该故障是由大气中子引起的单粒子效应导致的。

6.1.4.3 中子单粒子效应研究的国内外现状

国际上非常重视航空电子系统的安全性和可靠性,开展了大量中子单粒子效应研究。经过多年的发展,形成了大量的试验方法及标准规范。20 世纪 90 年代至今,美国联邦航空管理局(FAA)、国际电工委员会(IEC)、固态技术协会(JEDEC)等组织发布了一系列的相关文件及标准,涉及单粒子试验、系统优化设计、评估防护等各个方面,如国际电工委员会标准《航空电子设备过程管理 大气辐射影响 第 1 部分:航空电子设备内部由单粒子效应引起的大气辐射影响的调节》(IEC 62396-1)和《航空电子设备过程管理 大气辐射影响 第 2 部分:航空电子系统单粒子效应试验指南》(IEC 62396-2),固态技术协会标准《α 粒子和地面宇宙射线导致的半导体器件软错误的测量和报告》(JEDEC JESD89-A)和《光束加速软错误率的测试方法》(JEDEC JESD89-3A)。

当前,国际上对于中子单粒子效应的研究中,两种试验方式最为常用:一是使用典型能量为 $10 \sim 20$ MeV、50 MeV、100 MeV 和 150 MeV 的中子源(单能/准单能中子源)进行一系列实验,通过测得的数据拟合成为一条连续的截面曲线 $\sigma(E)$,以确定器件的单粒子效应特性;二是使用散裂中子源装置(能谱与大气中子能谱非常接近)作为一种有效的方式对高能中子(大于 1 MeV)

引发的软错误率进行试验。此外，反应堆中子源——镧源也被采用进行中子辐照试验。

　　研究表明，中子单粒子效应存在能量阈值和饱和截面。例如，对三星（Samsung）SRAM 器件，型号 KM684000BLP-7L，容量为 4 Mbit，不同中子源辐照试验得到的单粒子翻转截面如图 6-26 所示[13]。

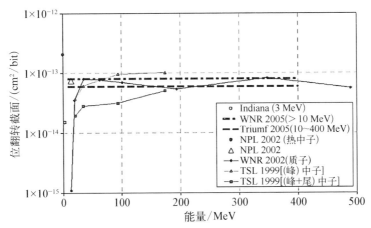

图 6-26　三星 4 Mbit SRAM 的多种中子源宽能量
范围单粒子翻转截面

　　英国 QinetiQ 公司对不同类型 SRAM 存储器和 MOSFET 功率器件利用 3 MeV（d-D 产生）、14 MeV（d-T 产生）中子以及镧源裂变中子进行了单粒子效应研究。试验中用到的 SRAM 存储器型号和容量如表 6-8 所示。其中，Cyp E55 和 Cyp E45 的工艺尺寸为 90 nm，而其余的器件工艺尺寸为 150 nm 到 500 nm 不等。试验用 MOSFET 器件如表 6-9 所示，均为 N 沟道 MOSFET。

表 6-8　用于辐照试验的不同品牌 SRAM 存储器

代　号	厂　家	型　号	容量/Mbit
Sam B	Samsung	KM684000BLP-7L	4
Mit	Mitsubishi	M5M5408AFP-70LL	4
Sam C	Samsung	K6T4008C1B-VB70	4
Pyramid	Pyramid	—	1
Cyp E55	Cypress	CY62148ELL-55SXI	4

（续表）

代　号	厂　家	型　号	容量/Mbit
Cyp E45	Cypress	CY62148EV30LL－45ZSXI	4
ISSI	ISSI	IS61LV5128AL－10KLI	4
Alliance	Alliance	AS7C34096－12JC	4
Hit A	Hitachi	HM628512ALP－7	4
Hit B	Hitachi	HM628512BLP－7	4
Tosh	Toshiba	TC554001FL－70L	4
Tosh A	Toshiba	TC554001AF－70L	4
BSI new	BSI	BS62LV4006PCP55	4
Cyp B	Cypress	CY62148BLL－70SC	4
Cyp B2	Cypress	CY62148BNLL－70SXI	4
Cyp C	Cypress	CY7C1069AV33	16①
Sam A	Samsung	KM684002AJ－17	4

① 仅 4 Mbit 被测试。

表 6－9　用于辐照试验的不同品牌 MOSFET 器件

代号	型　号	厂　家	V_{GS}/V	V_{DS}/V
A	2SK1119	Toshiba	±20	1 000
B	FPQ34N20	Fairchild	±30	200
C	IRFBG30PbF	IR	±20	1 000
D	IRFBE20PbF	IR	±20	800
E	IRF820PbF	IR	±20	900
F	IRFBF30PbF	IR	±20	900
G	FPQ13N10	Fairchild	±25	100
H	FDP75N08A	Fairchild	±20	75

试验过程 9 块 SRAM（4 Mbit）：14 MeV 中子辐照，连续监测 SEU 和 SEL；同时，其中 2 块还利用 3 MeV 中子进行辐照；8 块 N 沟道 MOSFET 在最大工作电压下进行 3 MeV 和 14 MeV 中子辐照试验，以监测 SEB。试验获得

SRAM 器件单粒子翻转截面如图 6-27 所示,MOSFET 功率器件中子辐照的单粒子烧毁截面如图 6-28 所示。

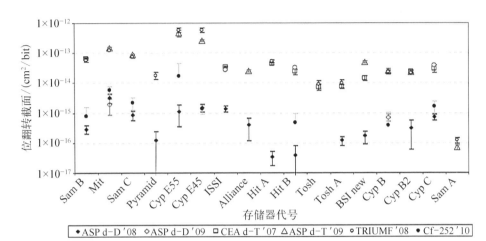

图 6-27　SRAM 存储器中子辐照的单粒子翻转截面

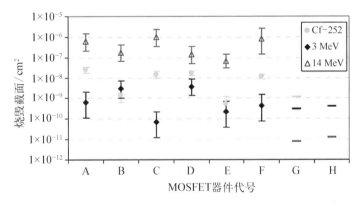

图 6-28　不同品牌 MOSFET 功率器件中子辐照的单粒子烧毁截面

图 6-27 中的 TRIUMF'08 是指利用 TRIUMF 散裂中子源(能量为 0～500 MeV)得到的平均单粒子翻转截面,其余是 D-T 中子源产生的 14 MeV 中子试验结果。从图中可以看出,90 nm 工艺存储的 SRAM 存储器(Cyp E45 和 Cyp E55)的翻转截面要明显高于其他器件的。从不同能量引起单粒子翻转方面看出,3 MeV 中子引起的单粒子翻转截面要比 14 MeV 中子的低 2～3 个数量级。从图 6-28 中可以看出,14 MeV 中子的 SEB 截面要比 3 MeV 中子的高 2～3 个数量级。因此,电子器件对快中子引起的单粒子效应非常敏感,且中子能量从几兆电子伏增大到大于 10 MeV 时,单粒子效应截面会快速

增大。

通过地面中子单粒子试验获得器件的 SEE 数据就可以预估航电系统在空间中的单粒子效应错误率(SEE rates)。预估公式如下：

$$器件单粒子效应错误率＝Flux×\sigma \tag{6-2}$$

式中，Flux 为中子注量率($\mathrm{cm^{-2} \cdot h^{-1}}$)；$\sigma$ 为 SEE 截面积($\mathrm{cm^2}$)。

如果地面试验是采用与大气中子谱接近的白光中子辐照，评估器件在大气中子辐射环境中的错误率，则式中的 Flux 可以采用中子注量率的国际典型值 $6\,000/(\mathrm{cm^2 \cdot h})$。如果地面试验是采用单能/准单能中子辐照，评估错误率需要将不同能量点中子单粒子效应截面拟合，则拟合曲线再与大气中子谱积分，以有效评估器件应用的单粒子效应错误率。对于整个航电系统的单粒子效应概率，则需要将对中子 SEE 敏感器件的 σ 按照航电系统的架构组合计算而得。

国内中子单粒子效应研究开展相对较晚，而且受中子辐照装置限制，目前进行的研究相对较少，目前基于加速器的中子源装置主要有兰州大学的强流中子发生器以及原子能院的高压倍加器和串列加速器等。以原子能院的高压倍加器(CPNG)为例，该装置有 0°管道和 57.4°管道，采用高频离子源，加速氢和氘两种带电粒子，最高加速电压为 600 kV，产生中子的核反应主要为 T(d，n)^{4}He 和 D(d，n)^{3}He，中子能量分别为 14 MeV 和 2.5 MeV。对于 14 MeV 的 D-T 源，源强(表示为每秒产生的中子数)约为 $5×10^{10}$/s，最大可达 $1.5×10^{11}$/s；对于 2.5 MeV 的 D-D 源，源强约为 $1×10^9$/s，最大可达 $2×10^9$/s。利用原子能院高压倍加器，获得大量器件单粒子效应试验数据，如 2015 年，HM628512BLP 型和 R1LV1616HSA 型 SRAM 器件的 14 MeV 中子单粒子效应试验[14]。

国外十分重视中子单粒子效应的研究，并建立了相关技术标准，提出了基于单粒子效应机理的理论分析方法。国内适用于中子单粒子效应实验的装置较少，中子单粒子效应实验与理论分析方法多是参考国外技术标准和思想，针对性相对较弱。随着我国航空装备的快速发展，为实现航电系统的高可靠性，需要建设和完善中子单粒子效应模拟试验装置，形成科学、可靠的中子单粒子效应的试验评估与防护设计方法。

6.1.4.4　中子单粒子效应试验技术

对于中子单粒子效应试验，大气中可能造成单粒子翻转，能量高于 1 MeV

的中子注量率非常低。直接开展大气飞行试验,耗时极长,且单次试验成本极高。因此,中子单粒子效应试验研究几乎全部都在地面模拟试验中开展,其中绝大多数都在加速器、反应堆上进行,具体有如下几类试验:

(1) 直接大气飞行或高山野外试验。空间中子注量率低,试验耗时极长,飞行试验单次试验成本极高。

(2) 激光、质子、重离子替代试验。现有许多辐照试验设备可利用,但存在与中子单粒子效应的等效性问题。

(3) 加速器单能/准单能中子试验。能谱较单一,适应于中子单粒子效应截面测量,是研究器件效应规律和机制的最理想中子源。

(4) 加速器白光中子试验。能谱与大气中子谱有相似性,适宜于对电子系统抗单粒子效应性能进行综合、宏观的评价,是开展临近空间飞行器、航空飞行器及地面辐照敏感设备的辐照效应研究最理想的中子源。

(5) 反应堆热中子试验。器件含硼浓度较高,如 P 型 MOSFET,其热中子单粒子效应显著。

对于中子单粒子效应试验研究,可以开展器件级辐照试验,也可开展系统级辐照试验。一般情况下,器件级试验要求束斑尺寸为几平方毫米到约 20 cm× 20 cm,而系统级试验要求束斑尺寸能达到 1 m×1 m,甚至更大。试验过程中,通过束流线上的多样品层叠,可实现同时辐照多个被测试系统。器件级单粒子试验的优点在于可以识别不同的单粒子类型,例如为了识别单粒子锁定,需要监测电流。多数情况下,锁定状态的结果会导致电流的增加。不论何种效应,若在被测试器件中出现,就会影响翻转错误数的计算,因此识别不同的单粒子效应类型非常重要。通常,器件的评估板需在各种模式下工作,以识别不同类型的错误。对于系统级或器件级的单粒子效应,试验则更加复杂,试验板上器件的单粒子效应会相互影响,测试是动态的,某一器件的单个故障会传递给其他器件,导致板子功能失效。因此,整个系统的所有器件在同一时间内接受照射,这种系统级辐照试验的现实意义更大。

由于单粒子效应发生的概率低,因此航电系统的器件和系统的地面模拟试验研究需要较高的加速度。单粒子效应试验通常要求将效应事件发生速率提高到效应仍然由单个事件支配而效应的双事件可忽略。根据国际上的实践经验[15],高达 1×10^{6} 的加速因子适用于器件级试验;而对于系统级试验,加速因子上限为 1×10^{4}。因此,辐照设施的高能中子注量率在器件级试验中应处于 $1\times10^{4}\sim1\times10^{7}/(cm^{2}\cdot s)$ 范围内,而在系统级试验中应处于 $1\times10^{2}\sim1\times$

$10^4/(\text{cm}^2 \cdot \text{s})$范围内。

随着国内中子单粒子效应试验研究的不断发展,原子能院 100 MeV 强流质子回旋加速器通过打靶产生准单能和白光中子,中国散裂中子源的白光中子均已建成出束,两者将是开展中子单粒子效应试验研究的有力工具。

国内现阶段中子单粒子效应试验研究方向主要涉及以下几个方面:

(1) 效应规律及机理方面,以典型集成电路为载体,研究器件工艺尺寸对中子单粒子效应敏感的影响、不同类型集成电路的中子辐照效应敏感性、航空机载电子设备使用的关键器件的不同工作状态(如工作电压、频率、功耗等)对中子辐照效应的影响等,并结合理论仿真研究中子单粒子效应微观机制机理,为器件的加固设计提供理论指导。

(2) 器件加固效果验证方面,器件研制方需要在中子源上对其设计的加固产品开展中子辐照效应试验,验证产品抗中子辐照性能,并通过持续优化设计和多次试验验证,有效提高抗辐照能力,延长其在辐射环境中的使用寿命。如果器件级加固效果达不到要求,那么系统级加固措施也将被采用。

(3) 航空电子系统考核评估方面,近年来,中子单粒子效应对航空机载电子设备可靠性的影响越来越受到重视,比如目前国内正在开展的航空发动机适航审定。在航空机载电子设备研制中,需要针对使用的电子系统开展中子辐照效应试验考核,评估机载电子设备的抗中子辐照能力,只有达到相应指标要求才可以被使用。

(4) 核工业电子系统抗辐照应用方面,反应堆运行、核事故应急、乏燃料后处理等核工业场合存在大量中子辐射环境,研究中子辐照效应对反应堆控制系统、核辐射环境视频监测系统、常规核辐射环境和应急强辐射环境用作业机器人等的影响,并提出针对性加固防护对策,从而有效提高核工业仪器仪表、智能机器人等的抗辐照能力,降低辐照损伤风险,延长使用寿命。

6.2　辐射生物

随着科学技术的不断发展,人们逐渐意识并了解到辐射无处不在,除了天然的本底辐射(宇宙射线、地壳中天然的放射性矿物质等)外,还有来自人工的辐射源,如反应堆、核电站、医院放射诊断和治疗,以及一些科研机构的放射源等。这些放射源放出的射线通过电离辐射作用于周围的生物体,引起一系列生物学上的效应,由此产生了大量的辐射生物学效应研究资料,并逐渐发展成为一门新兴和独立的学科——辐射生物学。辐射生物学是研究电离辐射在集体、个体、组织、细胞、分子等各种水平上对生物体的作用,观察不同类型射线,如 X 射线、γ 射线以及粒子辐射(中子、质子和重离子)等照射后的各种生物学效应以及不同内、外因素对生物学效应影响的科学,是涉及核物理、核技术应用、生物学和生物化学的交叉学科研究。其研究结果对空间与核辐射危害评估及防护、放射治癌和辐射育种等具有重要的战略和实际意义。特别是近年来,随着载人航天、粒子束治癌的快速发展,辐射生物学在航空航天医学、空间生命科学、核与辐射安全、放射医学和核农学等领域的应用日益广泛,开展相关研究极为迫切和必要。伴随着科学技术的不断发展,各种高压型加速器不断出现,利用加速器产生的粒子(中子、质子、重离子等)进行辐射生物学效应的研究成为一个主流方向。本节主要从辐射生物学效应原理、辐射生物学效应研究用装置和加速器束流测量技术,以及辐射生物学效应研究方向四个方面进行介绍。

6.2.1　辐射生物学效应原理

射线将能量传递给有机体引起的任何改变统称为辐射生物学效应(分子、细胞、组织和器官的形态和功能改变的后果),辐射生物学效应通过辐射的物理化学过程引起分子、细胞等水平的生理变化,最终导致机体发生改变。

6.2.1.1　辐射的物理学基础

1) 辐射和物质的相互作用

电离辐射作用于生物体后之所以产生一系列的辐射生物学效应,是因为在电离辐射过程中向生物体传递了能量。这种能量传递是一个纯粹的物理化学过程,通过生物体内生物大分子和生物体内环境物质(如水分子)发生电离作用或者激发作用实现,这一过程是电离辐射生物学效应的理化基础。

(1) 电离作用。电离作用是射线将能量传递给作用靶分子的轨道电子,轨道电子得到足够的能量,挣脱原子核的束缚成为自由电子,靶分子成为一个自由电子和一个带正电离子的过程。

(2) 激发作用。激发作用是射线传递的能量不足以使靶分子的轨道电子挣脱原子核的束缚,但可使轨道电子向更高能级轨道进行跃迁,使靶分子处于激发状态的过程。被激发的分子化学性质不稳定,容易发生解离,形成正负离子对,但是由于形成的离子对动能较小,距离较近,容易发生重组反应,恢复到以前的状态。因此,一般认为激发作用引起的辐射生物学效应可以忽略不计。

（3）水分子的电离和激发。一般来说，生物体中水的含量为 60%～95%。不同生物体、不同组织部位的水含量均有差异[16]，如表 6 - 10 所示。

表 6 - 10　不同生物体和不同组织部位的水含量

类　　型		水含量/%
植物体		约 70
动物体		约 80
水母		约 97
成年人	细胞	约 70
	血液	91～92
	大脑	70～85
	肌肉	72～80

如图 6 - 29 所示，当电离辐射作用于生物体时，生物大分子和水分子均受到电离辐射的影响。电离辐射将能量直接沉积在生物大分子（DNA 分子、蛋白质等）上，使生物大分子发生电离和激发，导致其结构和功能改变，这称为电离辐射的直接作用。电离辐射作用于生物体内环境物质（如水）上，水分子吸收能量而发生电离和激发，产生活性产物，继而影响生物大分子的结构和功能，这称为电离辐射的间接作用。

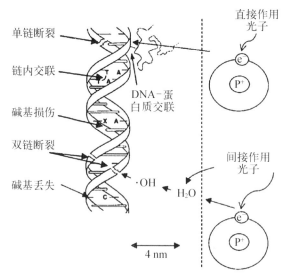

图 6 - 29　光子直接作用和间接作用引起的辐射生物学效应示意图[17]

当水分子受到外界辐射时,在获得能量足够大时可将水分子的轨道电子击出,通过电离作用产生自由电子(e^-)和带正电的水离子(H_2O^+)。其中,产生的 H_2O^+ 化学性质极其不稳定,容易发生解离作用而形成氢离子(H^+)和羟自由基($\cdot OH$),氢离子(H^+)在水中以水化氢离子(H_3O^+)形式存在。产生的自由电子在不断的运动过程中与周围的水分子再次发生碰撞,若将周围水分子的轨道电子击出即可发生次级电离。随着碰撞的不断发生,自由电子的能量被不断消耗直至不再发生次级电离,此时的电子若被水分子捕获,则形成带负电的水离子(H_2O^-)。带负电的水离子(H_2O^-)的化学性质也极其不稳定,非常容易发生解离作用,形成氢自由基($H\cdot$)和氢氧根离子(OH^-)。另外,水中的一部分电子可以与水化氢离子(H_3O^+)反应形成氢自由基($H\cdot$)和水(H_2O)。许多自由基相互反应还会形成氢气(H_2)和过氧化氢(H_2O_2)。

综上所述,水分子经过电离辐射后,形成的多种活性产物称为原发辐解产物,它们的产额如表 6-11 所示。

表 6-11　水分子原发辐解产物的产额

产　物	G 值[①]
$\cdot OH$	2.7
$H\cdot$	0.55
e_{aq}^{-} [②]	2.7
H_2	0.45
H_2O_2	0.7
$H^+(H_3O^+)$	2.7

① G 值指水在 pH 为 7.0、吸收辐射能量为 100 eV,作用时间为 $1\times10^{-9}\sim1\times10^{-8}$ s 时形成的化学式或基团数;② e_{aq}^{-} 指水合电子。

2)线性能量传输与相对生物学效应

(1)线性能量传输(LET)。线性能量传输是指电离辐射的粒子或者射线在物质内部通过直接电离作用或者次级电离作用,在单位长度径迹上消耗的平均能量,其国际单位是焦耳/米(J/m),常用单位是 keV/μm,1 keV/μm $=1.602\times10^{-10}$ J/m。 LET 值可以用来描述粒子与物质碰撞的阻止本领,通常用符号 L_Δ 表示,关系式如下:

$$L_\Delta=(\mathrm{d}E/\mathrm{d}L)_\Delta \tag{6-3}$$

式中,dL 是粒子在物质中的运动距离;dE 是在运动距离 dL 的过程中粒子损失的能量。在判断某一射线或者粒子引起的辐射生物学效应时,LET 值是一个重要的参考量。通常情况下,某一射线的 LET 值越高,说明在相同注量率下,在单位距离内沉积的能量就会越高,造成的靶分子电离或者激发的数目就会越多,造成的辐射生物学效应就会越明显,如图 6 - 30 所示。例如,α 粒子的 LET 值为几十电子伏每微米,其在水中引发的电离和激发的径迹复杂、密集;γ 射线的 LET 值约为 0.3 keV/μm,其在水中造成的电离和激发的径迹简单、稀疏[17]。

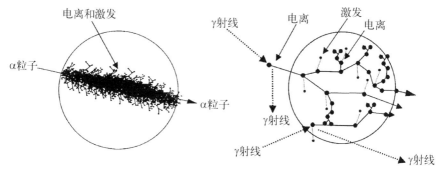

图 6 - 30   不同 LET 射线在水中造成的电离和激发示意图[17]

粒子在不同物质中运动时,通过弹性碰撞和非弹性碰撞导致能量逐渐减小,表现为在径迹的不同位置上能量损失不同,即 LET 值发生变化。对于粒子 LET 值的计算,通常有两种方法:① 粒子单位径迹上沉积的能量的平均值,即把粒子单位径迹($L=1$)分为若干(n)相等的长度,计算每一长度上粒子沉积的能量 E_i,求出沉积的能量在单位长度径迹上的均值,以 $L_{\Delta \cdot T}$ 表示,称为径迹平均线性能量传输(track-averaged LET)。假如粒子沉积总能量为 E,则有如下关系:

$$L_{\Delta \cdot T} = \frac{1}{n} \sum_{i=1}^{n} \left(\frac{E_i}{L/n} \right) = \frac{E}{L} \qquad (6 - 4)$$

② 将粒子径迹上沉积的能量平均分为若干(n)份,将转移并沉积在径迹上的能量除以径迹长度(L_1,L_2,…,L_n),以 $L_{\Delta \cdot D}$ 表示,称为剂量平均线性能量传输(dose-averaged LET)。假如粒子沉积总能量为 E,则有如下关系:

$$L_{\Delta \cdot D} = \frac{1}{n} \sum_{i=1}^{n} \frac{E/n}{L_i} = \frac{E}{n^2} \sum_{i=1}^{n} \frac{1}{L_i} \qquad (6 - 5)$$

根据国际辐射单位与测量委员会(ICRU)16 号报告提供的数据,不同射线在水介质中的 LET 值如表 6‑12 所示。对带电粒子来说,其 LET 值计算方法的选择与其在介质中的位置有关,通常在坪区选择 $L_{\Delta \cdot T}$,在峰区选择 $L_{\Delta \cdot D}$。

表 6‑12　不同射线在水介质中的 LET 值

射　线　种　类	$L_{\Delta \cdot T}$ /(keV/μm)	$L_{\Delta \cdot D}$ /(keV/μm)
^{60}Co γ 射线	0.24	0.31
22 MeV X 射线	0.19	6.0
2 MeV 电子	0.20	6.1
200 kV X 射线	1.7	9.4
^{3}H β 射线	4.7	11.5
50 kV X 射线	6.3	13.1
5.3 MeV α 射线	43	63

（2）相对生物学效应。相对生物学效应（relative biological effectiveness, RBE）是比较不同种类射线产生的生物学效应的一个直观指标,其通常以 250 kV 的 X 射线为标准,现在也可以 ^{60}Co 的 γ 射线为标准。X 射线或 ^{60}Co 的 γ 射线引起某种生物学效应需要的吸收剂量与所观察研究的射线引起相同的生物学效应所需吸收剂量的比值（倍数）,即为该种射线的相对生物学效应。常见的不同种类射线的相对生物学效应如表 6‑13 所示。RBE 值会受到很多因素的影响,如射线照射的时空分布、受体所处条件等。因此,在确定某一射线的 RBE 值时,需要限定有关条件。

表 6‑13　不同种类射线的相对生物学效应（RBE）

射线种类	RBE 值
X 射线、γ 射线	1
β 射线	1
热中子	3
中能中子	5～8
快中子	10
α 粒子	10
重反冲核	20

3) 射线的特点

（1）中性粒子（中子）。中子是不带电粒子,一般按照能量对中子进行划分,如表 6 - 14 所示。

表 6 - 14　不同名称中子的能量范围

名　　称	能量范围
热中子	<0.5 eV
慢中子	<100 eV
快中子	10 keV~14 MeV
高能中子	>14 MeV

中子通过产生带电次级粒子引起物质分子电离,而且中子只与物质的原子核发生相互作用。相互作用分为两种:碰撞和核反应。其中碰撞又分为弹性碰撞和非弹性碰撞。核反应包括中子俘获反应和散裂反应。

弹性碰撞是入射中子把能量传递给受碰撞的原子核,原子核越轻,接收到的能量越高,因此氢核获得的能量最高,几乎等于入射中子的全部能量。而且氢是生物组织中含量最多的原子,入射中子与组织中氢原子核的相互作用不可忽视。

非弹性碰撞有两种情况。第一种是中子与原子核发生碰撞后,中子的运动方向发生改变,能量降低,而原子核处于激发状态,原子核进行退激时会发射 γ射线。生物组织中的碳、氮、氧原子核均能与中子发生这样的非弹性碰撞。第二种是中子与原子核发生碰撞形成一个激发态的复合核,该复合核会释放出一个次级带电粒子(如 α粒子),同时复合核恢复到基态时也会释放一个 γ光子。

中子俘获与非弹性碰撞的第二种情况类似,只不过非弹性碰撞的中子能量一般为 $0.025\sim100$ eV,中子俘获的中子能量大于 1 MeV。一些具有较大俘获慢中子截面的元素(如锂、硼等),俘获中子后会发出一个 α粒子。

散裂反应主要涉及的是能量大于 100 MeV 的中子,经过该能量中子轰击,靶物质原子核会破裂并释放出带电粒子和碎片。散裂反应一般在重核中反应,如高能中子与生物组织中的碳原子核反应会产生 3 个 α粒子,与氧原子核反应会产生 4 个 α粒子。

在中子辐照生物学效应研究中,主要涉及的是核工业的中子辐照场景,其能量范围为 250 keV~14 MeV,其在生物组织内的能量沉积主要通过与氢原子核的弹性碰撞,占比约为 85%。

（2）带电粒子（质子、重离子）。粒子辐射来源于一些组成物质的基本粒子,或者是失去部分电子而带正电的原子核,例如质子、α 粒子和其他重离子等。这些粒子具有动能和静止质量,在与物质相互作用的过程中,通过不断消耗本身的动能来传递能量,使物质分子发生电离。质子、α 粒子和其他重离子辐射的 LET 值一般较高,称为高 LET 射线,具备的特点如下。

a. 径迹结构。具备一定静止质量的高 LET 射线（如质子、碳离子等）进入物质后,其与物质相互作用的机制与光子或者电子不同,导致其径迹结构不同。图 6-31 所示为不同粒子在水中的径迹结构,可以看出,由于质子和碳离子的质量比电子质量高很多,因此其通过介质时与电子发生碰撞的散射很小,几乎不会发生径迹的偏离,在其射程区域的半影很小。

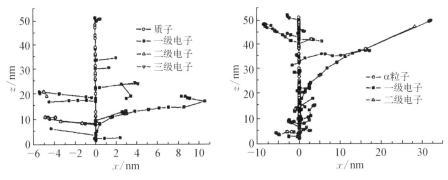

图 6-31　不同粒子在水中的径迹结构

b. 物理剂量分布。一定能量的高 LET 带电粒子进入物质后,主要与靶物质原子的核外电子相互作用损失能量,起初其能量衰减的程度较小,呈低平坦的状态。在到达某一深度时,带电粒子速度减慢,与物质作用时间变长,这时会将更多的能量转移至靶物质原子上,导致带电粒子的绝大部分能量在接近其射程末端时损失,形成一个高剂量的能量释放峰——布拉格峰,这与光子辐射,如 X 射线、γ 射线在物质中的深度剂量分布呈现为指数衰减完全不同,图 6-32 所示为质子、碳离子、光子在水中的剂量-深度曲线。具有布拉格峰剂量分布的射线通常用来进行射线治疗研究。通过论证研究可知,治疗所用的常见的粒子为质子和碳离子。相较于质子,重离子的原子序数较大,其布拉格峰的半高宽较小,后沿下降快。但由于重离子的质量大于质子,在后沿具有一个相对较长的尾部剂量。

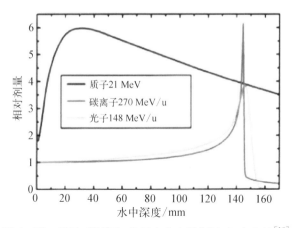

图 6-32 质子、碳离子、光子在水中的剂量-深度曲线[18]

6.2.1.2 辐射生物学效应的危害

细胞是生物体结构和功能的基本单位,也是生物体进行生命活动的基本单位,当生物体受到辐射发生电离或者激发时,其结构和功能会受到影响,在宏观上表现出机体功能损伤或者障碍,甚至形成遗传。其本质原因是辐射过程中细胞 DNA 出现了损伤,如图 6-33 所示。

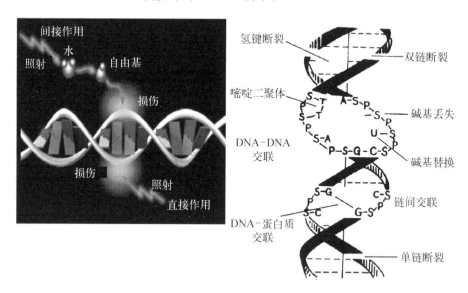

图 6-33 辐射致 DNA 损伤示意图

1) DNA 损伤

生物体各组织的 DNA 中储存着维持正常生命活性所必需的信息,同时也是一系列辐射生物学效应的关键靶点。DNA 是具有双螺旋结构的生物大分子,中子、质子、重离子照射会引起 DNA 糖环、碱基的改变甚至是 DNA 链的断裂,损伤途径主要包括自由基氢原子夺取、电子加成、碱基电离和氢原子加成四种。

(1) 自由基氢原子夺取。自由基氢原子夺取是指自由基夺取核酸糖环上氢原子的过程。例如水受到电离辐射作用产生数量较多且活性较强的羟基自由基(·OH),夺取核糖和脱氧核糖上的氢原子。DNA 不同位点上的氢原子被夺取后,形成中性自由基,这些自由基极易得到电子形成闭壳阴离子,接着再发生质子化作用、糖苷键和磷酸二酯键的断裂或者重排产生碳-碱基糖自由基,导致核酸链的断裂。

(2) 电子加成。细胞成分(特别是水)受电离辐射后产生能量范围很宽(1~20 eV)的自由电子,一部分自由电子会加成到核酸碱基导致核酸间接损伤,另一部分自由电子会通过非弹性碰撞损失能量最终产生溶剂化的电子,溶剂化的电子加成到 DNA 二级结构上会引发共振现象。一部分低能电子可能加成到 DNA 结构中形成共价限制的阴离子,也可能较分散地转移到分子轨道上,形成偶极限制的阴离子,诱发糖苷键断裂、碱基脱落,最终导致单链或双链断裂(double-strand break, DSB)。

(3) 碱基电离。当 DNA 处于电离状态时,可能会直接导致碱基电离出一个电子,而自身变成自由基正离子,从而导致 DNA 氧化损伤。

(4) 氢原子加成。氢原子加成到 DNA 碱基双键上得到中性自由基,电子很容易加成到这种自由基上形成闭壳阴离子,引起 DNA 的损伤。

2) 细胞死亡

细胞经过电离辐射后,如果其遗传物质和 DNA 受到不可修复的损伤,就会出现细胞死亡。这种照射造成的死亡常见于那些不断进行分裂的细胞。不进行分裂的细胞也会死亡,但是其辐射敏感性比较低,或者说是辐射抗性较高。细胞死亡是细胞受到辐射后的主要生物学效应,通常以增殖性细胞死亡和间期性细胞死亡(细胞凋亡)两种形式表达。

(1) 增殖性细胞死亡。指细胞受到照射后,在发生 DNA 损伤的错误修复和染色体畸变的一段时间,仍然保持形态的完整,甚至代谢功能依旧存在,直至存活几个细胞周期后死亡。增殖性细胞死亡是常见的细胞死亡方式,它与受照射的组织有关,也与组织的更新速度有关。

(2) 间期性细胞死亡。指细胞受到照射后几小时内就出现死亡,主要体现在细胞核结构破坏、固缩,细胞膜损伤,能量供应障碍等几个方面。这种细胞的辐射敏感性比较高,与细胞周期无关,最具有代表性的发生间期性死亡的细胞是淋巴细胞。人体各组织细胞的辐射敏感性如表 6 - 15 所示。

表 6 - 15　人体各组织细胞的辐射敏感性

辐射敏感性	器官、组织、细胞
高度	淋巴和幼稚淋巴细胞、胸腺细胞、骨髓、肠胃上皮细胞、生殖细胞、胚胎细胞
中度	感觉器官(角膜、晶状体、结膜),内皮细胞,皮肤及附件上皮(生发、毛囊、皮脂腺细胞),唾液腺,肾、肝、肺组织的上皮细胞
轻度	中枢神经系统、内分泌系统、心脏
不敏感	肌肉组织、软骨和骨组织、结缔组织

3) 组织与器官的损伤

(1) 造血器官的损伤。骨髓属于高度辐射敏感的组织,其中造血干细胞在照射环境下会出现损伤,定向造血干细胞损伤的数量随着照射剂量的增加呈现指数型上升。照射也会对造血微环境(微血管系统、基质细胞、基质因子和神经等)产生影响,导致造血细胞和组织变性和死亡,出现循环障碍(充血、出血及水肿等),同时可能出现代偿适应性反应(如炎性反应、吞噬清除反应、某些细胞的出现和增生等)。

(2) 神经系统的损伤。神经系统属于轻度辐射敏感的组织,在亚致死剂量或致死剂量照射后,高级神经活动出现时相性变化,先兴奋后抑制,最后恢复。当照射剂量大于 50 Gy 时,神经系统会出现循环障碍和神经细胞变性坏死,特点是小脑颗粒层细胞核固缩或肿胀。

(3) 生殖系统的损伤。生殖系统属于高度辐射敏感的组织,其中男性睾丸的敏感性要高于女性的卵巢,睾丸受 0.15 Gy 照射即可见精子数量减少,照射 2~5 Gy 可暂时不育,5~6 Gy 以上可永久不育。在胚胎的发育时期,照射造成的毒性效应包括致死效应、先天性畸形、生长迟缓以及各种机体结构和功能效应。

6.2.2　辐射生物学效应研究用装置

随着核技术的不断发展,针对核工业、航天、放射治疗和辐射育种需求,依托加速器开展的中子、质子、重离子辐射生物学效应的研究越来越多,下面主要对辐射生物学效应研究用高压型中子发生器和带电粒子加速器进行介绍。

6.2.2.1　中子发生器

中子发生器也称为高压倍加器,它的工作电压不高,为几百千伏,但粒子束流较大,可以达到毫安量级。以下介绍几种国内常见的中子发生器。

1967年,上海科技大学的 K-400 高压倍加器成功出束,其空载时的最高电压为 440 kV,高压电流最大输出电流为 5 mA,采用的是高频粒子源,其 D-T 反应的中子产额为 5×10^{10}/s,最高可达 1×10^{11}/s[19]。

1988年,兰州大学成功研制了 300 kV 的强流中子发生器,这是我国第一台中子产额达到 3.3×10^{12}/s 的强流中子发生器,其主要技术指标达到了当时国际已有同类中子发生器的先进水平,它的建成标志着我国中子发生器的研制水平已步入国际先进列。该装置广泛应用于材料辐照损伤、半导体器件加固、中子核参数测量以及快中子治癌研究,建立的中子测量和环境辐射监测系统保证了中子场运行过程中的参数可靠性。目前,由于设备老化,该中子发生器只能运行在 260 kV 的 D 束流能量,D-T 的中子产额为 1×10^{12}/s。因此,为了满足日益增长的研究需求,兰州大学研制了 400 kV 强流 D-T/D-D 中子发生器,它采用的是倍压式高压型加速器方案,其结构如图 6-34 所示。总体技术指标为 D-T 中子产额大于 5×10^{12}/s,D-D 中子产额大于 5×10^{10}/s[20]。

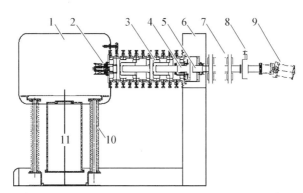

1—高压电极;2—离子源;3—加速管;4—空间电荷透镜;5—真空四通;6—地电极;7—三重四极磁透镜;8—闸板阀;9—旋转靶;10—环氧绝缘支撑柱;11—隔离变压器环氧绝缘筒。

图 6-34　D-T/D-D 强流中子发生器结构图

原子能院建造了一台 600 kV 毫微秒脉冲中子发生器。该发生器主要技术性能如下：高压范围为 200～600 kV；直流分析束流强度≥1 mA（高频离子源），≥3 mA（双等离子体离子源）；脉冲束平均流强≥30 μA；束斑≤8 mm；重复频率为 1.5 MHz；γ 峰半高宽≤1 ns；中子峰半高宽约为 1.5 ns；稳定工作时间≥100 h。其结构如图 6-35 所示。600 kV 高压倍加器加速 D 粒子，通过 (D，D) 和 (D，T) 反应可分别产生 2.5 MeV 和 14 MeV 的单能中子，中子在 4π 方向各向同性发射，产生中子的最高注量率为 $1\times10^{11}/(cm^2 \cdot s)$。依托该中子发生器，原子能院建立了适用于不同生物样本的照射实验终端，开展了分子、细胞和动物等不同水平的中子辐照生物学效应研究。图 6-36 所示为中子照射大鼠样本的实验场景。

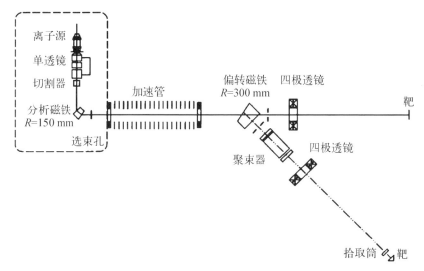

图 6-35　600 kV 毫微秒脉冲中子发生器束流传输和脉冲调制系统结构示意图

图 6-36　中子照射大鼠样品的实验场景

6.2.2.2　带电粒子加速器

1) 国外加速器

(1) 布鲁克海文国家实验室的 Van de Graaff 串列加速器。布鲁克海文国家实验室(Brookhaven National Laboratory，BNL)的 Van de Graaff 串列加速器为一个大型静电加速器，该设施由两个 15 MV 的静电加速器组成，每个加速器长约 24 m，端对端排列(见图 6 - 37)，可提供连续或高强度脉冲离子束。

图 6 - 37　Van de Graaff 串列加速器

Van de Graaff 串列加速器可以提供从氢到铀的超过 40 种不同类型离子束流，离子相应参数如表 6 - 16 所示。典型的 LET 值(分别在硅和砷化镓中)如图 6 - 38 所示。

表 6 - 16　Van de Graaff 串列加速器可提供的离子种类及物理参数

				剂量率范围：$1\sim1\times10^{6}/(\mathrm{cm}^{2}\cdot\mathrm{s})$	在硅中的 LET 值分布		在砷化镓中的 LET 值分布	
Z	元素	质量/u	最大能量/MeV		表面 LET 值/$(\mathrm{MeV}\cdot\mathrm{cm}^{2}/\mathrm{mg})$	深度/$\mu\mathrm{m}$	表面 LET 值/$(\mathrm{MeV}\cdot\mathrm{cm}^{2}/\mathrm{mg})$	深度/$\mu\mathrm{m}$
1	^{1}H	1.007 9	28.75		0.015 3	4 550	0.011 8	2 610
2	^{4}He	4.002 9	43.2		0.131	815.0	0.098	491
3	^{7}Li	7.016 0	57.2		0.369	390.0	0.273	240
5	^{11}B	11.009 3	85.5		1.08	206.13	0.754	132.55

（续表）

Z	元素	质量/u	最大能量/MeV	在硅中的 LET 值分布		在砷化镓中的 LET 值分布	
				表面 LET 值/(MeV·cm²/mg)	深度/μm	表面 LET 值/(MeV·cm²/mg)	深度/μm
6	^{12}C	12.000 0	99.6	1.46	180.43	1.03	115.82
8	^{16}O	15.999 4	128	2.61	137.78	1.83	88.9
9	^{19}F	18.995 4	142	3.51	118.88	2.45	77.12
12	^{24}Mg	23.992 7	161	6.01	84.16	4.17	55.13
14	^{28}Si	28.085 5	187	7.81	77.16	5.42	50.66
17	^{35}Cl	34.968 8	212	11.5	64.41	7.93	42.71
20	^{40}Ca	39.975 3	221	15.8	51.89	10.9	34.7
22	^{48}Ti	47.947 9	232	19.6	47.8	13.4	32.36
24	^{52}Cr	51.940 5	245	22.3	45.86	15.3	31.06
26	^{56}Fe	55.934 9	259	25.1	44.24	17.2	30.09
28	^{58}Ni	57.935 3	270	27.9	44.56	19.1	30.47
29	^{63}Cu	62.929 6	277	30.1	42.06	20.6	28.79
32	^{72}Ge	71.922 1	273	35.9	37.94	24.4	26.25
35	^{81}Br	80.916 3	287	41.3	37.50	28.0	26.11
41	^{93}Nb	92.906 0	300	47.5	36.32	32.1	25.4
47	^{107}Ag	106.905 1	313	59.2	32.48	39.9	22.89
53	^{127}I	126.904 5	322	66.9	32.54	45.0	23.17
79	^{197}Au	196.966 5	337	84.6	29.21	56.2	21.18

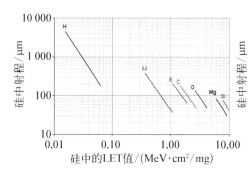

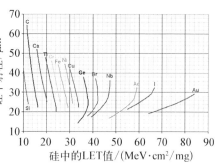

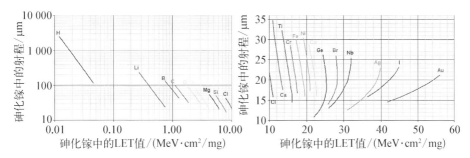

图 6 - 38　Van de Graaff 串列加速器可提供的离子的 LET 值(Si、GaAs)

在其上建立了放射生物学效应研究用的实验终端,如图 6 - 39 所示。

剂量检测靶室　　　电子器件测试靶室　　　辐射生物靶室　　出射窗

图 6 - 39　放射生物学效应实验终端

(2) 日本理化学研究所(RIKEN)的重离子直线加速器。1980 年,日本 RIKEN 建成了世界上第一个可变频率重离子直线加速器(RIKEN heavy-ion linac, RILAC),RILAC 由 Cockcroft - Watson 型发射装置和六台维德罗型加速筒身组合而成(见图 6 - 40),可使用 18～45 MHz 的高频电压加速比氖重的所有重离子。

RIKEN 基于该加速器,开展了大量的辐射育种研究,其中为获得适宜辐射育种研究的束流条件,在 E5B 束流线上,利用旋转磁铁和散射靶(见图 6 - 41),实现束流的均匀化,其束斑直径约为 57 mm,并以较高能量入射以避免布拉格峰,实现样品表面均匀剂量的照射。同时,为实现育种批量照射的需求,

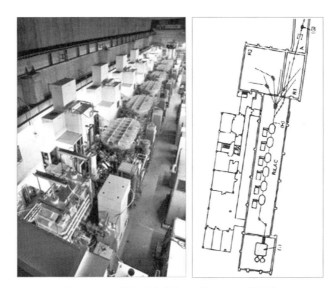

图 6-40　重离子直线加速器(RILAC)结构

建立了批量照射装置,通过自动换样系统可实现不同类型 500 多个样品的大批量照射,如图 6-42 所示。

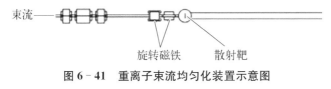

图 6-41　重离子束流均匀化装置示意图

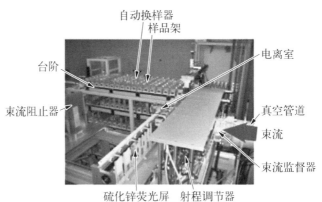

图 6-42　RIKEN 批量照射装置实物图

(3) 法国大型重离子加速器实验室的加速器。法国大型重离子加速器实验室(GANIL)的加速器于 1983 年开始出束实验,其能量范围为 20 ~

100 MeV/u,束流强度(用每秒产生的粒子数表示)范围为 2×10^9/s (23 MeV/u ^{100}Mo)～1.5×10^{12}/s(94 MeV/u ^{16}O)。加速器的束流品质比较好,束流能量分辨率好于 1×10^{-3},水平发散度和垂直发散度小于 5π mm·mrad。

　　2)国内加速器

　　(1)原子能院 HI-13 串列加速器。北京串列加速器核物理国家实验室拥有一台 HI-13 串列式静电加速器,自 1987 年正式投入使用以来,该加速器已稳定运行 30 多年,每年平均运行时间为 4 000 h 以上,是国际上高效率运行的同类加速器之一。该加速器应用的研究领域极广,涉及核物理基础、核数据测量、放射性核束和天体物理、辐射物理/生物以及核技术的应用开发等研究。

　　HI-13 串列加速器可以提供 H、He、Li、C、O、F、Fe、Br、Ag 和 I 等多种轻和重粒子,且能够方便快捷地改变离子的种类、能量和流强。它们的能量随着所选择的端电压及离子电荷态的变化而变化,所对应的生物介质中(主要是水)的 LET 值覆盖范围极广,从几千电子伏每微米到上万千电子伏每微米,完全可以覆盖辐射生物学效应研究最感兴趣的区域(一般认为在几百千电子伏每微米)。而且,这些粒子在生物介质内的射程为几十微米至上千微米,照射剂量可在几戈瑞到上千戈瑞的范围内改变,特别适合于对生物大分子、细胞甚至动物个体等进行辐射生物学效应研究。HI-13 串列加速器生物样本照射终端位于 R20°支线,即单粒子效应专用照射装置束线 T4 靶室正后方,由一段两端封有膜窗的管道和一套可远程操作的多样品照射移动平台组成,如图 6-43 所示。R20°支线生物样本照射终端可引出粒子的种类和能量,以及对应的在水中的 LET 值和射程,如表 6-17 所示。

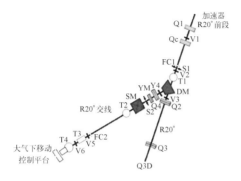

图 6-43　HI-13 串列加速器 R20°支线示意图与生物实验终端实物图

表 6-17　粒子种类及相应物理参数

粒子种类	粒子初始能量/MeV	经过双层膜窗系统之后的能量/MeV	LET值（水）/(keV/μm)	水中射程/μm
质子	26	25.7	2.2	6 570.0
^{7}Li	52	45.1	60.2	427.3
^{12}C	91	63.9	279.7	144.9
^{14}N	104	66.4	406.3	108.2
^{16}O	117	68.7	539.5	88.6
^{19}F	130	65.4	764.4	64.7

（2）北京大学 4.5 MV 静电加速器。北京大学 4.5 MV 静电加速器于 20 世纪 80 年代由北京大学和上海先锋电机厂联合研制，1991 年投入运行，1994 年正式通过鉴定验收。目前每年的运行机时为 1 000 h 以上，近年主要在核材料照射、托卡马克中子飞行时间谱仪（TOFED）刻度、中子核数据测量等研究领域进行实验工作。该设备端电压目前可达 3.8 MV，高压稳定度为 ±1 kV，可加速质子、氘、氦 3 种粒子，安装有两条束线，分别进行离子打靶的中子核反应实验和离子照射实验，如图 6-44 所示。其中，中子核反应束线能提供连续束流和脉冲束流，能在 0.03～7 MeV 和 14～19 MeV 两个能区提供单色中子，主要用于中子核反应分析、中子探测器刻度、中子照相和低注量率中子照射

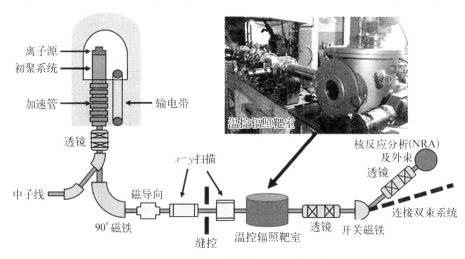

图 6-44　4.5 MV 静电加速器结构示意图

（器件）、辐射生物学效应研究等实验应用。离子照射线可进行质子和氦离子照射实验。

（3）北京质子直线加速器。1985 年，北京 35 MeV 质子直线加速器（Beijing proton linac，BPL）基本建成（见图 6‐45），其注入能量和出口能量分别为 0.75 MeV 和 35.5 MeV，脉冲流强不大于 60 mA，重复频率连续可调，束流脉冲的宽度调节范围为 30～120 μs。1989 年 8 月，建设的同位素制备实验室和快中子治癌研究实验室通过验收。

图 6‐45　35 MeV 质子直线加速器主体

6.2.3　加速器束流测量技术

在辐射生物学研究中，准确监测束流强度、能量、均匀性和样品所受剂量对研究结果具有重要的意义。如以细胞存活率为生物学终点，相关理论研究表明，当照射野均匀度大于 95% 时，方可将实际的照射野作为理想情况处理；受不均匀照射野照射时，细胞存活率高于受理想的均匀照射野照射的结果。因此，关于束流品质诊断和测量的研究一直是照射技术的重要研究内容，也因此发展了一系列束流诊断和测量技术。根据辐射粒子带电性质不同，束流测量技术分为两个部分：中子测量技术和带电粒子（质子、重离子）测量技术。

6.2.3.1　中子测量技术

D‐T 中子在生物治癌研究、临床应用及辐射生物学研究（如农作物中子、菌种或细胞、小鼠、大鼠等生物样品照射）中都得到了广泛的应用。在中子的辐射生物学效应研究过程中,建立了一系列中子测量的通用技术,主要包括中子甄别技术、中子能谱测量技术和中子生物剂量测量技术。

1) 中子甄别技术

在常见的几种核辐射场景中,如武器装备检查、维护保养、日常备战、退役后处理以及某些特殊装备的运行过程中,中子辐照常伴有 γ 射线,从而形成中子、γ 射线的混合场,针对中子、γ 射线的混合辐射场,建立了一些中子、γ 射线甄别的方法,如过零法、上升时间法、电荷比较法等。基于这些方法和新材料的利用,发展了许多新的测量技术。

Cs_2LiYCl_6:Ce^{3+}(CLYC)是一类新型闪烁晶体,具有同时探测 γ 射线和中子的功能。其原理如下:γ 射线照射晶体时,在 225 nm 和 300 nm 的荧光之间存在衰减时间为几纳秒的芯带 - 价带跃迁发光(core-valence luminescence,CVL)现象,而中子入射此晶体时不会出现该现象,因此,可利用 γ 射线和中子照射晶体时产生的荧光衰减时间不同进行中子、γ 射线的甄别。军事科学院的黄广伟等[21]基于这种新材料的特性,通过核脉冲信号聚类分析实现了基于 CLYC 探测器的 n/γ 脉冲波形甄别,其准确度高、鲁棒性强,有望研制出高性能的 n/γ 双模式探测谱仪。美国密歇根大学的 Bourne 等[22]同样利用该晶体的特性进行了中子、γ 射线的测量,并利用 MCNP 软件建立了利用该晶体检测 ^{137}Cs γ 源以及 ^{252}Cf 中子源的模型。

以液态芳香族甲苯或二甲苯为溶剂的液体闪烁探测器具有优秀的快中子甄别能力,但是当构造多探测器阵列时,由于内在气泡的影响,几何布局的不同将会增加探测效率的差异,一定程度上限制了其在现场的工程应用。美国劳伦斯利弗莫尔实验室 Zaitseva 等[23]发现塑料闪烁体的溶剂材料中的荧光染料浓度较低时,会形成激发陷阱而影响闪烁体的发光,这也是传统塑料闪烁体缺乏脉冲形状甄别(PSD)能力的主要原因,并在此基础上改进,研制出了具有 n/γ 甄别性能的新型塑料闪烁体。美国密歇根大学 Pozzi 等[24]率先基于数字化电荷比较法测试了该型探测器的 n/γ 甄别性能。意大利帕多瓦大学 Cester 等[25]比较了该型塑料闪烁探测器与液体闪烁探测器甄别品质因子随阈值的变化关系。随后,英国萨里大学 Payne 等[26]使用了三种数字化仪开展该型探测器的电荷比较法优化研究,讨论了不同采样率、分辨位数、动态范围的影响。国防科技大学的徐文韬等[27]利用脉冲数字化获取与处理方法,对新型塑料闪烁探测器进一步开展电荷比较法的粒子甄别优化研究,在对脉冲波形函数拟合的基础上,通过改变不同积分长窗、短窗、数字化仪的采样率、分辨位数以及能量阈值,分别考察了以上参数对探测器 n/γ 甄别品质因子的影响。

原子能院邹益晟等[28]采用^{6}Li、^{7}Li 玻璃闪烁体实现了 n/γ 混合辐射场的中子甄别。^{6}Li 玻璃闪烁体对热中子和 γ 射线均有响应,而^{7}Li 玻璃闪烁体对热中子无响应。通过前者与后者探测信号的扣除得到热中子信号,实现了 n/γ 混合辐射场内中子甄别。

中国工程物理研究院核物理与化学研究所冯璟华等[29]在离源对称的位置上摆放两块完全相同的塑料闪烁体,在其中一块塑料闪烁体后放置偏转磁铁,如图 6-46 所示。由于电子和质子的能量相近,前者的偏转半径远小于后者,γ 射线产生的电子被偏转回塑料闪烁体,而中子产生的质子基本不受影响。γ 射线的信号 $I_γ$ 与两块塑料闪烁体信号的差值 $ΔI$(即偏转电子的信号)近似满足线性关系 $I_γ=kΔI$,根据 k 和 $ΔI$ 反推得到 $I_γ$,由实测信号扣除 γ 射线的信号就得到真实的中子信号。当塑料闪烁体厚度为 0.1 mm 时,可用于 γ 射线注量高于中子注量两个量级以内的强 γ 射线环境。

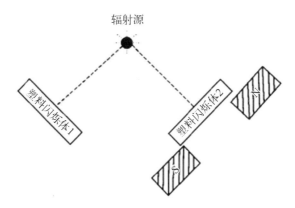

图 6-46　塑料闪烁体相对辐射源的位置示意图

2) 中子能谱测量技术

(1) 核反冲法。中子被原子核散射时引起该核反冲并将部分动能传递给反冲核。如果反冲核的能量足够高(大于 100 keV),可使得周围的物质发生电离和激发,达到探测中子的目的。核反冲法一般用于快中子的测量,其中为了使反冲核有较大的能量,常见的方法是反冲质子法,其产生的反冲核是质子。当中子能量小于 10 MeV 时,中子在氢原子核的散射是各向同性的,此时反冲质子的能谱分布是一个矩形,其中能谱分布中质子最大的能量就是入射中子的能量。当中子能量大于 10 MeV 时,需要考虑非各向同性的影响,当中子能量为 14 MeV 时,非各向同性为 1.093。随着中子能量的增高,各向异性逐渐增大。反冲质子法中子能谱测量系统的基本原理如图 6-47 所示。

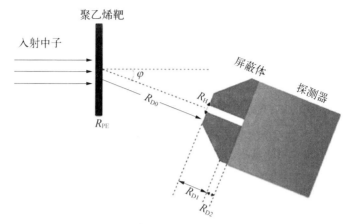
聚乙烯靶
入射中子
φ
R_{PE}
R_{D0}
R_{H}
屏蔽体
探测器
R_{D1}
R_{D2}

图 6-47　反冲质子法中子能谱测量系统的基本原理示意图

聚乙烯[polyethylene,PE,$(CH_2)_n$]的含氢量比较高,而且经济性好,常作为中子-质子转化靶。入射中子进入聚乙烯靶,与其中的氢原子核发生弹性散射,生成反冲质子,反冲质子沿一定角度出射,进入探测器被记录,从而达到探测中子的目的。基于此探测原理,国内许多科研单位都对反冲质子法进行研究,并取得了一定的成果。为了确定靶膜厚度、屏蔽体几何参数、探测器相对位置等参量对反冲质子的产额、能谱和角度分布的影响,王冠鹰等[30]利用 Geant 4 模拟软件对反冲质子探测系统的设计进行研究,通过理论模拟计算,得到了反冲质子在产生和出射时的能量分布和角度分布变化,分析了在 0°和 30°两个方向上的反冲质子微分分布,为后续反冲质子法测量中子能谱研究提供了理论数据。为了确定 Si-PIN 探测器的灵敏度,谢红刚等[31]利用 Geant 4 工具包,采用强迫碰撞方法,模拟氘氚聚变中子与反冲质子法脉冲中子探测系统中的聚乙烯靶作用产生反冲质子的过程,计算了反冲质子在不同厚度 Si-PIN 半导体探测器灵敏区中的能量沉积谱,并将模拟计算结果与实验结果进行比较,分析给出了探测器灵敏区厚度。

(2) 核反应法。中子与原子核发生反应后放出能量较高的带点粒子或 γ 射线,可通过记录这些带电粒子或者 γ 射线实现中子探测。常见的核素有 ^{3}He、^{6}Li、^{10}B、^{155}Gd 和 ^{157}Gd。主要有 BF$_3$ 正比管、长中子计数器、^{3}He 正比管,还有一些无机闪烁体如 ZnS 闪烁体、锂玻璃和锂闪烁晶体等。

(3) 核裂变法。裂变靶室中子探测系统利用半导体探测器收集中子与裂变材料作用产生的裂变碎片实现中子探测。对裂变主能区,中子能量响应较为平坦,同时具有较高的 n/γ 分辨能力、较快的时间响应,且中子灵敏度在较宽的范围内可以调节,在脉冲裂变中子总数测量中具有非常重要的应用价值。传统的裂变靶室采用 Si－PIN 探测器从侧面收集裂变碎片,受 Si－PIN 探测器直照响应及耐照射能力的限制,裂变靶室系统在中子灵敏度标定和实际应用中面临信噪比低、屏蔽难度大、器件易受照射损伤等一系列问题。在裂变靶室系统中子灵敏度标定实验中,为避免 Si－PIN 探测器被高强度的中子直接照射,不得不采用体积庞大的准直器和屏蔽体,裂变靶与加速器靶头之间的距离比较远,导致测点注量率下降很多。此外,中子与准直器作用会在束流通道上形成大量的散射中子,这部分散射中子与裂变靶作用形成干扰信号,很难从实验上准确扣除,导致裂变靶室系统中子灵敏度标定精度难以提高,低灵敏裂变靶室的中子灵敏度精确标定问题一直未能得到很好的解决。

西北核技术研究所研制了基于宽禁带半导体探测器 SiC 的新型裂变靶室中子探测系统。与 Si 器件相比,SiC 器件耐高压、耐照射、暗电流低。此外,通过控制 SiC 探测器的灵敏层厚度,可以保证裂变碎片能量全部沉积,并降低器件对中子、γ 射线的直照响应。采用 SiC 探测器的新型裂变靶室不仅大幅度提高了系统的抗照射能力,而且使系统器件的抗直照干扰能力提高了近一个量级。得益于器件耐照射能力的提高和直照本底的降低,基于 SiC 的裂变靶室中子灵敏度标定可以在没有屏蔽体的条件下进行,不仅简化了实验过程,而且缩短了裂变靶与加速器靶头之间的距离,使裂变靶室系统的可标定下限得到拓展。此外,散射本底干扰可以通过挡影锥的方法准确测量和扣除,使得中子灵敏度标定精度得到提高。低灵敏裂变靶室系统的中子灵敏度精确标定问题在一定程度上得以解决。

3) 中子生物剂量测量技术

热释光探测器(TLD)由于具有量程宽、尺寸小、可重复使用、灵敏度高等特点而被广泛应用。目前使用较多的是 LiF 热释光探测器。^{6}LiF 对热中子和 γ 射线都有响应,而 ^{7}LiF 只对 γ 射线有响应。因此,一对 ^{6}LiF 和 ^{7}LiF 探测器能够测量热中子和 γ 射线剂量。但是目前简单的一对 ^{6}LiF 和 ^{7}LiF 探测器不能测量出超热中子的剂量贡献。为了解决这个问题,波兰的克拉科夫核物理研究所建立了新的热释光剂量计。新发明的热释光探测器由探测器及屏蔽容器两部分组成。探测器是 ^{6}LiF(Mg, Ti)片,屏蔽容器由非活化的 ^{6}LiF 制成。屏蔽容器的作用是吸收掉热中子成分,这样容器中的 ^{6}LiF 探测器测量到的就是超热中子的剂量。采用这种方法可以解决超热中子的剂量测量问题。

日本原子能研究实验室用 BGO 闪烁体与光纤连接组成了 BGO 闪烁探测器测量系统,用于测量中子和 γ 射线的剂量当量。其方法是在 BGO 闪烁体外,用^{6}LiF 作为屏蔽层吸收中子-γ 射线混合场中的热中子,这样探测到的只是 γ 射线。在 BGO 闪烁探测器外包一层 Cd 片,可将热中子转化为 γ 射线,被 BGO 闪烁体探测到的剂量代表热中子的剂量贡献。两种不同屏蔽材料(^{6}LiF 和 Cd 片)的 BGO 闪烁探测器可以分别测出混合场中 γ 射线和热中子的剂量。

基于传统多球中子谱仪能谱测量方法,同时借鉴阈探测器测量原理,建立了一种改善谱仪分辨能力的新方法。在中心置有^{3}He 正比计数器的聚乙烯球外覆盖一套含硼聚乙烯球壳,通过调整球壳厚度和硼含量,改变慢化体对中子的慢化和吸收性能,降低对低能中子的响应,从而形成具有不同阈值的响应函数,构成一套包含阈响应特性中子探测器的改进型多球中子谱仪,如图 6 - 48 所示。该方法可明显提高 1 eV～10 MeV 能区的能量分辨率,特别是超热中子能区和注量-剂量当量转换系数随中子能量变化剧烈的能区。

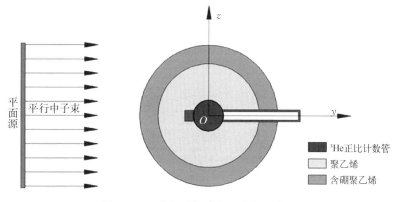

图 6 - 48 改进型多球中子谱仪示意图

6.2.3.2 质子/重离子测量技术

空间环境中存在大量高能带电粒子,这对宇航员的生命健康带来严重的威胁。随着放射治疗的发展,质子/重离子治疗逐渐成为主要治疗手段。因此,对于质子/重离子的精确诊断测量是开展相关辐射生物学效应研究和放射治疗的重要保障。测量技术大体分为离线测量技术和在线测量技术两种。

1) 离线测量技术

离线测量技术主要通过一些离线的探测器对带电粒子的束流均匀性、剂量分布进行检测,主要有 CR39、EBT3 剂量胶片(gafchromic film)、热释光探测器(TLD)等。

美国印第安纳大学以 GafChromic 胶片对束流空间分布的均匀性进行了验证,束流中心位置的粒子数与距离束流中心不同位置 1 cm² 范围内粒子数的平均值之比为 0.090 72±0.000 8。在 1~1 000 Gy 范围内,810 型和 55 型胶片的光密度与胶片的受照剂量呈线性关系,表明在该范围内,这两种胶片是较理想的质子剂量的测量和验证工具。

Sorriaux 等[18]利用剂量胶片 EBT3 研究了临床治疗用光子、电子及质子束的特点和不确定性,以 5 种不同的束流处理胶片。结果显示,质子和光子的剂量刻度曲线总的不确定性在 1.5% 以内,主要来自胶片的读取和拟合,大于 0.8 Gy 的电子剂量刻度曲线的不确定性在 2% 以内。

原子能院在 HI－13 串列加速器上利用 EBT3 剂量胶片、TLD 阵列测量束流分布均匀性和剂量准确性。TLD 结果与剂量胶片结果基本一致,在中心 5.2 cm×5.2 cm 范围内均匀性为 90.9%,在中心 3.7 cm×3.7 cm 范围内均匀性为 95.9%,在中心 2.2 cm×2.2 cm 范围内均匀性为 97.6%,剂量胶片的三维分布如图 6－49 所示。剂量胶片结果表明,在 1~8 Gy 范围内质子的剂量监测准确性好于 94%,满足照射生物学样本的要求。

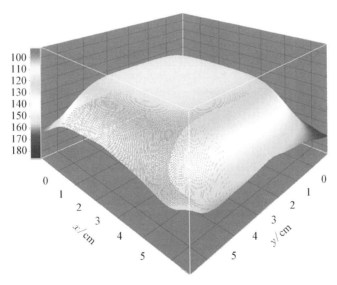

图 6－49　照射后的剂量胶片三维图(彩图见附录)

戴中颖等[32]利用塑料核径迹探测器 CR－39 对兰州重离子加速器

(HIRFL)浅层肿瘤治疗终端提供的碳离子束的照射野均匀度进行测量,将 CR-39 的照射区域随机划分为若干个小区域,通过统计离子径迹在照射区域的数目和离散情况来测量照射野均匀度,得到直径为 45 mm 的照射野均匀度为 73.48%。

2)在线测量技术

在线测量技术主要利用在线的探测器,如塑料闪烁体、金硅面垒、法拉第筒等进行测量。

Constanzo 等[33]介绍了法国 Institut de Physique Nucléaire de Lyon (IPNL)质子照射装置 Radiograaff 的生物研究终端引出的质子束流品质诊断情况。以离子注入型钝化硅半导体(passivated implanted planar silicon, PIPS)探测器探测能量为 3.5 MeV 的质子,得到对应的峰值能量为(2.864 ± 0.008)MeV,半高宽为(58 ± 2)keV,其结果与 SRIM 和 GATE 软件的模拟结果一致。4 路闪烁纤维探测器具有不同准直孔(2 mm^2、1 mm^2、0.7 mm^2 和 0.6 mm^2),实时监测束流,测量了 $1 \times 10^2 \sim 1 \times 10^5 /(\text{mm}^2 \cdot \text{s})$[即 $1 \times 10^4 \sim 1 \times 10^7 /(\text{cm}^2 \cdot \text{s})$]不同注量率(剂量率)的质子束。以 PIPS 探测器测量质子束在直径为 2 cm 的圆形区域的空间分布,并利用剂量胶片进行验证,两者结果基本一致,在直径为 2 cm 的圆形区域内,非均匀性在$\pm 2\%$以内。

美国布鲁克海文国家实验室(BNL)空间辐射实验室(NASA space radiation laboratory, NSRL),在待照射的生物学样品前后均放置一个透射电离室(transmission ionization chamber),对束流进行实时监测(前 IC2,后 IC3)。IC2 之前安置经^{137}Cs γ 射线标定过的标准电离室(IC1),用于获取样品实际受到的剂量。高流强时,束斑的形状和均匀性直接由束流成像数字照相机拍摄得到;粒子注量率较低时,则使用像素电离室(pixel ion chamber)或分割线电离室(segmented wire ionization chamber, SWIC)得到束斑形状和强度分布;注量率极低时,采用塑料闪烁体探测器监测粒子的注量,如 Tsoupas 等[34]的测量结果显示,NSRL 的束斑为方形,在感兴趣的区域范围内(如 20 cm×20 cm),非均匀性小于$\pm 2\%$。

原子能院在 HI-13 串列加速器 R20°支线上,利用 Au-Si 面垒半导体探测器、塑料闪烁体探测器和电离室对粒子注量率进行检测,实现对不同种类(如质子和重离子)、不同注量和注量率的粒子束流的测量,确定各探测器的注量和注量率的适用范围。实验测得塑料闪烁体(S1)与 CsI 闪烁体(M3)注量率的变化呈线性关系,且线性拟合度好于 99%,说明两组探测器监测注量的相对准确性高,对应的剂量率范围为 0.4~1.4 Gy/min,满足辐射生物学实验对剂量率及剂量率变化的要求。CR-39 测得的离子注量与 CsI 闪烁体探测器的监测注量误差在 10% 以内,验证了探测器监测到的粒子注量/剂量的准确性[35],其结果如图 6-50 和表 6-18 所示。

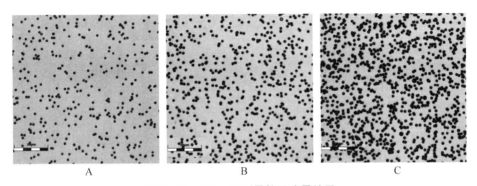

图 6-50　CR-39 测量粒子注量结果

表 6-18　CR-39 测得的计算注量与监测注量的比较

编　号	CR-39 径迹计算注量/cm^{-2}	M3 的监测注量/cm^{-2}	相对误差/%
A	3.59×10^6	3.81×10^6	6.13
B	6.76×10^6	6.43×10^6	4.48
C	1.27×10^7	1.28×10^7	0.79

张欣等[36]介绍了中国医学科学院放射医学研究所用于细胞放射生物学研究的 α 照射装置。利用金硅面垒半导体探测器测量 α 粒子能量的结果显示,对于活度为 25.5 MBq 的 ^{238}Pu 源放射出的 α 粒子,在真空中测得其平均能量为 5.25 MeV,当 α 粒子穿过 41.5 mm 的氦气层、2 mm 的空气层及 3.86 μm 的膜,能量衰减为 3.94 MeV。利用塑料核径迹探测器 CR-39 测量 α 粒子径迹,统计得到的粒子注量的均匀性及注量率的结果表明,距离源中心不同位置处 α 粒子的注量分布是均匀的。毛瑞士等[37]在兰州 HIRFL 浅层重离子治疗系统中设计了束流诊断安全控制系统,使用塑料闪烁体探测器实时监测束流强度,以标准电离室和剂量计测定流强计数与绝对剂量之间的对应系数,将剂量换算成粒子数,在相对稳定、平均流强为 $2.4 \times 10^6/s$ 的束流强度下,设定计数为 5.0×10^7,连续测量 30 次,得到实际测量计数为 $(5\,040 \pm 27.6) \times 10^4$。

6.2.4 辐射生物学效应研究方向

辐射生物学作为核科学与技术在生命科学领域的重大应用,其效应研究结果对空间与核辐射危害评估及防护、放射治癌、辐射育种等具有重要的战略和实际意义。特别是近年来,随着国家对载人航天、粒子束治癌以及粮食安全的高度重视,辐射生物学在与之紧密相关的空间生命科学、航空航天医学、核与辐射安全、核农学和放射医学等领域的应用日益广泛。

6.2.4.1 地面和空间辐射生物学效应

随着核技术和载人航天技术的不断发展,地面和空间的作业人员会处于不同的辐射场景下,其生命健康会受到威胁,因此需要开展相应的辐射生物学效应研究,为辐射危害性评估和防护提供数据。常见的地面和空间辐射生物学效应可分为中性粒子(中子)辐射生物学效应和带电粒子(质子、重离子)辐射生物学效应。

1) 中子辐射生物学效应

中子辐射生物学效应研究多限于整体、组织和细胞水平,所使用的研究对象主要为动物,材料包括骨髓(如小鼠和狗)、外周血淋巴细胞及脏器(如肠道、心肌、肾脏、肝脏和脾脏)等。对于人类细胞的研究相对较少,多集中在人外周血淋巴细胞,涉及其他哺乳动物正常细胞方面的研究鲜见报道。所研究的生物学效应包括 DNA 损伤、基因组不稳定性、染色体畸变、细胞周期阻滞和细胞凋亡等,并给出了一些不同能量中子的相对生物学效应(RBE)。国际上已有的实验结果表明:中子可诱发 DNA 分子发生单链和双链断裂,随剂量的升高,链断裂产额逐渐增加,具有明显的剂量响应;中子造成的 DNA 损伤多数为双链断裂,造成损伤后较难修复且修复正确率较低;中子可能对细胞周期的影响更长;细胞凋亡可能是快中子诱发细胞损伤的主要形式之一,凋亡的发生具有时间、剂量相关性[38];不同能量的中子,在细胞存活和致癌性转化上不同,能量为 0.35 MeV 左右的中子的 RBE 值最大,当中子能量减少或增加时,中子的 RBE 值随之减少,最后趋于一个常数。研究还表明,中子对小动物(小鼠和大鼠)有更高的致死率,如低剂量率下可引起小鼠重度和极重度骨髓型放射病,破坏小鼠骨髓的造血功能,引起外周血白细胞和血小板数质量参数的显著变化,且这种变化在停止照射后一段时间仍可能难以恢复。虽然目前已得到了这些实验数据,但仍十分有限,而且由于不同能量中子与物质作用方式不同,引起的损伤机制尚有待分别阐明。

2) 质子/重离子辐射生物学效应

在质子诱发的生物学效应研究方面,可查资料较少,研究对象主要为动物和离体细胞,也有少量使用裸 DNA。10 MeV 质子照射大鼠,诱发皮肤肿瘤的 RBE 值约为 3[39]。离体细胞的实验结果显示,对于低能质子来说,诱发的细胞失活,RBE 值随着能量的降低而增加,但对于不同的细胞系,RBE 值存在差异。例如,使用 5.04 MeV 和 0.79 MeV 的质子照射四种细胞后(正常细胞和肿瘤细胞各两个),0.79 MeV 质子诱发的四种细胞的 RBE 值各不相同,在 0.8~3.2 之间分布,且比 5.04 MeV 质子诱发的要高[40]。21 MeV 质子诱导 AHH - 1 细胞 PIG3 基因的 mRNA 表达量随剂量的增大而增大,表现出很好的剂量相关性[41]。15 MeV 质子可诱发类似于重离子的集簇性 DNA 损伤[42]。

在重离子方面,目前的研究主要集中在细胞水平上开展的细胞周期变化、致突、致癌、基因组不稳定性和染色体畸变等方面。已有的结果表明,与低 LET 的 X 射线相比,重离子更易使 DNA 出现不易修复的双链断裂(DSB)和其他集簇性损伤,可诱发细胞的突变等较强的相对生物学效应。在 LET 值为 $100\sim 200 \, \text{keV}/\mu\text{m}$ 时诱发的 RBE 最强[43],能引起细胞致瘤型转化,如人类支气管上皮细胞 BEP2D 可无限增殖,但它在免疫抑制的宿主动物中不能形成肿瘤。不过,用单次低剂量的 α 粒子照射后,转化的细胞经过一系列的变化,可在裸鼠体内生成肿瘤细胞[44]。此外,与低 LET 辐射相比,重离子可诱发更多种类和特殊的染色体损伤,如在细胞的有丝分裂期诱导特殊的畸变类型——染色体蜕变[45]。重离子 ^{7}Li、^{12}C 和 γ 射线照射小鼠胚胎成纤维细胞,在相同剂量下,诱发 γ - H2AX 焦点形成率与辐射的 LET 值相关:高 LET 值的重离子诱发的 γ - H2AX 焦点尺寸随时间先增加后减小;重离子焦点平均尺寸较 γ 射线明显变大,且 LET 值越高,焦点尺寸越大,保持时间越长(见图 6 - 51),表明 γ - H2AX 焦点尺寸是表征不同类型辐射生物学效应的生物学指征[46]。

6.2.4.2　粒子治疗

癌症是当今社会威胁人类健康的最致命疾病之一。核技术的快速发展大大促进了放射医学和核医学的诞生,使得放射治疗成为治疗恶性肿瘤的重要手段。放射治疗在根治早期局限性肿瘤、防止中晚期肿瘤扩散、延长患者生命方面有重要意义。在放射治疗的过程中,发现许多肿瘤的控制率和治愈率与射线的放射剂量呈明显的相关性。对于传统的放射治疗射线(X 射线、γ 射线、电子射线)来说,在物理剂量分布方面,这些射线进入细胞或者组织后其能量

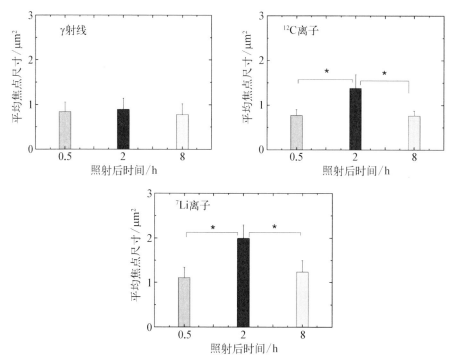

图 6-51　不同射线照射小鼠 MEF 细胞时，γ-H2AX 焦点尺寸的变化规律（＊代表两个数据之间的显著性差异小于 0.05）

呈指数衰减，剂量分布不均衡。此外，在对肿瘤进行照射时，会对肿瘤周围的正常组织造成损伤，产生许多近期和远期的并发症和后遗症。这不仅给患者带来巨大的痛苦，严重影响患者的生存治疗，而且在治疗并发症和后遗症时要付出昂贵的费用。有时为了保证肿瘤周围正常组织的受照射剂量不超过它的耐受量，就要减少肿瘤的处方剂量，从而导致肿瘤组织局部治疗失败。同时，在生物学效应方面，这些射线对具有辐射抗性的细胞疗效比较差。因此，需要寻找一种物理剂量分布良好且生物学效应好的放射线。目前研究发现，中子、质子和重离子拥有优越的物理剂量分布和良好的生物学效应双重优势，已成为肿瘤放射治疗的研究热点。

1）中子治疗

1936 年，Locher 首先提出硼中子俘获治疗（boron neutron capture therapy，BNCT）的概念，即应用热中子照射靶向聚集在肿瘤部位的 ^{10}B，^{10}B 俘获中子后产生 α 粒子和 ^{7}Li，进而杀灭肿瘤细胞。BNCT 为许多用传统方法无法治疗的肿瘤提供了一种新的治疗方法。BNCT 产生的主要是 α 射线，最大能量达 2.79 MeV,几个 α 粒子就足以摧毁一个肿瘤细胞,造成肿瘤细胞不可逆致死性损伤。同时由于 α 射线的射程很短,相当于一个肿瘤细胞的直径,所以,α 射线只对肿瘤细胞起作用,而不损伤周围的正常组织。

BNCT 的原理是利用发生在肿瘤细胞内的核反应摧毁癌细胞,由于同时需要中子源和 ^{10}B,因此,是一种二元化治疗肿瘤的新方法。BNCT 的基本过程分为两部分：① 在肿瘤细胞内聚积足够量的稳定性核素 ^{10}B,即将一种含 ^{10}B 的化合物引入患者体内,这种化合物与肿瘤细胞有很强的亲和力,进入体内后,迅速聚集于肿瘤细胞内,而在其他正常组织中分布很少；② 用热中子束照射肿瘤部位,使中子与肿瘤细胞内聚集的 ^{10}B 发生 ^{10}B(n, α)^{7}Li 核反应,^{10}B 俘获中子后,形成同位素 ^{11}B,^{11}B 迅速分裂为重粒子 ^{7}Li 和 α 粒子,肿瘤细胞被 α 射线和 ^{7}Li 照射而死亡。BNCT 的核反应式为 ^{10}B + n → ^{7}Li(0.84 MeV) + ^{4}He(1.47 MeV) + γ(0.48 MeV)[47]。

1975—1983 年,日本对 1 016 名癌症患者进行中子治疗,取得了较好的疗效。1976 年,美国费米实验室利用中子治癌技术治疗了 1 400 名患者,对唾液腺癌和恶性黑色素瘤的局部控制率比光子射线分别高 1 倍和 2 倍左右。研究发现,对于前列腺癌、膀胱癌等 10 种癌症,通过中子治疗得到局部控制的患者占比 50% 以上的有 7 种,而标准治疗仅有 3 种。这说明中子治疗对患者病情局部控制的效果优于传统标准治疗。我国的 BNCT 起步较晚,2009 年 12 月,原子能院设计建造的国际上唯一的用于 BNCT 治疗的专用研究堆——30 kW 的医院中子照射器,在原子能院首次达到临界功率,成为 BNCT 领域具有里程碑意义的事件。

用于 BNCT 的中子源主要有自发裂变中子源、核反应堆中子源和基于加速器的中子源 3 种。自发裂变中子源的中子产额和注量率比较低,而且造价极其昂贵。核反应堆中子源体积庞大、安装复杂、造价高、运行维护费用昂贵,而且在核安全方面有较为严格的管制,很难在医院中普及和应用。基于加速器的中子源主要利用被加速的粒子(如质子)轰击靶材料(质子打锂靶或者铍靶),通过核反应产生中子,其特点是安装简单、维护费用低、更加安全,并且可以在人口密集的大城市医院中应用。常见的用于 BNCT 的加速器有串列式静电加速器、静电四极场加速器(ESQ)和射频四极场加速器(RFQ)等。可以说,基于加速器的中子源的 BNCT 是未来中子治疗的发展趋势[48]。

2) 质子/重离子治疗

质子和重离子都是带电粒子,与常规射线的不同之处在于,一定能量的质子或重离子进入人体组织后，在某一深度会急剧释放能量，形成能量沉积的布拉格峰。通过模拟计算不同能量质子或重离子在人体组织内的分布情况可知，需要把质子或重离子加速到比较高的能量（质子能量一般为 $70 \sim 230\ \text{MeV}$，重离子能量为 $400\ \text{MeV/u}$ 左右），一般采用回旋加速器进行加速。高压型加速器基本没有用于质子/重离子治疗，通常利用高压型加速器产生的质子/重离子开展生物学效应的机理研究。

原子能院利用 $14\ \text{MeV}$ 质子（LET 值＝$3.6\ \text{keV/\mu m}$）和 γ 射线（LET 值＝$0.3\ \text{keV/\mu m}$）照射人脑胶质瘤 U251 细胞和人恶性黑色素瘤 A375 细胞，得到了照后不同细胞周期时刻（G2 期指 DNA 合成后期，M 期指有丝分裂期）分布和细胞凋亡的数据（见图 6－52）。结果表明，质子照射后，U251 细胞启动了 G2/M 期的周期检查点，使一小部分细胞暂停在 G2 期，阻止细胞进入分裂期，而另有相当一部分（最高超过 50%）的细胞则直接进入凋亡途径，细胞发生程序性死亡；质子照射后，A375 细胞也启动了 G2/M 期的周期检查点，细胞发生凋亡比例较低，说明凋亡途径可能是 U251 细胞应答质子的主要途径，而不是A375 细胞的主要或唯一途径。

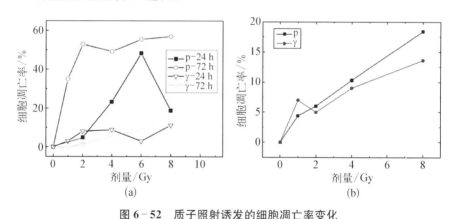

图 6－52　质子照射诱发的细胞凋亡率变化

(a) U251 细胞；(b) A375 细胞

6.2.4.3　辐射育种

辐射育种是指人为地利用电磁辐射和粒子辐射等物理因素，进一步结合现代生物学技术挖掘优异变异（基因），通过优异变异培育高产优质多抗新品种的方法。2019 年，据国际原子能机构（IAEA）统计，利用诱变技术已培育出3 200 多个品种服务于农业生产，其中 2 500 多个品种是通过辐射诱变的方法培育出来的，占比接近 80%，且已有 1 000 余个品种在世界范围内得到广泛应用和推广。中国累计育成植物突变品种 1 000 多个,数量目前超过联合国粮农组织/国际原子能机构核技术粮农应用联合司(FAO/IAEA)全球育种突变品种数据库的四分之一。育成的良种年种植面积约占中国各类作物种植面积的 10%,每年为中国增产粮食数十亿公斤。

1) 中子辐照育种

原子能院与中国农科院合作,利用中子发生器产生的快中子照射花生品种鲁花 11 号成熟种子后,从 83 个再生植株后代中获得了 107 份突变体,分别在主茎高、分枝数、荚果形状和大小、种皮颜色、内种皮颜色、含油率、蛋白质含量等性状上发生了明显变异。从突变体后代中选育出了低油、早熟、耐涝大花生新品种宇花 7 号,其产量比亲本鲁花 11 号高 14% 以上;其含油率(47.0%)比鲁花 11 号低 5.1%。宇花 7 号 2016 年参加辽宁省新品种登记试验,比对照品种白沙 1017 平均增产 13.8%。利用快中子辐照羊草(leymus chinensis)、无芒雀麦(bromus inermis)和老芒麦 3 种禾草种子,发现其对种子萌发及幼苗生长的影响不同。快中子可降低羊草种子的萌发能力并且抑制其幼苗生长;低剂量辐射可提高无芒雀麦种子的萌发能力,促进幼苗生长,而高剂量辐射抑制种子萌发及幼苗生长;老芒麦种子的发芽率随着辐射剂量的增加呈现先增大后减小的趋势,高剂量辐射提高种子活力并促进幼苗的生长。羊草和无芒雀麦适合用低剂量辐射处理,辐射剂量应小于 $3.60 \times 10^{11}/cm^2$,而老芒麦适合用高剂量辐射。

上海科技大学利用中子发生器产生快中子,开展了对黑曲霉变异菌株 UV - 11 产糖化酶的诱变效应研究,利用快中子诱变产生了 UV - 11NF83 菌种。该菌种具有发酵条件要求低、发酵 pH 值稳定、再生能力强等特点,每毫升发酵液糖化酶活力比国内较高的生产菌种高 30%。此外,还对土霉素、庆大霉素、青霉素、灰黄霉素、稻种、麦种、棉花、蚕种进行快中子照射诱变工作,都取得了一定的成果。

兰州大学利用强流中子发生器进行了许多生物方面的照射育种工作,主要利用中子诱导生物体发生遗传变异,有目的地选择、培育和创新优良品种。其曾对各种草籽、瓜子、小麦种子和真菌等进行中子照射,其中小麦的育种取得了显著效果。兰州大学与甘肃省农科院合作,严格控制中子剂量和田间管理,经过 2~3 代培育,得到了适合甘肃中部干旱地区种植的麦种。其优点是麦秆短粗不倒伏,植株分蘖多且多双穗,估计亩产增加 20%~30%,极大地提高了粮食的产量。

2) 质子和重离子辐射育种

现在辐射育种领域公认质子和重离子等离子束是新型的射线辐射源。按照能量范围分类,可分为超低能区浅层离子注入(30～140 keV)、低能区深层离子注入(几十兆电子伏至几百兆电子伏)和中能区离子贯穿(相应单核能量在 45 MeV/u 以上)。多年的育种实践表明,质子和重离子辐射具有诱变率高、变异丰富以及性状稳定快等特点。究其本质,是因为质子和重离子在生物介质内径迹结构复杂,具有 LET 值高、局部剂量大、RBE 值高以及布拉格峰等优势。低 LET 辐射如 X、γ 射线引起的电离事件较少,在细胞核内引发的 DNA 损伤主要由间接作用所致,造成的损伤多为易于修复的 DNA 单链断裂;质子和重离子等高 LET 辐射能够引发致密的电离事件,能量沉积密集,可在几纳米的范围内诱发 DNA 产生难以精确修复的多种损伤,同时存在集簇性损伤和 DNA 双链断裂,从而导致生物体发生较多突变。

近年来,质子和重离子辐射育种的重要性日益凸显,国际上以日本和中国为代表,依托加速器建立了一些照射模拟试验技术和方法,具备了一定的照射能力。此外,印度、韩国等也在积极建设中高能粒子加速器装置,开展辐射育种研究。

国际上的重离子辐射育种装置以日本最为著名,并且日本成立了专门的离子束育种协会。其以日本理化学研究所(RIKEN)为主导,依托不同类型的加速器,包括直线加速器和串列加速器等,建立了先进的辐射育种实验终端,发展了照射试验技术。利用这些加速器产生的重离子开展了大量的植物辐射育种研究。RIKEN 开展的植物育种最为系统、深入和最具代表性,其常用的 $^{12}C^{6+}$、$^{14}N^{7+}$、$^{20}Ne^{10+}$、$^{40}Ar^{17+}$ 和 $^{56}Fe^{24+}$ 的穿透深度范围为 3～40 mm,可以满足不同生物样本的照射要求。同时,为了提高试验效率和束流利用率,他们还建立了批量化照射装置并开发了相关技术,通过自动换样系统,可实现不同类型样品的批量照射。对于质子和重离子辐射育种来说,诱变参数多样性是其特点之一。辐射射线的品质、照射条件对诱变效果的影响十分明显。因此,近年来,日本利用不同种类、能量、LET 值、剂量的重离子开展了一些辐射育种基础研究,为辐射育种的诱变机理、种质创新提供了较丰富的基础数据和技术支撑。大量辐射育种结果表明,重离子具有突变率高、突变谱宽、可以定点突变等优点。不同粒子的照射剂量抑制阈值存在差别,LET 值越高的粒子,其抑制越明显,照射剂量阈值越低,表明生物样本的辐射敏感性越依赖于粒子的辐射品质。

国内,原子能院与河北工业大学合作,利用 HI‐13 串列加速器产生的质子辐射可诱发红色金鱼草发芽率显著降低,黄色金鱼草发芽率基本不变;叶片由对照组的矩圆状变为披针状。随机扩增多态性 DNA 标记(random amplified polymorphic DNA,RAPD),结果显示黄色金鱼草的多态性比率稍高于红色金鱼草;qPCR 结果显示 *Del* 基因和 *Rosea* 基因在红色金鱼草中的表达量高于对照,*Del* 基因和 *Rosea* 基因辐射后在黄色金鱼草中的表达量低于对照。此外,质子辐射可诱导白马牙玉米 M2 代发芽率、空秆率、千粒重发生变化,对 M2 代产量的有益变异多的辐射剂量依次为 20 Gy、10 Gy、30 Gy。多态性条带 71 条,多态性比例达 57.3%,各质子辐射组变异率为 20.2% ～ 32.3%;各组在遗传相似度 0.73 附近处聚为 2 类,10 Gy 组与 50 Gy 组聚为 1 类,表明其变异程度较大,其他组与对照组聚为 1 类。

原子能院利用 HI‐13 串列加速器产生的 ^{7}Li 和 ^{12}C 重离子束照射玉米自交系 478 和杂交种农大 108,照射后代中得到了双生苗、雄性育性突变株、对生玉米等新突变体,遗传稳定性研究结果表明这些变异性状能够遗传。原子能院与河北工业大学合作,利用 ^{7}Li 重离子束照射永 19 玉米自交系,得到突变玉米自交系 200 余个,组配玉米新品种中多个已送审,部分品种正在参加新品种审定;^{7}Li 和 ^{12}C 重离子照射处理金莲花的分子标记结果显示,^{7}Li 250 Gy (29.11%)多态性比率高于 ^{12}C 100 Gy(21.95%)、^{7}Li 200 Gy(21.87%)、^{12}C 150 Gy(20.39%);聚类分析表明,^{7}Li 250 Gy 照射产生的突变株与对照组的遗传距离相对较远,依次是 ^{7}Li 200 Gy、^{12}C 100 Gy、^{12}C 150 Gy。原子能院与中国农科院合作,用 ^{7}Li 重离子束照射中优 9507 号小麦获得纯合 HIP 突变系 HIP‐h1,Pi 含量为对照组的 5.83 倍,比利用 γ 射线诱变获得的纯合 HIP 突变系 HIP‐y1 高 5.63 倍。

颉红梅等[49]使用不同能区的重离子对小麦种子进行照射,结果表明,射程为 1.1 mm 的氮离子的半致死剂量为 $5×10^7/cm^2$,射程为 5.5 mm 的氮离子的半致死剂量为 $2×10^8/cm^2$,超低能离子注入的半致死剂量为 $2.5×10^{16}/cm^2$。之后,他们又利用中科院近代物理研究所的 75 MeV/u ^{16}O^{8+} 对小麦进行了照射,通过改变离子能量分别照射了小麦的胚根、胚芽(注入)和整体(贯穿)。对相同剂量照射的小麦,注入的当代出苗率低于贯穿情况,注入比贯穿抑制更为明显,主要表现为幼苗发育畸形、迟缓、植株生长势减弱、分蘖少、叶片小和穗部扭曲等。

参考文献

[1] Wallmark J T, Marcus S M. Minimum size and maximum packaging density of non-redundant semiconductor devices[J]. Proceedings of the IRE, 1962, 50(3): 286 - 298.

[2] Binder D, Smith E C, Holman A B. Satellite anomalies from galactic cosmic rays [J]. IEEE Transactions on Nuclear Science, 1976, 22(6): 2675 - 2680.

[3] 郭刚,许谨诚,李志常,等. 北京 HI - 13 串列加速器上单粒子效应辐射装置简介[J]. 高能物理与核物理,2006, 30: 268 - 270.

[4] Thieberger P, Stassinopoulos E G, Gunten O, et al. Heavy-ion beams for single-event research at Brookhaven: present and future[J]. Nuclear Instruments and Methods in Physics Research, 1991, 56: 1251 - 1255.

[5] 罗捷. 辐照离子注量率对单粒子效应影响研究及微通道板离子探测器研[D]. 兰州: 兰州大学,2018.

[6] Normand E. Single-event effects in avionics[J]. IEEE Transactions on Nuclear Science, 1996, 43(2): 461 - 473.

[7] Silberberg R, Tsao C H, Letaw J R. Neutron generated single event upset in the atmosphere[J]. IEEE Transactions on Nuclear Science, 1984, 31(6): 1066 - 1183.

[8] Taber A H, Normand E. Investigation and characterization of SEU effects and hardening strategies in avionics[R]. Alexandria: Defense Nuclear Agency, 1995.

[9] Gossett C A, Hugholck B W, Katoozi M, et al. Single event phenomena in atmospheric neutron environments[J]. IEEE Transactions on Nuclear Science, 1993, 40(6): 1845 - 1852.

[10] Johansson K, Dyreklev P, Granbom B, et al. Energy-resolved neutron SEU measurements from 20 to 160 MeV[J]. IEEE Transactions on Nuclear Science, 1998, 45(6): 2519 - 2526.

[11] Barth J L, Dyer C S, Stassinopoulos E G, et al. Space, atmospheric, and terrestrial radiation environments[J]. IEEE Transactions on Nuclear Science, 2003, 50(3): 466 - 482.

[12] 王群勇,刘燕芳,陈宇,等. 大气中子诱发复杂航电系统 SEE 的试验评价与防护设计 [J]. 航空科学技术,2011(4): 34 - 37.

[13] Dyer C, Hands A, Ford K, et al. Neutron-induced single event effects testing across a wide range of energies and facilities and implications for standards[J]. IEEE Transactions on Nuclear Science, 2006, 53(6): 3596 - 3601.

[14] 范辉,郭刚,沈东军,等. 14 MeV 中子引发 SRAM 器件单粒子效应实验研究[J]. 原子能科学技术,2015, 49(1): 171 - 175.

[15] Riemer B W, Gallmeier F X. Definition of capabilities needed for a single event effects test facility[R]. Tennessee: Oak Ridge National Laboratory, 2014.

[16] Itikawa Y, Mason N. Cross sections for electron collisions with water molecules[J]. Journal of Physical and Chemical Reference Data, 2005, 34(1): 1 - 22.

[17] Pouget J P, Mather S J. General aspects of the cellular response to low- and high-

LET radiation[J]. European Journal of Nuclear Medicine, 2001, 28(4): 541 - 561.

[18] Sorriaux J, Kacperek A, Rossomme S, et al. Evaluation of Gafchromic EBT3 films characteristics in therapy photon, electron and proton beams[J]. Physica Medica, 2013, 29(6): 599 - 606.

[19] 周慕尧. K - 400 高压倍加器的应用与改进[J]. 核技术, 1985(2): 26 - 28.

[20] 卢小龙, 姚泽恩, 杨尧, 等. 400 kV 强流中子发生器的物理设计[J]. 原子能科学技术, 2012, 46(12): 1473 - 1479.

[21] 黄广伟, 周春芝, 许智宁, 等. CLYC 探测器 n - γ 聚类甄别方法研究[J]. 原子能科学技术, 2018, 52(8): 1481 - 1486.

[22] Bourne M M, Clarke S D, Adamowicz N, et al. Neutron detection in a high-gamma field solution-grown stilbene[J]. Nuclear Instruments and Methods in Physics Research Section A, 2016, 806: 348 - 355.

[23] Zaitseva N, Rupert B L, PaweŁczak L, et al. Plastic scintillators with efficient neutron/gamma pulse shape discrimination[J]. Nuclear Instruments and Methods in Physics Research Section A, 2012, 668: 88 - 93.

[24] Pozzi S A, Clarke S D, Flaska M, et al. Pulse height distribution of neutron and gamma rays from plutonium-oxide samples[J]. Nuclear Instruments and Methods in Physics Research Section A, 2009, 608: 310 - 315.

[25] Cester D, Lunardon M, Moretto S, et al. A novel detector assembly for detecting thermal neutrons, fast neutrons and gamma rays[J]. Nuclear Instruments and Methods in Physics Research Section A, 2016, 830: 191 - 196.

[26] Payne C, Sellin P J, Ellis M, et al. Neutrons/gamma pulse shape discrimination in EJ - 299 - 34 at high flux[C]//2015 IEEE Nuclear Science Symposium and Medical Imaging Conference (NSS/MIC), San Diego, USA, 2015: 1 - 5.

[27] 徐文韬, 李永明, 阮念寿, 等. 数字电荷比较法优选新型塑闪探测器 n - γ 甄别性能[J]. 核电子学与探测技术, 2018, 38(6): 753 - 758.

[28] 邹益晟, 张伟华, 王志强, 等. 单球中子谱仪 n - γ 混合辐射场中子甄别技术研究[J]. 中国原子能科学研究院年报, 2017, (1): 205 - 206.

[29] 冯璟华, 彭太平, 蒙世坚. 提高塑料闪烁体 n/γ 甄别能力的一种新途径[J]. 核电子学与探测技术, 2011, 31(9): 939 - 942.

[30] 王冠鹰, 欧阳晓平, 颜俊尧. 中子能谱测量的反冲质子探测系统设计[J]. 科技创新导报, 2017(9): 10 - 13.

[31] 谢红刚, 刘金良, 朱金辉, 等. Si - PIN 半导体探测器灵敏区厚度的模拟计算[J]. 现代应用物理, 2017, 8(3): 3 - 7.

[32] 戴中颖, 李强, 闫铮, 等. HIRFL 浅层肿瘤治疗终端治癌碳离子束物理特性的测量[J]. 高能物理与核物理, 2006, 30(9): 920 - 924.

[33] Constanzo J, Fallavier M, Alphonse G, et al. Radiograaff, a proton irradiation facility for radiobiological studies at a 4 MV Van de Graaff accelerator[J]. Nuclear Instruments and Methods in Physics Research Section B, 2014, 334: 52 - 58.

[34] Tsoupas N, Ahrens L, Bellavia S, et al. Uniform beam distributions at the target of

the NASA Space Radiation Laboratory's beam line[J]. Physical Review Special Topics — Accelerators and Beams, 2007, 10(2): 024701.

[35] 隋丽,张小玲,孔福全,等. HI-13 串列加速器生物样本照射用新终端⁷Li 离子束流监测诊断研究[J]. 原子核物理评论,2015, 32(4): 259-264.

[36] 张欣,郑文忠,龚治芬,等. 用于细胞放射生物学研究的 α 照射模型[J]. 辐射防护,1996,16(3): 192-202.

[37] 毛瑞士,肖国青,赵铁成,等. 用于浅层肿瘤重离子治疗的终端束流诊断控制系统[J]. 强激光与粒子束,2008, 20(9): 1537-1540.

[38] Lee H, Kim J, Moon C, et al. Relative biological fast neutrons in an effectiveness of multiorgan assay for apoptosis in mouse[J]. Environmental Toxicology, 2008, 23(2): 233-239.

[39] Burns F J, Albert R E, Vanderlaan M, et al. Dose response curve for tumor induction with single and split doses of 10 MeV protons[R]. New York: Institute of Environmental Medicine, 1975.

[40] Belli M, Bettega D, Calzolari P, et al. Inactivation of human normal and tumor cells irradiated with low protons[J]. International Journal of Radiation Biology, 2000, 76(6): 831-839.

[41] 孔福全,马南茹,隋丽,等. 质子诱导 AHH-1 细胞 PIG3 基因的 mRNA 表达和细胞周期改变研究[J]. 原子能科学技术,2015, 49(5): 955-960.

[42] Sui l, Wang Y, Wang X, et al. Clustered DNA damage induced by protons radiation in plasmid DNA[J]. Chinese Science Bulletin, 2013, 58(26): 3217-3223.

[43] 袁雄,叶常青,周平坤. 重离子辐射的 DNA 链断裂效应[J]. 航天医学与医学工程,1997, 10(4): 309-312.

[44] Field R W, Does K. Does exposure to radon increase the risk of lung cancer[J]. Radiation Protection Dosimetry, 2001, 95(1): 75-81.

[45] Ducray C, Sabatier L. Role of chromosome instability in long term effect of manned-space missions[J]. Advances in Space Research, 1998, 22(4): 597-602.

[46] 隋丽,王豫,关华,等. 重离子所致 DNA 双链断裂损伤修复的 γ-H2AX 聚焦点的尺寸效应[J]. 载人航天,2017(2): 245-251.

[47] 张晓峰,袁树斌,雷进,等. 硼中子俘获治疗[J]. 中华神经外科杂志,1999, 15(4): 257-259.

[48] 赵志祥. 应用前景广阔的硼中子俘获治疗技术[J]. 中国核工业,2013(9): 33-35.

[49] 颉红梅,卫增泉,张金莲,等. 不同能区重离子束在小麦育种上的比较研究[J]. 核技术,1998 (10): 617-623.

第 7 章
高压型加速器在材料科学中的应用

　　高压型加速器加速的带电粒子在与靶物质相互作用时,具有一定动能的离子与靶物质原子发生碰撞,运动离子的动能快速耗散在靶物质中,使得靶物质中局域状态发生快速的变化。当注入离子能量不足以穿透靶物质时,将停留在靶物质中,出现一系列非常规的物理和化学过程,比如超固溶度掺杂、热钉扎、级联碰撞热峰、反冲效应和溅射效应、增强扩散等。

　　在 1931 年 R. J. 范德格拉夫(R. J. van de Graaf)建成第一台静电加速器,把质子加速到 0.5 MeV 后,1932 年 J. D. 考克饶夫(J. D. Cockcroft)和 E. T. S. 瓦耳顿(E. T. S. Walton)合作研制出第一台高压倍加器,把质子加速到 700 keV。从此,被加速的粒子束与靶物质的相互作用就不仅局限于低能核物理领域,很快与凝聚态物理以及材料科学相结合。一方面研究带电粒子与凝聚态物质相互作用的基础理论,另一方面利用离子注入作为一种材料制备工艺,改善材料性能。同时,若注入带电粒子可作为核效应探针核,则利用超精细相互作用,可以测量注入磁性靶中的探针核的核磁矩;反之,若已知探针核的核磁矩,则可以测量靶物质中局域电磁场强度。因此,核物理、原子物理和凝聚态物理结合起来,形成了一门新的交叉学科——核固体物理,并在材料科学中得到广泛应用。

　　荷能带电粒子入射到固体物质中,与处于晶格位置的原子(简称"晶格原子")发生碰撞,可造成原子离位。这种辐照损伤与中性粒子,如快中子与固体中原子的碰撞过程类似。因为重离子造成的原子离位率比快中子高数个数量级,所以用带电粒子辐照来模拟快中子辐照损伤,可以在较短的时间内达到高的辐照损伤剂量。用重离子束辐照来研究反应堆中结构材料的抗辐照性能,是一种快速而且经济的手段,因而被广泛地用于反应堆结构材料辐照损伤的研究。

本章主要介绍材料科学中两个重要的应用：用重离子束辐照模拟快中子辐照损伤和材料制备中的离子注入技术。

7.1 材料辐照损伤机理

在 20 世纪，人类进入了核能时代。1932 年 J. 查德威克（J. Chadwick）发现了中子，1934 年 E. 费米（Enrico Fermi）进行了用中子轰击铀的实验，随后人们认识到铀裂变释放中子可形成链式裂变反应，控制链式裂变反应就能控制核能释放过程。1943 年，第一个反应堆 X-10 堆达到临界。随着反应堆的建造，结构材料在反应堆中经受高注量中子辐照，受到辐照损伤会导致结构材料力学性能下降，严重影响反应堆的安全运行，因而不得不开展材料辐照损伤效应的研究，以确保核能安全利用。历史上，美国在建造第一个反应堆时，作为核燃料的金属铀在中子辐照下的各向异性辐照生长，以及作为中子慢化剂的石墨的潜能释放，都直接威胁了反应堆的安全。幸运的是，在第一座反应堆建造前，人们已经建成了带电粒子加速器。采用带电粒子辐照模拟中子辐照，用质子等束流辐照金属铀、铝和石墨等核材料，研究辐照缺陷的产生机制和效应，从而解决了第一座反应堆中核材料和结构材料的抗辐照性能问题。

7.1.1 荷能粒子辐照材料损伤过程

当具有一定动能的粒子入射到材料中时，把动能传递给材料中的原子的过程可以分为以下步骤[1]：

（1）荷能粒子与材料中晶格原子相互作用。荷能粒子传递给晶格原子动能，这个被碰撞的晶格原子称为初级碰撞原子（primary knock-on atom，PKA）。

（2）如果 PKA 具有足够的动能，即其动能超过其从晶格位置离开的最小能量（称为离位阈能，一般金属为 25～90 eV，不锈钢为 40 eV），则 PKA 离开晶格位置。

（3）如果 PKA 离开其晶格位置后，还具有足够的动能，则能够碰撞其移动路径上其他晶格原子并导致这些晶格原子离位。以此类推，只要离位原子还具有足够的动能，就能产生更多的离位原子。这被称为离位级联（displacement cascade）。

（4）离位原子动能逐渐减小，最终在间隙位置或者空位停止。

当离位原子停留在间隙位置时，称为间隙原子（single interstitial atom，

SIA)。SIA 与空位被称为点缺陷,点缺陷聚集成为缺陷团簇,SIA 与空位对称为 Frenkel 对缺陷。从入射粒子传递能量给晶格原子到形成点缺陷,这个过程的时间非常短,仅仅在 1×10^{-11} s 内。随后,缺陷热扩散,发生缺陷反应,包括 SIA 与空位复合、缺陷团簇化或者被某种势阱捕获等。

7.1.1.1　离位阈能

在碰撞中,晶格原子离开晶格位置所必须获得的最小能量称为离位阈能 (displacement energy)E_d。晶格势场形成了一个势垒,被卡住的原子必须通过这个势垒才能离位,也就是需要获得一定的能量才能从晶格位置移开。如果碰撞中转移给晶格原子的能量 T 小于 E_d,被击中的原子将不会移位,而是围绕其平衡位置振动。振动将传递给邻近的原子,能量以热的形式耗散。

由于晶格势场具有方向性,晶格平衡点周围的势垒在各个方向上不同,造成离位阈能在各个方向不同。而原子碰撞所引起的反冲方向完全是随机的,所以在辐照损伤计算中,离位阈能用晶格原子平衡位置周围势垒各个方向的平均值。

对大多数金属来说,升华能为 5~6 eV,考虑到晶体内部移动原子方向的平均及相邻原子的弛豫时间,离位阈能为升华能的 5~6 倍,一般取 25 eV。如果已知晶格原子间的相互作用势,就可以精确地确定位移能。通过在给定方向上移动原子并求出移动原子与沿被击中原子轨道的所有其他最近邻原子之间的相互作用能来实现。当总势能达到最大值时,该位置对应于一个鞍点,而原子在鞍点的能量与其在平衡位置的能量之间的差值表示特定方向的离位阈能。在所有方向上移动原子进行计算,取平均值可以得到平均离位阈能。在实际工作中,一般采用美国材料与试验协会(ASTM)推荐的离位阈能值[2],如表 7 - 1 所示。

表 7 - 1　ASTM 推荐的金属离位阈能值

金　属	晶体类型(c/a)	E_d 最小值/eV	E_d/eV
Al	FCC	16	25
Ti	HCP(1.59)	19	30
V	BCC	—	40
Cr	BCC	28	40
Mn	BCC	—	40
Fe	BCC	20	40

金　属	晶体类型(c/a)	E_d 最小值/eV	E_d/eV
Co	FCC	22	40
Ni	FCC	23	40
Cu	FCC	19	30
Zr	HCP	21	40
Nb	BCC	36	60
Mo	BCC	33	60
Ta	BCC	34	90
W	BCC	40	90
Pd	FCC	14	25
不锈钢	FCC	—	40

说明：晶体类型中，FCC 指面心立方结构（face-centered cubic structure），HCP 指密排六方结构（hexagonal close-packed structure），BCC 指体心立方结构（body-centered cubic structure）。

7.1.1.2　辐照损伤程度单位

与辐射防护领域不同，入射粒子耗散在材料中的能量并不都能产生离位损伤（见 7.1.1.1 节）。特别是对于金属结构材料，微观的离位损伤才能造成宏观的性能变化，所以不能用沉积能量来衡量材料辐照损伤程度。如果只考虑能够产生离位损伤的注量，而不考虑入射粒子能谱，也不能表征材料辐照损伤程度。图 7-1 所示是 316 不锈钢在三个堆中辐照后屈服强度的变化，从图 7-1(a)可见屈服强度变化与快中子注量没有关联。实际上，由于不同反应堆中子能谱的差异，相同注量中子所产生的辐照效果是不同的。即使在同一个堆内辐照，由于不同位置的中子能谱核辐照温度不同，也会造成辐照行为差异。从这个意义上来说，辐照实验都是带有一定的模拟性质的[3]。

如果用每原子离位（displacement per atom, dpa）来表征辐照损伤程度［见图 7-1(b)］，则可以很好地表征屈服强度的变化，也就是说，用 dpa 来描述辐照损伤程度，更能反映辐照对材料性能的影响。

如果用 $\sigma_D(E)$ 作为描述与入射粒子能量相关的离位截面的函数，则可以用下式确定单位体积每单位时间的位移数 R：

$$R = N \int \varphi(E) \sigma_D(E) dE \qquad (7-1)$$

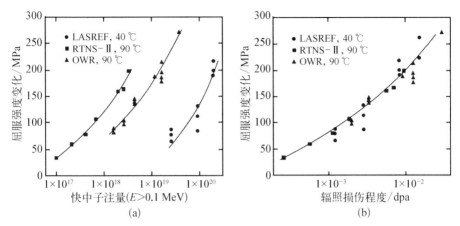

图 7 - 1　316 不锈钢辐照后屈服强度变化与快中子注量和辐照损伤程度的关系[4]

(a) 屈服强度变化与快中子注量的关系;(b) 屈服强度变化与辐照损伤程度的关系

式中,N 是原子数密度;积分上、下限为入射粒子的能量范围;$\varphi(E)$ 为能量注量。

按照前面所述的 PKA 的产生过程,$\sigma_D(E)$ 可以表示为

$$\sigma_D(E) = \int \sigma_s(E, T) \nu(T) dT \qquad (7-2)$$

式中,T 是入射能量为 E 的粒子与晶格原子碰撞中转移的能量;积分上、下限是转移能量的范围;$\sigma_s(E, T)$ 是能量为 E 的粒子碰撞转移能量 T 到被撞击原子的散射截面;$\nu(T)$ 是每个 PKA 所产生的移位原子数。

当入射粒子的能量分布已知时,确定辐照损伤程度的关键就是如何确定 $\sigma_s(E, T)$ 和 $\nu(T)$。 下面两节分别讨论散射截面和移位原子数的问题。

7.1.1.3　散射截面与传递给 PKA 的能量

1) 中子

中子不带电荷,不考虑非弹性散射的核反应过程,其与材料中晶格原子相互作用是通过弹性碰撞,一般用刚球碰撞模型描述。在刚球碰撞模型下,可以证明 $\sigma_s(E, T)$ 与 T 无关:

$$\sigma_s(E, T) = \frac{\sigma_s(E)}{\dfrac{4A}{(1+A)^2}E} \qquad (7-3)$$

式中,A 是 PKA 的质量数。$\sigma_s(E, T)$ 只与入射中子能量和 PKA 的质量有关,这样 T 的平均值 $\overline{T}$ 为

$$\overline{T} = \frac{\int T\sigma_s(E, T)\mathrm{d}T}{\int \sigma_s(E, T)\mathrm{d}T} = \frac{T_{\max} + T_{\min}}{2} \qquad (7-4)$$

式中，T 的下标 max 和 min 分别表示最大和最小的传递能量。由于中子质量数为 1，一般情况下金属中 PKA 质量远大于 1，所以可以忽略 $T_{\min}$，则有

$$\overline{T} = \frac{E}{2}\frac{4A}{(1+A)^2} \qquad (7-5)$$

因此，如果 0.1 MeV 中子碰撞 C、Fe、U 原子，其传递能量平均值分别为 14 keV、3.5 keV、0.9 keV。

2）原子间势函数与散射截面

对于带电粒子，离子-原子或原子-原子碰撞受电子云之间、电子云和原子核以及原子核之间相互作用的控制，这些相互作用可以用势函数来描述，称为原子间势。为了描述原子间相互作用的能量传递截面，需要知道原子间势的表达式。但是没有一个函数可以描述原子间势所有的相互作用，并且由于核外电子和原子核电荷不同，原子间势随原子核间距离的改变发生急剧变化，如图 7-2 所示。关于原子间势的详细分析讨论可以参考文献[5]，这里仅对材料辐照损伤领域的关注情况进行分析。

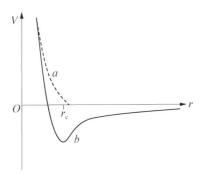

图 7-2 原子间势随原子核
间距离的变化

在原子间距离远时，电子作用产生吸引力为主；在距离近时，核与核库仑排斥力为主，中间最小值处为平衡分离距离（图 7-2 中 r_e）。无法用一个解析式来描述原子间势随原子间距的变化，在辐照损伤领域，根据原子间距和传递能量选择的不同的势列于表 7-2 中。

表 7-2 常用原子间势

势	势函数表达式	适用范围	参数定义
硬球势	$V(r)=0$，$r>r_0$；$V(r)=1$，$r\leqslant r_0$	1×10^{-1} eV$<T<$ 1×10^3 eV	r_0 为原子半径
Born-Mayer 势	$V(r)=A\exp(-r/B)$	1×10^{-1} eV$<T<$ 1×10^3 eV	A，B 为弹性模量确定的值

（续表）

势	势函数表达式	适用范围	参数定义
简单库仑势	$V(r) = \dfrac{Z_1 Z_2 \epsilon^2}{r}$	高能轻离子 $r \ll a_0$	a_0 为玻尔半径
屏蔽库仑势	$V(r) = \dfrac{Z_1 Z_2 \epsilon^2}{r} \exp(-r/a)$	轻离子 $r < a$	a 为屏蔽半径
Brinkman 势 II	$V(r) = \dfrac{A Z_1 Z_2 \epsilon^2}{1-\exp(-Ar)} \exp(-Br)$	$Z > 25$，$r < 0.7 r_e$	$A = \dfrac{0.95 \times 10^{-6}}{a_0} Z_{\text{eff}}^{\frac{7}{6}}$ $B = Z_{\text{eff}}^{\frac{1}{3}} / 1.5 a_0$

入射能量为 E、传递能量为 T 的双微分散射截面（见图 7-3）表示为

$$\sigma_s(E,\ T) = 2\pi b \frac{\mathrm{d}b}{\mathrm{d}\varphi} \frac{\mathrm{d}\varphi}{\mathrm{d}T} \qquad (7-6)$$

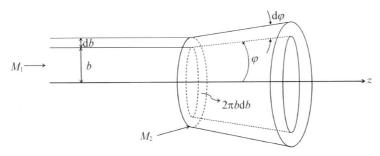

图 7-3　离子在角度 φ 处 $\mathrm{d}\varphi$ 范围内的穿过 $2\pi b\,\mathrm{d}b$ 面积的双微分散射截面示意图

当选定原子间势后，可以按照能量和动量守恒原则导出下列碰撞参数的计算式：

$$T = \frac{2M_1 M_2}{(M_1 + M_2)^2} E(1 - \cos\varphi) \qquad (7-7)$$

$$\varphi = \pi - 2 \int_0^{\frac{1}{\rho}} \left\{ \frac{1}{b^2} \left[1 - \frac{V(x)}{V(\rho)} \left(1 - \frac{b^2}{\rho^2} \right) \right] - x^2 \right\}^{\frac{1}{2}} \mathrm{d}x \qquad (7-8)$$

式中，ρ 是原子间最小距离；x 是原子间距；$V(x)$ 是势函数。式（7-7）给出了 φ 与 T 的关系，式（7-8）给出了 b 与 φ 的关系。因此，只要选定势函数 $V(x)$，

就可以求出传递能量的散射截面,但是只有简单的势函数才能解析求出式(7-8)中的积分。

3）材料辐照损伤中势选取与散射截面分析

在材料辐照损伤领域,为分析不同类型、能量离子的辐照损伤剂量,可以根据入射离子情况,考虑采用单一的势函数。把离子分为三类：① 能量大于 1 MeV 的轻离子；② 能量约为 100 MeV 量级的重离子,例如裂变碎片；③ 能量小于 1 MeV 的重离子,例如 PKA 与晶格原子的级联碰撞。用原子间最小距离 ρ 与电子云屏蔽半径 α 之比随转移能量 T 的变化关系(见图 7-4),可以大约看出不同情况下,如何选择合理的原子间势函数。其中,原子间最小距离 ρ 与电子云屏蔽半径 α 分别为

$$\frac{M_2}{M_1 + M_2} E \left(1 - \frac{b^2}{\rho^2}\right) = V(\rho) \tag{7-9}$$

$$\alpha = \left(\frac{9\pi^2}{128}\right)^{\frac{1}{3}} \frac{\alpha_0}{(Z_1^{\frac{2}{3}} + Z_2^{\frac{2}{3}})^{\frac{1}{2}}} \tag{7-10}$$

从图 7-4、式(7-9)和式(7-10)可见,低能重离子要传递给 PKA 超过离位阈能(典型几十电子伏)的能量,比高能重离子和轻离子更容易。事实上,低能重离子在材料中的能量损失主要是核碰撞造成的,而高能重离子主要的能量损失是与电子相互作用引起的(参考后面关于能量损失问题的讨论)。

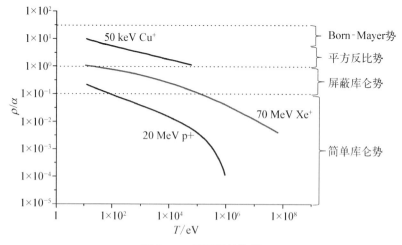

图 7-4　原子间势选择

对于能量小于 50 keV 的低能重离子发生对头碰撞(碰撞参数 $b=0$),可用硬球碰撞模型描述碰撞传递能量,此时原子间最小距离 ρ 比较接近平衡位置原子间距 r_e。 微分散射截面表示为

$$\sigma_s(E,\ T)=\frac{\pi\rho^2}{\gamma E},\ \gamma=\frac{4M_1M_2}{(M_1+M_2)^2} \tag{7-11}$$

对 T 积分,得到入射能量为 E 时的总散射截面:

$$\sigma_s(E)=\int\sigma_s(E,\ T)\mathrm{d}T=\frac{\pi\rho^2}{\gamma E}(\gamma E-T_{\min})=\pi\rho^2 \tag{7-12}$$

可见,对于对头硬球碰撞,微分散射截面与入射离子能量成反比,与传递能量 T 无关,而积分的总散射截面与入射能量无关。前面已经说过,硬球碰撞模型描述中子与原子弹性碰撞时,散射截面与传递能量 T 无关[见式(7-3)]。

一般情况下 ρ 为 Å 量级,而中子散射截面约为 1 b,因此硬球碰撞模型下离子散射截面比中子高 1×10^8 倍。

当碰撞参数 b 与平衡位置原子间距 r_e 很接近时,相当于入射能量低于 10 keV 时,采用 Born-Mayer 势来分析计算,散射截面表示为

$$\sigma_s(E,\ T)=\frac{\pi B^2}{\gamma E}\left(\ln\frac{A}{\eta E}\right)^2,\ \eta=\frac{M_2}{M_1+M_2} \tag{7-13}$$

如果在最小传递能量为离位阈能(取不锈钢的离位阈能 40 eV)和最大传递能量(γE)范围内积分,得到总散射截面只依赖入射离子能量 E,与传递能量 T 无关。取 Born-Mayer 势中典型的 A、B 参数值(可由材料弹性模量导出),低能重离子碰撞能够造成原子离位的散射截面比中子高 10^8 量级。

对于能量大于 1 MeV 的轻离子,原子间最小距离 ρ 远小于屏蔽半径 a,采用简单库仑势,可以导出最小距离 ρ 与碰撞参数 b 的关系:

$$\rho=\frac{b_0}{2}\left[1+\left(1+\frac{4b^2}{b_0^2}\right)^{\frac{1}{2}}\right],\ b_0=\frac{Z_1Z_2\varepsilon^2}{\eta E} \tag{7-14}$$

在 $b=0$ 时,也就是对头碰撞情况下,最小间距 ρ 达到最小值 b_0,并且与入射能量相关。这与硬球碰撞模型不同,在硬球碰撞模型中最小间距 ρ 与入

射能量无关。通过运动学分析可以得到散射截面的表达式：

$$\sigma_s(E, T) = \frac{\pi b_0^2 \gamma E}{4 T^2} \qquad (7-15)$$

式(7-15)表明，传递给被碰撞原子的能量越高，散射截面越小，这就是卢瑟福背散射原理。式(7-15)也表明，当 T 趋近于零时，散射截面趋于无穷大，当然这只是碰撞参数 b 趋于无穷大时，库仑相互作用的长程性质表现。实际上，因为电子屏蔽，碰撞参数 b 有一个截断值，最小的 T 值应该为离位阈能值。因此，平均转移能量按照式(7-3)积分可以求出：

$$\overline{T} = \frac{\int T\sigma_s(E, T)\mathrm{d}T}{\int \sigma_s(E, T)\mathrm{d}T} = \frac{T_{\min}\ln(T_{\max}/T_{\min})}{1 - \dfrac{T_{\min}}{T_{\max}}} \qquad (7-16)$$

因为 $T_{\max} = \gamma E$，$T_{\min} = E_d$，并且 $T_{\max}$ 远大于 $T_{\min}$，所以上式转化为

$$\overline{T} = E_d \ln\left(\frac{\gamma E}{E_d}\right) \qquad (7-17)$$

这说明，即使入射能量较高，传递给 PKA 的平均能量也很小。但是，如果对式(7-15)中 T 积分，可得到

$$\sigma_s(E) = \frac{\pi b_0^2 \gamma E}{4}\int \frac{1}{T^2}\mathrm{d}T = \frac{\pi b_0^2 \gamma E}{4}\left(\frac{1}{E_d} - \frac{1}{\gamma E}\right) \qquad (7-18)$$

γE 远远大于 E_d，这说明能够造成被碰撞原子离位的截面很大。

下面讨论什么样的弹靶组合和入射能量情况，适合采用简单库仑势的卢瑟福背散射截面。考虑两个极端，高 T 和最小 $T = E_d$ 两种情况。

对于高 T，也即接近对头碰撞情况，有 b_0 远小于屏蔽半径 α。采用屏蔽库仑势，可以得到 $b_0 = \alpha$ 时所需要的入射离子能量 E_a 为

$$E_a = \frac{2E_R}{\eta eC}(Z_1 Z_2)^{\frac{7}{6}}, \quad E_R = \frac{\varepsilon^2}{2\alpha_0} \qquad (7-19)$$

对于低 T，即擦边碰撞，考虑碰撞参数 $b = \alpha$ 时，传递能量 T 等于离位阈能的情况，采用简单库仑势，所需要的入射离子能量 E_b 为

$$E_b = \frac{e^2 \gamma E_a^2}{4E_d} \qquad\qquad (7-20)$$

如表 7-3 所示,显然,对同样的弹靶组合有 E_b 大于 E_a,当入射离子能量大于 E_a 时,简单库仑势仅适用于近对头碰撞,而当入射离子能量大于 E_b 时,无论是对头碰撞还是擦边碰撞,都可以采用简单库仑势。

表 7-3　典型弹靶组合的 E_a 和 E_b 值

入射离子	靶原子	E_a/keV	E_b/MeV
Al	Al	1×10^1	2×10^1
Fe	Fe	5×10^1	1×10^2
Cu	Cu	7×10^1	1×10^2
Au	Au	7×10^2	1×10^5
Xe	U	5×10^2	3×10^4

对于快重离子,原子间势函数不仅需要考虑库仑屏蔽,还需要考虑泡利不相容原理引起的电子壳层占位排斥,可选择 Brinkman 势,但是只能用计算机数值求解积分。如果采用简单库仑势来定性分析,按照式(7-18),因为 γE 远远大于 E_d,所以轻离子与重离子的散射截面之比为

$$\frac{\sigma_s(E, 轻离子)}{\sigma_s(E, 重离子)} = \frac{\left.\dfrac{Z_1^2 M_1}{E}\right|_{轻离子}}{\left.\dfrac{Z_1^2 M_1}{E}\right|_{重离子}} \qquad\qquad (7-21)$$

典型情况下,对于 2 MeV 质子,与一个质量数约为 100、能量约为 100 MeV 的重离子相比,散射截面小了大约 10^3 量级;而如果重离子能量也是 2 MeV,则散射截面会小 10^5 量级以上。裂变碎片有轻、重两个质量分布峰。轻碎片质量数约为 96、能量约为 95 MeV,重碎片质量数约为 137、能量约为 55 MeV,则重碎片散射截面比轻碎片散射截面大几倍。数值计算给出了裂变碎片碰撞铀原子时,反冲核数随反冲能的变化关系如图 7-5 所示。随着 T 增加,反冲核数目以近似 T^{-2} 的速率下降,这与简单库仑势描述的式(7-15)定性相同。也就是说,碰撞产生的 PKA 主要是低 T 碰撞产生的,可以忽略高 T 碰撞产生的 PKA。

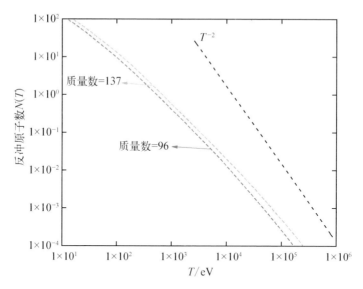

图 7 - 5　反冲核数随反冲能的变化

4）离子在材料中的能量损失和射程

与不带电荷的中子不同，荷能离子在材料中除了与原子核碰撞外，穿过晶格的离子还可能因电子激发和电离而失去能量。我们一直将与原子核的碰撞视为离散事件，而核外电子引起的能量损失可以被视为或多或少的连续事件。相比于入射离子与核碰撞而损失能量（即核能损或者核阻止能力），离子与电子碰撞而损失能量（即电子能损或者电子阻止能力）的分析更复杂。详细的能量损失理论可以参考文献[5]和 SRIM 程序说明[6]，这里我们仅定性地指出与辐照效应相关的结论。

在入射离子能量较高时，电子能损占能量损失主要部分，兆电子伏能量量级的离子在材料中的电子能损比核能损高 3 个数量级。随着能量降低，在低速情况下，内壳层中的电子与入射离子的相互作用较弱，对阻止能力的贡献较小。同时，中性化概率变得很大，以至于入射离子与周围电子之间的碰撞几乎是弹性的。Lindhard 等[7]给出了这个能量区域电子能损理论描述，称为 LSS 理论。分析表明，当离子速度小于具有费米能电子的速度时，电子能损与离子速度成正比，即与离子能量的平方根成正比。这就是说，能量降低时，电子能损也降低，而根据前面的分析，低能情况下与核碰撞散射截面是与能量成反比的，此时能量损失以核能损为主。图 7 - 6 给出了 Fe 离子辐照 Fe 材料，用 SRIM 计算的电子能损和核能损的变化，S_R^0 为 LSS 理论预测值。

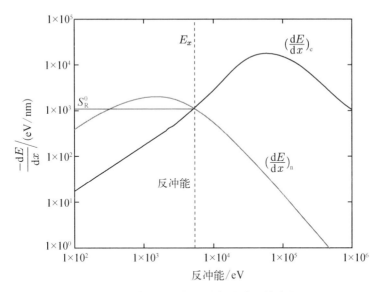

图 7-6　电子能损与核能损随能量的变化

　　如果假设核能损与电子能损是独立无关的,则一定能量离子在单位路径上的能量损失为核能损和电子能损的代数和,因此可以计算沿离子入射轨道的能损,并得到离子剩余能量。当剩余能量为零时,离子穿过的距离就是射程。以电子能损为主时,因为电子质量小,离子与电子碰撞基本不改变方向;而在射程末端,以核能损为主时,入射离子的运动方向在碰撞后有改变,造成射程歧离。Ziegler 开发了一个基于蒙特卡罗的计算物质中离子输运的计算机程序 SRIM[8]。该程序可从 http：//www. srim. org 网站上免费下载,并可在个人计算机上 Windows 系统环境下运行。

7.1.1.4　离位原子数

　　初级碰撞原子(PKA)穿过晶格会碰撞其他晶格原子,这样的碰撞如果有足够的能量(大于离位阈能)转移,将使被碰撞晶格原子从它的晶格位置移开,从而产生两个离位原子。如果这个碰撞序列继续下去,就会产生一系列的第三级碰撞,导致碰撞级联。级联是由晶格空位和原子组成的空间团簇,原子在间隙位置存在于晶格的局部区域。级联损伤会对合金的物理和机械性能产生严重的影响,往往是降低性能。为量化比较不同的辐照情况下,材料的损伤程度,我们需要量化离位级联,也就是说,对于能量为 E 的中子或者离子撞击晶格原子,所产生的 PKA 在级联碰撞过程中又会产生多少晶格原子离位。7.1.1.3 节我们已经详细讨论了中子-核和原子(离子)-原子碰撞的截面和能量传递,现在我们将讨论如何确定能量 T 的 PKA 所能产生的离位原子数,也就是式(7-2)中的 $\nu(T)$。

1) K-P 模型

Kinchin 和 Pease[8] 提出了一个简化的模型来计算给定固体晶格中最初由能量 T 的 PKA 产生的位移原子的平均数,称为 K-P 模型。K-P 模型基于以下简化假设:

(1) 级联是由原子间的一系列两体弹性碰撞产生的(此假设意味着级联中缺陷都是孤立的点缺陷,但事实上在级联热峰过程中存在缺陷团簇)。

(2) $T>E_d$ 时,离位概率为1,即只要被碰撞原子获得的能量超过离位阈能,就一定会离开晶格位置(参考 7.1.1.1 节中对离位阈能的定义,此假设实际违背真实物理情况,没有考虑晶格结构的方向性和晶格原子振动)。

(3) 原子碰撞过程中,没有能量传递给晶格振动(即两体碰撞后,被碰撞原子发生离位,需要克服晶格势垒所消耗的能量 E_d 被忽略)。

(4) 由电子阻止引起的能量损失有一个截止能量 E_c。如果 PKA 能量大于 E_c,则在电子能量损失将 PKA 能量降低到 E_c 之前,不会发生核阻止从而产生离位原子。对于所有小于 E_c 的能量,电子阻止能损被忽略,只发生原子碰撞。

(5) 能量传递截面由硬球碰撞模型给出(参考前面散射势讨论和前一个假设,能够发生核碰撞时,能量低于 E_c,此时硬球碰撞模型可以较好描述散射截面和能量传递)。

(6) 固体中原子的排列是随机的,忽略了晶体结构的影响(如果辐照多晶样品并且分析多个晶粒,则可以不考虑晶体结构的影响,但以一定入射方向的粒子辐照单晶样品,则必须考虑晶格方向的影响)。

根据以上假设,当 PKA 能量 $T<E_d$ 时,不会产生任何离位原子。当能量 $T\in(E_d, 2E_d)$ 时,则有两个可能:第一个是被撞击的原子从它的晶格位置移位,而现在留下的 PKA 能量小于 E_d,就落在它的位置;第二个是如果原始的 PKA 没有转移出大于 E_d 的能量,则被碰撞的原子就保持在原位,不会发生离位。在这两种情况下,能量介于 E_d 和 $2E_d$ 之间的 PKA 总共只能产生一个位移。当 T 大于 E_d 时,假设 PKA 传递给被碰撞原子的能量为 ε,则

$$\nu(T)=\nu(T-\varepsilon)+\nu(\varepsilon) \tag{7-22}$$

根据硬球碰撞模型,即式(7-11)和式(7-12),则有

$$\sigma_s(T, \varepsilon)=\frac{\sigma_s(T)}{\gamma T} \tag{7-23}$$

为了简化,考虑 PKA 与被碰撞原子是相同的元素,即被辐照材料是单质材料,则 $\gamma = 1$。可以表示被碰撞原子获得能量在 $(\varepsilon, \varepsilon + \mathrm{d}\varepsilon)$ 范围内的概率为

$$\frac{\sigma_s(T, \varepsilon)\mathrm{d}\varepsilon}{\sigma_s(T)} = \frac{\mathrm{d}\varepsilon}{T} \tag{7-24}$$

这样式(7 - 22)可以表示为

$$\nu(T) = \frac{1}{T}\int_0^T [\nu(T - \varepsilon) + \nu(\varepsilon)]\mathrm{d}\varepsilon$$

$$= \frac{1}{T}\int_0^T [\nu(T - \varepsilon)]\mathrm{d}\varepsilon + \frac{1}{T}\int_0^T [\nu(\varepsilon)]\mathrm{d}\varepsilon$$

$$= \frac{2}{T}\int_0^T [\nu(\varepsilon)]\mathrm{d}\varepsilon \tag{7-25}$$

引入前面讨论的 $T < E_d$ 和 $T \in (E_d, 2E_d)$ 的分析,式(7 - 25)可写为

$$\nu(T) = \frac{2}{T}\left\{E_d + \int_{2E_d}^T [\nu(\varepsilon)]\mathrm{d}\varepsilon\right\} \tag{7-26}$$

可以两边同乘 T 再微分,化为微分方程后解出

$$\nu(T) = \frac{T}{2E_d}; \ T \in (2E_d, E_c) \tag{7-27}$$

这里,限制 T 小于 E_c 是根据前面的假设(4),当 $T > E_c$ 时,只有小于 E_c 的能量才能产生离位。综合以上分析可得到 P - K 模型结果,如图 7 - 7 所示。$\nu(T)$ 的表达式为

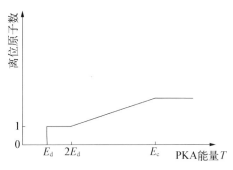

图 7 - 7 P - K 模型描述的离位原子数与 PKA 能量的关系

$$\nu(T) = \begin{cases} 0, & T < E_d \\ 1, & E_d \leqslant T < 2E_d \\ \dfrac{T}{2E_d}, & 2E_d \leqslant T < E_c \\ \dfrac{E_c}{2E_d}, & T \geqslant E_c \end{cases} \tag{7-28}$$

可以看出，当不考虑 E_c，或者说 T 小于 E_c 时，离位原子数从 0 到最大值 $\frac{T}{E_d}-1$（就是每次碰撞刚好转移 E_d 的能量）的平均值就是 $\frac{T}{2E_d}$。

回顾一下讨论能量损失的图 7-6，在低能（$T<1$ keV）时，核能损远大于电子能损，可以假设 PKA 几乎所有的能量损失都通过弹性碰撞传递。随着 PKA 能量的增加，由电子激发和电离引起的能量损失的比例增加，直到超过核能损和电子能损相同的交叉点 E_x，电子能损大于核能损。P-K 模型把 E_x 作为电子能损截断 E_c。因为实际情况偏离硬球碰撞模型，PKA 与原子的二次碰撞所传递的平均能量远低于 $T_{max}/2$，所以后续级联碰撞几乎总是在可以忽略电子能损的范围内。

必须指出，虽然 K-P 模型的假设(3)忽略了离位原子消耗能量 E_d 的影响，这意味着估计的 $\nu(T)$ 偏大，但是由于离位阈能 E_d 是一个平均值，实际上在小于 E_d 情况下也能产生离位，因此假设(2)会造成 $\nu(T)$ 偏小。这两个假设偏离实际情况，但其对 $\nu(T)$ 的影响效果相互抵消。

2) NRT 模型

K-P 模型假设(5)采用硬球碰撞模型来处理碰撞中的能量传递，这是一个非常简化的势函数。采用逆幂势处理，得到 $\nu(T)$ 为

$$\nu(T)=0.52\frac{T}{2E_d} \tag{7-29}$$

这个结果比 K-P 模型给出的结果[式(7-27)]小了大约一半。多年来，研究人员一直怀疑，式(7-27)似乎高估了金属中的 $\nu(T)$ 2~10 倍，然而，试图测量在较大能量范围（在金中产生 50~200 keV 能量的反冲原子）内 $\nu(T)$ 的能量依赖性时，给出了二次关系，而不是线性关系。

Sigmund[9] 对势函数问题采取了不同的方法，考虑反冲密度分布 $F(T, \varepsilon)\mathrm{d}\varepsilon$，定义为由于一次离子从 T 减速到零能量而以 $(\varepsilon, \varepsilon+\mathrm{d}\varepsilon)$ 能量反冲的平均原子数。反冲密度分布用 Thomas-Fermi 微分截面的幂律近似表示，得到 $\nu(T)$ 为

$$\nu(T)=\frac{12}{\pi^2}\frac{T}{2E_d}=1.22\frac{T}{2E_d} \tag{7-30}$$

这比 K-P 模型给出值高了 22%。在金属中级联碰撞一般要影响到大于 100 个原子的体积，其中包含了大量孤立点缺陷，形成点缺陷与晶格原子的复

合体积,因此离位阈能应该是原子试图逃逸复合体积而损失给环境的能量(见表 7-1,对过渡金属给出的离位阈能为 40 eV,比理论上分析的 25 eV 高)。在级联中,许多缺陷因置换碰撞而消失。Sigmund 给出的结果忽略了置换碰撞引起的缺陷消失,所以应该是一个上限值。这让 K-P 模型给出的结果似乎是正确的。

但是除了硬球碰撞模型中势函数与真实情况的差异外,K-P 模型还存在忽略电子损失的问题。也就是说,即使 $E > E_c$,PKA 是与电子碰撞还是与原子碰撞,是一个竞争过程,但是两种碰撞可以认为是相互独立的。

考虑电子与核碰撞竞争后,1975 年,Norgett 等[10]提出了一个表示 $\nu(T)$ 的模型,称为 NRT 模型。按照 NRT 模型,$\nu(T)$ 表示为

$$\nu(T) = \kappa \frac{E_D}{2E_d} = \kappa \frac{T - \eta}{2E_d} \tag{7-31}$$

式中,E_D 是通过弹性碰撞传递给离位原子的能量,称为损伤能量;η 为级联过程中电子激发所损失的能量;κ 称为离位效率,取 0.8,与 PKA 能量、被 PKA 碰撞的原子质量和温度无关。式(7-31)也可以不用离位效率 κ,而与 E_D 一起用一个与 T 相关的函数表示,并转换为与 K-P 模型类似的表达式:

$$\nu(T) = \xi(T) \frac{T}{2E_d} \tag{7-32}$$

这里,考虑级联中电子能损和核能损竞争后,非弹性能量损失是根据 Lindhard 的方法给出的数值解,损伤效率函数 $\xi(\varepsilon)$ 为

$$\xi(\varepsilon) = \frac{1}{1 + 0.133\,7 Z_1^{\frac{1}{6}} \left(\dfrac{Z_1}{A_1}\right)^{\frac{1}{2}} \left(3.400\,8 \in^{\frac{1}{6}} + 0.462\,44 \in^{\frac{3}{4}} + \varepsilon\right)}$$

$$\in = \left(\frac{A_2 T}{A_1 + A_2}\right)\left(\frac{a}{Z_1 Z_2 \varepsilon^2}\right)$$

$$a = \left(\frac{9\pi^2}{128}\right)^{\frac{1}{3}} a_0 (Z_1^{\frac{2}{3}} + Z_2^{\frac{2}{3}})^{-\frac{1}{2}}$$

从图 7-8 可见,随着 PKA 能量的减少,损伤效率函数接近 1.0;随着 PKA 能量的增加,低 Z 轻材料的损伤效率下降得比高 Z 材料的更快。

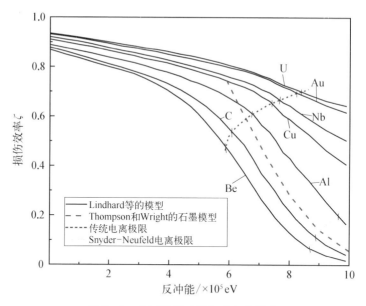

图 7-8　电子能损对损失效率的影响

7.1.1.5　级联损伤

为了讨论不同类型的荷能粒子入射(即使能量相同)所造成的辐照损伤差异,我们需要分析级联损伤过程。首先需要考虑在级联过程中,碰撞产生的离位原子造成的点缺陷的空间分布,这对于点缺陷是团簇聚集还是湮灭是至关重要的。为此,引入离位平均自由程概念。平均自由程 λ 表示为

$$\lambda = \frac{1}{N\sigma_d} \qquad (7-33)$$

式中, N 是原子 Born-Mayer 势密度。用 Born-Mayer 势的硬球模型,平均自由程为

$$\lambda = \frac{1}{N\pi B^2 \left[\ln\left(\frac{2A}{E}\right)\right]^2 \left(1-\frac{E_d}{E}\right)} \qquad (7-34)$$

式中, A 和 B 是 Born-Mayer 势参数。图 7-9 为 0.3 MeV 和 1 MeV 自离子在 Si、Cu、Au 中平均自由程随碰撞转移能量的变化。随着转移能量增加,平均自由程也增加[11]。

考虑 0.1 MeV 中子辐照不锈钢,根据式(7-5),取不锈钢质量数为 60,则

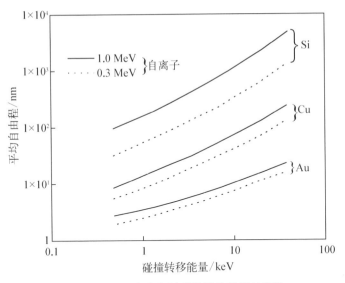

图 7-9　平均自由程随碰撞转移能量的变化

平均转移能量大约为 3 keV,由图 7-9 中 Cu 的曲线可见,平均自由程为几十纳米。如果中子能量为 0.5 MeV,则在不锈钢中平均自由程大约为 100 nm。因此,PKA 所造成的级联损伤中点缺陷在空间上是分离的。

　　通过对离位平均自由程的分析,我们可以初步了解缺陷的空间分布情况。Brinkman[12]首先将级联描述为一个由间隙原子包围的高密度空位的离位尖峰[见图 7-10(a)]。考虑到晶体结构因素,如聚焦能量传递、置换碰撞和沟道效应等,Seeger[13]进行了修改[见图 7-10(b)],并将空位核心称为原子耗尽区。

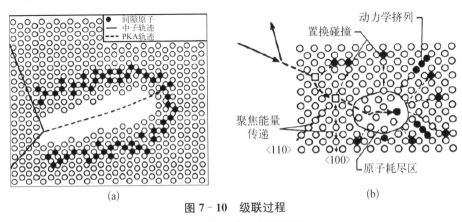

图 7-10　级联过程

(a) 离位尖峰;(b) 原子耗尽区

显然,上述级联的离位尖峰空间特征与 PKA 能量有关,因此引入 PKA 能谱概念:

$$P(E_i,\ T)=\frac{1}{N}\int_{E_d}^{T}\sigma(E_i,\ T')\mathrm{d}T' \qquad (7-35)$$

式中,N 是 PKA 总数。

对于产生缺陷来说,最重要的不是某一特定能量的 PKA 数,即 PKA 能谱,而是每个 PKA 产生的损伤能量所加权的离位原子数。这个数量是由每个 PKA 产生的缺陷数量或损伤能量加权来确定的,表示为

$$W(E_i,\ T)=\frac{1}{E_D(E_i)}\int_{E_d}^{T}\sigma(E_i,\ T')E_D(T')\mathrm{d}T' \qquad (7-36)$$

这里 $E_D(T')$ 是能量 T 的 PKA 损伤能量。对于质子采用库仑势,中子采用硬球势,重离子采用屏蔽库仑势,可以画出带权 PKA 谱,如图 7-11 所示。

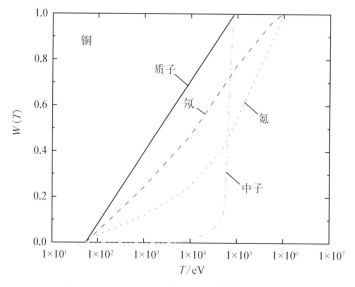

图 7-11   1 MeV 离子在 Cu 中的带权 PKA 谱

图 7-11 表明,不同类型粒子之间的 $W(T)$ 存在巨大差异。库仑相互作用倾向于产生许多低能量的 PKA,而硬球碰撞产生的 PKA 较少,但能量较高。虽然重离子比轻离子更接近再现中子辐照的带权 PKA 能量分布,但两者在分布的"尾部"存在差异。这并不意味着重离子辐照不能很好地模拟中子辐照损伤,但确实意味着损伤的产生方式不同,这需要在评估因辐照引起的微

化学和微观结构变化时予以必要的考虑。

7.1.1.6　不同粒子辐照的差异

根据前面的讨论,我们总结一下不同粒子辐照的两点差异。首先讨论级联的差异。

图 7-12 所示为用 1 MeV 粒子辐照镍来说明不同类型粒子辐照产生的损伤类型的差异。轻粒子(如电子和质子)会产生孤立的点缺陷或小团簇中的损伤,而重离子和中子会在大团簇中产生损伤。对于 1 MeV 的质子辐照,一半的 PKA 能量小于 1 keV,平均能量为 60 eV;而相同能量的 Kr 离子辐照,一半的 PKA 能量小于 30 keV,平均能量为 5 keV。由于带电粒子相互作用的屏蔽库仑势,产生反冲能量 T 的概率与 $1/T^2$ 成正比,如图 7-11 所示,加权 PKA 谱偏向低能。而中子以硬球碰撞模型碰撞,产生反冲能量 T 的概率与反冲能量无关。

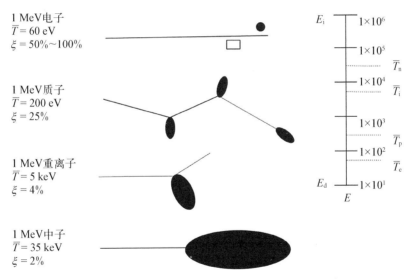

图 7-12　不同类型粒子辐照产生的损伤类型差异示意图

因此,轻粒子,如电子或者质子,由于级联的差异,在模拟中子辐照效应时,不如重离子更接近中子。

另一个差异是损伤随深度的分布。中子在不锈钢中穿透深度深,辐照是体效应;而重离子射程短,辐照损伤主要集中在射程末端核能损比电子能损高时,如图 7-13 所示。

在相同能量情况下,质量较大的离子在较短的距离内沉积能量,从而导致

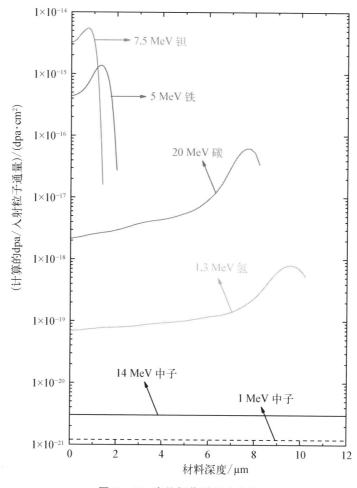

图 7 - 13　离位损伤随深度分布

较高的损伤率;而中子的碰撞平均自由程比离子大,中子损伤能在毫米范围内几乎是恒定的,但值较小。

7.1.1.7　辐照损伤的微观和宏观效应

带电粒子加速器在材料辐照损伤领域的主要应用是用重离子辐照来模拟中子辐照,此外在离子注入过程也会造成材料辐照损伤。这里简单介绍并比较中子和重离子的辐照损伤效应。

辐照损伤所造成的缺陷按照空间分布可以分为以下 4 种:

(1) 点缺陷(0D):空位和间隙原子。

(2) 线缺陷(1D):位错线。

(3) 面缺陷(2D)：位错环。

(4) 体缺陷(3D)：空洞、气泡、堆垛层错四面体。

这些缺陷，特别是点缺陷，在材料中扩散、迁移，造成缺陷聚集团簇和湮没恢复。显然，由于扩散是温度相关的，辐照效应也是温度相关的。虽然由于晶格原子热运动，本征点缺陷或者原子具有迁移能力，但是在辐照后，缺陷浓度升高并且产生新的缺陷种类，会造成原子在辐照金属中扩散或迁移率增加，这称为辐照增强扩散效应。

高温辐照的一个主要效应是，由于不同原子辐照增强扩散效应不同，金属中溶质和杂质元素重新分布。一些合金元素在靠近表面、位错、空洞、晶界和相界的区域富集或耗尽，称为辐照偏析效应。不同元素在晶界的偏析，降低组分的完整均匀性导致固体局部性质的变化，对材料宏观力学性能具有重要影响。当合金中某种溶质元素在局部富集，超过溶解度极限，会产生沉淀相，称为辐照沉淀。但辐照也可以通过反冲溶解沉淀相。通过产生反位缺陷引起无序，并导致不同相的形核和生长。在特定条件下，辐照也会导致亚稳相的形核，包括非晶化。合金的相结构对材料的物理力学性能有很大的影响，这一些辐照导致相的变化称为辐照相变。

在高温辐射环境中，辐照材料导致空洞和气泡的形成与生长。当空洞形成和生长时，固体会发生体积膨胀，因而显著影响材料性能。这称为辐照肿胀。

辐照对材料微观结构最深刻的影响之一是位错环的形成。位错环对间隙原子和空位的迁移影响不同，因而对辐照缺陷微观结构的演化发展有很大的影响。位错环会影响辐照材料的变形行为，从而影响材料的塑性和硬化。实际上，辐照引起的缺陷团簇、位错、位错环和位错网、空洞和气泡、沉淀，都会影响材料的塑性，称为辐照硬化。

此外，还有辐照蠕变、辐照生长、辐照增强腐蚀和应力腐蚀等宏观效应。

与中子辐照相比，离子束辐照除了产生相同的辐照效应外，一些辐照效应更显著，还会有一些不同的效应。其中最重要的效应是材料成分变化，主要有以下几种：

(1) 表面溅射。在离子轰击下，材料原子从表面溅射，导致靶材料近表面区域的成分变化。通过择优溅射的作用，不同元素以不同的截面溅射。溅射是决定离子轰击下表面成分的关键因素[14]。

(2) 热表面偏析。热表面偏析也称为 Gibbsian 吸附。在 0.3～0.5 倍熔点温度范围,因为原子扩散趋势是降低合金的自由能,所以 Gibbsian 吸附导致合金表面前两个原子层重新调整成不同于本体的成分。虽然由于体积与表面积之比很大,本体成分基本上不受影响,但是这将影响表面溅射过程。热表面偏析元素在表面富集后,其择优溅射增强,这导致随着轰击时间的增加,偏析富集原子的表面浓度不断下降,体内耗尽区的深度和宽度不断增加。当溅射原子流的组成与合金的体积组成相等时,达到稳定状态[15]。

(3) 反冲注入。入射离子束将其动量传递给材料的原子,导致原子离位过程中的动量分布不是各向同性的,原子将优先在入射束流方向上重新定位。但是这不会导致在束流方向上有任何显著的净原子输运,因为相反方向的弛豫过程将会补偿束流方向上的原子重新定位。在合金中,被碰撞原子的重定位截面和范围取决于原子核的电荷和质量,通常较轻的组分原子与较重的组分原子相比更容易在束流方向上输运。反冲注入就是某些类型原子相对于其他类型原子平行于束流方向的净输运[16]。

(4) 级联混合。与反冲注入具有方向性不同,在级联过程中能量从 PKA 快速转移到其他原子,导致级联中反冲方向是随机的。因此在级联中,大多数原子的重定位事件导致各向同性混合而不是反冲注入。

对二元合金级联混合的观测表明,铜-金体系中的混合比铜-钨体系中的混合高一个数量级[17]。这不能用弹道混合模型来解释,Johnson[18]引入化学势概念来解释,也就是级联中原子扩散不仅是由碰撞运动驱动的,也是由化学势梯度驱动的。

对于离子辐照导致的化学成分变化,可以参考 Lam 和 Wiedersich[19]提出的唯象模型。他们考虑了前述的所有过程的影响,基于一组扩散和反应速率方程,建立了一组描述二元合金离子轰击过程中缺陷和原子浓度时空演化的耦合偏微分方程,以定量描述离子轰击诱导材料的成分变化。

Lam 和 Leaf[20]建立了一个动力学模型来描述这些动力学过程对注入过程中注入原子空间再分配的影响。该模型考虑了损伤和离子沉积的空间非均匀速率的影响,以及溅射和向材料中引入外来原子导致的轰击表面的运动。当注入元素作为溶质时,其浓度在基体中积累,表面同时受到溅射和外来原子引入系统的影响。离子汇集速率和溅射速率之间的竞争控制着净表面位移速率。当注入离子是惰性元素时,不溶于材料中。在离子注入中,除了各种表面过程的影响外,注入离子的浓度对离子径迹中原子重新分布也很重要,并且沿入射径迹会产生气泡。

除了前述的过程外,在离子辐照材料中还有一些其他效应,包括离子辐照诱发晶粒长大[21]、织构形成[22]、在射程范围外形成的高密度位错[23]等。

7.2　辐照装置

用于材料离子辐照的装置,除了基本的加速器或者离子注入器外,还涉及控温和应力辐照靶室、原位辐照或者在束检测装置以及多束同时辐照装置。这里主要介绍用重离子辐照模拟中子辐照的相关装置。

7.2.1　多束同时辐照装置

在新一代核能开发中,经济性和安全性是研究人员最关心的因素,提高核燃料的利用率是核能开发的关键。因此,各种快堆、聚变堆和加速器驱动的洁净能源(ADS)等是国际上先进核能主要的发展方向。在这样的核能环境中,核能结构材料都会受到高剂量高能快中子的辐照。高能快中子不仅与结构材料的原子发生碰撞产生缺陷,同时与结构材料的原子核发生(n, p)和(n, α)反应产生氢、氦,材料受到了位移损伤以及氢、氦的共同作用。

在 20 世纪 80 年代的材料辐照效应研究中,有学者发现采用重离子和氦先后辐照,与采用重离子和氦同时辐照,在材料中产生的辐照效应不同。随后的研究发现,氢、氦和重离子同时辐照具有"协同效应"。三者协同效应的损伤与单个或先后辐照产生的辐照损伤效应不同[24]。因此,要更真实地模拟快中子辐射环境,必须采用氢、氦和重离子三束同时辐照。重离子产生位移损伤,氢和氦相当于中子嬗变反应产生的氢和氦。重离子、氢和氦三束辐照系统由重离子加速器和两个注入氢和氦的低能加速器组成。事实上,ASTM 发布的 E512 - 96 标准的 2003 年修订版中,明确指出要模拟快中子辐照,多束同时辐照是最接近真实中子辐射环境的。

如表 7 - 4 所示,国际上非常重视用多离子束辐照来研究核能环境下材料的辐照效应,除了德国、英国、印度等国建立了多套双束辐照装置外,日本已经建立了多套三束辐照装置(JAERI Takasaki、IAE Kyoto、HIT Tokyo)。法国近年来建立了三束辐照装置 JANNUS(作为目前欧洲和美国的三束辐照平台)。乌克兰哈尔科夫物理与技术研究所(KIPT)也建立了三束辐照装置。美国橡树岭国家实验室在 20 世纪 80 年代建立了三束辐照装置,并开展了相关研究,但由于当时新的核能计划还没有提出,没有实际需求,所以在 90 年代末关闭。

表 7-4　国际上主要的多束辐照装置

实　验　室	参　　数
德国 FZ Rossendorf	3 MV 串列 500 kV 注入器
德国 FSU IENA	3 MV 串列 400 kV 注入器
日本 CARET Sapporo	1.3 MV HVTEM 400 kV 注入器 300 kV 注入器
日本 IAE Kyoto	1.7 MV 串列 1 MV 静电 1 MV 静电
日本 JAERI Takasaki	3 MV 串列 3 MV 静电 400 kV 注入器
法国 JANNUS Saclay	3 MV 静电 2.5 MV 静电 2.25 MV 串列
法国 CSNSM Orsay	2 MV 串列 150 kV 注入器 200 kV TEM
乌克兰 CSN, KIPT	两台 50 kV 注入器 2 MV 静电

　　原子能院在 HI-13 串列加速器(2×13 MV)辐照管道上建立了一台可加速氢和氦混合束的 250 kV 注入器和一台 500 kV 加速高压的氦注入器,组成了国内第一套重离子、氢和氦三束同时辐照装置[25](见图 7-14)。

图 7‑14　原子能院三束辐照装置

7.2.2　辐照靶室

因为辐照效应与辐照温度密切相关,所以材料辐照靶室一般应该具有模拟反应堆工况的可变可控高温加热系统,同时为避免高温氧化,靶室应该具有高真空。为确定辐照剂量,辐照样品需要与地电位绝缘,以测量靶上积分束流注量。为减少破坏真空换样时间,可设计靶室具有多样品装载能力。为测试应力作用下辐照效应,样品夹具还可以具有施加应力的装置。这里介绍由国核(北京)科学技术研究院与原子能院合作研制的高温多样品辐照靶室(见图 7‑15)[26]。

图 7‑15 中主要部件说明如下:

(1) 真空腔室(图中 1)为圆筒形,腔室壁上分别设置三个真空束流管道接口(图中 5、6、8),可以用于与重离子束、氢离子束和氦离子束的真空束流管道相连。这三个真空束流管道的轴线设置成会聚于真空腔室中央辐照样品处,实现三束同时辐照。信号及电源输入输出接口(图中 4)将如束流强度、温度之类的输出信号以及如控制信号之类的输入信号输入、输出以及为真空腔室内的相关的部件供电。抽气接口(图中 9)与真空抽气系统相连以将真空腔室抽真空。

(2) 支撑台(图中 2)能够转动和平移,将其上承载的加热装置以及辐照样品旋转和推入/退出靶室中央。支撑台可以承载多个这样的加热装置,这样可以一次性地装入多个辐照样品,而不必更改高温辐照靶室内部的设置。

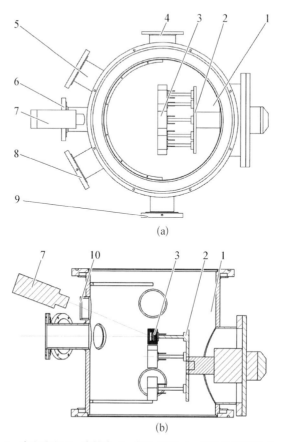

(a)

(b)

1—真空腔室；2—支撑台；3—加热装置；4—信号及电源输入
输出接口；5、6、8—真空束流管道接口；7—红外热像仪；9—抽
气接口；10—观测窗口。

图 7 - 15　高温多样品辐照靶室结构示意图

（a）俯视图；（b）侧视图

　　（3）加热装置（图中 3）通过绝缘加热片与辐照样品接触进行加热，绝缘加热片由内部埋有石墨加热导线的氮化硼绝缘陶瓷制成。由于采用直接接触加热方式，具有温度调节快、升温高的优点。可以将辐照样品加热至最高 1 500 ℃的高温并且不影响束流强度测量，同时还可以快速调节辐照样品的温度，减小束流波动对辐照样品的温度的影响。

　　（4）观测窗口（图中 10）外配有红外热像仪（图中 7）。用红外热像仪测量辐照样品的表面温度分布，并记录样品表面多个点的温度数据。温度测量点的空间分辨率约为 0.3 mm，温度测量精度为±2％或±2 ℃。由于在束流对辐照样品进行辐照时，被辐照区域的温度会升高，红外热像仪还具有实现调束对光及实时监测束斑形状和位置的功能,实现对加速器的束流在辐照样品上束斑的形状及位置漂移的实时监测。

7.2.3　原位辐照检测装置

辐照产生的缺陷主要是原子尺度、纳米尺度的缺陷,因此辐照损伤及其导致的材料微观结构变化需采用微观观测和分析手段。加速器透射电镜(transmission electron microscope,TEM)联机系统可以实现辐照损伤实时原位观测,如果采用放射性重离子核束,则各种核效应分析方法也可用于辐照损伤实时原位观测和表征。20 世纪 60 年代以来,国际上先后建立了 30 多台加速器透射电镜联机系统,目前有十几台在运行[27]。

典型的加速器透射电镜联机装置结构如图 7-16 所示。表 7-5 列出了国际上主要在运行的加速器透射电镜联机装置。

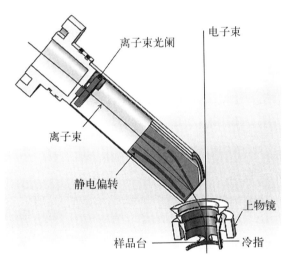

图 7 - 16　加速器透射电镜联机装置结构示意图

表 7 - 5　国际上运行中的加速器透射电镜联机装置

国家	单　　位	建成时间	透射电镜联机装置型号	加速器高压
日本	九州大学	1991 年	JEOL JEM - 2000EX	10 kV
日本	岛根大学	1998 年	JEOL JEM - 201X	20 kV
日本	北海道大学	1984 年,1998 年	Hitachi H - 1300, JEOL JEM - ARM1300	20~400 kV

国家	单 位	建成时间	透射电镜联机装置型号	加速器高压
日本	JAEA	1986 年，1996 年	JEOL JEM-100C, JEOL JEM-2000F	20～400 kV
法国	CSNSM	1976 年，2008 年	Philips EM300, FEI Tecnai-200	5～60 kV, 190 kV, 2 MV
美国	阿贡国家实验室	1981 年，1995 年	Kratos/AEI EM-7, Hitachi H-9000NAR	300 kV, 650 kV, 2 MV
日本	NIMS	1996 年，1997 年	JEOL JEM-200CX, JEOL JEM-ARM1000	30 kV, 200 kV
中国	武汉大学	2008 年[28]	Hitachi H-800	200 kV, 3.4 MV
英国	索尔福德大学，哈德斯菲尔德大学	2009 年，2017 年[29]	JEOL JEM-2000FX, Hitachi H-9500	1～100 kV
美国	桑迪亚国家实验室	2014 年[30]	JEOL JEM-2010	0.8～10 kV, 6 MV
卢森堡	Gabriel Lippmann 公共研究中心	2013 年[31]	FEI Tecnai F20	35 kV FIB
美国	密歇根大学	2019 年[32]	300 kV FEI Tecnai	400 kV
中国	厦门大学	2019 年[33]	Tecnai G20 F30	50 kV, 400 kV

一般的联机装置都是采用商用的 TEM 进行改造，所以 TEM 电子束的方向是竖直的，样品面接近水平面。注入离子束流一般利用 TEM 为能谱分析谱仪所开的窗口引入，束流经过偏转与 TEM 电子束汇集在样品上。受 TEM 内部空间限制，束流偏转部件偏小，限制了离子束能量，因此联机装置的加速器的加速高压一般不高。

受透射电镜观测视野限制，加速器透射电镜联机装置主要用于辐照时材料微观缺陷演化研究。近年来，工程上开发了新型抗辐照损伤材料，需要能够在辐照的同时检测更宏观的参数变化，这里介绍两种装置。

(1) 美国麻省理工学院提出了一种应用激光热栅激发表面声波的在束测量方法[34]，可以在辐照的同时测量材料的热扩散系数和弹性模量，其布置示意图如图 7-17 所示。采用两束相干激光照射在材料表面，形成的明暗干涉条纹使表面热分布形成周期性的温度场，称为热栅。受照射处的样品吸收热栅能量而产生热致超声，称为热栅激发(见图 7-18)，声波沿着样品表面相反的两个方向传播。热栅和表面声波会使得样品表面发生位移和位移波动。可通过激光干涉法探测表面波产生的位移振动导致的干涉光强变化，以探测超声信号，分析超声信号可以得到材料的热扩散系数和弹性模量变化。

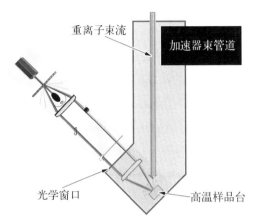 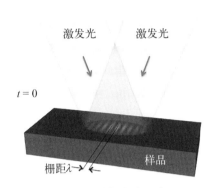

图 7‑17　在线激光瞬态热栅表面声波测量装置与加速器束流线的布置简图　　　　图 7‑18　热栅激发示意图

（2）美国阿贡国家实验室正在筹建基于强流重离子加速器和先进同步辐射光源（APS）的在线分析研究装置（XMAT）[35]，如图 7‑19 所示。通过对高能（兆电子伏每核子量级）重离子辐照下的材料样品应用 APS 的 50～100 keV

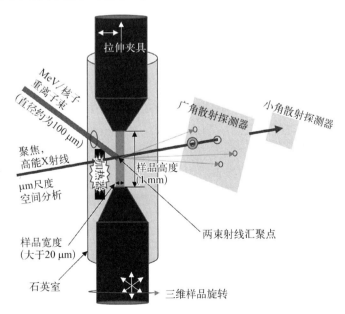

图 7‑19　XMAT 辐照与分析示意图

硬 X 射线相关分析技术,包括 X 射线衍射和小角散射等,高能离子的穿透能力和高剂量率辐照,与 APS 的 X 射线提供的高空间和时间分辨率结合在一起,使得能够对近百微米范围内的辐照损伤进行原位观察。因此,观测区域将超过多个晶粒,也就是说能够分析本体材料样品中的辐照效应,从而揭示辐照损伤的许多特征,包括注入间隙原子的影响、快重离子效应、间隙原子和空位俘获陷阱的作用。有了这些信息,离子辐照与中子辐照之间的区别可能变得更容易理解。XMAT 将帮助研究人员更好地理解辐照损伤现象及其复杂的相互作用,这对于改进和验证材料行为的计算模型至关重要,这种改进将大大有利于对候选材料的评估和对具有期望特性的新材料的设计。

7.3 材料辐照应用研究

离子辐照造成材料中原子离位、电子激发、化合键破裂等效应。这些效应一方面可能造成材料性能下降、功能失效;另一方面也可能改善材料性能,例如聚合物辐照交联。本节主要介绍离子辐照技术在金属合金结构材料、无机陶瓷绝缘材料和高分子聚合物材料中的应用。

7.3.1 金属合金结构材料

在各种核能装置中,用于结构安全的结构材料多是合金材料。反应堆结构材料受到中子辐照,导致材料的原子移位,由此产生空位缺陷和间隙原子等,从而导致合金微观结构的变化及宏观物性的变化。材料辐照效应会造成结构材料的物理和化学特性变化、力学性能变化,甚至耐腐蚀能力的变化,这些变化是影响燃料组件和燃料支撑构件使用寿命的决定性因素。为了保证反应堆安全运行,结构材料必须经过辐照考验。但是,由于反应堆中子辐照剂量率低,辐照后又存在活化问题,需要经过数年冷却后才能进行辐照后检测,因此一种新的抗辐照材料开发周期长达 30 年,这限制了先进核能的发展。

由前面辐照损伤机理分析可知,重离子辐照可以用于模拟中子辐照的效果,重离子产生的辐照剂量率比中子高 3~5 个数量级,在几小时至几十小时就可以达到 100 dpa 的辐照。因此,采用重离子辐照来模拟中子辐照可以显著地减少辐照时间,缩短实验研究周期。模拟中子辐照,实现材料快速筛选,是重离子辐照金属材料的主要应用[2]。

对于用重离子辐照来模拟中子辐照,必须要强调,重离子束不能采用扫描方式进行辐照。离子束扫描或"光栅化"是一种常用的技术,在离子辐照过程中可以均匀地覆盖较大的试样区域。但是,扫描过程意味着辐照样品的某点不是被连续照射,高温辐照实验中经历了辐照-不辐照(退火)反复过程,与反应堆中时间上连续的中子辐照存在差异。Gigax[36]研究了用 3.5 MeV 铁离子在 450 ℃照射纯铁到 50 dpa 和 150 dpa 的峰值剂量时,扫描束和散焦束的差异。在 150 dpa 时,散焦束在 700 nm 处产生了约 12% 的最大观察空洞肿胀;在 600 nm 处,该试样的最大肿胀率约为 0.12%/dpa。扫描束辐照到相同的剂量,所导致的肿胀明显小于散焦束(见图 7-20)。这项研究清楚地表明,扫描束辐照时,退火时间间隔内缺陷复合导致缺陷浓度减小,抑制了辐照肿胀。因此,用离子轰击代替中子辐照时,应该使用散焦束,以达到稳态辐照。这也是 ASTM E521 标准在不采用扫描束离子辐照来模拟中子辐照损伤时的结论。

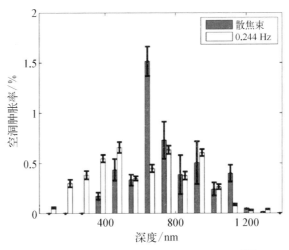

图 7-20　散焦束与扫描束辐照肿胀差异[37]

除了在第一座反应堆建设时,离子辐照起到关键作用外,在快堆包壳材料研发中,离子辐照也起到重要作用。这里介绍采用离子辐照,为快堆燃料包壳材料从 316 不锈钢进化到 15-15Ti 不锈钢所提供的科学依据。

国际上工程化快堆包壳材料的选择大多经历了从奥氏体 316 不锈钢,到加入 Ti 形成 TiC 起到抑制辐照肿胀作用(即 316Ti 不锈钢),再到增加 Ni 含量、降低 Cr 含量(即奥氏体 15-15Ti 不锈钢),最后是优化 15-15Ti 不锈钢的过程(见图 7-21)。奥氏体 15-15Ti 不锈钢已在法国超凤凰堆和俄罗斯BN-

600 示范快堆中得到应用,欧盟建设的 ADS 装置,计划在 2025 年达到满功率运行的 MYRRHA(multi-purpose hybrid research reactor for high-tech applications)工程,其核燃料包壳材料也将采用 15 - 15Ti 不锈钢(型号名 1.4970)。

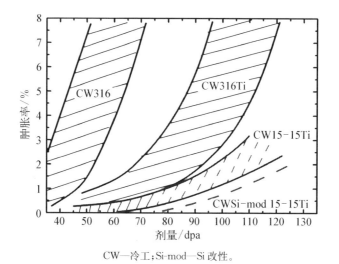

CW—冷工;Si-mod—Si 改性。

图 7 - 21   不同奥氏体钢快堆包壳的辐照肿胀对比[38]

Johnston 等[39] 在 20 世纪 70 年代用 5 MeV 的 Ni 离子在高温下辐照不同 Cr、Ni 比例的 Fe - Cr - Ni 体系模型合金,辐照剂量达到 140 dpa 后分析辐照肿胀,结果如图 7 - 22 所示。研究发现,在一定范围内增加 Ni 含量、降低 Cr

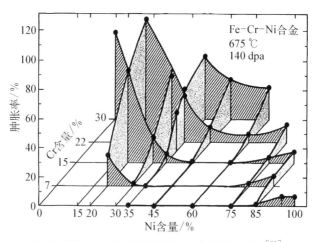

图 7 - 22   Fe - Cr - Ni 体系模型合金辐照肿胀[39]

含量可以明显抑制辐照肿胀。模拟计算分析表明,Ni 元素能够加快空位扩散,导致空位与间隙原子扩散速率的差异减少,空位更容易被缺陷阱俘获或者与间隙原子复合,从而降低空位过饱和浓度,抑制空位聚集发展为空洞,造成肿胀。因此,考虑在 316 不锈钢(Cr 含量为 16%～18%,Ni 含量为 10%～14%)的基础上,降低 Cr 含量、增加 Ni 含量,作为快堆包壳材料。在平衡 Cr 抗腐蚀性能和高 Ni 含量辐照后严重脆化效应后,最终改变 316Ti 的 Cr 和 Ni 含量,选择 Cr 与 Ni 含量近 15% 的 15-15Ti 不锈钢。

7.3.2　无机陶瓷绝缘材料

绝缘材料大多是离子或共价晶体,在离子辐照过程中,受电子激发效应、多原子性、点缺陷的电荷态和辐射诱发择优迁移等多种效应影响。在离子晶体的情况下,必须保持电中性和缺陷结构与化学计量之间的相互作用。这些特殊的规则使得绝缘材料的辐照效应比金属中的还要复杂。当无机非金属材料如陶瓷这样的绝缘材料受到辐射时,其结构和性能会发生许多变化。结构变化的最终产物可以分为三类缺陷:① 电子缺陷,包括价态的变化;② 离子缺陷,包括位移晶格离子;③ 粗大缺陷,如位错和空洞。

离子辐照效应在绝缘材料中的最早应用是离子注入掺杂,相关书籍资料已经很多,这里不再赘述,仅仅简单介绍一下离子切割技术(ion-cut)。

1977 年,Chu 等[37] 在测定离子注入实验的离子射程实验中发现当氢离子注入硅中并且样品经过随后的热处理时,注入区上方的硅层会发生剥落。近 20 年后,随着现代微电子和微机械的结合,例如,集成了微电子、光电子和微电子机械系统(MEMS)应用的 Si 晶片,需要集成不同材料的新技术。研究人员意识到这种辐照剥落效应,并认为可以应用于材料切割[40]。

离子切割技术的实质是在将器件晶片连接到衬底晶片之前,在一个明确的深度预先注入高剂量气体原子,如氢。然后进行退火,在注入气体离子的深度处发生器件晶片的完全剪切或剥落。离子切割是一种新型的工程材料制备方法,它提供了一种有效、多用途、经济的方法将薄表面层从块体衬底转移到其他衬底上,从而为实现多材料集成提供了一种新的方法[41]。

通过离子切割工艺在绝缘体上形成硅(SOI)包括五个步骤(见图 7-23):① 氢离子注入单晶硅片中,注入深度可以由能量很好地确定。② 离子注入后,清洁被注入的硅片和另一个覆盖有二氧化硅层的硅片(衬底晶片)的表面。清洁步骤对于去除氢离子注入过程中引入的表面污染物是必要的。在黏合之前必须非常小心地清洁晶圆表面,以使两个表面都没有颗粒和有机污染物。
③ 将注入的硅晶片黏合到衬底晶片上。由于清洁程序导致两个晶片上表面
具有亲水性,当两个晶片压在一起时,两个表面上吸附的水之间的相互作用导
致晶片之间的弱黏合。将弱黏合的两个晶片加热到大约 200 ℃ 数小时,以在
两者之间建立牢固的化学键。④ 黏合硅片的退火。在热处理过程中,注入的
氢演变成高压氢气泡,并聚集增大,最终导致裂纹在整个氢注入硅片中扩展。
理论和实验分析表明,由于在辐照损伤峰处,氢注入硅片中形成的氢-氢平面
浓度最高,是氢气泡形成和生长的有利位置,因此离子切割发生在注入损伤剖
面的峰值,而不是在注入氢浓度最高的区域。⑤ 对离子切割表面进行轻微抛
光,以去除氢离子辐照造成的损伤层。

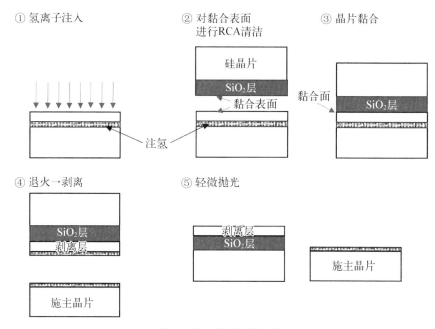

图 7 - 23　离子切割工艺

离子切割技术的发展首次提供了一种生产最先进设备所需的超薄硅层的
方法。原 SOI 技术主要依赖两种技术——晶片黏合和背蚀刻 SOI(BESOI),
并通过注入氧(SIMOX)进行分离。与 BESOI 和 SIMOX 相比,离子切割工艺
有许多优点。由于在离子切割中电绝缘氧化层是热产生的,所以以埋置的氧化
层质量高,厚度均匀。SOI 结构是一步生产的,不需要昂贵的研磨或蚀刻。硅
晶片的氢致断裂使得与衬底晶片结合的硅层非常均匀,几乎没有缺陷,只需要

中等抛光即可达到进一步加工所需的 0.1~0.2 nm(均方根)粗糙度。

此外,从硅晶片上剥离氢注入层,可以重复使用。剥离硅层的厚度高度均匀,可反复应用离子切割工艺,生产出多层 SOI 型器件硅的先进电路,比如可以将光电信号处理结合到一个芯片中。离子切割工艺已应用于多种材料,包括锗、碳化硅、金刚石薄膜和 GaSb,证明了这种层转移工艺的多功能性。

7.3.3　高分子聚合物材料

本节主要讨论离子辐照高分子材料所产生的几个有别于金属材料的效应,并介绍几种高分子材料辐照后的性能变化以及相关应用。

7.3.3.1　辐照交联和降解

注入离子在高分子材料中的核能损和电子能损会影响高分子材料的物理、化学、电学性能。与高分子材料本身相关,辐照会导致高分子材料的聚合链出现交联或者断链(降解)[42]。原则上,高分子材料的聚合链在辐照同时发生交联和剪断。聚合物结构、类型和辐照离子能量、样品厚度和离子注量等因素都会影响离子辐照后是以交联还是降解效应为主。一般来说,主要发生交联的高分子材料有聚乙烯、聚丙烯酸酯、聚氯乙烯、聚硅氧烷、聚酰胺、聚苯乙烯、聚丙烯酰胺、醋酸乙烯酯;主要发生降解的高分子材料有聚异丁烯、聚甲基丙烯酸酯、聚甲基苯乙烯、聚甲基丙烯酰胺、聚偏二氯乙烯、聚四氟乙烯、聚丙烯醚、纤维素。

7.3.3.2　辐照导致气体释放

在离子辐照高分子材料的过程中,非弹性碰撞引起电子的激发和原子电离,导致化学键打破,可由此产生氢气、二氧化碳、一氧化碳、氮气等气体。Hnatowicz 等[43]用 3 MeV 的 Si^{2+}、3.25 MeV 的 Cu^{2+} 和 4.8 MeV 的 Ag^{2+} 辐照聚醚醚酮聚合物样品,发现随着注入量从 $1 \times 10^{12}/cm^2$ 增加到 $1 \times 10^{13}/cm^2$,氢气释放量也随之增加。Wang[44]用 50 keV 氮离子注入聚苯乙烯-丙烯腈共聚物,发现在表面区域(0~900Å)碳氢键破裂,释放出氢气,碳基自由基交联形成三维的碳网络。

7.3.3.3　辐照导致自由体积改变

制造高分子材料时,分子链的不规则排列造成聚合物的非晶态相中预先存在静态的空洞。这里的静态是与分子弛豫造成的动态和瞬态空洞相区别。由于存在静态空洞,非晶态聚合物的密度比相同晶体状态的密度降低了 10%。

这些静态空洞所占的体积称为自由体积[45]。

聚合物链的交联和断链实际上改变了高分子材料的自由体积,而自由体积又与其他一些性质有关,如输运性质、玻璃化转变温度、离子导电性、聚合度和气体的渗透性等[46]。

根据高分子材料聚合链的填充情况,自由体积进一步分为以下类型[47]:

(1) 空穴自由体积:在特定的完全排列的聚合链之间有一个自由空间,这个自由空间称为空穴自由体积。

(2) 结构自由体积:聚合链堆集不足导致产生额外的自由空间,称为结构自由体积。

(3) 动态自由体积:聚合物侧链的运动产生瞬时间隙,从而产生额外的自由体积,称为动态自由体积,也称为波动自由体积。

尽管很难确定产生的空洞的浓度或类型,但自由体积的总体变化可以使用正电子湮没谱学技术来表征。高分子材料的热、机械和松弛性能受自由体积比的影响较大,可以通过离子束辐照处理进行修改[48]。离子辐照产生自由体积的过程如图 7-24 所示。

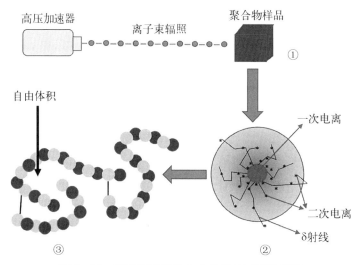

图 7-24 离子辐照产生自由体积的过程示意图

7.3.3.4 离子辐照对 PMMA 性能的影响及其应用

PMMA 的化学名是聚甲基丙烯酸甲酯,俗称有机玻璃。由于其机械性能优异,耐化学腐蚀,光学性能与玻璃相似,是一种广泛应用的高分子材料。近年来,在质子放射治疗的发展领域,PMMA 由于其人体组织等效性,已作为体模和束流监控设备的材料[49]而广泛应用。研究 PMMA 中的辐照效应不仅可以评估其辐照稳定性,还在优化现代离子束处理技术参数中发挥着重要作用[50]。这里主要介绍低中能离子辐照 PMMA 的各种效应。

PMMA 结构中的四元碳原子周围存在侧链(见图 7 - 25),限制了链移动并阻碍了交联,因此认为其是辐射后降解型聚合物[51]。但是高剂量离子辐照后,会同时显示交联和降解现象[52]。现有的研究认为,离子辐照 PMMA 后出现交联还是降解,主要取决于辐照离子注量、能量和质量数,其中传能线密度 LET 值是最重要的影响因素。

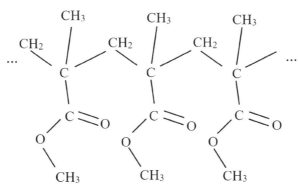

图 7 - 25　PMMA 分子结构

Lee 等[53]用 2 MeV He$^+$ 和 Ar$^+$、4.5 MeV 电子束和 ^{60}Co γ 射线辐照 PMMA 样品。辐照后用凝胶渗透色谱法(gel permeation chromatography)分析降解和硬度变化测量分析交联。发现低 LET 粒子影响单分子链,导致链断裂;高 LET 粒子产生高浓度的自由基,径迹重叠导致分子链交联。

Singh 等[51]用不同注量和剂量的 50 MeV Li^{3+}、70 MeV C^{5+} 和 γ 射线辐照 PMMA,辐照样品用正电子湮没寿命谱分析自由体积参数变化(见图 7 - 26)。经过数据分析发现,对于自由体积空洞尺寸和自由体积占比这两个参数,碳离子照射的结果与锂离子照射的结果相似。在重离子辐照情况下,自由体积空洞尺寸随辐照注量先减小后增大[见图 7 - 26(a)],正电子偶素湮没成分比例随辐照注量增加而先缓慢增加后快速减少[见图 7 - 26(b)]。在 γ 射线照射的情况下,自由体积空洞尺寸变化不大[见图 7 - 26(c)],高剂量下正电子偶素湮没比例减少可能是化学成分变化造成的正电子偶素猝灭[见图 7 - 26(d)]。在离子注量为 $1.0 \times 10^{11}/cm^2$ 时,离子辐照产生的自由基导致发生辐照交联,因此自由体积减小。

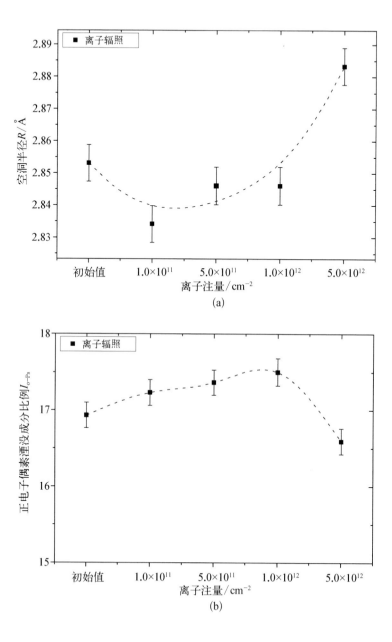

(a)

(b)

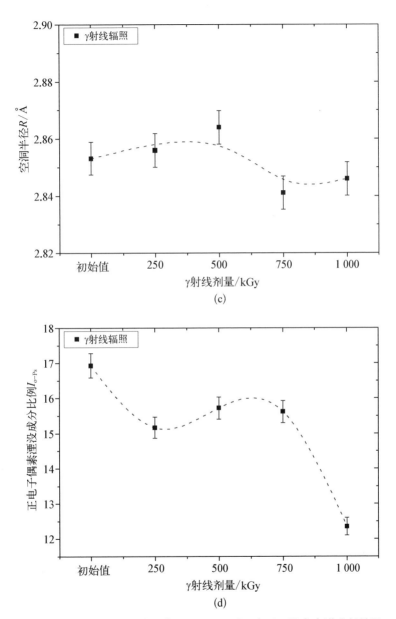

图 7-26　离子辐照和 γ 射线辐照 PMMA 后正电子湮没寿命谱分析结果

在适当的辐照条件下,可以使得 PMMA 高分子链交联而不产生其他缺点。Unai 等[54]用 2 MeV 质子束,采用先低注量率后高注量率的两步辐射法,实现短辐照时间诱导 PMMA 聚合物链交联,同时保持辐照区域无气泡。Yun 等[55]用 1.515 MeV 的 $^4He^+$ 离子束辐照 PMMA 薄膜,使其发生辐照交联,作为有机薄膜晶体管的栅极介电层,具有在低工作电压下高载流子迁移率的优点。Hong 等[56]通过质子注入在 PMMA 中制备波导以增加模数和折射率,并且发现折射率的深度剖面与采用的 350 keV 和 1 MeV 质子在 PMMA 中的能量损失曲线基本符合。

7.3.3.5 离子辐照对 PET 性能的影响及其应用

聚对苯二甲酸乙二醇酯(PET)的化学式为 $[C_{10}H_8O_4]_n$,是一种半结晶热塑性聚酯,其玻璃化转变温度为 67~81 ℃,熔点为 260 ℃,密度约为 1.31 g/cm³。PET 聚合物在制造各种电子仪器、包装、X 光片、塑料瓶和血管疾病治疗(动脉粥样硬化)方面有商业应用[57-58]。

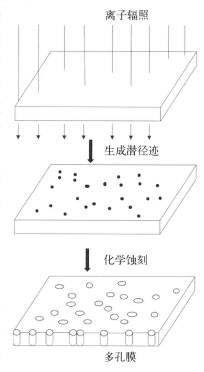

图 7-27 离子辐照 PET 薄膜生成潜径迹和化学蚀刻后成为多孔膜(核孔膜)

在离子辐照 PET 应用中,最独特而无法用其他方法代替的应用应该是生产核孔膜,现在也称为离子膜,如图 7-27 所示。

如同在前述辐照损伤机理中所讨论过的热峰模型,快重离子轰击高分子材料的非弹性碰撞将电子从分子和原子中击出,所发射的电子具有足够的动能,通过电子-声子相互作用将能量传送到晶格。因此,材料的局部晶格温度升高到熔点以上,随后熔融物质快速淬火,形成损伤径迹,也称为潜径迹[57]。

潜径迹的性质可用入射离子种类、能量进行一定程度的调节,然后改变化学刻蚀剂浓度、蚀刻温度和蚀刻时间,可以控制孔的尺寸。同时,改变辐照离子注量,可以改变孔的数密度。所以核孔膜的孔径和孔隙率是两个独立控制参数,这与其他商用分离膜不同。一般来说,膜的渗透性依赖孔隙率,渗透选择性依赖孔径尺寸以及分布,增加膜的渗透性是以牺牲渗透选择性为代价的。而核孔膜的孔径主要由蚀刻时间决定,而孔隙率由辐照注量决定,两者相互独立。因此可以分别选择蚀刻时间和辐照注量,得到理想的孔径和孔隙率。在市场上可以买到孔径在 10 nm 到几十微米之间的 PET 核孔膜[58]。

Awasthi 等[59]在印度 BARC‑TIFR 的串列加速器上,用 100 MeV Cl^{9+} 辐照 25 μm 厚的 PET 膜,注量为 $1 \times 10^7/cm^2$。辐照后用 6 mol/L 的 NaOH 作为蚀刻剂,在 60 ℃温度下,改变蚀刻时间,从而得到不同孔径。对多种气体的渗透速率的测试如图 7‑28 所示。蚀刻时间影响气体的渗透性。20 min 及以下蚀刻时间,膜不具备渗透性(见图 7‑28 中最下方重叠的曲线);超过 20 min 后,不同气体的渗透性随着蚀刻时间的增加而增加。

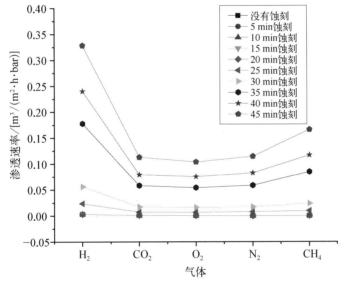

图 7‑28　不同蚀刻时间后渗透速率

估计 H_2、CO_2、O_2、N_2 和 CH_4 的分子直径分别为 2.89Å、3.3Å、3.46Å、3.64Å 和 3.8Å。气体分子直径的绝对大小并不重要,但用直径比可以很好地估计不同气体对的相对扩散系数。由于氢分子的尺寸比二氧化碳分子小,所以在不同的蚀刻时间内,每一步都能观察到氢较高的流速和相应的渗透率。

PET 核孔膜不仅可以通过离子辐照和化学蚀刻来控制孔径,以适应合适的应用,还可通过不同途径对孔进行功能化改进,例如在蚀刻的 PET 膜孔中进行凝胶化,可以同时提高机械强度和渗透性[60]。在孔中嫁接具有氨基功能性的聚丙烯酸酯,这样毛细孔中联合纳米粒子作为酶载体和湍流促进剂,促进酶膜反应器中的酶聚合反应[61]。

7.4 材料表面改性

离子束加工技术主要是用低能强束流注入材料,性能改变区在材料表面,因此又称为表面改性。在 20 世纪 70 年代,通过发展强流氮离子注入技术,离子束表面改性技术进入了半导体工业应用。随后,强流金属离子源的发展,使得离子束混合技术在特殊合金材料如刀具的制备中得到规模化应用。

7.4.1 离子束表面改性机制

离子束注入导致多种效应,对材料造成不同的影响,利用不同的效应发展了多种加工方法。

7.4.1.1 离子注入对材料表面的影响

在前文中介绍了离子辐照导致的表面溅射、热表面偏析、反冲注入和级联混合等辐照损伤效应,这些效应都会对离子注入材料表面化学成分产生影响[14],最后的化学成分是所有效应共同作用的结果(见图 7-29,5 keV 的 Ar^+ 注入 $Cu_{0.6}Ni_{0.4}$ 合金,各种效应对表面 Cu 浓度的影响)。离子辐照不仅导致材料化学成分变化,还可以诱发晶粒长大,形成织构,导致残余应力、相变和非晶化、表面形貌变化等。这些效应一方面造成辐照损伤,另一方面也能够优化材料性能,特别是表面性能。

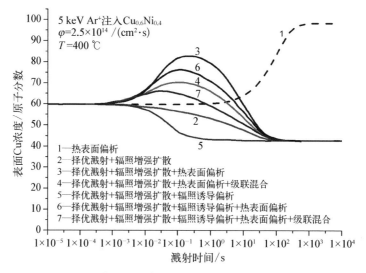

图 7-29 离子注入表面的各种效应对化学成分的影响

7.4.1.2　离子注入材料表面的改性方法

离子束对材料表面的改性可以通过多种方法来实现,每种方法在特定情况下都有各自的优点。主要方法包括离子直接注入、离子束混合(IBM)、离子束辅助沉积和等离子体源离子注入,如图 7 - 30 所示。这里简要地描述这四种方法的基本特征和优缺点。

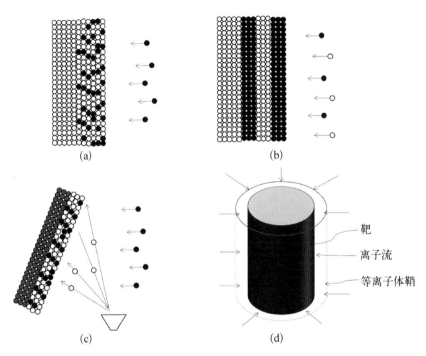

图 7 - 30　离子束表面改性分类
(a) 离子直接注入;(b) 离子束混合;(c) 离子束辅助沉积;(d) 等离子体源离子注入

所有这些技术都涉及能量离子-固体相互作用和构成这种相互作用的物理过程,如择优溅射、热表面偏析、反冲注入、置换混合、辐照增强扩散和辐照诱导偏析。这些过程影响成分、显微组织和相结构,并构成观察到的金属或合金物理和机械性能变化的基础。

1) 离子束直接注入

离子束直接注入是用能量范围从几百千电子伏到几兆电子伏的离子束轰击目标材料。离子束通常是单能的,一般需要进行质量分析,包含单一电荷状态。由于弹性碰撞过程的随机性,注入离子在材料中的深度分布呈高斯分布,高斯分布的平均值以射程为中心。

虽然这是一个简单的过程,但从改变表面成分的角度来看,这项技术有几个缺点。首先,对于能量在几百千电子伏范围内的大多数重离子来说,注入深度范围小于 100 nm,要注入微米级深度需要几兆电子伏量级的能量,这需要更昂贵的离子注入设备。其次,表面溅射会将注入样品的浓度限制在溅射产额的倒数。由于在这些能量范围内金属的溅射产额从 2 到 5,注入样品的最大浓度从 50% 到 20%。再次,注入离子分布的形状和位置也可能是一个缺点。在抗腐蚀应用中,前几层单分子膜的成分是最重要的,而直接注入造成的改性在更大的深度。当离子注入诱导相变时,直接注入的效果或效率很低。最后,通常希望将金属离子注入纯金属或合金中以获得特定的表面成分,但产生强流金属离子束的离子源比惰性气体离子源更昂贵。

2)离子束混合

离子束混合(IBM)指的是通过离子束轰击将材料表面预先沉积的双层或多层元素均匀化。通过均匀化预先交替沉积的合金成分来生成表面合金,从而在混合后得到所需的最终成分。

IBM 克服了离子注入的一些缺点。首先,IBM 可以用惰性气体元素来轰击,因此消除了产生金属离子束的要求。惰性气体元素在固体中不会产生化学效应,并且惰性气体元素更容易得到大束流。其次,由于最终成分由预先交替沉积的层厚比控制,因此对成分范围没有限制。这也消除了离子直接注入的另外两个缺陷,即注入样品的均匀性和表面缺陷。IBM 的结果是贯穿整个渗透深度的成分非常均匀,包括对离子直接注入难以改变的非常浅的表面区域。最后,如果预先沉积元素层足够薄,则实现完全混合所需的辐照剂量比通过直接注入生产相应合金所需的剂量低几个数量级。

如果在低温下进行 IBM,结果往往是得到以过饱和固溶体或非晶态结构形式存在的亚稳合金。随后的退火处理可以控制微观结构。然而,尽管 IBM 有许多优势,但它仍然有一些不足。例如,混合的表面厚度仍然由离子的射程范围决定,对于几百千电子伏的重离子来说,IBM 也只能在 100 nm 厚的范围内。

3)离子束辅助沉积

离子束辅助沉积(IBAD),又称为离子束增强沉积(IBED),是指在离子束的辅助下沉积生长薄膜。在 IBAD 技术中,薄膜是通过物理气相沉积与低能量离子束轰击同时生长在基底上的。这种方法的优点很多。第一,由于离子束轰击与生长过程同时进行,膜厚度几乎没有限制,这克服了直接注入和 IBM

射程限制。第二,离子束轰击与气相沉积同时提供原子混合界面,从而产生更大的黏附性,膜强度比单独气相沉积要高得多。界面处的成分梯度可由沉积速率和离子注量控制。第三,表面在生长过程中,通过控制原子沉积速率与离子注量率(离子与原子到达速率比)、离子能量、注量和种类来控制晶粒尺寸和形貌、织构、密度、成分和残余应力状态。因此,纯金属、固溶合金、金属间化合物和许多金属基化合物都可以通过这种技术生长。

4) 等离子体源离子注入

最后一项技术是等离子体源离子注入(PSII)。在 PSII 技术中,靶直接置于等离子体源中,然后脉冲偏置到高负电位($-100 \sim -40$ keV)。在靶周围形成等离子体鞘层,离子通过等离子体鞘层垂直于靶表面被加速。与传统的束线注入相比,PSII 有几个优点,包括不需要束流扫描和靶处理,解决了在靶上使用掩膜的残余剂量问题,离子源硬件和控制装置的操作是近地电位,更容易扩展到加工大部件。

7.4.2　离子注入机的原理与结构

目前用于表面改性研究的离子束系统包括离子束注入系统、离子束辅助沉积系统和等离子体源离子注入系统。用于 IBAD 和 PSII 的系统高压仅为几十千伏,核心部件是低能宽束离子源,限于篇幅,这里不做介绍。这里对用于离子束直接注入和离子束混合的离子注入机(主要是几百千伏加速高压)的设计要点做一简单介绍,最后给出一个中国电子科技集团公司第四十八研究所(简称电科集团四十八所)的离子注入机具体实例[62]。

最早的离子注入机是由 20 世纪 40 年代以后的同位素分离器发展而来。离子注入机通常根据其离子束流强度来分类,从低电流(即微安)到高电流(1 mA 到几毫安)。具体的参数指标主要由加工需求的特定注量(剂量)和深度剖面要求决定。但对于一般材料科学研究而言,目前用于材料表面改性研究和开发的离子注入机大多是基于半导体离子注入机的设计。自 20 世纪 60 年代以来,商用离子注入机的发展是基于原子核物理的加速器技术以及早期同位素分离器设计。

典型的离子注入机包括离子源、电或者磁的质量分析器、扫描装置(束流扫描、靶机械扫描或者两者共存)、靶室(一般具有样品温度控制和束流注量监测)、加速高压台架和加速管。图 7 - 31 为电科集团四十八所的离子注入机结构图。

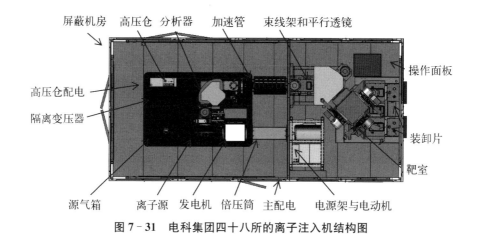

图 7 - 31　电科集团四十八所的离子注入机结构图

　　离子注入机需要大束流、工作寿命长、可靠性高并且维护简单的离子源。一般为正离子源束,其中不需要的杂质束流要小。大多数基于等离子体的正离子源在低压下利用含有感兴趣元素的气体放电产生离子,正离子通过引出电极和离子源之间的电场从等离子体中引出,随后通过质量分析磁铁聚焦和定向,以获得足够的离子纯度。无灯丝的电子回旋共振(ECR)型离子源具有寿命长、电荷态高、束流强、加速离子种类多的优点,但价格昂贵,是目前主要用于材料研究的离子源。具体的离子源技术可参考本书第 1 章。表 7 - 6 中列出了离子注入机常用离子源的优缺点。

表 7 - 6　离子注入机常用离子源的优缺点

离子源类型	优　　点	缺　　点
射频源	结构简单,工作时间长	流强弱
冷阴极源	结构简单	流强弱
双等源	流强强	结构复杂
弧放电源	流强强,工作稳定,效率高,束流离子种类多	电极丝寿命限制工作时间
金属蒸气真空弧源	无工作气体,电荷态高,束流纯度高(不需要质量分析器)	电荷态分布未知,存在少量杂质(无质量分析器时)
电子回旋共振源	束流强,工作气体压强低	引出结构复杂

　　下面以图 7 - 32 所示的电科集团四十八所设计的离子注入机束流光路图为例进行介绍,其主要参数指标列于表 7 - 7 中。

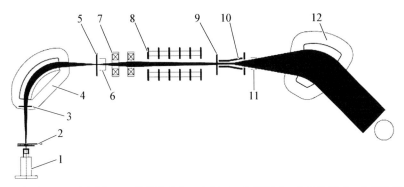

1—离子源；2—引出电极；3—分析磁铁入口光阑；4—分析器；5—分析光阑；6—分析法拉第筒；7—聚焦透镜；8—加速管；9—聚焦光阑；10—对称静电扫描电极；11—聚焦法拉第筒；12—均匀磁场束流平行透镜。

图 7 - 32　离子注入机束流光路图

表 7 - 7　电科集团四十八所离子注入机主要参数指标

序　号	参　　数	指　　标
1	注入元素	Al^+、B^+、P^+、N^+
2	晶片尺寸	6 in(兼容 4 in,光路满足 8 in)
3	注入能量范围	10～400 keV(单电荷)
4	最大束流	$Al^+ \geqslant 1\,500\,\mu A$(200 keV)
		$Al^+ \geqslant 300\,\mu A$(400 keV)
		$B^+ \geqslant 1\,200\,\mu A$(200 keV)
		$P^+ \geqslant 1\,500\,\mu A$(200 keV)
		$N^+ \geqslant 1\,200\,\mu A$(200 keV)
5	晶片温度	室温 550 ℃可调
6	注入剂量范围	$1 \times 10^{11} \sim 1 \times 10^{16}/cm^2$
7	注入均匀性	相对标准差≤0.5%
8	注入重复性	相对标准差≤0.5%
9	束平行度	≤0.2°
10	晶片装载	自动
11	产能	500 ℃,80 片/小时(200 keV, $1 \times 10^{14}/cm^2$)
		常温,125 片/小时(200 keV, $1 \times 10^{14}/cm^2$)

在离子注入材料改性中,一般情况下对杂质极为敏感,特别是在半导体应用中。加速离子通过质量分析器保证束流纯度是非常必要的。质量分析器通常为磁分析器,在离子源引出后,束流能量仅为几万电子伏的情况,通过 90° 偏转实现。在低能端进行质量分析,不仅可减少磁场强度因而减少电功率,还可减少加速高压功率负载。

为保证离子注入材料面均匀性,需要扫描系统。扫描可以是束流静电扫描,也可以是靶样品机械扫描,或者同时具有两者。由于电扫描频率显著高于机械扫描频率,可以在高扫描频率下确保注入均匀性。电扫描用线性斜坡扫描电压,以在 x 和 y 两个方向偏转束流。两个方向扫描频率比最好接近无理数,以避免出现条纹模式导致非均匀性。提供均匀注入的另一个重要考虑因素是离子束相对于目标表面的几何形状。在大束斑大面积注入时,为保证束流入射角度一致,在照射样品前还需要配有展宽束流平行透镜。

使用离子进行表面改性的最终目标是基于测量传递剂量(单位面积离子注量),预测由此产生的杂质深度分布的能力。因此,在束流光路中,通过使用多个法拉第筒装置来调试和监测束流。为防止中性束对靶上注入离子的注量测量偏差,需要在注入靶前有一定的束流偏转,图 7-32 所示均匀磁场束流平行透镜也起到偏转排除中性束影响的作用。

由于辐照损伤与温度密切相关,离子注入时需要保证靶上温度可控。在高温下注入时,需要有对靶样品加热的装置。在室温下注入时,束流能量最终都会转化为对靶和靶衬的加热,因此在注入时需要提供足够的冷却。

7.4.3 应用举例

与通常的表面改性技术(如化学和物理气相沉积等)比较,离子束材料表面改性技术有许多独特的优点:注入元素可以任意选取并且纯度高;注入浓度不受基体固溶度的限制(但是受溅射产额限制),可方便精确控制注入浓度;可在任意温度下注入,只改变表面性能而不影响基体性能。经过几十年发展,从半导体工业到合金材料制造,离子束注入材料表面改性技术已得到广泛应用。

在用离子注入法对金属表面改性的技术中,以对铁和铝金属的改性最为普遍[63]。专利分析表明,在离子注入改性的材料中,铁及铁基合金表面改性的申请量最多,轻质合金基体如铝及其合金列第二位[64]。可见这两种合金是应用最普遍的。申请量和技术路线也在一定程度上反映了该领域的研究热点和主攻方向(见图 7 - 33)。

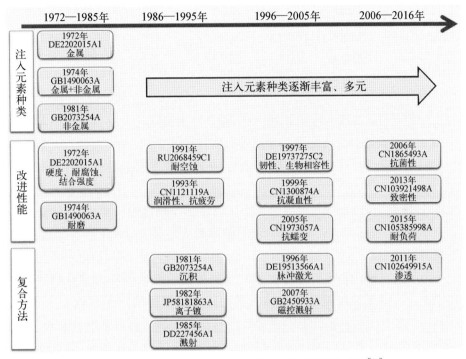

图 7 - 33　铁基合金离子注入改性相关专利的技术发展[64]

由专利申请分析可知,从 20 世纪 70 年代最初申请的专利,即注入金属和非金属元素改进性能以来,注入元素种类与其他方法复合使用都逐渐增加,此外,耐磨性、耐腐蚀性以及硬度这三项重要性能是离子注入改性最关注的性能,这也与铁基合金主要作为轴承、模具和刀具的相关用途有关。近 30 年来,关注的改进性能也越来越多(见表 7 - 8)。

表 7 - 8　铁基合金离子注入改性专利改进性能与申请数

改 进 性 能	申 请 数
耐磨性	8
耐腐蚀性	16
硬度	18
结合强度	6

(续表)

改 进 性 能	申 请 数
润滑性	3
抗疲劳	4
抗菌性	3
抗高温氧化	3

有关离子束改性的应用非常广泛,可参考文献[65]。这里介绍一种提高 TiAl 合金抗高温氧化性能的离子注入改性方法[66-67]。

Al 含量为 44%～50% 的 γ - TiAl 合金在 700 ℃ 以上具有良好的机械性能,其密度比广泛使用的镍基高温合金的密度小 50%,非常适用于航空发动机涡轮叶片、陆上电站、排气阀或涡轮增压器转子等快速旋转部件,可降低机械应力和油耗。但是 TiAl 在高于 750 ℃ 的温度下显示出抗氧化性不足,这限制了其应用[68]。

为了达到更高的使用温度,需要一个保护性的抗氧化膜,如氧化铝膜。用离子注入表面改性可避免对本体材料的优异机械性能产生任何有害影响。Donchev 等[69]发现,通过利用"卤素效应",即在金属表面掺杂少量卤素,可形成致密的保护性氧化铝膜。卤素效应可以用热力学模型来解释,假设挥发性卤化物优先通过金属/氧化物界面内的孔隙和微裂纹形成与输运,并转化为氧化铝,在表面形成保护性氧化膜。在注入氯失败后,人们开始考虑注入氟。

TiAl 合金样品为采用粉末冶金方法制备的铸造 γ - TiAl(Ti - 50Al)。显微结构测试表明,γ - TiAl 相中有少量 α_2 - Ti$_3$Al 相(层状结构)。其表面在顶部覆盖有二氧化钛多孔鳞片,下面覆盖有快速生长的二氧化钛和氧化铝混合多孔鳞片(见图 7 - 34)。这种氧化皮不会阻碍氧气和氮气进一步向内扩散,从而导致这种混合氧化皮的连续形成。900 ℃ 下 12 h 后,氧化皮厚度超过 10 μm。最后,这些过程将导致合金的快速破坏[见图 7 - 34(b)]。

利用卤素效应可以提高 TiAl 的抗氧化性能。TiAl 处卤素效应的原理如图 7 - 35 所示。

如果铝氟化物的分压明显高于钛氟化物的分压,则会优先生成铝氟化物。因此,铝氟化物迁移到表面,然后分解为 F$_2$ 和 Al,后者由于氧分压的增加而氧化为氧化铝。游离的气态氟能够重新进入样品内,再次形成氟化物。这一循环过程导致形成一层薄的保护性氧化铝皮。

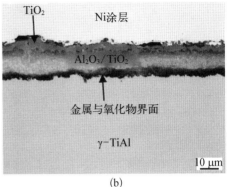

(a)　　　　　　　　　　　　　　　　　(b)

图 7 - 34　TiAl 合金表面情况

(a) TiO_2 多孔鳞片；(b) 截面图

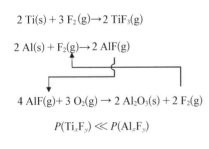
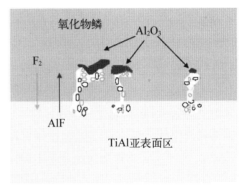

图 7 - 35　卤素效应原理

热力学计算表明，存在一个铝氟化物分压明显更高的区域，在这种情况下，需要至少 1×10^{-8} bar 的氟化铝分压来形成和输运氟化铝到表面。当氟分压增加，导致氟化铝分压超过最小输运阈值时，氟效应开始发挥作用。随着总氟分压增加到一个临界值，竞争钛氟化物的分压变得显著，氟效应关闭。在 $900 \sim 1\,200$ ℃ 的温度范围内，发现 TiAl 处存在一个氟效应窗口。但是，热力学计算氟效应窗口对应的氟分压难以转化为注入氟浓度，需要用实验验证。

采用 20 keV 的 F 离子注入，对应 TiAl 中 F 离子的射程为 35 nm，注量为 $1 \times 10^{16} \sim 4 \times 10^{17}$ cm^{-2}。离子注入后，在空气中，在 900 ℃ 下进行 $24 \sim 120$ h 的氧化。在氧化前后，用非破坏性离子束分析方法——质子诱发 γ 射线发射（PIGE）来测量注入的 F 离子深度分布。在 900 ℃ 氧化 120 h 后的表面和截面金相图如图 7 - 36 所示。

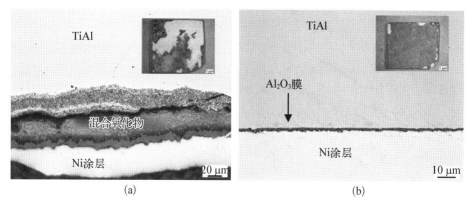

图 7 - 36 F 离子注入后在 900 ℃ 氧化 120 h 后的表面和截面金相图

(a) 注量为 5×10^{16} cm^{-2}；(b) 注量为 1×10^{17} cm^{-2}

金相截面观测样品是在原样品表面镀镍后制备的,图 7 - 36(a)(b)右上方的小图所示为样品表面的情况。图 7 - 37(a)表面覆盖有灰色氧化铝膜,但有 Al_2O_3 和 TiO_2 混合氧化膜在表面部分生长。图 7 - 37(b)表面覆盖着灰色 Al_2O_3 膜,仅在未注入的边缘混有 TiO_2 氧化膜。实验发现,注入 1×10^{16} cm^{-2} 的氟浓度尚未达到氟效应窗口下阈;当注量提高到 5×10^{16} cm^{-2} 时,24 h 氧化后表面还是完整的氧化铝膜,但是 120 h 氧化后,表面出现混合氧化膜,这说明 5×10^{16} cm^{-2} 注量下注入氟浓度进入氟效应窗口,但抗氧化性能不持久。

图 7 - 37 在 900 ℃ 氧化 120 h 后的截面金相图

(a) 未注入 F 离子；(b) 注量为 2×10^{17} cm^{-2}

通过对比筛选,确定了最优的离子注入参数:2×10^{17} cm^{-2}, 20 keV。经过在 900 ℃ 氧化 120 h 后,在 TiAl 合金表面形成了致密的氧化铝膜。

　　实验室样品研究成功后,进一步扩展到实际工程样品,并提高考验时的氧化温度,延长氧化时间。图 7-38 所示为涡轮增压器转子在空气中 1 050 ℃下不经过和经过氟注入处理 1 000 h 氧化后的样品,观察到未处理的转子叶片严重氧化腐蚀,但经氟注入处理的转子完好无损,这证明通过氟注入改性后 TiAl 合金具有良好的高温氧化保护作用。

 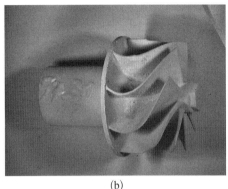

(a)　　　　　　　　　　　　　　　　　(b)

图 7-38　涡轮增压器转子不经过和经过氟注入处理的氧化结果

(a) 未处理;(b) 氟注入改性样品

参考文献

[1]　Was G S. Fundamentals of radiation materials science [M]. New York: Springer, 2017.

[2]　ASTM. ASTM - E521 - 96 standard practice for neutron radiation damage simulation by charged-particle irradiation[S]. Philadelphia: ASTM, 1996.

[3]　郁金南. 材料辐照效应[M]. 北京: 化学工业出版社, 2007.

[4]　Greenwood L R. Neutron interactions and atomic recoil spectra[J]. Journal of Nuclear Materials, 1994, 216: 29 - 44.

[5]　王广厚. 粒子同固体相互作用物理学(上册)[M]. 北京: 科学出版社, 1991.

[6]　Ziegler J F. SRIM: the stopping and range of ions in solids[EB/OL]. [2021 - 03 - 15] http: //www. srim. org.

[7]　Lindhard J, Scharff M, Schiøtt H E. Range concepts and heavy ion ranges[J]. Matematisk-fysiske Meddelelser Kongelige Danske Videnskabernes Selskab, 1963, 33(14): 10.

[8]　Kinchin G H, Pease R S. The displacement of atoms in solids by radiation[J]. Reports on Progress in Physics, 1955, 18: 1 - 51.

[9]　Sigmund P. On the number of atoms displaced by implanted ions or energetic recoil atoms[J]. Applied Physics Letters, 1969, 14(3): 111.

[10] Norgett M J, Robinson M T, Torrens I M. A proposed method of calculating displacement dose rates[J]. Nuclear Engineering and Design, 1975, 33: 50-54.

[11] Averback R S. Atomic displacement processes in irradiated metals[J]. Journal of Nuclear Materials, 1994, 216: 49.

[12] Brinkman J A. Production of atomic displacements by high-energy particles[J]. American Journal of Physics, 1956, 24: 251.

[13] Seeger A. On the theory of radiation damage and radiation hardening [C]// Proceedings of the Second United Nations International Conference on the Peaceful Uses of Atomic Energy, Geneva, Switzerland, 1958.

[14] Poate J M, Foti G, Jacobson D C. Surface modification and alloying by laser, ion, and electron beams[M]. New York: Plenum, 1983: 261.

[15] Lam N Q, Wiedersich H. Bombardment-induced segregation and redistribution[J]. Nuclear Instruments and Methods in Physics Research Section B: Beam Interactions with Materials and Atoms, 1986, 18: 471-485.

[16] Gras-Marti A, Sigmund P. Distortion of depth profiles during ion bombardment Ⅱ. Mixing mechanisms[J]. Nuclear Instruments and Methods in Physics Research, 1981, 180(1): 211-219.

[17] Han W, Wang Z L, Saris F W. Ion beam mixing of Cu-Au and Cu-W systems [J]. Nuclear Instruments and Methods in Physics Research, 1982, 194: 453-456.

[18] Johnson W L, Cheng Y T, Rossum M V, et al. When is thermodynamics relevant to ion-induced atomic rearrangements in metals[J]. Nuclear Instruments and Methods in Physics Research Section B: Beam Interactions with Materials and Atoms, 1985, 7(8): 657-665.

[19] Lam N Q, Wiedersich H. Bombardment-induced segregation and redistribution[J]. Nuclear Instruments and Methods in Physics Research Section B, 1986, 18: 471-485.

[20] Lam N Q, Leaf G K. Mechanisms and kinetics of ion implantation[J]. Journal of Materials Research, 1986, 1: 251-267.

[21] Liu J C, Mayer J W. Ion irradiation induced grain growth in Ni polycrystalline thin films[J]. Nuclear Instruments and Methods in Physics Research Section B, 1987, 19 (20): 538-542.

[22] Eridon J, Was G S, Rehn L. Dual phase formation in multilayered Ni-Al by ion beam mixing[J]. Journal of Applied Physics, 1987, 62(5): 2145-2147.

[23] Didenko A N, Kozlov E V, Sharkeev Y P, et al. Observation of deep dislocation structures and "long-range effect" in ion-implanted α-Fe[J]. Surface and Coatings Technology, 1993, 56: 97-104.

[24] Tanaka T, Oko K, Ohnuki S, et al. Synergistic effect of helium and hydrogen for defect evolution under multi-ion irradiation of Fe-Cr ferritic alloys[J]. Journal of Nuclear Materials, 2004, 329(1): 294-298.

[25] Yuan D Q, Zheng Y N, Zuo Y, et al. Synergistic effect of triple ion beams on radiation damage in CLAM steel[J]. Chinese Physics Letters, 2014, 31: 046101.

［26］ 夏海鸿,袁大庆,李怀林,等. 温度可控的高温辐照靶室：中国,201610157421.4［P］. 2016 - 03 - 18.

［27］ Hinks J A. A review of transmission electron microscopes with in situ ion irradiation ［J］. Nuclear Instruments and Methods in Physics Research Section B：Beam Interactions with Materials and Atoms,2009,267：3652 - 3662.

［28］ Guo L P,Liu C S,Li M,et al. Establishment of in situ TEM - implanter/ accelerator interface facility at Wuhan University［J］. Nuclear Instruments and Methods in Physics Research Section A,2008,586：143 - 147.

［29］ Greaves G,Mir A H,Harrison R W,et al. New microscope and ion accelerators for materials investigations（MIAMI - 2）system at the University of Huddersfield［J］. Nuclear Instruments and Methods in Physics Research Section A,2019,931： 37 - 43.

［30］ Hattar K,Bufford D C,Buller D L. Concurrent in situ ion irradiation transmission electron microscope［J］. Nuclear Instruments and Methods in Physics Research Section B,2014,338：56 - 65.

［31］ Wirtza T,owsetta D,Vanhovea N,et al. Correlative microscopy using SIMS for high-sensitivity elemental mapping［J］. Microscopy and Microanalysis,2013,19 （S2）：356.

［32］ Kubley T,Naab F,Toader O,et al. Creation of a remotely monitored and controlled ion beam laboratory using novel hardware and software tools［J］. Nuclear Instruments and Methods in Physics Research Section B：Beam Interactions with Materials and Atoms,2019,438：31 - 37.

［33］ Huang M J,Li Y P,Ran G,et al. Cr - coated Zr - 4 alloy prepared by electroplating and its in situ He^+ irradiation behavior［J］. Journal of Nuclear Materials,2020, 538：152240.

［34］ Short M P,Dennett C A,Ferry S E,et al. Applications of transient grating spectroscopy to radiation materials science［J］. The Journal of the Minerals,Metals & Materials Society,2015,67(8)：1840 - 1848.

［35］ Sergey V K,Brahim M,Peter N O,et al. Heavy ion linear accelerator for radiation damage studies of materials［J］. Review of Scientific Instruments,2017,88 （3）：033302.

［36］ Gigax J G. The influence of ion beam rastering on the swelling of self-ion irradiated pure iron at 450 ℃［J］. Journal of Nuclear Materials,2015,465：343 - 348.

［37］ Chu W K,Kastl R H,Lever R F,et al. Distribution of irradiation damage in silicon bombarded with hydrogen［J］. Physical Review B,1977,16(9)：3851.

［38］ Was G S,Ukai S. Chapter 8 Austenitic Stainless Steels［M］//Odette G R,Zinkle S J. Structural Alloys for Nuclear Energy Applications. Amsterdam：Elsevier,2019： 293 - 347.

［39］ Johnston W G,Rosolowski J H,Turkalo A M,et al. An experimental survey of swelling in commercial Fe - Cr - Ni alloys bombarded with 5 MeV Ni ions［J］.

Journal of Nuclear Materials, 1974, 54(1): 24 - 40.

[40] Bruel M, Aspar B, Charlet B, et al. "Smart cut": a promising new SOI material technology[C]//Proceedings of IEEE International SOI Conference, Tucson, USA, 1995.

[41] Höchbauer T, Misra A, Nastasi M, et al. Investigation of the cut location in hydrogen implantation induced silicon surface layer exfoliation[J]. Journal of Applied Physics, 2001, 89: 5980.

[42] Cleland M R, Parks L A, Cheng S. Applications for radiation processing of materials[J]. Nuclear Instruments and Methods in Physics Research Section B, 2003, 208: 66 - 73.

[43] Hnatowicz V, Havranek V, Bocan J, et al. Modification of poly(ether ether ketone) by ion irradiation[J]. Nuclear Instruments and Methods in Physics Research Section B, 2008, 266(2): 283 - 287.

[44] Wang Y Q. Ion beam analysis of ion-implanted polymer thin films[J]. Nuclear Instruments and Methods in Physics Research Section B: Beam Interactions with Materials and Atoms, 2000, 161(11): 1027 - 1032.

[45] Dlubek G, Stejny J, Lupke T H, et al. Free-volume variation in polyethylenes of different crystallinities: positron lifetime, density, and X - ray studies[J]. Journal of Polymer Science Part B, 2002, 40: 65 - 81.

[46] Pas S J, Ingram M D, Funke K, et al. Free volume and conductivity in polymer electrolytes[J]. Electrochimica Acta, 2005, 50: 3955 - 3962.

[47] Choudalakis G, Gotsis A D. Free volume and mass transport in polymer nanocomposites[J]. Current Opinion in Colloid and Interface Science, 2012, 17: 132 - 140.

[48] Wate S, Acharya N K, Bhahada K C, et al. Positron annihilation lifetime and gas permeation studies of energetic ion-irradiated polycarbonate membranes[J]. Radiation Physics and Chemistry, 2005, 73: 296 - 301.

[49] Linz U. Ion beam therapy: fundamentals, technology, clinical applications[M]. Berlin: Springer, 2011.

[50] Trautmann C. Micro- and nanoengineering with ion tracks[M]//Hellborg R, Whitlow H J, Zhang Y W. Ion Beams in Nanoscience and Technology. Heidelberg: Springer, 2010: 369 - 387.

[51] Singh P, Kumar R, Singh R, et al. The influence of cross-linking and clustering upon the nanohole free volume of the SHI and c-radiation induced polymeric material [J]. Applied Surface Science, 2015, 328: 482 - 490.

[52] Mladenov G M, Braun M, Emmoth B, et al. Ion beam impact and penetration of polymethyl methacrylate[J]. Journal of Applied Physics, 1985, 58(7): 2534 - 2538.

[53] Lee E H, Rao G R, Mansur L K. LET effect on cross-linking and scission mechanisms of PMMA during irradiation[J]. Radiation Physics and Chemistry,

1999，55(3)：293 - 305.

[54] Unai S，Puttaraksa N，Pussadee N，et al. Fast and blister-free irradiation conditions for cross-linking of PMMA induced by 2 MeV protons[J]. Microelectronic Engineering，2013，102：18 - 21.

[55] Yun Y，Pearson C，Cadd D H，et al. A cross-linked poly(methyl methacrylate) gate dielectric by ion-beam irradiation for organic thin-film transistors[J]. Organic Electronics，2009，10：1596 - 1600.

[56] Hong W，Woo H J，Choi H W，et al. Optical property modification of PMMA by ion-beam implantation[J]. Applied Surface Science，2000，169：428 - 432.

[57] Toulemonde M，Dufour C，Meftah A，et al. Transient thermal processes in heavy ion irradiation of crystalline inorganic insulators[J]. Nuclear Instruments and Methods in Physics Research Section B，2000，166：903 - 912.

[58] Ulbricht M. Advanced functional polymer membranes[J]. Polymer，2006，47：2217 - 2262.

[59] Awasthi K，Stamm M，Abetz V，et al. Large area Cl^{9+} irradiated PET membranes for hydrogen separation[J]. International Journal of Hydrogen Energy，2011，36：9374 - 9381.

[60] Beginn U，Zipp G，Mourran A，et al. Membranes containing oriented supramolecular transport channels[J]. Advanced Materials，2000，12：513 - 516.

[61] Hicke H G，Becker M，Paulke B R，et al. Covalently coupled nanoparticles in capillary pores as enzyme carrier and as turbulence promoter to facilitate enzymatic polymerization reactions in flow through enzyme-membrane reactors[J]. Journal of Membrane Science，2006，282：413 - 442.

[62] 彭立波，王迪平，钟新华，等. 一种离子注入装置：中国，CN201811201334. X[P]. 2018 - 10 - 16.

[63] 徐滨士. 表面工程技术手册(下)[M]. 北京：化学工业出版社，2009：225 - 242.

[64] 于慧泽，赵亮. 采用离子注入法对铁和铝合金表面改性专利技术发展趋势[J]. 河南科技，2018，21：55 - 57.

[65] 张通和，吴瑜光. 离子束材料改性科学和应用[M]. 北京：科学出版社，1999.

[66] Zschau H E，Schütze M，Baumann H，et al. Surface modification of titanium aluminides with fluorine to improve their application for high temperature service conditions[J]. Nuclear Instruments and Methods in Physics Research Section B，2007，257：383 - 387.

[67] Zschau H E，Schütze M. Modelling of the long time stability of the fluorine effect in TiAl oxidation[J]. Materials and Corrosion，2008，59(7)：619 - 623.

[68] Rahmel A，Quadakkers W J，Schütze M. Fundamentals of TiAl oxidation：a critical review[J]. Materials and Corrossion，1995，46：271 - 285.

[69] Donchev A，Gleeson B，Schütze M. Thermodynamic considerations of the beneficial effect of halogens on the oxidation resistance of TiAl-based alloys[J]. Intermetallics，2003，11：387 - 398.

附录　彩图

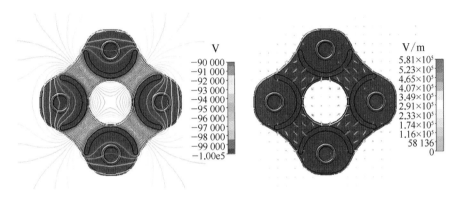

图 2 - 41　曲面电极 ESQ 的电场分布

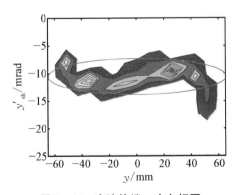

图 2 - 46　束流终端 y 方向相图

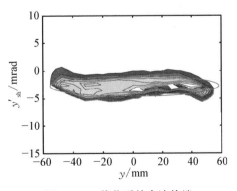

图 2 - 47　优化后的束流终端
y 方向相图

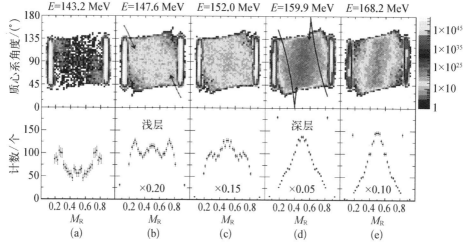

图 3 - 36 单个裂变碎片质量数与体系总质量数的比值与
质心系角度的关系随反应能量的演化过程

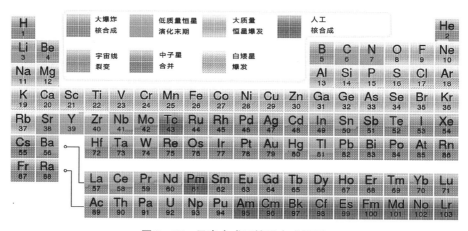

图 3 - 55 元素合成环境及合成机制

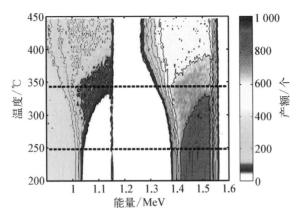

图 5 - 8　Si 衬底上沉积 80 nm 的 Ni 膜和 7 nm 的 Si 薄膜
样品退火过程的实时 RBS 分析结果

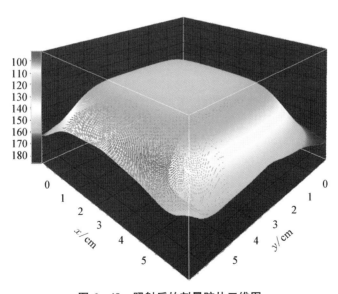

图 6 - 49　照射后的剂量胶片三维图

索　引

核能与核技术出版工程
书　目

第一期　"十二五"国家重点图书出版规划项目

最新核燃料循环

电离辐射防护基础与应用

辐射技术与先进材料

电离辐射环境安全

核医学与分子影像

中国核农学通论

核反应堆严重事故机理研究

核电大型锻件 SA508Gr.3 钢的金相图谱

船用核动力

空间核动力

核技术的军事应用——核武器

混合能谱超临界水堆的设计与关键技术（英文版）

第二期　"十三五"国家重点图书出版规划项目

中国能源研究概览

核反应堆材料（上中下册）

原子核物理新进展

大型先进非能动压水堆 CAP1400（上下册）

核工程中的流致振动理论与应用

X 射线诊断的医疗照射防护技术

核安全级控制机柜电子装联工艺技术

动力与过程装备部件的流致振动

核火箭发动机

船用核动力技术（英文版）

辐射技术与先进材料（英文版）

肿瘤核医学——分子影像与靶向治疗（英文版）